LA VIE

ÉTUDES ET PROBLÈMES

DE

BIOLOGIE GÉNÉRALE

TRAVAUX DU MÊME AUTEUR

PRINCIPES DE PATHOLOGIE GÉNÉRALE. Paris, 1862, 1 vol. in-8.

ESSAI SUR LES DOCTRINES MÉDICALES, suivi de quelques considérations sur la fièvre. Paris, 1846, in-8.

LETTRE SUR LE VITALISME. Paris, 1856, in-8.

PARALLÈLE DE LA GOUTTE ET DU RHUMATISME. Paris, 1857, in-8.

DE LA SPONTANÉITÉ ET DE LA SPÉCIFICITÉ dans les maladies. Paris, 1867, in-18 jésus.

DE LA FIÈVRE TRAUMATIQUE et de l'infection purulente. Paris, 1873, 1 vol. in-8.

ANDRAL. LA MÉDECINE FRANÇAISE DE 1820 A 1830. Paris, in-8, 1877.

INSTITUTS DE MÉDECINE PRATIQUE, de J.-B. BORRIERI, traduits et accompagnés d'une ÉTUDE COMPARÉE DU GÉNIE ANTIQUE ET DE L'IDÉE MODERNE EN MÉDECINE. Paris, 1856, 2 vol., in-8.

PARIS. — IMPRIMERIE DE É. MARTINET, RUE MIGNON. 2.

LA VIE

ÉTUDES ET PROBLÈMES

DE

BIOLOGIE GÉNÉRALE

PAR

E. CHAUFFARD

Professeur à la Faculté de médecine de Paris
Inspecteur général de l'Enseignement supérieur
Membre de l'Académie de médecine, Médecin de l'Hôpital Necker.

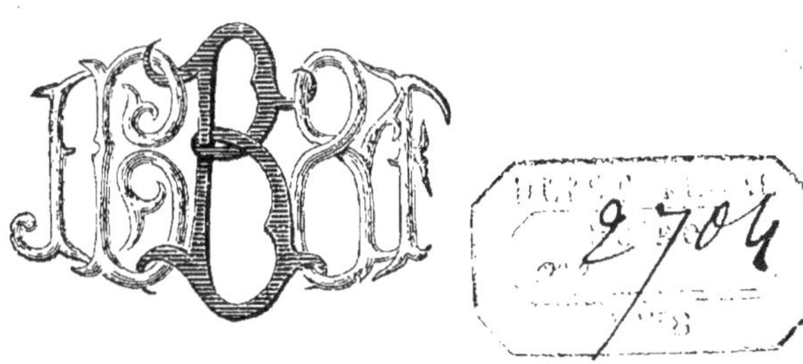

PARIS

LIBRAIRIE J.-B. BAILLIÈRE ET FILS

19, rue Hautefeuille, près du boulevard Saint-Germain

LONDRES	MADRID
BAILLIÈRE, TINDALL AND COX	CARLOS BAILLY-BAILLIÈRE
King Williams Street.	Plaza Santa-Ana, 10.

1878

INTRODUCTION

La vie est le grand fait qui se pose incessamment
devant le physiologiste et le médecin. Notre science
s'appelle la science de la vie, de la vie saine ou troublée.
La notion du sujet est, en toute science, la notion première à déterminer; toutes les autres notions sont marquées à l'empreinte de cette première. Savoir ce qu'est
la vie, dans les limites où toute connaissance humaine
est enfermée, ne doit-il pas être notre constante préoccupation? Pouvons-nous éloigner ce mot et l'idée qu'il
exprime, comme on éloigne un mot et une idée sur
lesquels toute explication est inutile, ou est impossible?
non; il ne saurait être inutile de s'entendre sur l'idée
directrice et constitutive d'une science; si toute entente
était impossible sur cette idée, la science disparaîtrait,
car la science suppose la notion de son objet.

Cependant les problèmes généraux de la vie sont

presque délaissés. Les uns les regardent comme n'intéressant pas la pratique; il en est effectivement ainsi s'il
s'agit d'une pratique purement empirique; si la pratique
veut se rattacher à la science, elle remonte nécessairement à l'idée de vie, origine et raison de toute la
science. D'autres, moins hostiles, sont surtout indifférents; pour eux, ces problèmes se traduisent en vagues
aperçus, et ne sauraient fournir l'objet d'une démonstration étendue; vérités banales et de sentiment, plus
que physiologiques et positives; vérités dangereuses à
poursuivre, car elles ouvrent des voies mal tracées, où
l'esprit se dirige au hasard, et s'égare; formules synthétiques, respectables peut-être, mais vieillies, usées, impuissantes, dont il n'y a pas à tenir compte dans la suite
des déductions et acquisitions scientifiques. On court,
donc, aux faits particuliers, et l'on délaisse les vérités
générales, comme si celles-ci ne jouaient aucun rôle
dans l'intelligence de ces faits; et l'on arrive, sur cette
pente, à perdre la connaissance scientifique de la vie.
Ce n'est plus une science; c'est une collection de faits
et de théories changeantes, dont les liens sont brisés,
dont l'ensemble est détruit et dispersé. On voudrait, en
vain, faire passer pour de la sagesse cet abandon des
plus hautes questions de la physiologie; cette prétendue
sagesse n'est que faiblesse; elle serait mortelle, si elle
régnait sans partage.

Les enseignements de biologie générale que je pour-
suis dans ces études, sont exclusivement d'ordre orga-

nique et vital. Ils touchent, néanmoins, à toutes les questions philosophiques, s'y mêlent, les pénètrent et leur communiquent ainsi un caractère substantiel que l'abstraction métaphysique ne fournit pas toujours suffisamment. C'est une vérité sur laquelle je reviens souvent, que toutes les notions fondamentales de la biologie reparaissent, notions fondamentales en métaphysique. Les notions de l'Unité de l'être vivant, de sa spontanéité, de sa finalité, de sa puissance génératrice, appartiennent à l'ordre biologique, comme à l'ordre métaphysique; il n'y a de changé que le point de vue; l'objet considéré est le même. Si on nie l'unité de l'être en tant que vivant, on nie le moi métaphysique, et la personne humaine s'anéantit. Si on nie la spontanéité vivante, on nie la spontanéité morale, on supprime la liberté humaine, on soumet l'homme aux seules lois du mouvement physique. Si on nie la finalité vivante, on arrache l'homme à ses destinées supérieures; on lui fait une vie morale sans but, comme sa vie organique; on efface toute règle de ses actions, et celles-ci, livrées aux seules nécessités organiques, ne sont ni bonnes, ni mauvaises, mais indifférentes et purement brutales. Si, enfin, on méconnaît la puissance génératrice de l'être, si on ne la sent pas au fond de toutes les actions vitales, si on n'en fait pas la loi permanente de la vie organique, des relations animales avec les milieux extérieurs, on ignore le caractère vrai de la naissance et du développement de l'être, et l'on méconnaît l'image incarnée de son innéité comme de son activité intellectuelle et morale. L'accroissement métaphysique de l'être et son accroissement physiologique, se rattachent, tous deux, à une fécondation et à une génération continues; la conception est d'ordre physiologique, comme d'ordre intellectuel; le mode seul en varie de l'un à l'autre.

Donc, les grandes vérités biologiques et métaphysiques se correspondent et se répètent. La notion et la culture de ces alliances traduisent le progrès le plus réel de la philosophie moderne. L'étude de l'âme reliée à l'étude de la vie a trouvé, dans cette dernière, un développement et des forces nouvelles. L'homme réel a été ainsi mieux connu et mieux jugé; et connaître l'homme est le but de la philosophie. Les philosophes contemporains ont interrogé curieusement la physiologie; ils se sont faits physiologistes, autant qu'ils l'ont pu. Ils ont descendu des hauteurs immuables dans le déterminisme mobile des faits, et leurs jugements ont été mieux compris. Il serait bon que, en retour, les physiologistes aspirassent à monter, à dépasser la fonction transitoire et isolée, pour voir en face ce qui est permanent, et approcher de la raison des choses. C'est là, peut-être, ce qui vaudra quelque intérêt à ces études de biologie générale; elles pourront servir à l'étude philosophique de l'homme. Elles s'appuyent incessamment sur la physiologie, mais sans demeurer étrangères aux enseignements métaphysiques. Elles n'en professent pas ie dédain; sans être consacrées à la métaphysique, elles ne paraissent pas l'ignorer; elles en usent parfois, quoique toujours discrètement. Elles s'éclairent aux lumières de la pensée réfléchie qui a aperçu toutes les vérités constitutives de la science de l'homme, et qui, souvent, saisit mieux l'être réel que ne le fait une physiologie dédaigneuse qui, de parti pris, se limite à l'analyse des organes, et des fonctions partielles et subordonnées.

L'auteur de ces études aime sincèrement la science contemporaine, et tous les efforts d'analyse auxquels elle se livre avec une si noble ardeur. Ces efforts n'ont pas eu, et n'auront pas pour résultat de briser toute alliance entre le présent et la tradition. Loin de là; l'alliance en ressortira plus fermement établie. Je ne sais pas de meilleure confirmation des vérités traditionnelles de la biologie, que les acquisitions de la physiologie moderne. La physiologie de la cellule, la fécondadation de l'ovule, le développement de l'embryon, l'évolution de l'être, les actes nutritifs, les phénomènes de sensibilité générale et spéciale, la théorie des actions réflexes, les actions vaso-motrices et leur influence sur la circulation des humeurs, tout cela contient et confirme, sous une réalisation visible, les vérités générales, pressenties ou devinées, plutôt que vues et démontrées, par une science naissante. L'autonomie de l'être vivant, son unité et sa spontanéité, la finalité qui gouverne et établit toutes ses fonctions, son incessante activité génératrice, tous ces grands faits de doctrine, non-seulement ne sont pas démentis par les démonstrations physiologiques que nous venons de citer, mais trouvent, dans ces démonstrations, une rénovation inattendue.

Les vérités premières de la biologie ne sont pas condamnées à demeurer immobiles et à garder, comme une figure hiératique, la forme primitive et insuffisante léguée par la tradition. Non; les vérités générales de la biologie sont vivantes comme les autres, et en voie d'évolution et de progrès. Les transformations et les accroissements de ces vérités sont lents, et peuvent échapper à un esprit inattentif; ils n'en existent pas moins. Celui qui les conteste est celui qui ne sait les voir, qui ignore le sens et la philosophie de l'histoire compliquée de nos systèmes. Le nombre de ces ignorants est considérable, et il semble s'accroître en proportion du nombre de ceux qui se croient initiés aux connaissances biologiques. Aussi reproche-t-on trop souvent à ces vérités le caractère incomplet qu'elles avaient dans le passé et la part d'erreur à laquelle elles étaient associées. On ne veut pas voir leur évolution, leur progrès corrélatif avec les autres progrès scientifiques. C'est un grand tort : les enseignements traditionnels qui subsistent dépouillent peu à peu les formes étroites du passé, les accessoires d'erreur qui les enveloppaient; ils montent plus haut vers les régions du vrai, s'y éclairent, descendent ensuite, se mêlent plus intimement à tous les faits d'observation, et gagnent ainsi une force d'expansion qu'ils ne connaissaient pas.

Aussi toutes les pauvres réfutations, constamment reproduites par les auteurs contemporains, ne sont-elles plus de saison. Elles demeurent sans prise sur ces vérités transformées et en perpétuel rajeunissement. Je n'ai nullement la prétention d'émettre une nouvelle doctrine; Dieu m'en garde! Je proclame, au contraire, mon adhésion aux doctrines traditionnelles de la science de l'homme vivant; mais je crois, en même temps, avoir donné à ces doctrines un accent et des développements nouveaux. Je crois, surtout, les avoir dégagées de tous les alliages laissés par la domination successive, et toujours corruptrice des systèmes; et, en les présentant épurées et comme assainies, je crois leur avoir donné une vigueur plus sûre, une vie plus expansive, l'harmonie et l'entente avec la science moderne. C'est là le progrès que j'ai cherché à réaliser. Si je l'ai atteint en partie, je puis dire que toutes les objections dirigées contre la vieille métaphysique vitaliste ne sauraient atteindre les doctrines biologiques réformées.

J'espère donc que l'on ne viendra plus nous accuser de superposer à l'organisme une entité métaphysique, *surnaturelle*, comme on le dit en langage positiviste. Cette façon de condamner tout un grand ensemble de doctrines est surannée. Elle ne porte pas seulement à faux; en ce qui nous concerne, elle est directement opposée aux enseignements que nous nous efforçons de propager. Nous sommes plus ennemis de ce genre de uperposition que nos adversaires eux-mêmes; car ces entités superposées sont la négation absolue de la cause vivante telle que nous la comprenons. Peut-on nous accuser d'erreurs que chacune de nos paroles combat? Et suffit-il que l'animisme stahlien ait existé, pour repousser à jamais toute notion d'autonomie et d'unité vivante? Nous ne soutenons ni l'animisme systématique de Stahl, ni le double dynamisme de Barthez et de Lordat. Nous avons écarté ces ombres du passé, pour adopter et défendre les réalités vivantes. Ce sont celles-ci sur lesquelles nous voulons être jugés. Notre prétention est d'arriver à la possession entière des faits organiques et vitaux, et non à une possession incomplète et vaine, partage de ceux qui prennent les conditions phénoménales de ces faits pour leurs causes. Les phénomènes ne sont compris que dans leurs causes réelles; toute notre doctrine se réduit à comprendre les phénomènes vitaux par et dans la cause vivante. Cette seule notion transforme la science analytique de la vie.

Qu'on ne croie pas, en effet, que les notions générales soient indifférentes pour l'intelligence des faits particuliers. On ne comprend ceux-ci que par celles-là. On voit vrai ou on voit faux, suivant que l'on contemple les choses particulières à la lueur de ces notions, ou que l'on dédaigne les clartés qui en viennent. Que devient, par exemple, l'analyse d'une fonction, si on sépare la fonction de la vie et de l'unité? Quel est l'acte vital que ses conditions physiques suffisent légitimement à expliquer? Les vérités premières peuvent être appelées les vérités nécessaires; on ne saurait s'en passer sans tomber dans les illusions des systèmes. Aussi, chacun de nous subit-il l'action des vérités nécessaires, même ceux qui prétendent les repousser et fonder la science sans elles. Sans en avoir conscience, les plus systématiques les confessent, et ils couvrent l'erreur de lambeaux de vérités; ils marchent dans une incessante contradiction. S'ils se maintenaient dans l'erreur permanente, absolue, intransigeante, ils révolteraient les intelligences qu'ils veulent attirer, et eux-mêmes se révolteraient contre leurs propres conceptions. Mais ils atténuent et dissimulent leur système d'erreurs en y introduisant un parti de vérités, lesquelles, quoique mutilées et affaiblies dans toutes leurs expressions, suffisent à projeter une image confuse et trompeuse des réalités.

Cependant, sachons voir le danger où court la science contemporaine. Le sens des vérités nécessaires s'y est singulièrement affaibli; et en même temps la masse des faits particuliers s'y accroît en proportion indéfinie. Ce double courant pourrait devenir funeste. Sans l'intervention des vérités générales, l'accumulation des faits nous perdra; nous étoufferons sous leur poids; nous n'aurons plus de guide à travers ces régions où s'agite l'immense multitude des phénomènes. Les faits lutteront contre les faits; nous ne rencontrerons leur accord nulle part; l'expérience du jour démentira l'expérience de la veille; et, dans cette obscure mêlée, les esprits seront envahis par un incurable scepticisme. Nous ne serons sauvés de ce péril que par un retour aux vérités nécessaires; elles seules peuvent constituer en un tout les éléments dispersés des choses, que le travail moderne va dissociant de plus en plus. A côté de l'analyse continue il faut placer l'action fortifiante et supérieure de la synthèse; il faut que la synthèse, toujours présente et active, maintienne le rapprochement et les rapports naturels des phénomènes, les soumette et les fixe, les substantialise, en un mot. Sans elle, on poursuit les ombres et on n'atteint pas les choses. Et que d'ombres là où l'on croit voir les réalités! que d'ombres là où l'on croit saisir un fait! Et quelles ombres, mobiles et changeantes, ne laissant pas trace d'elles-mêmes, oubliées aussitôt que passées! Que deviennent les intelligences qui ne savent s'alimenter que de faits et d'ombres? Quel vide en elles! quels doutes sur toutes choses! quelle ignorance de ces vérités qui ne passent pas, qui remplissent l'esprit, lui fournissent les jugements en le nourrissant des causes!

Un retour aux vérités synthétiques est donc le premier besoin de ce temps-ci; j'ajoute que ce besoin est senti, et que ce retour se fait obscurément, inconsciemment, mais effectivement. On doutera peut-être de cette appréciation, et on lui trouvera un caractère d'illusion

et d'optimisme assez prononcé. On nous opposera ces
formules bruyantes et acclamées qui sont la négation
brutale de toutes les vérités nécessaires, auxquelles nous
croyons que l'on revient en silence. Tout ce bruit du
matérialisme contemporain ne nous effraye pas au delà
de la mesure. Nous estimons que, en médecine, l'influence organicienne, qui était l'influence matérialiste,
décline. L'intelligence de la vie et de la maladie est, aujourd'hui, bien supérieure à ce qu'elle était il y a quelques trente ou quarante ans. Qui soutient aujourd'hui
le caractère primitif de la lésion? Qui nie les maladies
générales, et prétend qu'il n'y a que des maladies locales? Qui nie les diathèses et leur action dominante
sur l'ensemble des maladies chroniques? Qui conteste
les transformations des maladies chroniques à travers
les transmissions héréditaires? Qui voudrait nier l'autonomie de la vie, et ramener à un simple mécanisme les
fonctions majeures de l'être? La circulation elle-même
devient vivante, et les conditions physiques des phénomènes vitaux ne sont plus invariablement prises pour la
cause même de ces phénomènes. Au-dessus de ces conditions passives on soupçonne ce qui est actif de soi.
La vie est une création, a dit le plus illustre physiologiste de ce temps, M. Claude Bernard; on verra, dans
ces *Études*, tout ce que recèle ce mot simple et profond; n'est-il pas l'antithèse et le contraire du dogme
cher aux organiciens : la vie est un résultat? Oui, la
science de la vie retourne aux vérités synthétiques et

nécessaires; il s'opère là un travail secret, profond; et c'est là qu'est l'utilité cachée des études que nous poursuivons. La biologie générale ne reste pas lettre morte ou vaine dissertation; elle fournit la règle et la raison de tous les faits biologiques. Ces faits deviennent le témoignage continu de son action, naissent et se jugent à ses clartés, l'expriment ce qu'elle est, vont où elle les pousse.

Est-ce à dire que ce mouvement des faits biologiques suive une direction irréprochable, et traduise toujours et nettement les vérités générales de la science de la vie? Il s'en faut; ce mouvement est souvent confus, contradictoire; si le vrai l'anime en secret et dans son ensemble, l'erreur le trouble trop fréquemment, le fait dévier et l'entraîne à des affirmations systématiques bruyantes, devant lesquelles semble s'effacer l'action lente et latente du vrai. Et cependant celle-ci subsiste et triomphe en fin de compte. Celui qui s'attache aux démonstrations de la biologie générale semble souvent contredit par tout le monde; et, dans le fond, tout le monde retient quelque chose de sa parole; sa voix ne se perd pas dans le désert.

Néanmoins, je le répète, les contradictions ne lui manquent pas; il semble parfois rejeté dans l'abandon et l'isolement stérile; on l'accuse même volontiers de lutter contre la science de son temps, de méconnaître les progrès qui font la gloire de la science moderne. Beaucoup, et surtout les jeunes, lui reprochent violem-

ment de ne pas partager les idées de négation et le mépris de la tradition où ils se complaisent. Quoi! en ce
temps-ci, venir répéter ces mots usés de moi et d'unité
vivante, alors que l'organisme n'est qu'un essaim de cellules, possédant chacune une vie propre; de spontanéité,
alors que le mouvement et les transformations du mouvement sont les seules forces de la nature; de finalité,
de force conservatrice et médicatrice, alors que l'organisme aveugle marche souvent de misère en misère, se
dégrade de jour en jour, et que la mort, un peu plus tôt
ou un peu plus tard, termine tout! Réveiller ces dogmes,
n'est-ce pas décrier les progrès scientifiques les plus
incontestés, et cela pour étayer le vieil édifice d'un passé
dont, chaque jour, un débri s'écroule? Et comme ces
contre-vérités biologiques, ardemment soutenues, se lient
à beaucoup d'autres contre-vérités philosophiques et sociales, défendues avec non moins d'ardeur, il en suit que
celui qui ose confesser les grandes doctrines de la biologie semble marcher à une impopularité qui envelop-
pera tout son enseignement.

Oui, telles sont les apparences. Au fond, cependant,
il n'en est pas ainsi. On est écouté, quoique contredit;
quelques paroles recueillies demeurent et germent au fond
des esprits; elles accomplissent leur travail mystérieux;
et quand la fougue des années bruyantes et vouées à la
vaine acclamation des systèmes est passée, ces paroles
se font entendre de nouveau, et retrouvent peu à peu
l'autorité qu'on leur avait déniée. Combien ai-je vu de

médecins qui, éclairés par l'expérience et l'observation, m'ont déclaré être revenus des entraînements irréfléchis de leurs débuts, et ont bien voulu me dire que quelques-uns de mes écrits avaient contribué à les éclairer! Et parfois ce n'étaient pas les moins engagés dans les opinions contraires qui me revenaient ainsi. Que de faits j'aurais à raconter dans ce sens, qui m'ont été une récompense de faibles efforts et un encouragement que j'ai souvent profondément ressenti!

Et d'ailleurs, quand même la popularité fuirait de tels enseignements, nous ne resterions pas sans compensation. Nous garderions la satisfaction du devoir accompli, l'honneur de n'avoir pas déserté le drapeau des hautes vérités. On a le droit d'éprouver quelque fierté en se rendant témoignage que l'on n'a fait entendre que des vérités dont le caractère était fait pour relever les esprits, que l'on a défendu les impérissables notions dont l'humanité morale a vécu jusqu'ici. Nos paroles n'ont jamais été des paroles de trouble dans le présent, de dédain pour de glorieuses traditions, de danger pour l'avenir. Nous n'avons rien à dissimuler de nos modestes discours; ils sont restés fidèles aux grandes causes. *Hæc docuimus; ex nobis audierunt* (1), pouvons-nous dire sans crainte et sans regret. Peut-être nous en sera-t-il tenu compte.

Cette publication se compose d'une suite d'articles

(1) Quinte-Curce.

écrits dans un même but et avec la pensée de les réunir un jour. Les uns ont un caractère dogmatique et traitent *ex-professo* des questions fondamentales de la biologie. Tels sont ceux qui portent les titres suivants : *Le moi et l'unité vivante. — La spontanéité vivante et le mouvement. — De la finalité dans les êtres vivants, et de la doctrine de l'évolution. — De la puissance génératrice dans l'âme et dans la vie.* — Les autres sont des articles de critique biologique, écrits à l'occasion d'importants ouvrages scientifiques. Ces derniers articles, nous les portons en tête de ce recueil; ils forment une sorte d'initiation à la partie dogmatique dont nous venons de parler; ils préparent et affermissent le terrain sur lequel nous avons tenté d'asseoir les vérités générales de la science de la vie. Telles sont les études intitulées *L'âme et la vie. — Les luttes actuelles de la philosophie et de la science. — De l'idée de vie, dans la physiologie contemporaine.* — Enfin certaines conclusions et conséquences plus ou moins directes ou éloignées, sont particulièrement exposées dans les fragments intitulés *Des vérités traditionnelles en médecine.— La science et l'ordre social.*

J'ajouterai que la plupart de ces études ont été publiées dans le *Correspondant*, et je suis heureux de reconnaître ici la libérale hospitalité que cette revue a offerte à mes travaux de philosophie médicale. Relier les vérités traditionnelles et impérissables de la science de la vie aux progrès modernes de la physiologie expérimentale, ranimer les unes au contact des autres, était une tentative que le *Correspondant* devait approuver, très-analogue à celle que lui-même poursuivait sur un autre terrain.

LA VIE

ÉTUDES ET PROBLÈMES

DE BIOLOGIE GÉNÉRALE

L'AME ET LA VIE

I

La science de l'homme, sous le souffle de Descartes, se sépara en deux parts tellement éloignées, qu'elles ne paraissaient plus tenir à un tronc commun, ni manifester les aspects divers d'un même être. D'un côté l'âme et la pensée; de l'autre, et à une distance infinie, l'organisme et la vie. La psychologie et la métaphysique traitaient de la science de l'âme; l'anatomie et la physiologie exposaient la science de l'organisme vivant. Ces sciences s'établissaient ignorantes les unes des autres; et entre l'âme et le corps, les rapports étaient si malaisés à concevoir, qu'on en venait à imaginer une harmonie préétablie pour les expliquer. Ces pénibles fictions, au lieu d'amener à la science de l'homme réel, contribuaient à en écarter. Dès que les métaphysiciens entrevoyaient la vie, ils s'en détournaient comme d'une étrangère avec laquelle tout commerce eût été un sacrifice de dignité; dès que les physiologistes entrevoyaient

l'âme, ils la bannissaient comme une image vaine ou nua-
geuse, que la science positive doit abandonner à ceux qui
s'égarent dans les rêves et se perdent loin de toute observation. Dans ces dédains et ces abandons, la possession des
réalités de l'être chancelait. Tous les systèmes enfantés,
d'un et d'autre côté, se coloraient fatalement de teintes
chimériques; tous reflétaient, en effet, ce qui n'existe pas
dans les milieux réels et accessibles. L'homme n'est jamais
pensée sans vie, ni vie sans pensée : il est, ici-bas, la pensée vivante; ou mieux, il est la vie humaine qui résume
en elle l'activité pleine de notre être, celle qui pense et qui
sent, qui veut et qui agit.

Ce que la science de l'âme a perdu de vérités, de vues
souples et profondes à cet isolement arbitraire, l'histoire
philosophique le dira un jour : montrer ce que la physiologie a conçu d'erreurs à considérer la vie comme un effet
de l'organisation matérielle, ce qu'elle a amassé d'obscurités et d'étroites distinctions à imaginer un principe de vie
indépendant du principe pensant, serait écrire une large
part de l'histoire des déviations physiologiques et médicales.

Nous ne parlerons pas de ceux, philosophes ou médecins,
qui font de la vie un simple résultat de l'organisation,
l'effet du jeu des organes; ou qui, croyant dépasser ce
grossier mécanicisme, la considèrent comme une expression particulière des forces de la matière universelle. Ceux-
là, si nombreux et savants qu'ils soient, enchaînés à la
sensation, n'ont pas à rechercher l'unité de l'être à travers
l'âme et la vie; ils nient tout, et cette unité, et l'âme, et la
vie misérablement réduite par eux en une poussière de
phénomènes. Mais, à nous en tenir aux doctrines fondées
sur la notion première de cause, qui cherchent dans les
faits les principes qui les régissent, et dans les êtres la

force qui les constitue, on ne peut méconnaître le mouvement intérieur et profond qui les agite et leur prépare une expansion et une fécondité nouvelles. Ce mouvement ranime les sciences philosophiques; il gagne parallèlement et vivifie les sciences physiologiques et médicales. Des deux côtés on s'attache à retrouver l'homme; on rétablit l'unité vivante et pensante; on cherche la vie dans l'âme, et l'âme dans l'organisme vivant; on sort des séparations arbitraires, des fictions qui morcellent et défigurent l'observation et les conceptions des choses; on entre dans les réalités humaines. Les proportions et les harmonies infinies de l'œuvre divine se révèlent, plus simples et plus merveilleuses, à la voix d'une science qui ne sacrifie pas l'être qu'elle prétend étudier.

Cette restauration philosophique de l'homme se prépare depuis longtemps. Peu à peu, depuis Descartes, l'âme humaine a semblé grandir, et, à chaque effort, elle a conquis davantage de l'être qu'elle animait. A la pensée, qui était l'âme entière pour la philosophie du *je pense, donc je suis,* on a d'abord ajouté la volonté: l'âme est devenue le principe qui pense et qui veut; principe libre, a-t-on dit aussitôt. En contemplant l'âme de plus haut encore, on l'a vue comme activité et cause propre. Dès ce moment on était prêt à ressaisir les grandes traditions : l'activité, ce n'est pas seulement la pensée, la volonté, la liberté; c'est aussi la vie. L'âme n'est plus l'exclusif foyer de la réflexion et des mouvements volontaires; elle devient le foyer des mouvements sans conscience et sans liberté; c'est l'universelle cause humaine, le principe de toutes nos activités. Les deux importants ouvrages dont nous inscrivons les titres en tête de ces pages sont consacrés à la démonstration de cette dernière vérité.

Le monde est vieux pour nous, qui avons à recueillir

tous les travaux qui marquent sa laborieuse durée. Il n'est pas une question intéressant et concernant directement l'homme, qui ne nous offre, comme point important d'étude, le devoir d'interroger de longues traditions. On devine, dès lors, ce que la suite des temps a accumulé de réflexions et de recherches sur l'ensemble de ces questions : Qu'est l'âme par rapport à la vie? Est-elle sa voisine obligée, son associée impatiente; agissant, durant un temps de servitude, sur la vie à laquelle elle est conjointe; mais n'en demeurant pas moins distincte, ne participant pas à l'essence de cette œuvre inférieure; ne rencontrant pas en cette œuvre le développement d'une activité légitime, y trouvant plutôt un obstacle à son essor, à son activité véritable?

La science primitive s'est d'autant plus attachée à ces hauts problèmes que la pensée et l'âme, la vie et l'organisme sont ce que l'entendement a vu et distingué d'abord en se contemplant directement, en se repliant sur ses facultés et sur ses conditions d'existence. Toutes les inquiétudes, toutes les curiosités de l'esprit humain devaient d'abord s'adresser à lui-même; il lui fallait s'assurer de soi, de ses forces et de sa constitution, de sa nature et de son être, avant de passer aux existences extérieures. Celles-ci nous étaient certainement un ensemble aussi indifférent que vaste, tant qu'inconnus à nous-mêmes, nous passions comme des ombres inconscientes à travers les phénomènes innombrables de la nature. Rechercher en nous la cause de nos sensations, était la condition d'intelligence de ces sensations, et d'interprétation des phénomènes perçus par nos sens. Nous connaître se trouvait la nécessité première pour que nous connussions le monde qui nous environne. La tradition devait donc, sur le problème de la constitution de l'homme, offrir une particulière valeur. Aussi MM. J. Tissot (1) et Bouillier (2) ont-ils traité avec soin ce point d'histoire philosophique. Ils ont compris que la démonstration historique rivalisait ici avec la démonstration dogmatique, tant elle réunissait de lumières sur ce sujet imposé aux premières méditations de l'homme. En sorte que MM. J. Tissot et Bouillier ont, à bien dire, fourni deux démonstrations de l'identité de l'âme et de la vie; l'une traditionnelle, ce n'est pas la moindre en valeur comme en vues nettes et hardies; l'autre puisée dans l'observation directe des faits intérieurs, dans l'étude de l'activité de l'âme et de la vie, dans la mutuelle pénétration des faits éclairés par la conscience et des actes organiques silencieux pour le moi, inaccessibles à la conscience et à la volonté.

Cette double démonstration n'était pas inutile, et MM. J. Tissot et Bouillier avaient besoin de trouver, dans le passé, de fermes et glorieux appuis, pour s'en servir contre les autorités et les oublis du présent. Les préjugés cartésiens ne sont pas en entier vaincus. Dans la science moderne, l'âme et la vie demeurent encore séparées en essence comme en attributs. Ceux de nos savants physiologistes qui admettent une âme, la placent au faîte de l'organisme, solitaire et indépendante : au-dessous d'elle, suivant une expression récemment produite, bout le *pot-au-feu* de l'économie animale. Les uns ne voient dans ce *pot-au-feu* qu'une mise en action des forces physiques et chimiques de la matière; c'est là toute la vie; d'autres invoquent un principe à part, principe vital, distinct de l'âme, et constituant la vie par

(1) *La Vie dans l'homme : existence, fonctions, nature, condition présente, forme, origine et destinée future du principe de la vie; esquisse historique de l'Animisme*, par J. Tissot, professeur de philosophie à la Faculté des lettres de Dijon. Paris 1861, 1 vol. in-8.

(2) *Du Principe vital de l'âme pensante, ou Examen des diverses doctrines médicales et psychologiques sur les rapports de l'âme et de la vie*, par Francisque Bouillier, correspondant de l'Institut, doyen de la Faculté des lettres de Lyon. Paris 1862, 1 vol. in-8.

union avec l'agrégat organique. Or, évidemment, l'esprit humain n'a plus à apporter de solutions nouvelles sur des questions posées depuis qu'il s'interroge. Une solution positivement traditionnelle a, sur ces matières, toutes les chances, je dirai presque la certitude d'être vraie. Il y avait donc intérêt pressant à savoir si cette prétendue unanimité qui désintéressait l'âme de la vie était un fait enraciné dans le passé, ou un fait déjà condamné dans l'histoire philosophique, et qu'une singulière indifférence laissait reparaître et subsister, comme un enseignement accessoire et sans portée.

La démonstration historique donnée par MM. Tissot et Bouillier est complète. Les grands législateurs de la pensée humaine l'ont proclamé, l'âme, c'est la cause vitale elle-même. Les dissentiments d'opinions sont rares et effacés; l'ensemble qui conclut à cette vérité est imposant. Nous ne pouvons résumer ici la longue suite des documents produits et examinés par les philosophes dont l'œuvre nous occupe en ce moment : ce sont ces œuvres elles-mêmes que doivent interroger ceux qui veulent embrasser, dans toute son étendue, le travail du génie humain sur la constitution de l'homme et des êtres vivants. Toutefois, quelques grands noms dominent sur l'ensemble, et sont restés la gloire des âges passés. C'est à eux que les esprits pressés de connaître s'adressent tout d'abord; ce sont eux seuls que nous interrogerons.

II

Sur l'identité de l'âme et de la vie, le langage figuré de Platon a pu prêter aux équivoques. Platon semble souvent attribuer à des principes distincts ce qui appartient seulement à des puissances diverses d'un même principe. Il sub-

stantialise familièrement les facultés variées de l'âme, de
façon à faire supposer l'existence de plusieurs âmes. Mais
si l'on éclaire les images du poëte par les exposés du philosophe, si l'on rapproche des ingénieuses fictions où se
complaît l'heureux génie des Grecs, les enseignements où
la pensée devient dogmatique et le langage réservé, on ne
saurait douter que Platon n'ait professé l'unité du principe
actif de l'homme, et reconnu l'âme, cause de la pensée,
comme la cause aussi de tous les mouvements vitaux.
M. Bouillier analyse avec une vive sagacité les doctrines
platoniciennes, et cite, à cet égard, des textes qui nous
paraissent convaincants.

« Peut-on, écrit M. Bouillier, se prononcer plus nettement en faveur de l'unité de l'âme que Platon dans ce passage du *Théétète*, souvent opposé par les commentateurs
anciens aux partisans de la pluralité des âmes?... Ce serait,
dit-il, une chose étrange qu'on pût loger en nous, comme
dans des chevaux de bois, plusieurs principes de sentiment,
sans qu'ils se ramenassent à une forme ou à une âme
unique. »

« Plus décisif encore nous semble cet argument célèbre
de l'identité de l'âme et de la vie, que donne Socrate, dans
le *Phédon*, en faveur de l'immortalité : — Qui fait, dit
Socrate, que le corps est vivant? — C'est l'âme, dit Cébès.
— Et en est-il toujours ainsi? — Comment en serait-il autrement? — L'âme apporte donc avec elle la vie partout où
elle entre? — Cela est certain. »

« Les définitions du *Cratyle* viennent à l'appui de cette
doctrine du *Phédon*. — Je pense, dit Platon, que ceux qui
ont donné à l'âme le nom de ψυχή ont par là voulu signifier
quelque chose qui, lorsqu'il est présent, est cause de la vie
du corps, lui donne le souffle et l'animation. Quelle autre
chose, ajoute-t-il, que l'âme, pourrait posséder et diriger

la nature de tout le corps, de façon à le faire vivre et à le mouvoir ? »

Platon cependant ne mesure pas toute l'étendue du dogme qu'il entrevoit ; il ne poursuit pas l'âme dans les activités vitales, et, de préférence, il la contemple dans les seuls et sublimes attributs de la pensée. Mais les développements ne se font pas attendre : Aristote écrit le *Traité de l'âme*, et le dogme est désormais fixé. Aristote a si résolûment embrassé de son regard la nature entière, et a posé les questions avec une telle largeur de doctrine, qu'après lui les esprits ont fléchi plutôt qu'ils ne se sont portés en avant. On n'a pas dépassé ces vastes synthèses du *Traité de l'âme*, qui percevaient la force et la vie, c'est-à-dire l'âme, dans l'ensemble des êtres animés, et savaient y soumettre toutes les modalités diverses de l'existence organique.

« L'âme qu'Aristote se propose de définir, dit M. Bouillier, ce n'est pas l'âme humaine, mais l'âme en général, c'est-à-dire ce qu'il y a d'essentiel et de commun à toutes les âmes sans exception. Or, ce caractère essentiel de toutes les âmes, c'est d'être, selon Aristote, des principes de vie dans les corps naturels vivants. Mais qu'est-ce que la vie et à quel signe reconnaît-on les êtres qui en sont doués ? Ceux-là sont doués de vie, dit Aristote, qui se nourrissent, croissent et dépérissent par l'effet d'un principe interne. Or c'est l'âme qui est ce principe interne, c'est l'âme qui est la cause de la vie ; tout ce qui possède une âme est vivant. Tel est, en effet, croyons-nous, le caractère commun et essentiel de toutes les âmes, sans exception, depuis l'âme de l'animal et de la plante elle-même, jusqu'à l'âme de l'homme. »

L'âme, c'est donc partout la vie. Mais tous les êtres vivants ne sont pas pareils ; si tous ont une âme, vivent par une âme, ils ont des âmes différentes. Aristote édifie ici cette admirable systématisation des existences, demeurée l'éternelle expression du monde vivant. Prenons encore M. Bouillier pour interprète d'Aristote :

« L'âme est le principe de l'être animé; nul ne vit que par la vertu de l'âme. Mais vivre se prend en plusieurs sens, autres sont les caractères et les fonctions de la vie, suivant les différentes classes d'êtres animés. On ne définit pas l'homme en disant qu'il est un être animé, il faut dire à quelle espèce d'êtres animés il appartient, s'il est ou s'il n'est pas sensible, s'il est ou s'il n'est pas raisonnable, ou, en d'autres termes, quelle est, en particulier, l'âme de l'homme et l'âme de l'animal ou de la plante. Or, la vie se manifeste par quatre grandes facultés auxquelles se ramènent toutes les autres, la nutrition, la sensibilité, la locomotion et l'entendement. L'âme, dit Aristote, est ce par quoi nous vivons, nous sentons, nous nous mouvons, et nous connaissons. De quelle âme s'agit-il ici? Non plus de l'âme en général, qu'il a définie l'entéléchie d'un corps naturel organisé, mais de l'âme humaine. L'âme humaine seule, en effet, comprend en elle ces quatres grandes manifestations de la vie. Elle en est à la fois le principe et pour ainsi dire, le résumé.

« Aristote étudie ces manifestations comme il a étudié l'âme elle-même, non pas seulement dans l'homme, mais sur toute l'échelle des êtres vivants, en parlant des facultés communes à tous les êtres animés, sans exception, pour s'élever jusqu'à celles qui sont le propre de l'homme. Sur les divers degrés de cette échelle on voit successivement apparaître chacune de ces facultés, on les voit prendre place les unes au-dessus des autres, et marquer, selon qu'elles sont présentes ou absentes, les grandes lignes qui séparent les diverses classes des êtres animés. Elles s'enchaînent de telle sorte que les supérieures ne vont jamais sans les inférieures, la sensibilité, par exemple, sans la nutrition, la locomotion sans la sensibilité et la nutrition, la raison sans tout le reste; au contraire, ce qui est au-dessous peut exister sans ce qui est au-dessus. Prenez, à un degré quelconque de la série, un être animé, cet être contient et résume en lui toutes les perfections des êtres inférieurs. »

L'homme ne perd rien de sa grandeur par les traits communs qui l'attachent à l'animalité. Les êtres organisés inférieurs à lui ont une âme; la sienne n'en est pas diminuée. Si dans la constitution humaine on ne voit pas apparaître un principe de plus, on voit le principe animateur atteindre à la pensée réfléchie, consciente et libre. L'âme douée de de cette puissance nouvelle s'élève dans un monde nouveau, dans le monde des causes et des forces; et, de ces hauteurs où il pressent l'infini, l'homme domine tout le reste de la nature animée. Cette nature semble toute créée pour lui; les êtres divers sont comme les échelons par lesquels la force créatrice a monté peu à peu jusqu'à l'homme, l'œuvre dernière et parfaite. « Tout, selon Aristote, dit M. Bouillier, tend à l'homme dans la nature, l'humanité est la fin de la nature entière. Toutes les formes inférieures sont comme des degrés par où la nature s'élève jusqu'à cette forme excellente. Non-seulement l'homme les résume toutes en lui, mais il en représente la suite dans la succession de ses actes divers. Dans le sein qui l'a conçu, il vit, comme la plante, d'une vie toute végétative; une fois venu à la lumière, il respire, il sent, il se meut. Mais d'abord ses membres ne peuvent le porter, et il s'élève à peine au-dessus des fonctions purement animales de la sensibilité. Bientôt la jeunesse le relève; il a l'agilité et la beauté; de sa tête intelligente, il domine l'horizon. Sans avoir rien perdu des facultés de son enfance, végétant comme la plante, sensible comme l'animal, il est devenu homme, il est libre, il pense. »

Nos plus grands généralisateurs ont-ils fait autre chose que développer ces vues primitives du génie humain ? Aristote n'est-il pas le vrai prédécesseur des Cuvier et des Humboldt, des Blainville et des Geoffroy Saint-Hilaire ?

Les Pères de l'Église recueillent sur la vie les traditions de la philosophie grecque. Saint Augustin, le Platon chrétien, est aussi net et précis qu'Aristote. Le premier degré de l'âme, suivant Saint Augustin, est la puissance vivifiante ou végétative, puissance commune à l'homme, aux animaux, aux plantes ; le second degré de l'âme est la vie sensitive, commune à l'homme et à l'animal ; la vie intellectuelle forme un nouveau degré exclusif à l'homme. Mais ici le spiritualisme de Saint Augustin s'élève ; l'homme n'est pas encore le chrétien. Si l'âme de l'homme dépasse celle de l'animal et possède des facultés supérieures, l'âme que la foi du Christ inspire et grandit dépasse l'âme naturelle de l'homme. Au-dessus de l'intelligence, premier degré de l'âme humaine, Saint Augustin admet quatre degrés, quatre ascensions progressives, dont la dernière est la vision contemplative de Dieu et le pur amour. L'âme qui a conquis cette puissance est autant au-dessus de l'âme intelligente que celle-ci est au-dessus de l'âme sensitive et que cette dernière est au-dessus de l'âme végétative.

Les écoles philosophiques du moyen âge sont unanimes dans leur adhésion au dogme de l'unité de l'être humain. M. Bouillier cite Gennadius, prêtre ou évêque de Marseille, qui, au ve siècle, écrivait : « Nous n'admettons pas qu'il y ait deux âmes dans l'homme, une âme animale cachée dans le sang et principe de la vie du corps, et une âme spirituelle siége de la raison. Nous reconnaissons une seule âme qui à la fois vivifie le corps, en l'unissant à lui, et se dirige elle-même par sa raison. »

Abélard (1) reconnaît à l'âme trois puissances; parmi ces puissances, la puissance végétative est seule, suivant lui, inhérente à l'essence même de l'âme; les deux autres n'appartiennent qu'à certaines sortes d'âmes, la sensibilité à l'âme de l'animal, la rationalité à l'âme de l'homme.

Les deux grands docteurs du moyen âge, Albert le Grand et saint Thomas, viennent enfin consacrer l'enseignement d'Aristote et lui donner une autorité nouvelle, mais sans y rien ajouter d'essentiel. Saint Thomas appelle Aristote *le philosophe* et *le maître*, et, sans dessein prémédité, il réalise l'alliance de la science et de la foi, que d'autres ont, depuis, essayé d'ébranler. Saint Thomas repousse, par son exemple, les séparations funestes de la vérité scientifique et de la vérité révélée; il n'abaisse pas l'une pour grandir l'autre, il les élève toutes deux, et reconnaît à chacune sa libre et glorieuse mission.

L'enseignement d'Aristote et de saint Thomas, cependant, malgré le sentiment de la nature qu'il révélait, devenait peu à peu stérile et nominal; et la tradition, en le perpétuant sans l'agrandir, frappait d'immobilité l'esprit humain qui le recevait. Son autorité même lui nuisait; il devenait tout, et la nature semblait être un spectacle inutile à regarder. La science de l'âme et de la vie se perdait en stériles commentaires d'opinions sans chaleur et d'idées éteintes. Les générations pâlissaient sur de volumineux manuscrits; elles ne sortaient pas des cloîtres pour se répandre sur le monde animé, et pour y poursuivre l'étude vivante et renouvelée des êtres. Une réaction iné-

(1) Abélard, *Dialectique.*

vitable se préparait contre ces despotismes d'une scolastique froide et bavarde. L'antique édifice s'ébranla au premier mouvement des esprits réveillés; la renaissance des lettres et des sciences en dispersa les débris. S'affranchir d'Aristote et de saint Thomas, s'abandonner à toutes les témérités de l'imagination, enfanter les plus mystérieuses hypothèses, donner des fondements nouveaux aux vieilles sciences, tout agrandir, tout transformer, tout renverser, devint la folie et la grandeur de ce temps. Voir dans l'âme la puissance vivifiante, et constituer l'homme sur cette donnée, était une idée simple et vieille; elle fut par là condamnée. D'ailleurs, privée d'air et de lumière, qu'avait-elle produit? Rien; et les esprits fougueux d'alors la brisèrent comme une idole vermoulue. « Sous l'influence, dit M. Bouillier, de la cabale, de la doctrine de l'émanation, du mysticisme ou de l'alchimie, il y eut alors comme un débordement d'âmes dans l'homme et dans la nature. »

Paracelse et Van Helmont comptent parmi les plus hardis agitateurs des sciences renaissantes. Ils remuent la nature entière. Toute faculté notable de l'entendement, toute grande fonction organique reçoivent, pour les diriger, des âmes, des esprits particuliers, désignés sous le nom d'archées. Suivant Van Helmont, l'âme raisonnable et immortelle, et qui communiquait au corps son immortalité, a été, après la chute, remplacée dans le gouvernement du corps par une âme sensitive et périssable. Cette âme sensitive réside à l'orifice supérieur de l'estomac. L'âme spirituelle subsiste toujours dans l'homme, mais elle n'y est plus libre et ne le gouverne plus directement; elle est reçue dans l'âme sensitive qui l'enveloppe et la voile de ses ténèbres. L'âme sensitive, immobile dans le poste où l'a placée le Créateur, agit sur toutes les parties de l'orga-

nisme en dictant ses commandements à des principes particuliers qui résident dans les organes et les mettent en
jeu. Ces principes sont les archées. « L'homme, dit
M. Bouillier, n'est plus un être un, ni double, ni triple,
c'est une véritable légion. » Certes, voilà d'étranges fictions ; mais elles secouaient les formules engourdies de la
scolastique, et ranimaient les esprits parce qu'elles éma-
naient de l'observation directe de l'homme. Cette origine
les a marquées de son empreinte. Ces fictions, en effet, re-
couvraient des vérités profondes, et y ont conduit les physiologistes et les médecins. Les archées expriment, en
exagérant, la vie propre des organes, les vies fonctionnelles particulières. Van Helmont, en faisant de chaque
vie organique une vie indépendante, a été le prédécesseur
de Bordeu et de Bichat. Bordeu tendait à faire de l'ensemble
des vies particulières la vie une et première ; Bichat créa
de nos jours l'anatomie générale par la division de la vie en
vies diverses, et de l'organisme humain en éléments généraux, en organismes secondaires. Aucune de ces conceptions n'est rigoureusement vraie. La vie est force et unité,
et non un ensemble ni une somme, lesquels ne sauraient
être unité et forces propres. Ce n'en est pas moins une
féconde vérité que cette vie particulière des organes et des
systèmes organiques. Le médecin, le physiologiste, je dirai
même le moraliste, doivent la comprendre et l'étudier
jusque dans ses manifestations les plus délicates. Sans cesse
en physiologie, en pathologie, en thérapeutique, nous nous
trouvons en présence de la sensibilité et de la spontanéité
propres des organes. La vie fait concourir toutes ses spon-
tanéités à un but supérieur ; elles vivent dans la vie commune ; mais l'analyse de celle-ci serait bientôt arrêtée, et
la plupart de ses déterminations mal comprises, si on ne
connaissait le rôle particulier des fonctions, comment la

fonction spéciale est soumise à la fonction suprême du tout, et comment en même temps elle influe sur le tout, et peut dominer dans la vie de l'être au point de l'entraîner presque toute à elle.

On ne multipliait pas seulement les âmes dans l'homme; on les répandait sur tout le monde visible. Cardan et Paracelse donnaient une âme à tous les métaux. Campanella accorde une âme, jusqu'à un certain point sensitive, à tous les éléments, à l'air, à l'eau, au feu, à la terre, aux pierres. Un grand esprit, Képler, se laissait aller aux plus bizarres rêves : « La terre elle-même, selon Képler, dit M. Bouillier, n'est qu'un membre faisant partie d'un immense organisme. Tous les astres sont animés comme elle; s'ils se meuvent dans l'espace suivant des courbes savantes, sans se heurter les uns les autres, sans troubler l'harmonie de l'univers, c'est à cause d'une âme intelligente et directrice qui les anime et les guide, comme un pilote, à travers l'espace. Au centre du système planétaire est le soleil, siége d'une intelligence parfaite. »

La science de l'âme et de la vie se perdait dans le tumulte de ces causes innombrables. Tout étant âme et vie, rien ne l'était plus distinctement. Les règnes divers de la nature étaient confondus. L'inorganique ne se séparait pas de l'organique. L'homme lui-même sombrait dans l'océan de la vie universelle.

Descartes parut au milieu de ce désordre. On connaît l'influence profonde qu'il exerça. Il n'y eut plus qu'une âme dans le monde, l'âme humaine. Celle-ci n'eut d'autre attribut et d'autre activité que la pensée. La vie organique se réduisit aux proportions d'un simple mécanisme; l'homme vivant devint une sorte d'horloge, un automate. L'animal, qui ne pense pas, n'a d'âme d'aucune espèce, ni végétative, ni sensitive, ni rationnelle; c'est une machine mise en mouvement par un peu de chaleur. L'organisme n'est, dans toute la série des êtres animés, qu'un assemblage varié de fibres, de liquides, de gaz, de canaux, de pompes aspirantes et foulantes, de ressorts, de poulies, d'engrenages, de cordes vibrantes, le tout mis en branle par un agent physique, et transmettant le mouvement d'un point à l'autre.

Descartes écrit un *Traité de la formation du fœtus*, dans lequel il démontre que le développement de l'embryon n'offre lui-même qu'un enchaînement de faits mécaniques. Il n'y a donc pas de science de la vie; la physiologie n'est qu'une branche de la physique; elle n'obéit à aucun principe particulier d'action, ne reconnaît aucune cause propre, n'existe pas comme science distincte et spéciale. « Je désire, dit Descartes dans le résumé qui termine le *Traité de l'homme*, que vous considériez que toutes les fonctions que j'ai attribuées à cette machine, comme la digestion des viandes, le battement du cœur et des artères, la nourriture et la croissance des membres, etc., suivent naturellement, en cette machine, la seule disposition de ses organes, ni plus ni moins que font les mouvements d'une horloge ou autre automate, de celle de ses contre-poids et de ses roues; de sorte qu'il ne faut point, à leur occasion, concevoir en elle aucune autre âme végétative ou sensitive, ni aucun autre principe de mouvement et de vie que son sang et ses esprits, agités par la chaleur du feu qui brûle continuellement dans son cœur, et qui n'est point d'autre nature que tous les feux qui sont dans les corps inanimés. »

Les grandes découvertes anatomiques et physiologiques qui apparaissaient au temps de Descartes prêtaient un appui à toutes ces fausses interprétations. La circulation du sang, la découverte des vaisseaux lymphatiques, la contractilité de la fibre musculaire, l'étude chimique de la digestion, aidaient à construire une machine humaine où tout circulait et se mouvait d'après les lois de la mécanique pure. La médecine fut infectée des théories physiques ou chimiques; la thérapeutique prétendit y puiser à son tour. Les plus sûres vérités médicales et les saines inspirations de l'art eussent été perdues dans un délire savant, si les médecins, en face du malade, n'eussent oublié tous les principes d'une science déviée, pour s'abandonner aux inspirations salutaires de vérités méconnues. L'inconséquence est un tribut involontaire que l'erreur rend chaque jour à la puissance du vrai; elle a sauvé notre science alors qu'elle semblait périr sous les préjugés des systèmes.

Descartes sacrifiait la vie et toutes les sciences dont la vie est le sujet : il nous serait aisé de démontrer que l'âme, réduite à la pensée et à la conscience, était diminuée au point de devenir étrangère au moi qu'elle anime et constitue. Ombre insaisissable, elle se dérobait sans cesse à l'observation; car la plupart des modalités par lesquelles elle se manifeste et agit lui étaient enlevées. Nous semblions souvent vivre sans elle. Que de sensations, en effet, que d'actes, que de pensées, dont nous n'avons pas conscience ! Où est l'âme pensante durant cette activité de notre être qui demeure pour nous inaperçue, quoique féconde? Où est l'âme de l'enfant conçu ou qui naît à la vie? Se sentir vivre, n'est-ce pas se sentir tout entier, se sentir pensant et agissant? La pensée, l'action, la fonction ne s'enlacent-elles pas en une invincible union, et les isoler, n'est-ce pas immoler l'être lui-même?

Si nous portons nos regards sur les autres existences vivantes, quel éloquent enseignement! Voir la nature avec candeur et bon sens est la plus sûre philosophie; tout y est écrit, tout y est clairement manifesté. Or que l'on considère la suite des êtres animés : elle conduit près de l'homme, jusqu'à l'animal qui semble le comprendre et l'imiter, qui l'aime et le sert, et devine jusqu'à ses désirs. L'espèce humaine a ses représentants inférieurs et bien misérables, hélas! Que l'on prenne ces types dégénérés et affreux de notre race, leur âme ne nous amènera-t-elle pas à l'âme des bêtes qui révoltait Descartes, et que notre inimitable la Fontaine faisait valoir avec un charme émouvant et une si pénétrante finesse? La nature élève-t-elle l'animal si près de l'homme, et abaisse-t-elle celui-ci si bas, pour qu'arrivés à cet homme, nous soyons obligés d'admettre un principe d'action absolument nouveau, et entièrement étranger au principe d'action de l'animal? Avare de causes, féconde en actes, telle est la nature dans l'un de ses plus imposants caractères. N'est-ce pas réduire le type des êtres aux plus faibles conceptions, que d'imaginer un principe d'existence pour chaque apparence diverse? Qui présumerait que c'est la même âme, le même principe de pensée et de perfectionnement qui anime l'homme de ces peuplades plongées, depuis l'origine du monde, dans une immobile barbarie, et l'homme des races supérieures, et, dans ces races, l'homme de génie, le héros et le saint? Il y a l'ensemble des races et des hommes qui comble la distance, et nous force à accepter ces ressemblances que tout semblait repousser : pourquoi refuser ces convaincantes démonstrations lorsqu'elles vont de l'animal à l'être humain?

L'automatisme cartésien et le mécanicisme physiologique avaient accumulé de trop pernicieuses erreurs dans la science de la vie, pour qu'une puissante réaction n'intervînt pas à leur encontre. Au milieu de l'entraînement général, des protestations isolées s'étaient, il est vrai, produites; mais elles restaient sans écho; et l'âme et la vie demeuraient profondément éloignées l'une de l'autre.

« L'homme du XVIIe siècle, dit M. Tissot, qui renoua

le plus solidement avec l'antiquité sur la question du rapport entre l'âme et le corps, sans, du reste, qu'il ait bien connu la doctrine d'Aristote, sans peut-être avoir connu davantage celle d'Albert et de saint Thomas, c'est Stahl. Dans cette voie qu'il semble rouvrir plutôt que parcourir à leur suite, il se distingue par des détails physiologiques dans lesquels on n'était pas entré jusque-là, soit que ces questions de *comment* eussent semblé insolubles; soit, ce qui est plus vraisemblable, qu'elles ne se fussent pas présentées à l'esprit de ses plus illustres devanciers. Suivant lui, l'âme ou la nature animale, mais la nature active, le principe de la vie, sont une même chose. »

Stahl fut, jeune encore, nommé professeur à l'université de Halle, et le respect de sa grande mémoire est conservé dans cette université qu'il illustra durant une longue carrière. Disciple de deux célèbres médecins, physiciens et iatrochimistes, Willis et Sylvius, il sonda de bonne heure le néant de toutes les théories auxquelles s'abandonnaient les savants de son temps, et ceux, en particulier, dont il suivait l'enseignement. « Il sentit, dit M. Bouillier, la nécessité de retirer la médecine de l'ornière où l'avaient enfoncée le mécanicisme et le chimisme, et de l'asseoir sur l'idée de la vie, qui partout se présente à lui, au début de ses études médicales, et dont il se plaint que plus personne ne dise mot. — Il n'y a plus de médecins, s'écrie-t-il, car la médecine est la science de la vie, il n'y a plus que des mécaniciens et des chimistes! De là ses colères, de là les injures, dont il est si prodigue, contre les médecins et les doctrines médicales de son temps. »

Cette vie, dont Stahl veut relever l'idée, il la fait dépendre tout entière de l'action de l'âme sur le corps. L'organisme est une merveilleuse machine disposée pour le mouvement; l'âme est la cause unique du mouvement de la machine.

C'est à l'âme qu'il faut demander, non plus seulement la raison des faits intellectuels, mais encore celle des faits vitaux. Ceux-ci témoignent, en effet, d'une direction raisonnée. Dans l'organisme, tout n'est-il pas lié, ne conspire-t-il pas vers un but déterminé, ne proclame-t-il pas l'intervention d'une raison supérieure qui sait résister aux puissances destructives et réparer les désordres accidentels? Les efforts de la vie intellectuelle retentissent sur la vie organique, et réciproquement. Les passions dominent et ravagent aussi bien notre intelligence que les fonctions animales de l'économie. On ne saurait, sur de nombreux points, établir les limites entre l'âme intelligente et la cause de la vie organique. Qui pourra dire de certains phénomènes : ils appartiennent à l'une plutôt qu'à l'autre? Cette impossibilité de distinction ne trahit-elle pas une manifeste identité? Tout donc doit se rapporter, dans l'organisme, à une cause unique, à une seule force animatrice, l'âme ; elle peut se tromper dans la direction de la vie, comme elle se trompe dans la direction de l'intelligence ; mais toujours, d'intention au moins, elle veut le bien et la conservation du domaine qu'elle gouverne.

Y a-t-il indignité, comme le pensent quelques médecins et philosophes, à donner à l'âme, douée du mode intellectuel, le mode vital? Il est, disent-ils, aussi absurde de dire que le cerveau sécrète la pensée, que dégoûtant d'attribuer à l'âme la sécrétion de la bile ou d'autres liqueurs plus sales encore. Ces rapprochements sont peu sérieux. Les sécrétions, même celles qui n'ont d'autre fin apparente que l'excrétion, se rattachent aux fonctions les plus essentiellement vitales, à la nutrition intime de nos tissus, aux mouvements continus de composition et de décomposition organiques. Comme toute fonction, une sécrétion n'est rien en elle-même et isolément ; elle est l'un des moments, et son produit l'un des aboutissants extérieurs de la vie nutritive. Son indignité ne saurait être autre que celle de la vie organique et nutritive. Serait-ce donc que la vie elle-même est tellement au-dessous de la pensée, qu'on ne saurait songer à les rattacher à une même cause? Mais qui témoigne de cette indignité? Le principe de la pensée n'est-il pas, tout au moins, condamné à une coexistence et à des rapports incessants avec la vie? En quoi serait-il dégradé pour être considéré comme présidant aux fonctions vitales au lieu de leur être associé? Dans cette association, le principe intellectif a sans doute sa part considérable d'action; mais souvent n'est-il pas étrangement soumis au principe de l'activité vitale? Si la sécrétion de la bile s'interrompt ou s'altère, la pensée se trouble : n'est-ce pas une indignité plus marquée que celle qui ressort d'une fusion des deux principes, l'organique et le moral en un seul?

De plus graves reproches ont été adressés à la doctrine de Stahl. La cause invoquée par lui, dit-on, ne répond pas aux faits vitaux. L'âme, telle que nous la révèle l'étude des faits intellectuels, agit avec conscience, réflexion, volonté : dans les faits vitaux, rien n'est libre, rien n'est réfléchi, tout est inconscient. Il y a donc erreur à rapporter les fonctions organiques à des affections morales, à des impressions avec conscience, à des volontés réfléchies. Haller, Locke, Barthez, l'école de Montpellier tout entière ne formulent pas une autre réfutation de la doctrine animiste. Stahl pressentait certainement ces reproches, et avait essayé d'y répondre. En faisant de l'âme le moteur et le régulateur de l'organisme, il s'était attaché à distinguer en elle deux modes essentiels, l'un qui préside aux mouvements purement vitaux, aux transformations continues de la matière organique, mode inconscient du travail qu'il exécute et des lois auxquelles il obéit; l'autre qui régit l'exercice supérieur de la pensée, l'âme consciente, douée de raisonnement et de volonté. Toutefois, Stahl fixait mal les limites et les attributs de ces deux modes de l'âme. Il subissait, malgré lui, l'influence de Descartes, dont il croyait détruire l'œuvre : l'âme à laquelle il demandait la vie était encore pensante et raisonnante, armée toujours de ses facultés libres et réfléchies ; il l'introduisait telle dans le domaine vivant, et soumettait souvent à la réflexion et à la volonté les impressions sans conscience, les déterminations instinctives et nécessaires de la vie organique.

Ces taches de l'animisme stahlien ne touchaient pas au fond de la doctrine, à l'unité du principe vivifiant et pensant ; il était aisé de les effacer, tout en sauvegardant l'unité de l'homme. Il suffisait de reconnaître franchement à l'âme deux modes d'action, l'un gouvernant les phénomènes de la vie, et l'autre ceux de la pensée ; ces deux modes, d'ailleurs, s'unissant en proportions diverses, se complétant mutuellement, et pouvant même, dans bien des cas, se substituer l'un à l'autre. C'est ce qu'à Montpellier même enseignait Grimaud, suppléant de Barthez et remarquable par sa résistance isolée, mais persistante, à l'enseignement obscur et subtil de son chef. « C'est à tort, disait Grimaud, qu'on a cru devoir regarder le sentiment intérieur comme le caractère nécessaire des opérations de l'âme. L'âme est susceptible d'autres facultés, ou plutôt le sentiment qui accompagne ses actes n'est qu'un accident, qu'une circonstance qui se trouve ou ne se trouve pas avec eux. »

Cette réforme de la doctrine stahlienne semblait donner pleine satisfaction à ceux que frappait la nécessité d'adapter étroitement la cause aux effets ; elle maintenait, d'un autre côté, l'unité de l'homme vivant, et traduisait, avec cette simplicité qui est le garant du vrai, les rapports du phy-

sique et du moral, rapports si intimes et si multipliés que
la plupart résistent à l'analyse ou échappent à l'observation.
Le physique et le moral, c'est-à-dire la vie et la pensée,
rayons d'un même foyer, s'unissent et s'identifient dans
l'âme d'où ils procèdent.

Cependant cette réforme fut mal comprise ou dédaignée.
Les préjugés cartésiens ne lui permirent pas de gagner les
suffrages de la foule. Philosophes et médecins continuèrent
à ne voir l'âme que dans l'entendement, et, dès lors, se
virent conduits à chercher pour la vie un principe d'action
distinct du principe pensant. Cette doctrine avait séduit,
dans le passé, quelques esprits éminents. Bacon et Gas-
sendi avaient déjà admis deux âmes, l'une spirituelle pour
la pensée, l'autre matérielle pour la vie. Buffon veut aussi
que l'homme intérieur soit double, et composé de deux
principes différents par leur nature et contraires par leur
action : opinion que Condillac, prenant en main la cause de
l'unité de l'homme, combattit avec énergie et bonheur.
Mais la doctrine des deux âmes acquit tous ses développements et trouva ses plus habiles défenseurs à Montpellier,
où elle reçut le nom de doctrine du double dynamisme. Le
chef d'école fut Barthez, et les *Nouveaux Éléments de la
science de l'homme* devinrent le code vénéré de la doctrine.

Cependant, présenter Barthez comme le fondateur direct
et convaincu du double dynamisme, résumer sa pensée
dans l'admission banale d'un principe vital comme cause
des phénomènes vitaux, c'est apprécier superficiellement
l'œuvre de ce médecin. Barthez est une figure autrement
complexe. Il n'est pas d'homme qui s'enveloppe de plus de
réticences, qui, sous des allures de logicien sévère, cache
de plus audacieuses contradictions, et sous l'affirmation
absolue plus de doutes réels. Barthez, au fond, ne croit à
rien, ni à l'âme, ni au principe vital. Comme tous ceux de

son siècle, il est, en philosophie, sensualiste pur. L'analyse est, pour lui, la méthode scientifique première, et la seule qui agisse et découvre directement. La synthèse, dont il abuse dans ses écrits, est un artifice, une expression générale destinée à représenter d'une manière commode les faits analytiques, sans leur adjoindre un élément nouveau, sans les animer et les soutenir d'un souffle propre. Aussi, loin de pénétrer largement l'idée de cause ou de force, idée mère de toute doctrine, il n'y arrive qu'en hésitant et malgré lui. Il avoue que la cause ne tombant pas sous les sens, n'est rien en soi, n'est qu'une *fiction* de l'imagination. Par suite, au lieu de rechercher les conditions d'être, les rapports nécessaires de la cause avec les phénomènes, il étouffe celle-ci, il la réduit à un moyen artificiel de classification, destiné à retenir l'élan de la pensée, afin qu'elle ne s'égare pas dans de vaines illusions. Il fait donc du principe vital une pure convention; il réduit cette cause au rôle d'une inconnue, remplissant les mêmes fonctions que les lettres x et y dans les mathématiques. Cette comparaison le séduit et lui paraît une vue supérieure. Elle est pourtant vide et trompeuse. Les lettres x et y, mathématiquement employées, sont aptes à représenter les chiffres dont elles tiennent la place. Ce sont des valeurs indéterminées plutôt qu'inconnues; elles jouissent de toutes les qualités des nombres, se divisant et se multipliant à volonté. Par conséquent, elles laissent aux lois du calcul toute leur pureté, et conduisent à des résultats aussi certains que si elles étaient déterminées comme valeur particulière. En est-il ainsi du principe vital? Ce mot, d'après Barthez, tient lieu d'inconnue; c'est une valeur x et y. Mais quelle est la nature générale de cette inconnue? A quelle espèce de choses, d'êtres ou de valeurs se rapporte-t-elle? Ce n'est plus une inconnue dans un ordre connu; c'est une inconnue dans l'inconnu même. En mathématique, les lettres algébriques indiquent un nombre indéterminé, il est vrai, mais nombre toujours ; en médecine, l'x, principe, est-il une force, un être matériel, une âme, un résultat de l'organisation, une simple modalité de la substance organisée ? Chacune de ces choses indifféremment, dit Barthez. Quoi ! même un résultat de l'organisation ? Oui, répond-il, cela est possible ; et ce oui traduit sa plus secrète pensée. Qu'est une doctrine qui, dès ses premières affirmations, ne repousse pas invinciblement une semblable possibilité, et qui permet à ceux qui croient que la vie est un résultat de l'organisation, de donner la main à ceux-là qui, avec Stahl, la croient une cause, une force unie à la matière et lui imprimant une activité nouvelle ? Qu'est une doctrine de la vie qui ne perçoit rien des conditions nécessaires de l'activité vitale, et flotte incertaine d'un doute à l'autre ? Cette conviction d'un principe vital purement nominal est tellement la conception vraiment neuve de Barthez, qu'il repousse toute autre nouveauté qu'on voudrait lui attribuer. « On n'a pas su ou voulu m'entendre, écrit-il, quand on a assuré que je fais consister la nouveauté de ma théorie (ou manière de voir) en physiologie et en médecine, dans l'adoption d'un principe vital, comme d'un être dont il suffisait de supposer l'existence et l'action pour expliquer toutes les fonctions de la vie. Il ne m'importe qu'on attribue ou qu'on refuse une existence particulière et propre à cet être que j'appelle principe vital. »

La longue analyse de Barthez aboutit ainsi à une supposition, à une convention, à une vaine formule. Si la doctrine du double dynamisme était restée dans cet état incertain, si elle n'avait pu se traduire en une affirmation claire et précise, elle ne serait jamais devenue le drapeau d'une école. Mais les idées barthéziennes ont peu à peu dépouillé leur allure embarrassée, et étouffé les doutes qu'elles avaient amassés sur la réalité du principe vital. Ces doutes, du moins, n'ont été conservés que comme une réserve destinée à répondre aux objections que soulevait une affirmation décidée. Le double dynamisme s'est donc constitué, sans détour, à Montpellier, et c'est le disciple et l'héritier de Barthez, M. le professeur Lordat, qui l'a élevé au rang de système affirmé, d'interprétation nette et franche de la nature de l'homme.

L'être humain obéit à deux forces, à deux principes : le premier de ces principes, l'âme, le sens intime, est immatériel, insénescent[1], impérissable, et commande à la pensée, au sentiment avec conscience, à la volonté ; le second, le principe vital, sorte de *medium plasticum*, décline, dépérit, se divise même, disparaît enfin avec la vie ; il gouverne les phénomènes vitaux proprement dits, les relie entre eux, constitue l'unité de l'être vivant, l'animalité en un mot. Ce second principe s'unit à l'agrégat matériel et sert d'intermédiaire entre le corps et l'âme ; il est, suivant l'expression de M. Lordat, une âme de seconde majesté, l'âme véritable étant de première majesté.

Cette systématisation compliquée de la vie humaine méritait-elle une préférence marquée sur l'animisme de Stahl ? Elle prétend répondre aux deux ordres de faits humains, les faits avec conscience, et les faits organiques accomplis, sans que le moi les veuille et les perçoive. Mais, nous l'avons déjà dit, pourquoi l'âme n'agirait-elle pas avec conscience, réflexion et volonté, dans les fonctions intellectuelles, et par des impressions sans conscience, par des

---

(1) Je prends ce mot dans l'acception que M. Lordat lui a donnée dans son livre de l'*Insénescence du sens intime*, quoiqu'elle soit philologiquement inexacte : *insenescere* ne signifie pas ne pas vieillir, mais s'avancer dans la vieillesse.

déterminations instinctives, et suivant des lois primordiales, dans l'exercice des fonctions organiques?

La nécessité, la raison du second principe s'évanouissent donc dans une vue complète de l'âme : rien de décisif ne l'appelle; tout, dès lors, le condamne. Un principe unique d'animation n'est-il pas plus simple et plus magistral que cette superposition de principes premiers et seconds? La nature prodigue-t-elle les causes et les forces, et ses œuvres sont-elles de subtils assemblages de principes d'action sagement superposés, bien symétriques et distincts, chacun ayant son rôle et son but? Cette unité de l'homme qui est au fond de nos plus intimes pensées, qui est l'affirmation simple et traditionnelle, par excellence, ne serait qu'une trompeuse apparence, et la science la dédoublerait hardiment! Qu'ajoute cependant à nos connaissances cette libéralité ontologique de causes, et quelles notions inaccessibles sans elle lui devons-nous? Aucune, et la science ne gagne réellement à cette conception qu'une hypothèse de plus. En revanche, elle y perd beaucoup, et la plupart des réalités vivantes qu'elle mutile ou défigure. MM. Tissot et Bouillier accumulent, en de pressantes argumentations, les faits considérables que la doctrine du double dynamisme obscurcit ou méconnaît; et ces faits appartiennent à tous les modes de l'activité humaine, relèvent de la pensée comme de la vie. Ces deux principes, que l'on invoquait pour mieux posséder la pensée et la vie, sont fatals à chacune et les étouffent toutes les deux; et cela devait être, car la pensée et la vie s'entremêlent incessamment, se complètent et s'expliquent l'une par l'autre, et ne sont possédées en entier que lorsqu'on les poursuit jusqu'à leur foyer commun, jusqu'à l'âme pensante et vivante qui les unit en elle.

Ce n'est pas seulement l'unité de l'homme que le double

dynamisme sacrifie, mais encore l'unité de l'œuvre divine vue dans son ensemble, l'unité de l'ensemble des êtres animés dont l'homme est l'aboutissant et le faîte. Les enseignements d'Aristote et de saint Thomas, ces hautes inspirations qui proclamaient « l'humanité comme la fin de la nature entière », qui jugeaient « toutes les formes inférieures comme des degrés par où la nature s'élève jusqu'à la forme excellente de l'homme », ces inspirations vivent dans la mémoire de ceux que ravit la simplicité sublime du monde, et qui savent y lire la pensée souveraine et créatrice : elles ne tomberont pas devant les conceptions hésitantes de Barthez et les antithèses ingénieuses de M. Lordat.

III

La doctrine stahlienne modifiée, l'animisme moderne tel que le professent MM. Tissot et Bouillier, convient sans doute à l'étude philosophique de l'âme. Cette étude s'attache surtout à la pensée, et savoir que la pensée et la vie ne sont pas des étrangères associées malgré elles, mais découlent d'une même source et traduisent une même existence, suffit à donner à la pensée une base réelle, et permet d'en saisir les rapports, les conditions diverses, les transformations cachées. Cette même doctrine fournit-elle à la physiologie les vérités premières qui doivent l'éclairer, établit-elle la vie avec la même plénitude que la pensée? La plupart des médecins animistes répondent affirmativement; pour eux toute la doctrine de la vie est là : MM. Tissot et Bouillier le croient aussi, et, mieux que les médecins, avaient droit à le croire. Philosophes, ils ne sauraient posséder, malgré leur érudition, le sens intime de toutes nos déviations médicales, ni imaginer la perfide aisance avec laquelle la notion systématique se substitue, parmi nous, à la notion simple et vraie. Je touche ici à des questions difficiles à exposer, surtout lorsqu'on ne doit pas y appuyer, et qu'on est réduit à les indiquer d'un trait rapide. J'essayerai cependant, et pour y parvenir plus sûrement, je rappellerai, au préalable, quelques principes fondamentaux.

La raison humaine, et tout jugement qui la réfléchit, se résout nécessairement en deux idées, idée de grandeur et idée de perfection, suivant les expressions de Malebranche. La première représente ce qui est de soi inerte et divisible, ce qui peut s'évaluer en nombre, en étendue, en durée; la seconde représente la force, l'unité, l'indivisible, l'infini. Toute notion scientifique, toute chose jugée, toute existence définie contient ces deux termes : l'un nécessaire, absolu, substantiel, causal, parfait, infini; l'autre contingent, imparfait, phénoménal, relatif, multiple, fini. L'analyse identifie tous les premiers termes sous le nom d'idées nécessaires, et les seconds sous le nom d'idées contingentes. Prenons en exemple ce jugement : tout phénomène reconnaît une cause. Cette affirmation trahit une double idée, l'une nécessaire, universelle, planant bien au-dessus de la sensation, l'idée de cause; une autre relative et variable, limitée quant à l'espace et à la durée, celle du phénomène. Ces deux éléments sont les éléments universels des choses, telles que nous pouvons les connaître; car c'est dans notre monde intérieur et spirituel que nous connaissons, et que nous avons à chercher les conditions mêmes du monde extérieur et visible.

Comment ces éléments s'unissent-ils pour constituer la raison humaine et l'ensemble des existences? Y a-t-il entre eux des rapports nécessaires? Chacun d'eux peut-il exister isolément; leur union est-elle libre, susceptible d'être ou de ne pas être, ou est-elle une invariable condition de leur existence mutuelle? Question aussi importante que la détermination même de ces éléments, et qui, méconnue, ruinerait les connaissances fournies par chacun d'eux. Or, si l'on rentre en soi-même, on voit clairement que des deux éléments de la pensée, idées nécessaires et idées contingentes, l'un suppose l'autre, et que les isoler c'est les détruire. Leur coexistence et leur mutuelle pénétration ne sont pas arbitraires, mais voulues par leur nature même. La pensée, sous peine de les perdre sans retour, doit les contempler d'une seule vue, confondus en une invincible étreinte. Essayons de séparer un instant l'idée d'unité de celle de pluralité : que devient-elle dans l'isolement? Une unité stérile, incapable de rien fournir au-dessus ni au-dessous d'elle, indéterminée et indéterminable, perdue dans les profondeurs inaccessibles de l'existence pure, ne pouvant se mouvoir ni être mue; car, au moindre mouvement que la pensée lui imprimerait, qu'on tentât de la comparer, de la mesurer, de la diviser ou de l'ajouter à elle-même, l'idée de multiplicité apparaîtrait, et la fiction tomberait. D'un autre côté, que sont la multiplicité et la variété privées d'une unité qui les engendre, qui les constitue et les préserve d'une dissolution sans termes? Où s'arrêteraient-elles dans cet irrésistible entraînement vers le néant, si l'unité ne les pénètre et ne les relie en une totalité, en une collection quelconques?

Veut-on un exemple qui traduise directement l'activité de la matière, l'existence des corps, la vie elle-même? Que l'on prenne l'élément force et l'élément quantité, le simple et le composé, et qu'on s'essaye à les éloigner l'un de l'autre. La force enlevée à la quantité, que devient cette dernière? La quantité est de soi divisible à l'infini; si une force active ne la maintient, ne la constitue substantielle-

ment, la quantité nous échappe, et, suivant l'expression de
Pascal, elle fuit d'une fuite éternelle. En un mot, elle n'est
pas et ne peut être. Que l'on imagine pareillement la force
un instant isolée du composé, et l'on a une force perdue
dans l'indétermination. Elle s'immobilise et s'éteint dans
les pâles régions de l'indéfini. C'est une activité incapable
d'action, une prétendue cause qui ne saurait produire un
effet. Une existence muette, placée hors de tout regard,
loin de toute perception possible, que ne décèle aucune
apparence, aucun mouvement, aucun acte, touche au
néant, et de bien près se confond avec lui.

Quelle est la condition essentielle de cette mutuelle pénétration de l'un et du multiple, de la force et de la quantité?
Cette condition découle de la nature des rapports qui relient
ces éléments. La force est nécessaire à la quantité, celle-ci
à la force, et cette nécessité est absolue; elle va donc à
l'infini. La force doit, en effet, pénétrer à l'infini la quantité.
Si elle s'arrêtait à un point, la quantité qui resterait en
dehors n'aurait plus de raison d'être; et le point, arbitrairement choisi pour détermination à la force, disparaîtrait
avant toute réalisation possible de celle-ci. La quantité ne
serait pas seule anéantie. La force, entravée dans sa poursuite de l'infini, succomberait aussi dans cette fiction. Une
unité, de son essence, doit pouvoir se développer en
nombres sans fin; une activité nécessaire ne peut être
arrêtée dans sa marche sans être brisée. Une force qui ne
se meut pas à l'infini dans le composé qu'elle anime, n'est
ni unité, ni activité, ni force; elle perd tous ses caractères
en cédant, un moment, devant la quantité pure, qui est de
soi inertie et division. Elle devient contingente et limitée
comme la quantité qui l'arrête.

Examinons à la lumière de ces principes la vie stahlienne,
et jugeons si elle répond aux nécessités premières que nous

venons d'entrevoir. Stahl, d'une vue supérieure, reconnaît dans l'homme une cause unique de mouvement, l'âme; tout y est soumis, la pensée et la vie. Mais ce n'est pas tout de proclamer une cause, il faut savoir l'unir aux phénomènes et trouver en elle la réalité des effets qu'elle engendre; il faut que son union avec le fait qui découle d'elle soit, non pas fictive et légère, mais réelle et profonde, de façon à ce que les deux se pénètrent et vivent l'un dans l'autre pour ainsi dire. Or, cette union de la force et du fait, du simple et du composé, cette union qui donne et qui reçoit l'être à la fois, Stahl en ignore les essentielles conditions, et, par suite, il s'égare dès ses premières affirmations. L'âme, la cause humaine, est, suivant lui, un principe indépendant, existant et actif par lui-même, superposé à la machine organique, et en déterminant l'évolution et les diverses fonctions par l'activité qu'elle exerce sur cette existence inférieure. La cause vitale, au lieu d'être une force réalisée par l'évolution organique, et trouvant l'être dans l'évolution qu'elle réalise, est une force substantialisée en elle-même en dehors de toute forme visible, de toute multiplicité qui la traduise à nos perceptions. Stahl lui accorde une existence affranchie de la matière organisée, et transporte sur elle toute activité, toute impression, tout sentiment. Philosophiquement il dénature par là l'idée de force et crée un fantôme d'être qui se dérobe invinciblement à une saine observation. Qu'est, en effet, la force en dehors du composé qui la réalise et qu'elle réalise? Une abstraction impossible, une fiction pure, une cause vue sans aucun de ses effets nécessaires; et donner à une cause une activité qui ne se traduit par aucun de ses effets, c'est fatalement lui donner une activité chimérique. Fonder la notion de vie sur cette illusion, c'est fonder la science entière de la vie sur une base impalpable et imaginaire. C'est pourquoi tout devient arbitraire et fictif dans la science de Stahl; tout s'y rapporte aux affections, aux déterminations, aux volontés, à la prévoyance de l'âme. Le travail de l'économie s'efface pour laisser la place à cet être supérieur qui se meut sur le terrain organique et y conduit tout par un mécanisme savant et une incessante surveillance. On conçoit combien les obscurités et les erreurs se doivent amonceler dans une science où l'observation simple et droite a si peu de part, et où tous les faits sont torturés jusqu'à ce qu'ils se soient pliés sous les interprétations systématiques de la doctrine.

Il y a plus : non-seulement Stahl, par l'idée d'une âme indépendante et présidant à la vie, détruit l'idée de force et se perd dans une fiction, mais encore il détruit l'idée d'organisme et rend impossible l'instrument ou le théâtre de son âme. Si l'âme, en effet, indépendante de l'organisme, se détermine par elle-même et commande à celui-ci, ce dernier, à son tour, existe en dehors de l'âme; il la supporte et lui obéit, subit sa volonté et son activité, ne saurait fonctionner privé de ce gouvernement, mais n'en reste pas moins quelque chose de distinct; c'est un composé d'organes, muet, immobile, alors que le moteur se tait, mais qui, mû, n'est pas le moteur et ne se confond pas avec lui. Où cela conduit-il en médecine ? Au mécanicisme; conclusion inattendue et cependant inévitable du stahlianisme. L'activité, la spontanéité sont, en effet, toutes déférées à un principe simple; l'organisme, par contre, n'est qu'une machine complexe et délicate appropriée à l'action du principe.

L'économie marche donc comme ces merveilleuses inventions du génie industriel, que gouverne, accélère ou ralentit une main habile et vigilante. Aussi Stahl prodiguet-il, dans ses œuvres, les explications *physico-mécaniques*, *mécanico-organiques* (ces mots sont de lui), et ne croit-il donner une vraie théorie des phénomènes physiologiques ou morbides que lorsqu'il la fonde sur les conditions chimiques, physiques, mécaniques, des humeurs et des organes.

Cet entraînement au mécanicisme fut général parmi les animistes. Écoutons le stahlien Sauvages : « L'homme, dit-il, est un agrégat composé d'une âme vivante et propre au mouvement, et d'une machine hydraulique unis ensemble. » Le sensualisme organicien le plus décidé n'a pas dépassé ces affirmations : on diffère sur le moteur, mais on tombe d'accord sur le mouvement.

Tels sont donc les aboutissants réels de l'animisme : une activité idéale, hypothétique, conçue en dehors de ses effets propres, se dérobant, par conséquent, à l'observation qui la cherche : un mécanisme savant et compliqué, au lieu d'un organisme palpitant de spontanéité et de vie. Double erreur inscrite au sommet de la science, et qui, se prolongeant comme une ombre sur tous les faits, les enveloppe d'obscurités et les dénature sous l'hypothèse. Ces vues incomplètes de la notion de cause et de force n'appartiennent pas seulement à l'animisme stahlien, mais encore à l'animisme modifié qu'enseignent aujourd'hui les philosophes et qu'acceptent quelques médecins. Comprendre dans l'âme les faits de conscience et de volonté ainsi que les faits organiques et fatals, les distinguer tout en les rattachant à une cause unique, ne suffit pas pour constituer la doctrine de la vie. Il faut poursuivre l'âme dans les réalités mêmes de l'acte vivant, et ne pas l'isoler en la plaçant au-dessus de l'économie, dans des régions inaccessibles où, séparée de tous ses effets organiques, elle se dérobe à l'observation physiologique.

Le double dynamisme n'échappe pas à ces aberrations de l'animisme. Le principe vital, substantialisé hypothéti-

quement ou affirmativement, n'en demeure pas moins un
principe distinct de la machine qu'à Montpellier on appelle
l'agrégat organique. Les phénomènes vitaux ne sont plus
conçus qu'à travers cette image d'un être spécial, sentant,
voulant, agissant. Barthez parle sans cesse, et avec une fati-
gante abondance, des affections du principe vital, de ses
déterminations, de ses volontés, de ses idées, de son attention, de son activité. La lecture des *Nouveaux Éléments de
la science de l'homme* peut seule faire comprendre à quel
point cette personnification, toujours présente d'un principe de vie, altère le langage médical et défigure l'observation naïve. Ce n'est plus la nature vivante que l'illustre
auteur fait mouvoir devant nous; il n'en a ni n'en transmet le sentiment; c'est un perpétuel et pénible retour vers
une fiction ontologique qui seule remplit la scène; et cette
incessante intervention d'un être imaginaire fatigue et
révolte l'esprit.

Les médecins se sont ainsi accoutumés à séparer la vie
de l'organisme, et la cause organisante de l'organisation.
C'est une erreur répandue en science biologique que de
considérer comme étant encore un organisme, comme offrant une organisation, des corps où la vie est éteinte,
tant qu'une décomposition complète n'en a pas dispersé
les éléments. Écoutons un savant médecin, M. Gintrac,
qui a tracé un *Précis de bionomie* en tête de l'ouvrage
considérable qu'il a publié : « Dans un cadavre, dit-il,
il n'y a que l'organisation; dans un être vivant, il y a
l'organisation et de plus le dynamisme ou la vie… L'organisation et la vie sont comme deux lignes parallèles
qui ont commencé à peu près en même temps, mais qui
finissent l'une après l'autre. La vie s'éteignant la première,
l'organisation demeure seule. Un être organisé peut donc
se trouver dans l'un ou l'autre de ces états avec ou sans

coïncidence de la vie. » Voilà où conduisent les notions superficielles ou tronquées : l'être organisé peut n'être pas vivant; la vie est une simple coïncidence! On met hardiment le multiple en dehors de l'unité active qui l'engendre; on isole la réalisation de la force d'avec la force réalisante, et on avoue que la première peut persister sans la seconde! On range sous un même nom deux êtres que tout sépare; l'un qui est la vie incarnée, l'autre où rien de la vie n'apparaît, et qui appartient en entier à l'ordre physique. Il semble que ce ne soit plus la cause intérieure et génératrice qui régisse et caractérise les choses, mais de vaines ressemblances extérieures. Qu'un sensualisme conséquent appelle indifféremment organisme et organisation l'être qui sent et se meut devant nous, et celui que la vie a désormais abandonné, soit; mais que des médecins qui reconnaissent à la vie une cause et des lois propres s'y trompent, et sacrifient à leur insu leurs convictions, rien de plus étrange, et pourtant rien de plus commun. Non, l'organisme et l'organisation ne sont pas une machine ou un agrégat, mis ou non en jeu par un moteur indépendant; non, ce sont des corps pleins de l'unité qui les fait être, qui se transforment, se renouvellent, s'engendrent incessamment par la vie; ils sont la vie elle-même, se manifestant à nous par une évolution sans repos, car le repos, pour la vie, c'est l'extinction même. Ce qui a vécu, qu'est-ce donc? Rien de plus que la forme éphémère d'un passé vivant, mais forme inanimée et vide, tombée sans retour dans le domaine physique, et pas plus organisée qu'elle n'est vivante.

Ces sophismes en amènent d'autres plus cachés et plus dangereux. L'organisme n'étant pas tout conçu dans la vie, étant, pour ainsi dire, partagé par moitié, l'une livrée à la cause vitale, âme ou principe vital, l'autre ramenée aux forces physiques et chimiques, il s'ensuit que l'on prétend trouver, dans cet organisme vivant, des phénomènes vitaux et des phénomènes physiques. Des médecins parlent donc sans hésitation des phénomènes physiques et chimiques de la vie. C'est ainsi qu'après avoir placé au sommet de la science une cause ou force propre, on développe la science en dehors de cette cause et de cette force, et l'on aboutit au plus étrange et contradictoire amalgame. Les vérités doctrinales perdent toute virilité, et s'affaissent au milieu de ces faits et de ces principes qui se combattent et se repoussent. Les conditions extérieures et physiques sont nécessaires à la vie; on en fait partie intégrante de la vie. La chaleur et l'humidité sont nécessaires au développement du germe végétal : dit-on, cependant, que la chaleur et l'humidité fassent partie du germe et se développent avec lui? Pourquoi commettre ces confusions dans la science de l'ordre vivant?

Quelque nécessaires qu'elles lui soient, les conditions extérieures de la vie n'entrent pour rien dans son essence. Celle-ci demeure indépendante; rien de l'ordre physique ne la pénètre directement, car cet ordre n'est pas le sien. Le fait extérieur, l'impulsion physique ne suscitent une action organique qu'en se transfigurant dans l'organisme qui les reçoit, qu'en se changeant en impression vitale, origine de l'acte, en un mot, qu'en se vitalisant. Tout cela ne signifie pas que les forces physico-chimiques perdent rien de leur empire dans la constitution moléculaire et le mouvement de la matière organique. Non, la matière organisée possède, comme toute matière, son aspect physique, complet et indépendant. Mais, sous cet aspect, la matière est considérée en dehors de son organisation, en dehors de sa fin, en dehors de la causalité spéciale qui la régit; elle est considérée, alors, en tant que matière qui pèse, que levier qui soulève ou supporte, que fluide qui circule, que molécules et qu'atomes entraînés dans un incessant mouvement de composition et de décomposition, non en matière qui sent, s'impressionne, prend une forme spécifique, conçoit, pense et veut, en matière qui vit en un mot.

La chimie et la physique, font donc leur œuvre dans la masse complexe, modelée et animée par la vie. Toutefois cette chimie et cette physique, si profondes et si puissantes qu'on les suppose, n'instituent pas l'être vivant; elles lui fournissent uniquement ses conditions d'être. C'est là, pour la physique et la chimie, un utile et difficile sujet d'étude; il n'est pas nécessaire, pour grandir leur rôle, de leur demander la raison même des faits vitaux; et, assimilant la condition d'un phénomène à sa cause, de déclarer qu'il y a dans la vie, non plus exclusivemeut des phénomènes vitaux, mais encore des phénomènes physiques. Cet éclectisme voile les réalités et obscurcit la notion causale de la vie.

L'organisme, agrégat physique en même temps qu'être vivant, montre ainsi une double représentation de forces; les unes, inférieures, agissant en toute matière et la constituant; les autres, supérieures, se traduisant en organisation, en forme spécifique, en sensibilité, en volonté, en pensée. Les premières deviennent, vis-à-vis des dernières, une condition d'exercice et de développement, un sujet sur lequel elles opèrent, mais qui ne saurait les pénétrer. Les forces inférieures sont conquises, en quelque sorte, par les supérieures, elles sont employées, mais en demeurant entières, sans rien perdre de leur essence, sans qu'aucune de leurs activités et de leurs propriétés s'efface. Il n'y a donc pas, dans l'organisme, des phénomènes mécaniques de la vie; il y a des phénomènes mécaniques de la matière que la vie anime d'activités nouvelles et inconnues à l'ordre physique. Les forces physiques, le monde extérieur, n'agissent sur l'être considéré en tant que vivant, qu'en l'incitant à des actes vitaux ; les actes physiques, déterminés par l'extérieur physique, restent en dehors de la vie proprement dite. A ce point de vue, comme le disait Brown, la vie est une incitation. Ces vérités profondes, Buffon les exprimait en un magnifique langage : « Formés de terre et de poussière, disait-il, nous avons avec la terre et la poussière des rapports communs : l'étendue, l'impénétrabilité, la pesanteur… ; mais ces rapports qui nous lient à la matière ne font point partie de notre être… ; c'est l'organisation, c'est la vie, l'âme, qui fait proprement notre existence. »

L'âme, la vie, l'unité vitale, c'est donc l'être tout entier ; l'agrégat physique n'est rien en lui et par lui ; il est l'âme et la vie visible dans ses effets. Cette âme, cette vie n'occupe pas seulement une partie de l'organisme, elle le pénètre jusqu'aux derniers atomes, se confond organiquement avec lui par delà les infinies divisions que la pensée peut concevoir. Cette invincible et mystérieuse union est la condition de toute unité et de toute substance, mais il ne nous est pas donné d'en sonder le comment et l'abîme. L'unité vivante se substantialise jusque dans les profondeurs inaccessibles de l'organisation par les éternelles nécessités qui commandent à l'étreinte de la force et du composé, de l'un et du multiple. Si la vie n'imprégnait pas à l'infini la matière organique, si elle s'arrêtait à un terme déterminé, il s'ensuivrait qu'au delà de ce terme la matière organique soustraite à la vie tomberait exclusivement sous d'autres forces, lesquelles seraient les forces physiques libres, et, par cela seul, la constitution de l'économie deviendrait impossible. Ces forces physiques, maîtresses sur un point, en dissoudraient les éléments suivant leur action propre pour les livrer au monde inorganique; et la vie manquant de base, privée du point d'arrêt qu'on prétendait lui fixer, verrait se dérober devant elle toute détermination organique. Il semble qu'il y ait un point, raison dernière des choses, substance de l'infini, un point où la force causante s'identifie au composé et à l'effet, la force devenant une sorte de matière simple, la matière se perdant dans l'activité de la force. A ce point, nous tombons en éblouissement, suivant une expression de Montaigne.

Ces conditions premières et essentielles de la vie dominent la physiologie et la médecine tout entière, elles sont la raison constitutive et partout présente de l'une et de l'autre. Toute étude de fonction et de maladie, toute notion de thérapeutique doivent s'instituer à ces clartés. Je ne puis poursuivre ici ces vastes et profondes dépendances : j'en retracerai ailleurs la longue histoire : ces premiers aperçus suffisent pourtant à indiquer le milieu où se doivent puiser les vérités doctrinales de la médecine. Ce n'est pas plus l'animisme que le double dynamisme qui les fournit. La doctrine de la vie qui convient aux médecins s'appelle du nom même de la vie : vitalisme ou biologisme; l'ancien et le nouveau nom sont identiques et se valent. Ces mots ne veulent pas dire, comme celui d'animisme, que la vie résulte de l'union d'une âme et d'un agrégat organique; mais que l'âme et la cause organique, c'est la vie; et que la vie, c'est l'organisme évoluant, c'est l'être humain considéré dans son développement légitime. La vie, c'est tout, c'est l'origine, l'aboutissant et la raison de tout l'ordre vivant.

MM. Tissot et Bouillier en sont demeurés à l'animisme : j'avoue cependant que cet animisme, ils l'ont fait aussi vivant que possible; ils ont rapproché la cause vitale de ses effets avec plus de décision que les philosophes ne l'avaient fait jusqu'ici. Les ouvrages que nous avons annoncés au début de cet article marqueront un progrès dans l'histoire philosophique de l'homme. Celui de M. Bouillier séduira surtout par la clarté des développements historiques, et convaincra par la pénétrante sagacité avec laquelle il analyse et rapproche les faits inconscients de l'âme pensante, et les faits vitaux perçus cependant par la conscience.

25 octobre 1862.

LES LUTTES ACTUELLES

DE LA PHILOSOPHIE ET DE LA SCIENCE

La philosophie, ou du moins les agitations philosophiques renaissent : c'est le signe du moment. D'un côté, le matérialisme souffle comme une tempête sur les régions de la science; ses déchaînements ébranlent tout; notre passé scientifique, comme notre passé intellectuel et moral, semblent menacer ruine. D'autre côté, de nobles efforts, de beaux travaux, d'éloquentes protestations s'élèvent au nom de la raison et de la liberté, au nom de la science, au nom de la dignité humaine atteinte et tarie dans ses sources fécondes. Une lutte souveraine est engagée, dont l'issue définitive ne saurait être douteuse. Pas plus aujourd'hui qu'hier et que demain, les doctrines et les hypothèses matérialistes ne sauraient conquérir, d'une manière durable, l'humanité vaincue dans ses meilleures aspirations, dans sa gloire réelle. Mais si le triomphe dernier est assuré, ce triomphe est-il prochain, ou doit-il s'éloigner, laissant une victoire momentanée à la grande erreur philosophique qui a toujours menacé le monde? Grave et anxieuse question : car cette victoire momentanée marquerait notre temps d'un signe funeste, et nous vaudrait, sans doute, bien des humiliations inattendues, bien des expiations douloureuses. Les discussions philosophiques soulevées à notre entour ne sont donc pas comme un bruit inutile et vain, auquel on peut se dérober : loin de là; elles sont l'affaire majeure de ce jour; elles portent en elles de grandes destinées, les destinées de la science, celles peut-être du pays lui-même.

Pour apprécier le vrai caractère du mouvement matérialiste qui traverse toutes les couches sociales, qui monte et descend tour à tour, que le savant et l'ignorant accueillent avec un égal transport, il faudrait sonder toutes les causes prochaines ou éloignées, latentes ou manifestes, qui donnent l'impulsion à ces courants, à ces flux et reflux menaçants. Il serait bon de déterminer en quoi le matérialisme actuel a ses origines exclusives et profondes dans les entrailles de la science moderne; quels aliments réels il a rencontrés dans les découvertes scienfitiques récentes, et quelle est la valeur et la portée de ces découvertes. Regardant plus haut, remontant aux méthodes qui gouvernent les connaissances humaines, il faudrait mesurer la part qui revient à de prétendues méthodes nouvelles; il faudrait voir si l'abaissement décrété et le discrédit voulu de l'enseignement philosophique n'ont pas affaibli les digues élevées par de fortes traditions. N'y-a-il pas eu de ces fausses habiletés politiques qui ont ouvert aux esprits violents toute carrière vers des questions presque délaissées, et les ont tacitement encouragés à des entraînements où ne semblaient ni compromises ni intéressées les destinées d'un gouvernement, ami de popularité tout autant que de stabilité, mais dont les prévoyances portent toutes à courte échéance? La science ne s'élève pas sereine, impartiale, purement occupée de ses intérêts propres, inaccessible aux préjugés de la foule, aux passions des partis extrêmes. Non; ceux-ci trop souvent réagissent et puissamment sur elle, lui communiquent des inspirations qu'elle ne connaîtrait pas sans eux, la poussent à des idées préconçues, à des affirmations téméraires que, livrée à elle-même et dégagée de toute influence étrangère, elle désavouerait certainement. Qui ne voit combien le rôle réel de la science est effacé dans nombre d'opinions dites scientifiques ; combien de jugements se produisent comme l'œuvre du travail libre de l'esprit humain, et qui ne sont qu'un moyen d'attaque, que des instruments d'ébranlement et de destruction contre des croyances auxquelles il a dû jusqu'ici sa dignité comme sa sûreté ! Que de vérités sont contestées et repoussées parce qu'elles semblent donner un appui à des causes que l'on veut ruiner ! N'est-ce pas là le secret de l'ardeur subite avec laquelle sont adoptées des opinions dont on devine aisément le pouvoir subversif, et que l'on propage et défend comme démontrées, alors qu'elles sont encore à l'état d'hypothèse infime, et sans même qu'elles aient en leur faveur d'obscures probabilités ?

Nous posons ces questions sans les aborder. Nous ne voulons pas faire le compte des défaillances imprévues et des complaisances coupables auxquelles la science de ce temps s'est trop souvent abandonnée ; il y a là des tristesses qu'il suffit de laisser entrevoir. Nous désirons montrer un autre et meilleur spectacle : celui des heureux combats, des fermes oppositions que les affirmations du matérialisme moderne ont suscités. La défense des doctrines spiritualistes s'est élevée à la hauteur et des circonstances et de la grande cause attaquée. Elle a, d'un côté, amené la philosophie spiritualiste vers l'étude des faits qu'on lui opposait, et, de l'autre côté, conduit d'illustres savants à des études doctrinales dont l'importance leur était peu à peu révélée par les révoltes et les prétentions injustes de la science elle-même. Philosophes et savants ont trouvé dans ce double retour, dans ce mutuel échange de préoccupations, l'inspiration d'œuvres fortes et saines qui ne s'éteindront pas avec les systèmes à l'occasion desquels elles ont été conçues, mais qui dureront par delà les agitations de la polémique contemporaine, et marqueront un progrès réel dans la marche ascendante de la philosophie et de la science. Ces œuvres vaillantes sont nombreuses; nous ne pouvons ni les énumérer, ni les étudier toutes. Nous en indiquons quelques-unes en tête de ces pages, et nous les choisissons de façon à ce que chacune nous livre un aspect différent de cette grande lutte du bien et du vrai. Elles nous serviront de guide dans l'exposé que nous entreprenons de tracer.

On dirait, à entendre le bruit qui se fait autour de la méthode expérimentale, les enthousiasmes qu'elle excite, les défenses passionnées qu'elle semble provoquer; on dirait que cette grande méthode de connaissance est une conquête nouvelle de l'esprit humain, que sa légitimité est controversée et son existence menacée. On sait à cet égard ce qu'il en est. Pourquoi donc une telle agitation? Celle-ci serait-elle toute factice? Nous le croyons; mais, quoique factice, cette agitation n'est ni sans but, ni sans portée. La méthode expérimentale n'est si bruyamment invoquée que pour couvrir de son autorité des sophismes destructeurs de toute philosophie et de toute science, et que l'on représente comme l'inévitable produit de la méthode acclamée. C'est un large drapeau sous lequel on abrite des causes qui ne sont pas la science. M. Caro, dans son excellent livre, *le Matérialisme et la Science*, s'est attaché à dissiper toutes les confusions amassées à ce sujet, et à rétablir les faits et la vérité méconnus.

Le positivisme, qu'il ne faut pas confondre avec la science

positive, s'efforce de lier ses destinées à celles de la méthode expérimentale ; il se dit le fruit nécessaire de celle-ci, le résultat systématisé d'une méthode qui soumet à l'homme toute la nature visible. Le positivisme conclut de ces prémisses qu'il a pour lui la certitude dont est doué la méthode expérimentale, puisqu'il se borne à coordonner, à hiérarchiser les faits conquis par la méthode, et à en déduire les sciences diverses, leurs rapports et leur filiation, lesquels doivent remplacer la vieille métaphysique et constituer la philosophie nouvelle. Celle-ci est déclarée inébranlable, vraiment digne de son nom de positive, puisqu'elle a pour unique base celle des faits visibles, accessibles à nos investigations directes, perpétuellement soumis au contrôle de l'expérience.

M. Caro, d'une main ferme, renverse ces fausses prétentions. Il démontre que si le positivisme a pris habilement à la science positive son nom et quelques-uns de ses procédés, l'école expérimentale, à qui les sciences positives doivent tant, ne doit rien au positivisme. Prenant pour guide, dans l'étude de la méthode expérimentale, l'un des savants qui la connaît le mieux, et qui, après l'avoir pratiquée avec un succès et une constance dignes de toute admiration, en a exposé les préceptes avec une autorité incomparable, M. Caro prouve que cette méthode n'accepte aucune des exigences tyranniques du positivisme : « Rien de moins évident à mes yeux, dit-il, que la conformité du mode de penser de M. Cl. Bernard avec certains principes essentiels du positivisme. Sur deux points surtout, son indépendance absolue se manifeste avec éclat. 1° Contrairement à l'esprit de la doctrine positive, il fait une grande part à l'idée *a priori* dans la constitution de la science. 2° Contrairement à l'un des dogmes les plus arrêtés de cette école, il laisse un grand nombre de questions ouvertes, et

par toutes ces issues il permet, dans une certaine mesure,
le retour aux conceptions métaphysiques. »

Dans la pensée de M. Cl. Bernard, l'idée *a priori* perd
tout sens absolu, et devient un fait presque relatif et éven-
tuel. Elle n'a plus rien de ces formes éternelles de l'entendement, de ces concepts nécessaires à l'aide desquels l'esprit humain voit et juge les choses de la nature, les faits
contingents, les phénomènes qui se déroulent devant nous.
Ce n'est pas cette puissance, reflet obscur et cependant
admirable de la puissance infinie, qui nous fait saisir les
rapports immuables des choses, et fonde la science en nous
poussant, par un irrésistible entraînement, à chercher
dans leur cause la raison des faits observés. Non, M. Cl.
Bernard ne s'élève pas directement à cette alliance de
l'infini et du fini, de la cause et de l'effet, qui s'accomplit
dans les profondeurs actives de l'esprit humain. Pour ce
grand expérimentateur, l'idée *a priori* ne se révèle qu'en
face même de l'expérimentation : c'est un instinct, une
illumination subite qui frappe et saisit l'esprit, alors que
les sens opèrent et perçoivent, témoins impassibles et
muets. « Son apparition est toute spontanée et tout individuelle. C'est un sentiment particulier, un *quid proprium*,
qui constitue l'originalité, l'invention ou le génie de chacun. Il arrive qu'un fait, qu'une observation reste très-
longtemps devant les yeux d'un savant sans lui rien inspirer,
puis tout à coup vient un trait de lumière. L'idée neuve
apparaît alors avec la rapidité de l'éclair, comme une sorte
de révélation subite. » Cet éclair, ce trait de lumière, la
tradition médicale les connaît bien; elle les appelle, depuis longtemps, le tact, le sens, le coup d'œil médical. Ces
expressions subsisteront malgré les dénégations d'une
science étroite, et qui croit se grandir en supprimant l'art.
Rien ne saurait faire qu'en face des manifestations souvent

obscures de la maladie, il n'y ait des médecins qui perçoivent, comme d'un trait et d'une intuition rapide et sûre, les rapports cachés de l'affection, sa nature ensevelie dans les profondeurs vivantes de l'organisme, ses tendances futures et ses solutions probables. Ce trait et cette intuition n'ont rien de mystérieux, et ne sont pas les jeux d'une fantaisie capricieuse : c'est le coup de lumière et l'idée neuve, l'éclair rapide et la révélation subite dont parle M. Cl. Bernard, le plus sévère des expérimentateurs, le savant le moins accessible aux illusions.

Voilà donc ce que M. Cl. Bernard appelle l'idée *a priori* ; à coup sûr il ne prétend et ne croit pas faire de la métaphysique. Cependant, à la bien considérer, cette idée *a priori* n'est-elle pas un lointain prolongement, une sorte de descendance des idées nécessaires, véritables idées *a priori* de l'entendement humain? D'un côté comme de l'autre, l'idée *a priori* n'est-elle pas la perception d'une cause à travers ses effets : ici la perception d'une cause contingente, particulière, là la perception de la cause en soi, de la cause suprême, nécessaire, infinie? M. Cl. Bernard ne s'approche-t-il pas lui-même des conceptions métaphysiques lorsque, envisageant sous son aspect général la spontanéité de l'intelligence, il écrit ces paroles hardies : « On peut dire que nous avons dans l'esprit l'intuition ou le sentiment des lois de la nature, mais nous n'en connaissons point la forme. »

Toutefois l'école expérimentale n'a pas tellement fixé ce point de doctrine, elle l'a si confusément senti et exprimé, que l'école positiviste pourrait ne pas repousser ces aspirations un peu vagues, et admettre, sans renier ses propres principes, ces élans et ces vues rapides de l'entendement en face des faits; il n'y aurait pas là du moins les raisons d'une séparation profonde. Mais l'école expérimentale dont M. Cl. Bernard est l'interprète se met d'un bond à l'opposé

du positivisme, en ne rejetant pas d'emblée et systématiquement l'ordre entier des vérités métaphysiques, en ne
l'ensevelissant pas pour toujours dans l'abîme de l'inaccessible et de l'inconnu. M. Cl. Bernard, soit dans l'ordre
des idées générales, soit dans l'ordre des études biologiques, arrive à laisser une place à ces hautes vérités qui
ne sont pas susceptibles d'une démonstration sensible, qui
ne répondent à aucun *déterminisme* phénoménal, qui dominent au contraire et régissent les phénomènes de la
nature, mais en les dépassant, en se maintenant au-dessus
d'eux et de nos prises directes. L'école expérimentale
n'entend pas éloigner des nobles préoccupations de l'esprit les questions qu'elle ne peut résoudre. Elle proclame
que la vraie science ne supprime rien, mais qu'elle cherche
toujours et regarde en face, sans se troubler, les choses
qu'elle ne comprend pas. « Nier ces choses, dit M. Cl. Bernard, ne serait pas les supprimer; ce serait fermer les
yeux, et croire que la lumière n'existe pas. » Le positivisme
ne saurait être condamné en termes plus formels par la
science positive.

Prétendra-t-on que, tout en acceptant l'ordre des vérités
métaphysiques, l'école expérimentale les rejette dédaigneusement hors de la science, parce qu'elles ne sauraient
être rattachées par l'expérience à des conditions déterminées d'avance; que, jetées ainsi hors de la science, elles
ne sauraient compter dans les connaissances sérieuses de
l'humanité? Rien ne serait plus injuste qu'une telle condamnation; car rien ne prouve qu'il n'y ait pas d'autre
connaissance que celle que l'expérience détermine.
M. Cl. Bernard lui-même, dans l'ordre des vérités biologiques, n'arrive-t-il pas à des vérités capitales et qui ne
sont nullement expérimentales, susceptibles d'un déterminisme réel, suivant l'expression qu'il aime à employer?

Quand M. Cl. Bernard veut définir la vie d'un mot qui mette en relief le seul caractère qui distingue nettement la science biologique, il l'appelle la *création;* dans tout germe vivant il admet une *idée créatrice* qui se développe et se manifeste par l'organisation, qui ne relève ni de la physique ni de la chimie, qui n'appartient qu'au domaine de la vie. Il reconnaît que dans le corps vivant les *forces directrices* ou *évolutives* des phénomènes sont morphologiquement vitales, c'est-à-dire qu'elles créent et soutiennent la forme propre des actes vitaux, et celle de l'économie vivante et des éléments organiques qui la constituent; ailleurs il signale dans l'évolution et l'harmonie des fonctions vitales une finalité évidente; ailleurs, enfin, il déclare qu'il ne faut jamais oublier que l'organisme est un tout, une unité, dont on ne saurait isoler une partie, une fonction, sans la détruire par cela même. Toutes ces vérités suprêmes de la biologie sont-elles expérimentales, ont-elles un déterminisme précis, peut-on les rattacher à des conditions matérielles qui en rendent compte, et qui en livrent l'expression et les lois physiques nécessaires? Évidemment non; M. Cl. Bernard, cependant, n'hésite pas à proclamer ces vérités, quoiqu'elles dépassent l'expérience et qu'il n'ait jamais pu les percevoir dans ses travaux de laboratoire. En a-t-il tiré toutes les conséquences qu'elles contiennent; en a-t-il mesuré l'influence majeure dans le domaine des études biologiques, et surtout dans celui des études médicales? C'est une question que nous n'examinons pas pour le moment; il nous suffit de montrer que ces vérités supérieures comptent pour lui, qu'il n'est par conséquent pas strictement et tristement asservi à l'expérience pure; et que par ce fait il marque entre la méthode expérimentale dont il est le représentant et l'école positiviste un de ces dissentiments profonds que rien ne saurait effacer.

En résumé, l'école expérimentale, telle qu'un glorieux passé nous l'a léguée, telle que ses plus illustres adeptes nous la présentent, ne doit pas être confondue avec le positivisme qui tente de s'emparer de son nom et de son drapeau. L'école expérimentale, saine et féconde, laisse aux vérités métaphysiques leur influence légitime, leurs droits impérissables et supérieurs; elle ne les supprime pas par une décision violente et arbitraire. Surtout, elle ne les résout pas en niant toute autre cause, toute autre activité que la matière; elle n'aboutit pas fatalement au matérialisme.

Le matérialisme, par contre, est l'aboutissant direct du positivisme. Au début de la fondation de la secte positiviste, celle-ci semblait se séparer du matérialisme par une indifférence superbe, par un dédain dogmatique vis-à-vis des problèmes éternels qui, jusqu'ici et à son honneur, avaient tourmenté l'humanité. Nous avons essayé déjà (1) de montrer que cette prétendue indifférence n'était qu'un leurre, une vaine apparence à chaque instant démentie. Il nous avait été facile de prouver que la plupart des définitions et des renseignements particuliers apportés par la philosophie positive répondaient directement aux dogmes matérialistes, en dehors desquels cette philosophie croyait peut-être se maintenir. Et pouvait-il en être autrement? Ces questions suprêmes, et les réponses qu'elles appellent, ne sont pas isolées dans le vide, et distinctes de nos connaissances particulières sur les choses de ce monde; elles pénètrent nécessairement chacune de ces diverses connaissances, et rayonnent en elles; elles s'incarnent, se voient, se jugent sous la forme de toutes les existences particulières que nous analysons; et l'on ne peut donner le caractère de

(1) Chauffard, *De la philosophie dite positive dans ses rapports avec la médecine*. Paris, 1863.

l'une de ces existences, sans que ce caractère défini n'implique une solution correspondante des vérités primordiales dont on se croyait délivré pour toujours. Toute la science spéciale instituée par le positivisme répondait aux interprétations matérialistes : et l'on aurait voulu que de ces sciences spéciales l'esprit humain ne remontât pas à la science générale et première pour y appliquer les mêmes interprétations! Était-ce possible? Sur quoi fonder cette chimérique interdiction? Aussi celle-ci n'a pas duré; et aujourd'hui l'illusion n'est plus possible; le positivisme a logiquement sombré dans le matérialisme.

Pour démontrer cette inévitable fusion, M. Caro interroge l'un des préceptes absolus du positivisme, la soumission de la psychologie à la physiologie cérébrale; il prouve que cette soumission n'est qu'une façon indirecte de résoudre, par le matérialisme, et la psychologie et la physiologie cérébrale. M. Stuart-Mill a été rejeté hors du positivisme pour avoir réservé la psychologie, et pour n'avoir point suivi sur ce point les vues du fondateur de l'école posivitiste, résumées dans ce principe qu'il n'y a point de psychologie en dehors de la biologie. « La psychologie, nous dit-on, ajoute M. Caro, se résout dans la biologie : facultés, conscience qui les observe, attention qui les analyse et, grâce à la mémoire, les classe, tout cela est dans la dépendance des phénomènes vitaux. On marque cette dépendance par un mot singulièrement expressif : les facultés affectives et intellectuelles deviennent, en langage positiviste, les *facultés cérébrales*. Tout le reste va de soi. On nous assure qu'il y a identité entre ces deux rapports : les manifestations intellectuelles et morales sont à la substance nerveuse ce qu'est la pesanteur à la matière, c'est-à-dire un phénomène irréductible qui, dans l'état actuel de nos connaissances, est à soi-même sa propre explication. « De même que le physicien reconnaît que la matière pèse, le physiologiste constate que la substance nerveuse pense, sans que ni l'un ni l'autre aient la prétention d'expliquer pourquoi l'une pèse et pourquoi l'autre pense (1). »

« Soit! continue M. Caro ; mais qui donc, parmi les matérialistes, a jamais prétendu expliquer pourquoi la substance nerveuse pense? Eux aussi, ils se contentent de le constater, et dans des termes identiques. La question est de savoir si c'est la substance nerveuse qui pense, et si elle peut penser. Affirmer qu'elle pense, c'est trancher la question... J'en prends à témoin M. Moleschott, dont la doctrine n'est certes pas douteuse et s'est manifestée avec assez d'éclat. Que nous dit-il dans un discours prononcé à Zurich? « L'identification de l'esprit avec le corps » n'est pas une explication; c'est un fait ni plus ni moins » simple, ni plus ni moins mystérieux que tout autre fait : » c'est un fait comme la pesanteur. Personne assurément ne » prétend expliquer la gravitation au moyen de distinctions » entre elle et la matière... » Y a-t-il, je le demande, sur cette question de l'âme et de la pensée, une différence appréciable entre le langage du chef actuel des positivistes et celui des matérialistes les plus décidés? »

Un journal voué à la défense et à la propagande du matérialisme scientifique, *la Pensée nouvelle*, le proclamait : « L'école positiviste est une secte qui procède du matérialisme; elle ne vaut et n'a de portée que par le matérialisme. »

____

(1) M. Littré, préface au livre intitulé *Matérialisme et Spiritualisme*.

II

Le matérialisme absorbe donc l'école positiviste et reprend l'étude des problèmes désertés par cette école. Il ne se désintéresse pas des hautes questions d'origine et de fin que l'homme a le droit de poser. Ces questions, il les aborde et les résout; il ne proscrit pas la métaphysique sous le prétexte qu'elle veut connaître l'éternel inconnu, aborder l'inaccessible. Non, il la remplace sans hésiter; il n'y a pour lui ni inconnu ni inaccessible. Aux causes premières de la métaphysique, déclarées chimériques, il substitue d'autres causes dont il prétend prouver la réalité. C'est là une attitude osée, mais franche, et elle est de tout point préférable à l'attitude louche et contrainte du positivisme.

Par quelle voie assez sûre, par quelle méthode assez puissante le matérialisme a-t-il édifié les solutions qu'il propose? Il ne peut en appeler à la raison pure, aux facultés révélatrices de l'entendement humain, affirmant ou niant directement Dieu, cause première des existences, l'âme, cause seconde de la personne humaine. Où serait l'autorité du matérialisme si ses procédés de démonstration, si ses méthodes ne se séparaient pas des procédés et des méthodes par lesquels s'affirme le spiritualisme traditionnel? Celui-ci ne saurait être vaincu sur son terrain; il y retrouverait toujours la hauteur de ses démonstrations. Le matérialisme l'a senti, et il prétend ne pas moins répudier les méthodes que les enseignements de la vieille métaphysique. Au lieu de demander à l'entendement des moyens imaginaires de démonstration, il assure n'invoquer que l'infaillible expérience, ne croire qu'aux sens et à l'analyse qu'ils permettent. Tout comme le positivisme, il se dit le produit immédiat de la méthode expérimentale, et il s'attribue la certitude qui appartient aux sciences positives et expérimentales. Les vieux doutes seraient ainsi chassés, et l'homme jouirait en pleine clarté de cet univers, dont les secrets n'auraient plus rien de redoutable, dont les éternelles et fatales lois répudieraient toute origine supérieure, toute fin voulue et déterminée.

Or laissons de côté, pour le moment, l'examen de ces tristes illusions, de ces solutions grossières, et de la part que l'expérience peut y prendre. Envisageons d'abord, au seul point de vue de la méthode, ces problèmes d'origine que le matérialisme prétend résoudre. En quoi ces problèmes sont-ils susceptibles d'être éclairés par la méthode expérimentale? Telle est la vraie question, et c'est celle dont l'étude complète le beau livre de M. Caro. « Nous ne serons désavoués, dit l'éloquent auteur de *l'Idée de Dieu*, par aucun savant de l'école expérimentale, c'est-à-dire par un savant sans parti pris, si nous avançons que, dans l'état actuel des sciences, aucune donnée positive n'autorise des conclusions semblables à celles du matérialisme sur le problème des origines et des fins, sur celui des substances et des causes; que cela même est contradictoire à l'idée de la science expérimentale; que cette science nous donne l'actuel, le présent, le fait, non le commencement des choses, tout au plus le *comment* immédiat, les conditions prochaines, très-différentes des vraies causes; enfin que, du moment où le matérialisme devient une négation expresse et doctrinale de la métaphysique, il devient par là même une autre métaphysique; il tombe aussitôt sous le contrôle de la raison pure, dont on peut se servir librement pour critiquer ses hypothèses, comme il s'en sert lui-même pour les établir et les lier entre elles. »

Ce dogmatisme *a priori* s'impose, comme une nécessité, au matérialisme, et détruit le caractère expérimental qu'il convoite. Les savants voués au culte de la science positive sont eux-mêmes forcés de le reconnaître, et M. Caro cite, à ce sujet, l'aveu précieux à recueillir d'un illustre savant, M. Virchow, que les matérialistes réclament comme un de leurs adeptes. « Personne après tout, dit M. Virchow, ne sait ce qui était avant ce qui est... La science n'a d'autres données que le monde qui existe... Le matérialisme est une tendance à vouloir expliquer tout ce qui existe, tout ce qui se fait, par les propriétés de la matière. Le matérialisme va au delà de l'expérience : il se constitue à l'état de système. Or les systèmes sont bien plus le résultat de la spéculation que le résultat de l'expérience. Ils prouvent en nous un certain besoin de perfection que la spéculation peut seule satisfaire, car toute connaissance qui est le résultat de l'expérience est incomplète et présente des lacunes. »

Ce n'est pas un métaphysicien qui parle ainsi, c'est un savant qui, en Allemagne, marche à la tête de la biologie expérimentale, dont les tendances inclinent au matérialisme, et qui reconnaît cependant que le matérialisme n'a d'autres racines qu'un indémontrable *a priori*. Aussi M. Caro a-t-il le droit, avec un ironique bon sens, de poser ces conclusions : « Jusqu'à ce que le matérialisme soit parvenu à sortir de ce cercle vicieux que la logique trace autour de sa conception fondamentale, jusqu'à ce qu'il ait réussi à prouver expérimentalement que ce qui est a toujours été tel qu'il est, dans la forme actuelle de l'ordre reconnu des phénomènes; tant qu'il n'aura pas ôté à ces questions d'origine le caractère de transcendance qu'elles ont par essence, et qu'il n'aura pas soumis ses solutions négatives à une vérification dont l'idée seule est contradictoire; jusque-là, et nous avons de bonnes raisons de croire ce moment fort éloigné, le matérialisme subira la condition commune de toute démonstration non vérifiable. Il raisonnera à sa façon sur l'impossibilité de concevoir un commencement au système des choses, à l'existence de la matière et de ses propriétés, mais il ne prouvera rien expérimentalement, ce qui est, d'après ses principes, la seule manière de prouver quelque chose; il spéculera, ce qui est fort humiliant pour les contempteurs de la spéculation; il recommencera une métaphysique, ce qui est le comble de la disgrâce pour les adversaires de la métaphysique. On nous reproche sans cesse le caractère *a priori* de nos solutions concernant les causes premières. Il faut que le matérialisme accepte sa part de l'objection, si plein d'illusions qu'il puisse être sur sa valeur et sa portée scientifiques, si enivré qu'il soit des conquêtes de la science positive, avec laquelle il essaye vainemen t de confondre sa fortune et ses droits. »

Nous venons de voir, avec M. Caro, si le matérialisme peut se dire la représentation fidèle et le produit direct de la méthode expérimentale : M. Janet, dans un de ces petits volumes, *le Matérialisme contemporain*, destinés à une heureuse popularité, et où la haute raison et la bonne science se font claires et simples pour mieux convaincre, nous montre ce que valent les solutions proposées aujourd'hui par le matérialisme. Les deux ouvrages de MM. Caro et Janet se complètent ainsi l'un l'autre : l'un discute la question des méthodes et juge le matérialisme avant son œuvre propre, avant son développement systématique; l'autre lui demande après coup où l'a conduit la méthode dont il a fait usage, l'interroge sur ces questions d'origine et de fin qu'il aborde et résout si hardiment.

III

Le matérialisme trouve devant lui deux grands problèmes : la matière et la vie. Qui ne croirait que le premier de ces problèmes est tout à sa portée, et que la solution lui en est naturellement dévolue? Qui peut mieux nous enseigner ce qu'est la matière, que ce système qui ne voit, n'accepte, et sans doute ne comprend qu'elle? La matière a-t-elle en elle la raison de son existence, la raison surtout du mouvement qui la pousse, la meut, provoque tous ses changements d'état, et qui semble aujourd'hui l'origine unique de toutes ses propriétés et de toutes ses manifestations? M. Janet, dans un chapitre particulièrement original, *la Matière et le Mouvement*, démontre que la matière ne saurait offrir les conditions d'existence absolue qui lui sont nécessaires alors que l'on ne veut rien reconnaître au-dessus d'elle. Le matérialisme, au lieu d'atteindre à une matière substantielle et fixe, n'a jamais devant lui qu'un insaisissable inconnu. Ne trouver pour base à ses affirmations que l'inconnu, et prétendre, sur cette base, édifier une croyance philosophique, asseoir les destinées mêmes de l'humanité, quelle chimérique entreprise! « Que signifieraient, je le demande, dit M. Janet, les prétentions du matérialisme dans un système où l'on serait obligé d'avouer que la matière se ramène à un principe absolument inconnu? Dire que la matière est le principe de toutes choses, dans cette hypothèse, ne serait-ce pas comme si l'on disait : x, c'est-à-dire un inconnu quelconque, est le principe de toutes choses? ce qui reviendrait à dire : « Je ne sais pas quel est le principe des » choses. » Voilà un matérialisme bien lumineux. »

Mais laissons la matière pure : quoiqu'elle nous touche et nous enserre de toutes parts, elle ne semble pas contenir le secret propre de nos origines et de nos destinées. Allons plus loin, et interrogeons le matérialisme sur la vie et les êtres vivants, parmi lesquels nous comptons, et dont l'étude pénètre si intimement la nôtre.

Le matérialisme prétend dévoiler les origines mystérieuses, l'apparition première de la vie; il croit établir par l'expérience les conditions et la cause de la formation des organismes simples, rudimentaires. La théorie de la génération spontanée répond à ces conditions expérimentales, à cette cause prochaine et suffisante. Ces premières formes organiques acquises, le matérialisme explique l'apparition, en nombre immense, des espèces vivantes, par la transformation graduelle des formes organiques rudimentaires dues à la génération spontanée, transformation opérée sous l'influence des milieux et d'autres conditions naturelles. La génération spontanée est donc une thèse première du matérialisme.

« On voit, dit Lucrèce, des vers tout vivants sortir de la boue fétide, lorsque la terre amollie par les pluies, a atteint un suffisant degré de putréfaction. Les éléments mis en mouvement et rapprochés dans des conditions nouvelles donnent naissance à des animaux. » Toute la théorie et toutes les erreurs de la génération spontanée sont là.

Les progrès des sciences naturelles avaient peu à peu éteint la croyance aux générations spontanées. A mesure que la science étudiait ces prétendues générations, celles-ci s'évanouissaient, et la génération par ancêtres se révélait là où elle avait été méconnue jusqu'alors. M. Pouchet (1) a réveillé la question en la transportant dans l'étude de ces vies d'un instant, que nous offre l'immense multitude des

(1) Pouchet, *Hétérogénie ou Traité de la génération spontanée.* Paris, 1859.

infusoires. Ces vies, encore mal connues, et si difficiles à
observer dans leur rapide évolution, offraient un terrain
favorable aux confusions, aux assertions prématurées, aux
systématisations arbitraires. Affirmer leur génération
spontanée ou démontrer leur génération par spores et par
germes détachés d'organismes infiniment petits à leur état
de complet développement, était une œuvre pareillement
obscure et, en apparence, impénétrable à l'expérimentation.
Toutefois, l'une avait contre elle de heurter à toutes les lois
connues de la vie, l'autre se présentait en conformité
naturelle avec ces lois ; il semblait donc qu'à moins d'une
démonstration ayant pour elle toutes les forces de l'évidence,
la génération spontanée des infusoires ne pouvait prendre
en science une place légitime. Or, non-seulement l'évidence
lui a toujours fait défaut, mais grâce à la merveilleuse
habileté déployée par M. Pasteur, grâce à la précision, à la
clarté, à la variété des expériences produites par lui, grâce
à la sagacité pénétrante avec laquelle il a su dévoiler les dé-
fauts des expériences contraires apportées par MM. Pouchet
et Jolly, l'évidence a été tout entière du côté des générations par ancêtres ; et l'Académie des sciences, si prudente,
si réservée d'ordinaire en ses jugements, n'a pas craint de
se prononcer ouvertement en ce sens. Écoutons l'éminent
rapporteur de l'Académie, M. Cl. Bernard : il a eu à juger
la génération spontanée, même celle qui, n'osant soutenir
la génération d'emblée et complète de l'être, se réfugiait
dans la génération spontanée de l'ovule ou du germe, lequel
en évoluant livrait l'être tout entier :

« La génération, dit M. Cl. Bernard, qui préside à la
création organique des êtres vivants, a été regardée, à juste
titre, comme la fonction la plus mystérieuse de la physiologie. On a observé de tout temps qu'il y avait une filiation entre les êtres vivants, et que, pour le plus grand

nombre, ils procédaient visiblement de parents. Cependant il était des cas où cette filiation n'était pas apparente, et alors on a admis des *générations spontanées*, c'est-à-dire sans parents. Cette question, très-ancienne, a été reprise dans ces derniers temps et soumise à de nouvelles études. En France, les générations spontanées ont été repoussées par différents savants, mais surtout par M. Pasteur. Elles ont été, au contraire, admises par divers naturalistes, et particulièrement par M. Pouchet, qui a soutenu à leur sujet l'hypothèse de l'ovulation spontanée (1). M. Pouchet a voulu établir qu'il n'y avait pas génération spontanée de l'être adulte, mais génération de son œuf ou de son germe. Cette vue me paraît tout à fait inadmissible même comme hypothèse. Je considère, en effet, que l'œuf représente une sorte de formule organique qui résume les conditions évolutives d'un être déterminé par cela même qu'il en procède. L'œuf n'est œuf que parce qu'il possède une virtualité qui lui a été donnée par une ou plusieurs évolutions antérieures dont il garde en quelque sorte le souvenir. C'est cette direction originelle, qui n'est qu'un atavisme plus ou moins prononcé, que je regarde comme ne pouvant jamais se manifester spontanément et d'emblée. Il faut nécessairement une influence héréditaire. Je ne concevrais pas qu'une cellule formée spontanément et sans parents pût avoir une évolution, puisqu'elle n'aurait pas eu un état antérieur. Quoi qu'il en soit de l'hypothèse, les expériences sur lesquelles étaient fondées les preuves des générations spontanées étaient, pour la plupart, fautives. M. Pasteur a eu le mérite d'éclairer le problème des générations spontanées, en réduisant les expériences à leur juste valeur et en introduisant dans ce sujet une précision scientifique plus grande.

(1) Pouchet, *Théorie positive de l'ovulation spontanée.* Paris, 1847, 1 vol., in-8 et *Atlas.*

Il a fait voir que l'air était le véhicule d'une foule de germes d'êtres vivants, et il a montré qu'il fallait avant tout ramener les arguments à des expériences précises et bien instituées.

« Pour exprimer ma pensée au sujet de la régénération spontanée, je n'ai qu'à répéter ici ce que j'ai déjà dit dans un rapport que j'ai eu à faire sur cette question, savoir qu'à mesure que nos moyens d'investigation se perfectionneront, on trouvera que les cas de générations qu'on regardait comme spontanées rentrent dans les cas de génération physiologique ordinaire. C'est ce qu'ont d'ailleurs démontré récemment les travaux de M. Balbiani et ceux de MM. Coste et Gerbe sur la génération des infusoires. »

Ces derniers travaux, ceux de M. Balbiani en particulier (1), ruinent par la base la doctrine de la génération spontanée. Ces infusoires que l'on croyait se reproduire par un bourgeonnement obscur se reproduisent par une génération sexuelle, et ces germes répandus dans l'atmosphère sont des œufs véritables dont M. Balbiani a surpris la merveilleuse ponte à la suite de fécondation par sexes séparés. Ces observations directes laissent-elles quelques doutes sur l'inanité de générations spontanées d'ovules, dont on voit, au contraire, la génération régulière et physiologique?

Et cependant la génération spontanée conserve des partisans décidés. Les uns, comme MM. Pouchet et Jolly, y croient encore en savants convaincus : les expériences auxquelles ils s'étaient fiés pour affirmer la génération ou ovulation spontanée gardent, pour eux, toute leur valeur. On ne sacrifie pas aisément ses idées et ses travaux : ces enfants de notre esprit sont enracinés en nous plus profondément peut-être que les enfants de notre sang; on ne s'en sépare pas sans d'intimes et longues douleurs que tous ne

(1) Balbiani, *Sur l'existence d'une reproduction sexuelle chez les infusoires* (*Comptes rendus de l'Académie des sciences*, t. XLVI, p. 628, t. XLVII, p. 383).

peuvent supporter. Il faut une sorte d'héroïsme au savant
pour immoler ce qu'il a laborieusement conçu, ce qu'il a
protégé et défendu contre toute atteinte. Mais à côté de ces
illusions et de ces attachements presque respectables se
sont élevées des passions intéressées, qui ont transformé
en agressions, en mêlées violentes, les discussions paisibles
de la science. La doctrine de la génération spontanée avait
beau avoir contre elle les expériences les plus décisives,
une sorte de public n'a rien voulu entendre de ce qui pouvait ébranler des opinions qui lui étaient chères; et ces
opinions, il y tenait, non parce qu'elles représentaient la
réalité, la science vraie et démontrée, mais parce qu'elles
donnaient un appui à tout un ensemble d'idées préconçues
sur l'origine et l'évolution naturelle du monde. Malgré le
refus de MM. Pouchet et Jolly de rattacher la génération
spontanée à aucun système philosophique général, malgré
le soin qu'ils avaient mis à déclarer que le fait qu'ils dé-
fendaient n'impliquait pas en soi la négation d'une cause
créatrice et directrice du monde, et du monde vivant en particulier, ces dénégations ne semblaient avoir pour résultat
que d'attiser les ardeurs contraires et de leur montrer
l'importance philosophique que pouvait acquérir la question de l'hétérogénie. C'était toute une cosmogonie qui
sortait en réalité de ces générations spontanées d'infusoires;
c'était l'origine de la vie elle-même que l'on surprenait,
et dont on n'avait plus qu'à suivre les développements
pour avoir le mot de la grande énigme, le mot de l'inexplicable apparition des êtres vivants. C'était le profond et
l'inénarrable secret de la nature, dévoilé par l'interprétation hardie d'une humble expérimentation portant sur
les plus humbles des êtres. L'*Origine de la vie* (1), tel est

(1) Georges Pennetier, *l'Origine de la vie, histoire de la question des
générations spontanées*, avec une préface par le docteur Pouchet.

le titre d'une publication récente sur les générations spontanées, tel est le problème que posent et que prétendent résoudre ceux qui aujourd'hui soutiennent une cause scientifiquement perdue.

L'origine de la vie! On ne saurait trop remarquer cet énoncé général; il s'agit ici de la vie en soi, de ce qui est l'essence de tous les êtres vivants; la vie humaine est un cas particulier de ce problème général; ce qui résout l'un résout l'autre. Derrière les infusoires et leur apparition spontanée, il y a l'homme. L'origine supérieure, les hautes aspirations, la fin prédestinée dont l'homme se croyait le droit d'être fier, tout cela s'évanouit, comme vains rêves, et bouffées d'orgueil, devant l'origine de la vie première sous la seule énergie de la matière. C'est cette dernière qui est la vraie créatrice, la cause unique, c'est elle qui pareillement contient notre fin; au delà il n'y a rien, la science le déclare, celle du moins qui met au faîte de ses conceptions la génération spontanée. L'importance des conséquences explique pourquoi ceux qui les voulaient ont mis tant d'ardeur à soutenir le principe d'où elles découlaient. Si un simple problème de physique ou de chimie n'avait pas eu en sa faveur plus de preuves réelles que n'en a la génération spontanée, nul savant digne de ce nom ne l'eût soutenu et n'eût fondé sur une base aussi chimérique un ensemble de déductions scientifiques. Mais il s'agissait de l'ordre et de la constitution du monde, de la raison d'être de tout le règne vivant, et dès lors les preuves ont paru bonnes et suffisantes à un matérialisme qui se dit scientifique et expérimental. Une polémique agressive désignait même comme ennemis du progrès, comme esprits rétrogrades tous ceux qui repoussaient des erreurs auxquelles on avait fait une trop facile popularité.

IV

La génération spontanée livrait au matérialisme un point de départ à la fois téméraire et faible, hardi si l'on regardait en arrière, presque misérable si l'on regardait en avant. Quels efforts pour tirer de quelques infusoires rudimentaires le développement régulier de la série animale, pour atteindre à l'homme, à cet être qui pense et qui veut, qui a conscience de lui-même et de sa liberté, qui possède la notion du bien et du mal, qui aspire au vrai et au beau, qui se sent cause et proclame les causes dans la nature! Comment combler les abîmes qui séparent ces deux extrémités de l'être vivant? Quelle toute-puissance saura faire sortir de ces infusoires le nombre prodigieux, l'infinie variété des êtres animés, toutes ces espèces vivantes qui, si loin et si profondément que le monde puisse être fouillé, se montrent semblables à elles-mêmes, et comme immuables dans leur succession précipitée, fixes dans le mouvement même!

La même science qui a affirmé les générations spontanées n'a pas reculé devant cette entreprise, et elle a prétendu montrer le mécanisme caché qui, de la cellule spontanément née, tire l'effrayante immensité des formes animées. Des naturalistes se sont trouvés, savants éminents d'ailleurs et jouissant d'une juste autorité, Lamarck et Darwin, qui ont cru découvrir les lois de la transformation des espèces. Ces lois donnent à la doctrine de l'hétérogénie un complément indispensable; elles fournissent au matérialisme contemporain une théorie du monde à allure scientifique, et révèlent à l'humanité désillusionnée ses humbles commencements et sa fin plus humble encore, car elle sombre dans le néant de la matière.

M. Paul Janet, dans le livre que nous citions plus haut, a tracé des théories de Lamarck et de Darwin une fine et pénétrante critique. Il se demande d'abord en quoi l'hypothèse d'un plan et d'un dessein de la nature, autrement dit la doctrine des causes finales, serait contraire à l'esprit scientifique. Il ne faut pas se livrer à l'analyse phénoménale avec le dessein prémédité de trouver les phénomènes conformes à un but arrêté d'avance; ce but préconçu ne doit jamais tenir lieu de raison et d'explication pour les faits observés; cette marche-là est peu scientifique et conduit fatalement à des conceptions arbitraires et erronées. Mais s'ensuit-il que les faits observés et analysés en eux-mêmes ne doivent plus, par leur ensemble et leur enchaînement, traduire à l'intelligence humaine un dessein supérieur, une harmonie progressive et ascendante, qui en sont la raison finale et l'esprit vivifiant? Refuser d'avance toute cause finale, n'est-ce pas une erreur pareille à celle de l'imaginer en soi et avant l'observation des phénomènes? Flourens l'a très-bien dit : « Il faut aller non pas des causes finales aux faits, mais des faits aux causes finales. » Voilà les principes féconds et la vraie philosophie naturelle.

« Les naturalistes, dit M. Janet, se persuadent qu'ils ont écarté les causes finales de la nature lorsqu'ils ont démontré comment certains effets résultent nécessairement de certaines causes données. La découverte des causes efficientes leur paraît un argument décisif contre l'existence des causes finales. Il ne faut pas dire, selon eux, « que l'oiseau a des ailes *pour* voler, mais qu'il vole *parce* qu'il a des ailes ». Mais en quoi, je vous prie, ces deux propositions sont-elles contradictoires? En supposant que l'oiseau ait des ailes pour voler, ne faut-il pas que le vol résulte de la structure des ailes? Et ainsi de ce que le vol est un résultat, vous n'avez pas le droit de conclure qu'il n'est pas un but. Faudrait-il donc, pour que vous reconnussiez un but et un choix, qu'il y eût dans la nature des effets sans cause, ou des effets disproportionnés à leurs causes? Des causes finales ne sont pas des miracles; pour atteindre un certain but, il faut que l'auteur des choses ait choisi des causes secondes précisément propres à l'effet voulu. Par conséquent, quoi d'étonnant qu'en étudiant ces causes vous puissiez en déduire mécaniquement les effets? Le contraire serait impossible et absurde. Ainsi expliquez-nous tant qu'il vous plaira qu'une aile étant donnée il faut que l'oiseau vole : cela ne prouve pas du tout qu'il n'ait pas des ailes pour voler. De bonne foi, si l'auteur de la nature a voulu que les oiseaux volassent, que pouvait-il faire de mieux que de leur donner des ailes? »

La démonstration de la réalité des causes finales et d'un plan voulu et prémédité dans la nature fournit une première et puissante réfutation des systèmes qui prétendent expliquer la formation successive des êtres organisés par la seule action des forces naturelles, agissant fatalement, pétrissant, modifiant, transformant la matière vivante d'une façon inconsciente et aveugle. Lamarck et Darwin, avons-nous dit, sont les deux naturalistes qui ont substitué, avec le plus de succès, un plan fatal, nécessaire et, en quelque sorte, mécanique, au plan prémédité et réalisé par une cause intelligente et spontanée. Lamarck invoquait surtout l'action des milieux, l'habitude et le besoin. L'action combinée de ces agents lui suffit pour aller de la cellule rudimentaire à l'homme lui-même.

L'action des milieux, les conditions extérieures peuvent modifier la forme et les fonctions des êtres vivants : c'est un fait dont la domestication offre les exemples les plus saillants. Mais si nous pouvons modifier ainsi certaines espèces animales et végétales, pouvons-nous créer ces espèces? Pouvons-nous imaginer comme possible des modifications tellement actives et puissantes qu'elles arrivent aux plus complexes créations, à la construction des grands organes de la vie animale, et de ces organes des sens, si divers et si merveilleusement adaptés à leurs fonctions? « Par exemple, dit Janet, certains animaux respirent par les poumons, et d'autres par les branchies, et ces deux sortes d'organes sont parfaitement appropriés aux deux milieux de l'air et de l'eau. Comment concevoir que ces deux milieux aient pu produire des appareils si complexes et si bien appropriés? De tous les faits constatés par la science, en est-il un seul qui puisse justifier une extension aussi grande de l'action des milieux? Si l'on dit que par milieu il ne faut pas seulement entendre l'élément dans lequel vit l'animal, mais toute espèce de circonstance extérieure, je demande que l'on me détermine quelle est précisément la circonstance qui a fait prendre à tel organe la forme du poumon, à tel autre la forme de branchies; quelle est la cause précise qui a fait le cœur, cette machine hydraulique si puissante et si aisée, et dont les mouvements sont si industrieusement combinés pour recevoir le sang qui vient de tous les organes au cœur et pour le leur renvoyer; quelle est la cause enfin qui a lié tous ces organes les uns aux autres, et a fait l'être vivant, suivant l'expression de Cuvier, « un système clos dont toutes les parties concourent à une action commune par une réaction réciproque? » Que sera-ce si nous passons aux organes des sens, au plus merveilleux, l'œil de l'homme ou celui de l'aigle?... Parmi les savants qui n'ont pas de système, en est-il un qui ose soutenir qu'il entrevoie d'une manière quelconque comment la lumière aurait pu produire par son action l'organe qui lui est approprié, ou bien, si ce n'est pas la lumière, quel est l'agent extérieur assez puissant, assez habile, assez ingénieux, assez bon géomètre pour construire ce merveilleux appareil qui a fait dire à Newton : « Celui qui a fait l'œil a-t-il pu ne pas connaître les lois de l'optique ? » Grande parole, qui, venant d'un si grande maître, devrait bien faire réfléchir un instant les improvisateurs de systèmes cosmogoniques, si savants sur l'origine des planètes, et qui passent avec tant de complaisance sur l'origine de la conscience et de la vie ! »

Si l'action des milieux est impuissante à elle seule à expliquer la formation des organes et la production des espèces, ce que Lamarck appelle le pouvoir de la vie, à savoir l'habitude et le besoin, nous donneront-ils une raison suffisante de ces grands faits ? D'après Lamarck, le besoin produit les organes, l'habitude les développe et les fortifie. Mais ce besoin et cette habitude, auxquels on en appelle si complaisamment, que sont-ils et qui prouve leur étrange pouvoir ? Prenons ce besoin de respirer, dont M. Janet parlait tout à l'heure : ce besoin, d'où vient-il lui-même ? De la nécessité de donner au sang l'oxygène qui lui est nécessaire ; et cette dernière nécessité provient elle-même du besoin d'entretenir les combustions organiques et de fournir au système nerveux un stimulant approprié. Qui ne voit qu'il y a là un enchaînement de fonctions et d'organes qui exige une création simultanée, qui trahit un plan préconçu, et non une poussée successive d'organes suivant des besoins qui trouvent l'un dans l'autre leur raison d'être, et qui ne peuvent être perçus et satisfaits isolément ? Transformer le besoin en une sorte de puissance effective et créatrice, faire d'un sentiment, ordinairement vague et obscur, une entité nouvelle et active, qui n'anime pas seulement l'être créé mais qui le crée, elle-même, quelle aberration inouïe, quelle déchéance de l'esprit scientifique !

Lamarck, il est vrai, reconnaît que l'observation ne peut

démontrer ce pouvoir producteur qu'il attribue au besoin :
mais, si la preuve directe lui manque, il croit s'appuyer
sur une preuve indirecte suffisante en invoquant l'habitude.
Qu'est-ce à dire? L'habitude peut développer et fortifier les
organes existants par un exercice approprié et soutenu ; en
quoi cela prouve-t-il que le besoin peut les créer? Que peut
faire l'habitude pour développer un organe qui n'existe
pas? En quoi le développement d'un organe peut-il être
comparé à la création de cet organe, ou faire imaginer le
mode de création de cet organe? On peut concevoir le besoin comme raison, non de la création, mais du développement d'un organe, et l'habitude comme provoquée et en-
tretenue par ce besoin; mais le besoin d'un organe qui
manque absolument, comment naîtra-t-il lui-même, comment produira-t-il l'organe, comment suscitera-t-il l'habitude? Comment un animal, privé de tout organe pour voir
ou pour entendre, éprouvera-t-il le besoin de voir et d'entendre, et comment pourra-t-il en prendre l'habitude? Que
de suppositions chimériques!

Tenons-nous-en au jugement de Cuvier sur toutes ces
hypothèses; il a gardé toute sa haute autorité : « Des naturalistes, plus matériels dans leurs idées et ne se doutant pas
même des observations philosophiques dont nous venons de
parler, sont demeurés humbles sectateurs de Maillet (1)
(Telliamed); voyant que le plus ou moins d'usage d'un
membre en augmente ou en diminue quelquefois la force
et le volume, ils se sont imaginés que des habitudes et des
influences extérieures longtemps continuées ont pu changer
par degrés les formes des animaux au point de les faire ar-

(1) Benoît de Maillet fut le prédécesseur de Lamarck, et exposa ses idées
dans un livre incohérent et bizarre, qu'il intitula de son nom renversé
Telliamed ou *Entretien d'un philosophe indien avec un missionnaire français
sur la diminution de la mer, la formation de la terre, l'origine de l'homme, etc.*
Amsterdam, 1748.

river successivement à toutes celles que montrent maintenant
les différentes espèces : idée peut-être la plus superficielle
et la plus vaine de toutes celles que nous avons déjà eu à
réfuter. On y considère en quelque sorte les corps organisés comme une simple masse de pâte ou d'argile qui se
laisserait mouler entre les doigts. Aussi, du moment où
ces auteurs ont voulu entrer dans le détail, ils sont tombés
dans le ridicule. Quiconque ose avancer sérieusement
qu'un poisson, à force de se tenir à sec, pourrait voir ses
écailles se fendiller et se changer en plumes, et devenir
lui-même un oiseau, ou qu'un quadrupède, à force de pénétrer dans des voies étroites, de se passer à la filière,
pourrait se changer en serpent, ne fait autre chose que
prouver la plus profonde ignorance de l'anatomie. »

Les formes de l'erreur scientifique s'usent vite ; le principe seul en subsiste toujours. Mais celui-ci a besoin de
revêtir de loin en loin des vêtements nouveaux qui le rajeu-
nissent et le déguisent. Le système de Lamarck, un instant
et facilement populaire en raison des idées philosophiques
auxquelles il donnait appui, ne put se maintenir en un
honneur durable dans la science. Il était comme enseveli
dans l'oubli dernier, lorsque Darwin vint ranimer l'esprit
de ces choses éteintes, en substituant aux conceptions
vieillies des conceptions nouvelles, et cependant destinées
à donner une même satisfaction aux passions qui avaient
applaudi à l'entreprise de Lamarck.

L'ouvrage de Darwin, il faut lui rendre hautement cette
justice, est une œuvre grave, et qui témoigne d'une rare
science. L'auteur, doué d'une grande pénétration, use
merveilleusement de ce qu'il sait pour en induire ce qu'il
ne sait pas ; et s'il dépasse l'expérience, c'est en faisant à
l'expérience même un appel incessamment répété ; en

sorte qu'il semble lui demeurer fidèle alors qu'il s'en éloigne le plus. Cependant, tant de science et de sagacité ne peuvent guère faire illusion sur la faiblesse radicale du système, et celui-ci n'aurait pas eu la fortune qui lui est échue, s'il n'eût rencontré comme auxiliaires ardents tous les préjugés matérialistes auxquels il donnait une pleine satisfaction.

Un premier fait frappe celui qui étudie sans parti pris le darwinisme, c'est une incalculable disproportion entre les moyens de démonstration et l'immense problème qu'ils ont à résoudre. Il s'agit, on le sait, de l'origine des espèces vivantes. Darwin essaye d'expliquer cette origine par l'action d'une *sélection naturelle* sans cesse à l'œuvre, et qui a tiré l'ensemble des organismes d'un ou de quelques types primitifs, simples, rudimentaires, nés sous l'unique action des forces propres de la matière. Cette sélection naturelle est l'image agrandie et la prolongation, à travers des espaces de temps incommensurables, de la méthode qui, entre les mains des éleveurs modernes, a créé et en apparence fixé de nouvelles races d'animaux domestiques. Pour que cette sélection naturelle amène les puissants effets que lui prête Darwin, celui-ci imagine deux agents toujours actifs : les changements dans les conditions d'existence, et surtout la *concurrence vitale*. Les changements dans les conditions d'existence, les caractères accidentels acquis par un individu vivant et transmis par hérédité à sa descendance, créent certaines variétés de type : la concurrence vitale, la bataille de la vie, la lutte que les êtres animés se livrent incessamment pour subsister, ne permettent qu'à certaines de ces variétés de durer sur la scène du monde ; les autres sont vaincues et disparaissent. Ces transformations poursuivies et accumulées d'âge en âge, accrues par l'infatigable travail d'un nombre immense de siècles, ont

produit toutes les espèces animales actuellement existantes ;
lesquelles, sans que nous puissions nous en apercevoir, sont,
comme leurs devancières, en voie continue de transformation, sous l'action permanente des mêmes forces naturelles.

La notion de l'espèce, comme celles de la variété et de
la race, disparaissent dans cet ordre d'idées, ou du moins
perdent le sens déterminé que les naturalistes leur avaient
attribué. La variété et la race deviennent des espèces en
voie de transformation, en cours de développement. La
forme vivante passe, insensiblement et par un éternel mouvement, de l'une à l'autre, de l'espèce à la variété, de la
variété à la race, et de celle-ci à une espèce nouvelle qui
n'apparaît que pour disparaître à son tour. Ce n'est jamais qu'affaire de temps. Le règne vivant est en perpétuelle transformation. Nul ne saurait dire ce que naturellement il deviendra.

Telle est, dans ses données essentielles, la théorie de
Darwin. Elle commence par une hypothèse, la sélection naturelle qu'aucun fait direct ne prouve et ne confirme. La
méthode de sélection mise en œuvre par les éleveurs peut-
elle servir, comme le veut Darwin, de fondement à son hypothèse ? Mais dans cette sélection artificielle due au travail
de l'homme, l'homme est l'agent qui choisit, qui opère ; il
devient la cause finale et active des transformations subies
par l'espèce ; il veille à ce que le caractère des races qu'il a
obtenues soit maintenu par une sélection toujours vigilante. Rien de pareil peut-il être invoqué dans la sélection
naturelle de Darwin ? Qui remplace ici le choix de l'homme ?
Si la sélection naturelle est conduite suivant un plan voulu
et prémédité par la toute-puissance qui a créé la nature,
cette sélection change de caractère ; elle n'est plus qu'une
des formes de la création ; c'est une interprétation du
mode d'agir de la cause créatrice, ce n'est plus la négation

de cette cause. Le darwinisme, qui consiste à concevoir l'ordre des choses sans aucune intervention supérieure, sous la seule action d'accidents fortuits passant fortuitement à la permanence; le darwinisme, hostile à toute finalité, disparaît si l'idée de plan se fait jour dans la sélection naturelle. La concurrence vitale peut-elle remplacer l'action intelligente, et assurer à la sélection naturelle la fécondité et la puissance qui ne sont pas en elle, et qui doivent lui venir du dehors? Mais la concurrence vitale, la bataille de la vie, peuvent-elles être des moyens de création, peuvent-elles engendrer directement des modifications organiques, des variétés, des espèces animales? Évidemment non; la bataille de la vie peut faire des vaincus, elle est un agent d'élimination pour les espèces faibles et défectueuses; elle ne peut produire par elle-même une espèce nouvelle. La sélection naturelle reste toujours livrée à elle-même, à ses ressources aveugles, que rien ne dirige et ne règle, qui ne peuvent rencontrer la fécondité que par hasard. Imaginer que l'ensemble harmonique et infini des espèces vivantes peut légitimement être rapporté à un tel agent, en lui accordant même des milliers de siècles pour manifester son action, me semble d'une hardiesse tout arbitraire et stérile, et qui n'a rien de commun avec les nobles hardiesses de la science, avec les divinations d'un génie qui sait parfois devancer l'expérience et les preuves qu'elle livre tardivement.

M. Janet a donné des théories de Darwin une réfutation générale et forte qui suffit à montrer l'inanité de ces théories dans leurs prétentions absolues. Les faits généraux ont leur lumière propre, et ce n'est pas celle qui porte moins loin et éclaire moins vivement. Toutefois, dans une question obscurcie par tant de préjugés et par les assertions d'une science qui se dit tout expérimentale, c'est-à-dire toute particulière, les faits particuliers acquièrent une éloquence et une puissance de démonstration singulière que ne peuvent récuser les plus audacieux systématiques.

Ces faits embrassent les infinies individualités du règne vivant, poursuivies dans leur succession à travers les âges connus. La source d'information est inépuisable : quels enseignements en tirerons-nous? Les faits particuliers viennent-ils confirmer les idées de Darwin sur la lente mutabilité des espèces? fournissent-ils une ébauche de démonstration même limitée à quelques points déterminés, à certaines espèces, animales ou végétales? nous montrent-ils enfin quelques-unes de ces transformations qui sont le fondement du système? L'homme observe et remue la nature depuis des milliers d'années : la tradition, les débris conservés du passé nous permettent de remonter au loin dans le cours des temps; saisissons-nous dans la nature observable quelques traces de ces grands changements qui transforment incessamment et fatalement les espèces végétales ou animales? Ou, au contraire, tout dépose-t-il contre ces transformations supposées, tout prouve-t-il la fixité, dans le temps et dans l'espace, des espèces réelles; fixité qui n'est pas contradictoire, qui s'accommode plutôt avec une certaine variabilité normale, physiologique, laquelle laisse toujours subsister à travers elle l'espèce type, la forme essentielle et première? On conçoit l'importance que peut acquérir une réponse sincère et motivée à ces questions majeures. Elles touchent à la base expérimentale des théories de Darwin; si cette base expérimentale manque, que reste-t-il de ces théories, sinon des conceptions toutes personnelles et arbitraires, sinon les jeux brillants d'une imagination, sans doute forte et créatrice, mais qui ne saurait vouloir se substituer à la nature elle-même et à ses enseignements directs?

Or, cette étude particulière et expérimentale de l'origine

des espèces, de leur essensialité et de leur variabilité, un savant professeur de la Faculté des sciences de Lyon, M. Ernest Faivre (1), l'a entrepris. Il est impossible d'écrire sur une question aussi complexe et obscure un livre plus riche de faits, plus clair dans ses développements, plus autorisé dans ses conclusions. Il nous paraît la condamnation sans appel du système de Darwin.

Le règne végétal passe pour moins rebelle que tout autre aux théories de Darwin : la variété y a des limites plus étendues, moins fixes que dans le règne animal; la génération, le croisement, les conditions extérieures offrent l'occasion de changements multiples et souvent profonds en apparence. M. Faivre montre qu'à travers tous ces changements l'espèce véritable subsiste, et qu'elle renaît d'elle-même des types modifiés, lorsque les circonstances ou la sélection artificielle de l'homme n'entretiennent plus ces derniers. Nulle part l'homme n'a pu créer une espèce végétale réelle et durable; et les espèces, depuis les temps les plus reculés jusqu'à nos jours, se maintiennent avec une fixité qui devient l'un des caractères essentiels de l'espèce. L'antique terre de l'Égypte est pleine d'émouvantes révélations à ce sujet : les animaux, les plantes, les graines enfouis dans les hypogées sont encore les animaux et les plantes qui couvrent aujourd'hui les bords du Nil. Tous les naturalistes ont constaté cette identité sur une quantité considérable d'espèces animales et végétales. Aussi Lamarck et Darwin, pour amoindrir la portée d'une expérience qui a pour elle plus de trois mille ans de durée, ont-ils prétendu que les conditions de la vie et les conditions du milieu extérieur n'avaient pas changé, en Égypte, depuis les temps historiques, et que la permanence des espèces devenait dès

----

(1) Ernest Faivre, *Considération sur la Variabilité de l'espèce et sur ses limites.* Lyon, 1864. — Voyez sur le même sujet : Godron, *De l'espèce et des races dans les êtres organisés,* 2ᵉ édition. Paris, 1872, 2 vol.

lors un fait ordinaire et logique. Mais l'histoire, la géographie, l'étude du sol le prouvent, la situation de l'Égypte s'est, au contraire, profondément modifiée. Le niveau du Nil, les limites du désert, l'étendue des terres cultivées, la culture du sol, le nombre des cités populeuses, la proximité ou l'éloignement de la mer, les grands travaux publics, tout ce qui transforme un pays sous l'action des hommes, tout cela a changé en Égypte, autant et plus qu'en d'autres pays, et rien ne se trouve changé dans les produits de ce sol, dans les êtres vivants qu'il supporte et nourrit.

Mais on peut remonter plus haut et dépasser de beaucoup les temps historiques. La permanence des espèces est démontrée aujourd'hui depuis la période glaciaire ; les tourbières d'Irlande, les forêts sous-marines de l'Angleterre et des États-Unis cachent, dans leurs profondeurs, des débris de mammifères ou d'espèces végétales exactement comparables aux espèces végétales et animales actuellement vivantes dans ces mêmes contrées. Nous ne saurions énumérer toutes les preuves de ce genre qui établissent le grand fait de la permanence des espèces ; le nombre de ces preuves est immense, et aucun fait ne vient les contredire sérieusement, et cependant c'est au nom de l'expérience que prétendent parler les partisans de la sélection naturelle ! Les variétés superficielles, accidentelles et temporaires qu'ils produisent leur deviennent un garant commode de variétés absolues et permanentes qu'ils ne peuvent produire, mais dont ils supposent sans façon l'existence formelle. Ils effacent ainsi l'espèce d'un coup d'hypothèse.

La sélection naturelle a pour parrain idéal la sélection artificielle ; or qu'a produit celle-ci ? Non-seulement pas une espèce, mais pas même une race permanente, définitivement fixée et acquise. Toutes les races faites de main d'homme se défont, si elles sont abandonnées à elles-mêmes si elles ne sont entretenues par une sélection artificielle constamment à l'œuvre. C'est un fait que M. Faivre environne de démonstrations surabondantes, tour à tour puisées dans le règne végétal et dans le règne animal. L'ensemble de ces faits est vraiment irrésistible. Quoi! l'on nous donne la transformation continue des espèces pour une loi, et l'on ne peut nous montrer une espèce transformée! La transformation des races, qu'il ne faut pas confondre avec celle des espèces, est elle-même conditionnelle, relative, s'efface bientôt si rien ne vient troubler le retour de la race au type pur de l'espèce, et l'on viendra nous parler ensuite de la puissance de la sélection naturelle et de la bataille de la vie qui consacre et développe cette puissance! Cette sélection, cette concurrence vitale, cette action des milieux, on à tout employé pour modifier des espèces très-voisines, le cheval et l'âne; la domestication offrait ici toutes ses ressources, la main de l'homme pouvait choisir, allier, croiser les types à volonté. « Assurément, dit M. Flourens (1), si jamais on a pu imaginer une réunion complète de toutes les conditions les plus favorables à la transformation d'une espèce en une autre, cette réunion se trouve entre les espèces de l'âne et du cheval. Et cependant y a-t-il eu transformation?... Ces espèces ne sont-elles pas aussi distinctes aujourd'hui qu'elles l'aient jamais été? Au milieu de toutes les races presque innombrables qu'on a tirées de chacune d'elles, y en a-t-il une seule qui soit passée de l'espèce du cheval àcelle de l'âne, ou réciproquement, de l'espèce de l'âne àcelle du cheval? » Pourquoi, dirons-nous avec M. Faivre, méconnaître des faits si simples et se donner tant de peine pour chercher en dehors de l'évidence des explications qui ne concordent pas avec la réalité?

Les théories de Darwin sont devenues le grand appui de

(1) Voy. Flourens, *Cours de physiologie comparée de l'Ontologie ou Étude des Êtres*. Paris, 1856, p. 18.

ceux qui attribuent à l'homme une origine simienne. « J'aime
mieux être un singe perfectionné qu'un Adam dégénéré »,
nous dit un des partisans de ces théories. Mais pourquoi ne
peut-on perfectionner un âne de façon à en faire un cheval ? Il
n'y a pas entre ces deux dernières espèces les différences anatomiques profondes qui existent entre le singe et l'homme,
différences si bien établies par Gratiolet (1), un grand esprit
et un vrai savant, abreuvé de dégoûts et mort à la peine. Sur
quoi donc fonder notre descendance de l'espèce simienne,
alors que de simples nuances résistent à toute fusion, à
toute transition d'une espèce voisine à l'autre ?

Le livre de la *Variabilité des espèces* est la réponse des
faits à l'esprit de système : calme et sévère, rigoureux et
froid, il n'admet en témoignage que la nature. Il instruira
et convaincra ceux qui hésitent sur ces questions. L'auteur
le termine par ces conclusions que nous reproduisons volontiers parce qu'elles laissent deviner autre chose que
l'étude presque indifférente des faits ; ce sont peut-être les
seules lignes de l'ouvrage où perce, dans une dernière
émotion, le sentiment de la dignité morale de l'homme pro
fondément atteinte par les affirmations d'une fausse science.
« Cette hypothèse (celle de la mutabilité des espèces), elle
ne se légitime, dit M. Faivre, ni par son principe qui est
une conjecture, ni par ses déductions que ne confirme
point la réalité, ni par ses démonstrations directes qui sont
à peine des vraisemblances, ni par ses deux conséquences
extrêmes que la science, aussi bien que la dignité humaine,
nous défendent d'accepter : la génération spontanée, la
parenté intime et dégradante de l'homme et de la brute.

» Malgré l'habileté, nous dirons presque le génie, que
des savants illustres ont mis à défendre cette doctrine, la
raison et l'expérience n'ont point infirmé ce jugement si

(1) Gratiolet, *Anatomie comparée du système nerveux*. Paris, 1857, t. II.

réservé et si juste qu'en a porté Cuvier et qui servira de
conclusion à ce travail : « Parmi les divers systèmes sur
l'origine des êtres organisés, il n'en est pas de moins vraisemblable que celui qui en fait naître successivement les
différents genres, par des développements ou des métamorphoses graduelles. »

Encore un mot avant de quitter ce sujet.

Toutes ces grandes formes de l'erreur scientifique surgissent de notre vieille Europe, où elles trouvent à la fois
des adhérents nombreux et passionnés, des contradicteurs
fermes et éloquents. L'attaque et la lutte se répondent incessamment dans la presse, dans nos livres, dans nos corps
savants, dans nos Facultés enseignantes. Si l'on examine le
caractère général de ces conflits, on y voit la vérité presque
intimidée, à coup sûr moins hardie, moins écoutée que
l'erreur. Elle se sent la vérité, et cela lui suffit pour ne pas
faiblir, pour ne pas céder à la fatigue et au découragem en ;
mais elle n'a pas la faveur populaire ; elle est tolérée, mais
les grands encouragements ne lui viennent guère. Si nous
quittons cette Europe tourmentée, qui n'a d'entraînements
que vers les erreurs nouvelles, et que nous portions nos
regards vers ces grands États-Unis d'Amérique, cette terre
féconde nous apparaîtra aussi favorable à la vérité qu'à la
liberté. Écoutons un instant ce savant illustre que pas un
ne dépasse dans l'horizon des sciences naturelles, M. Agassiz ; suivons son enseignement à l'université de Cambridge :
quelle élévation et quelle sincérité ! comme tous ces systèmes qui séduisent ici tant de monde y sont ramenés à
leurs véritables proportions, jugés dans leur profonde méconnaissance des lois de la nature ! Prenons pour exemple
cette influence des conditions extérieures et des agents physiques sur les animaux, base du système de Lamarck, l'une
des principales conditions de la mutabilité des espèces dans

le darwinisme. M. Agassiz, sur ce point, nous fait entendre de nouveau le ferme langage que, depuis Cuvier, la science naturelle n'ose presque plus parler en France :

« Autant la diversité des animaux et des plantes qui vivent dans des circonstances physiques identiques démontre l'indépendance où sont, quant à leur origine, les êtres organisés du milieu dans lequel ils résident, autant cette indépendance devient de nouveau évidente quand on considère que des types identiques se rencontrent partout sur la terre dans les conditions les plus variées. Qu'on réunisse toutes ces influences diverses, toutes les conditions d'existence sous l'appellation commune d'influences cosmiques, de causes physiques ou de climats, on découvrira toujours à cet égard des différences extrêmes à la surface du globe, et cependant on voit vivre ensemble normalement sous leur action les types les plus semblables ou même identiques... Tout cela n'atteste-t-il pas que les êtres organisés manifestent la plus surprenante indépendance des forces physiques au milieu desquelles ils vivent, une indépendance si entière qu'il est impossible de l'attribuer à une autre cause qu'à une Puissance suprême, gouvernant à la fois les forces physiques et l'existence des animaux et des plantes, maintenant entre les unes et les autres un rapport harmonique par une adaptation réciproque dans laquelle on ne saurait voir ni une cause, ni un effet... Il y aurait à écrire un volume sur l'indépendance où sont les êtres organisés des agents physiques. Presque tout ce qu'on attribue généralement à l'influence de ces derniers doit être regardé comme une simple corrélation entre eux et les animaux résultant du plan général de la création (1). »

____

(1) Cette citation et celles qui vont suivre sont empruntées à une leçon professée par M. Agassiz, à l'université de Cambridge (Massachussetts), et publiée dans la *Revue des cours scientifiques* du 2 mai 1868.

Veut-on voir comment les grands faits de la science zoologique sont interprétés dans cet enseignement profondément philosophique? Écoutons encore ces considérations sur l'*unité de plan* qui existe dans les types de l'animalité :

« Rien dans le règne inorganique n'est de nature à nous impressionner autant que l'unité de plan qui apparaît dans la structure des types les plus différents. D'un pôle à l'autre, sous tous les méridiens, les mammifères, les oiseaux, les reptiles, les poissons révèlent un seul et même plan de structure. Ce plan dénote des conceptions abstraites de l'ordre le plus élevé; il dépasse de bien loin les plus vastes généralisations de l'esprit humain, et il a fallu les recherches les plus laborieuses pour que l'homme parvînt seulement à s'en faire une idée. D'autres plans non moins merveilleux se découvrent dans les articulés, les mollusques, les rayonnés, et dans les divers types des plantes. Et cependant ce rapport logique, cette admirable harmonie, cette infinie variété dans l'unité, voilà ce qu'on nous représente comme le résultat des forces auxquelles n'appartient ni la moindre parcelle d'intelligence, ni la faculté de penser, ni le pouvoir de combiner, ni la notion du temps et de l'espace! Si quelque chose peut placer, dans la nature, l'homme au-dessus des autres êtres, c'est précisément le fait qu'il possède ces nobles attributs. Sans ces dons, portés à un très-haut degré d'excellence et de perfection, aucun des traits généraux de parenté qui unissent les grands types du règne animal et du règne végétal ne pourrait être ni perçu ni compris. Comment donc ces rapports auraient-ils pu être imaginés, si ce n'est à l'aide de facultés analogues? Si toutes ces relations dépassent la portée de la puissance intellectuelle de l'homme, si l'homme lui-même n'est qu'une partie, un fragment du système total, comment ce système aurait-il été appelé à l'être s'il n'y a pas une Intelligence suprême, auteur de toutes choses? »

Veut-on voir enfin ce que vaut et ce que fait l'esprit de l'homme en ces nobles études qui le mettent en face de la nature, ce qu'indiquent tous ces efforts de classification des espèces vivantes, efforts qui font la vraie tradition de la science géologique :

« Les degrés d'alliance existant entre animaux différents sont très-divers. Il n'y a pas alliance seulement entre les représentants d'une même espèce, offrant comme tels la plus entière ressemblance les uns avec les autres; des espèces différentes sont alliées comme appartenant au même genre; les représentants de genres différents peuvent faire partie de la même famille; des familles diverses peuvent ne constituer qu'un ordre unique; plusieurs ordres se rangeront dans une classe commune, et plusieurs classes formeront, en se réunissant, un seul embranchement.. A mes yeux, rien ne démontre plus directement et plus absolument l'action d'un esprit réfléchi que toutes ces catégories, sur lesquelles les espèces, les genres, les familles, les ordres, les classes, les embranchements, sont fondés dans la nature; rien n'indique plus évidemment une considération délibérée du sujet que la manifestation réelle et matérielle de toutes ces choses par une succession d'individus dont la vie est limitée, dans le temps, à une durée relativement très-courte. La grande merveille de toutes ces relations consiste dans le caractère fugitif de toutes les parties de cette harmonie compliquée. Tandis que l'espèce persiste pendant de longues périodes, les individus qui la représentent changent constamment, et meurent l'un après l'autre dans une rapide succession... La coïncidence croissante entre nos systèmes et celui de la nature prouve d'ailleurs que les opérations de l'esprit de l'homme et celles de l'esprit de Dieu sont identiques; on s'en convaincra davantage si l'on songe à quel point extraordinaire certaines conceptions *a priori* de la nature se sont, en définitive, trouvées conformes à la réalité des choses, quoi qu'en aient pu dire d'abord les observateurs empiriques. »

Qu'on nous pardonne ces longues citations; elles nous apportent la voix d'un vrai et grand naturaliste. Pourquoi cette voix semble-t-elle tomber dans l'oubli? Pourquoi, du moins, est-elle si peu retentissante, si on la compare au bruit que font, dans le monde, les assertions de Darwin, et ses démonstrations avortées ou illusoires? Pourquoi la faveur populaire s'est-elle emparée de ces dernières, au point d'en faire la date d'une prétendue révolution scientifique, qui condamne et ferme tout le passé, et s'imagine ouvrir un avenir où seront dévoilés les problèmes de la vie, et celui des destinées humaines? N'est-ce pas le plus prodigieux exemple des entraînements de l'esprit, dans toute une génération, que cette haute fortune de conceptions romanesques, transformant, sans hésiter, l'histoire naturelle, et se substituant à l'observation, aux vérités les mieux assises, aux traditions fondées par les plus fermes génies, aussi bien que par le simple bon sens des masses? Le simple et le vrai sont reniés, pour faire place à l'hypothèse et au roman; et ceux qui épousent ces fictions se disent adeptes résolus de la science positive, prennent pour dogme de n'accepter que les faits; et leurs plus grosses affirmations sont démenties par tous les faits accessibles! Nous léguons là à nos arrière-petit-fils un étrange cas de maladie intellectuelle, sévissant, comme une épidémie irrésistible, sur la science de ce temps. En temps d'épidémie, quelques-uns échappent à la contagion; mais le grand nombre est frappé et succombe; et ce sont des jours de malheur et de deuil pour tous.

10 juillet 1868.

DE L'IDÉE DE VIE

DANS LA PHYSIOLOGIE CONTEMPORAINE

VIRCHOW — CLAUDE BERNARD

I

Il faut que ceux qui aiment les études philosophiques se
résignent à entendre parler de physiologie. L'âme et la vie
désormais ne sauraient plus être absolument séparées.
L'unité de l'homme, violemment brisée par Descartes,
tend à se reconstituer dans la science. Les abîmes imaginés
entre les facultés diverses de l'être humain, entre l'entendement, la conscience et la liberté d'un côté, et, de l'autre,
les affections instinctives, la sensibilité et la spontanéité
organiques, se comblent par degrés; et, sans méconnaître
de grandes et réelles distinctions, les analogies fécondes et
suprêmes apparaissent, et permettent un jugement plus
assuré et plus positif de la réalité. C'est le même être qui
pense et qui vit; et si la pensée a ses régions élevées et
abstraites, elle ne s'y transporte pourtant pas sans entraîner
à sa suite la vie et ses déterminations propres, ses instincts
et ses harmonies, non moins admirables pour qui sait les
comprendre que les hardiesses pures de la pensée. La
science de l'homme cache dans ses profondeurs un spectacle saisissant, celui des rapports et des modalités communes de l'âme et de la vie. Seules, entre tout ce qui existe,

l'âme et la vie sont marquées d'un caractère ineffaçable de spontanéité : l'une et l'autre, vues dans leur plus haute expression, conçoivent et créent; l'une et l'autre évoluent et grandissent, suivent, dans leur évolution, des types primitifs et idéaux, s'impressionnent et s'affectent, cèdent ou résistent au mal, hésitent dans leur voie, dévient et se perdent, ou reviennent à leur fin première. Les émotions de l'âme et du corps vivant se touchent et se pénètrent; la santé intellectuelle, le bien-être moral existent tout comme la santé physique et le bien-être organique, et reconnaissent les mêmes règles générales. C'est un sujet à méditation que la fusion incessante et trop peu remarquée de la langue psychologique et de la langue physiologique et médicale : il ne faut pas y voir l'effet d'un vain hasard; c'est le signe d'invincibles analogies et d'une communauté d'origine et de nature, perçue par l'instinct populaire, par le génie créateur des langues humaines.

Les doctrines spiritualistes n'ont rien à redouter de ces liens intimes, qui attachent entre elles l'âme et la vie, qui font de l'âme comme la vie considérée dans son pouvoir suprême de penser et de vouloir, et de la vie comme l'âme considérée dans ses créations organiques, dans sa réalisation vivante et perceptible. L'âme n'a qu'à gagner en s'emparant de l'homme tout entier ; elle s'y affermit en s'étendant; elle y trouve un fond substantiel et solide dont manquait la philosophie cartésienne, qui, ne voyant dans l'âme que la pensée pure, laissait se perdre la vie dans le plus faux et le plus étroit mécanisme. Les enseignements de Descartes, développés par une inexorable logique, ont, en philosophie, englouti l'individu humain, et conduit à ces conceptions où l'être un et vivant disparaît, sans retour, dans la pensée infinie et dans l'infinie étendue. En physiologie, ces enseignements n'ont pas été moins funestes; ils ont inauguré le matérialisme physiologique, à l'ombre d'un spiritualisme impuissant; ils ont permis de dire : La vie n'est qu'un résultat de la matière et de ses propriétés; et cette expression du matérialisme médical a pu s'associer, pendant longtemps, aux déclarations animistes les plus inattendues.

Les uns, avec Stahl, croyant donner à l'âme tous ses pouvoirs, lui donnaient à commander et à mouvoir une machine organique qu'elle n'avait pas créée; car une âme ne peut créer une machine, ni rien de distinct d'ellemême. L'âme devenait l'invisible moteur d'un mécanisme auquel on l'avait momentanément associée, sans que rien décelât, d'ailleurs, ni d'où venait le mécanisme, ni comment se réalisait cette association. D'autres, répudiant la conception stahlienne et l'intervention incessante de l'âme dans les fonctions organiques, déclaraient accepter l'âme, et la livrer en étude aux philosophes; mais la science de la vie n'avait point à s'occuper d'elle; la vie et ses fonctions relevaient exclusivement de la matière et de ses forces. Le physiologiste et le médecin n'avaient qu'à analyser ces combinaisons nouvelles du mouvement et de la matière, à rechercher les principes immédiats des composés organiques. Dans les réactions physico-chimiques de ces composés complexes, se trouvaient la raison et la cause des actes organiques et vitaux.

Que de savants ont vu dans cette séparation arbitraire de l'âme et de la vie, l'expression dernière de la réserve et de la prudence scientifiques, et se sont vantés de donner ainsi l'exemple d'une heureuse impartialité. Ce n'est pas la première fois que de futiles compromis passent pour de la sagesse, et remplacent, pour un instant, la solution des plus importants problèmes. Mais ces compromis ne durent pas, et ils tombent bientôt sous le méprits des esprits conséquents, sinon éclairés. Il est des inductions logiques qui, courant droit à l'erreur extrême, sortent rapidement des prémisses qui les contiennent. Si la vie n'est rien audelà de la matière, pourquoi l'âme serait-elle plus que la vie et que la matière; pourquoi n'exprimerait-elle pas un simple fonctionnement de l'agrégat organique? Quoi! la vie avec ses merveilleuses facultés, avec sa sensibilité, avec son évolution soumise à un type idéal, avec ses harmonies fonctionnelles, avec son unité apparente, avec sa vertu de production et de génération, la vie n'est que le résultat de l'organisation de la matière; cette organisation elle-même ne reconnaît d'autre causalité que la causalité physico-chimique universelle; et l'on voudrait que l'âme, brisant cette forte chaîne de la nature visible, reconnût une origine mystérieuse, inaccessible à nos sens, à ces sens révélateurs fidèles de tout ce qui se voit et se touche, c'est-à-dire de tout ce qui existe! Sous quel prétexte arrêter la science dans son essor, dans ses efforts soutenus et victorieux pour anéantir les dernières entités métaphysiques? De l'entendement et de la raison, prétendus attributs de l'âme, à la sensibilité et aux affections instinctives, attributs certains de la vie, n'y a-t-il pas une gradation non interrompue qui montre bien que les uns et les autres appartiennent à la même activité, proviennent d'une source commune, la mamatière à l'état organisé? La sensibilité et la contractilité sont les propriétés de la substance nerveuse et musculaire; pourquoi la pensée et la volonté ne seraient-elles pas une propriété analogue de la substance cérébrale? Le cerveau fait la pensée, comme les muscles la contraction, comme le foie le sucre, comme l'oxygène et le soufre l'acide sulfurique; tous les phénomènes divers ne sont que des vibrations de la matière. L'organicisme, donc, qui avait cru pouvoir faire de la vie le résultat de la matière, en réservant l'âme, en protestant contre toute extension donnée à une doctrine exclusivement physiologique, l'organicisme aboutissait fatalement au matérialisme absolu dont il se défendait; et, une fois de plus, il fournissait la preuve que l'inconséquence n'est pas un oreiller sur lequel puissent sommeiller l'esprit humain et la science.

Le matérialisme physiologique déborde nécessairement du milieu vivant, pour atteindre et submerger l'âme elle-même et toute causalité, première ou seconde, autre que celle que livre la matière. Il s'ensuit que la philosophie aujourd'hui ne saurait se désintéresser de la physiologie, ni passer dédaigneusement à côté d'elle, sans sonder la valeur de ses enseignements. L'âme de l'homme a pour réalisation et fonction visible la vie : si la science affirme la négation de la vie comme cause propre, l'âme est effacée du coup. L'ordre social et humain, les idées de devoir et de liberté, le monde moral entier, tout s'ébranle et s'écroule à la suite. Le matérialisme physiologique, s'il venait à dominer, consommerait la révolution dernière et la chute définitive d'un monde qui n'offrirait plus à nos regards indifférents qu'une circulation monotone de la matière. Aussi les questions de biologie générale ont-elles pris une nouvelle et large place dans les préoccupations publiques; et ces préoccupations, en s'adressant ainsi, obéissent à de ces pressentiments profonds qui désignent l'importance croissante de certains problèmes, jusqu'ici regardés comme secondaires et limités à des faits d'un ordre tout spécial.

Il s'opère dans l'ordre des connaissances physiologiques un double mouvement, l'un d'abaissement et d'erreur qui ne semble se proposer d'autre but que celui de renverser toutes les grandes vérités traditionnelles de la science de l'homme; l'autre de renaissance et de régénération, qui revient après de longs détours, et peut-être sans s'en douter, à ces vérités obscurcies et délaissées, et projette sur elles des clartés inattendues. Si ce dernier mouvement l'emporte, s'il se soutient et se dégage des entraves qui l'arrêtent encore, il renouvellera l'étude de la physiologie. Porté sur le courant de la vérité, le savant n'hésitera plus en face de la vie; il la saisira dans son activité propre, et saura la distinguer de tout ce qui l'enveloppe et la presse; il séparera pour toujours la causalité vivante d'avec la causalité extérieure dont elle s'empare et use pour se réaliser et poursuivre sa fin. Le domaine de la vie sera fixé dans ses limites et dans ses rapports. La science de l'homme acquerra alors des proportions et une assurance qu'elle n'a jamais connues. C'est ce mouvement que je voudrais étudier et solliciter. Je voudrais montrer ce qu'il a déjà produit sous nos yeux, ce qu'il doit produire encore, les obstacles à éviter, et que lui opposent les passions et les préjugés de ce temps.

Deux éminents physiologistes sont à la tête de la rénovation de la science de l'être vivant : M. Virchow en Prusse, et M. Claude Bernard en France. Par l'importance de leurs travaux et de leurs découvertes, par la direction qu'ils ont imprimée à l'analyse biologique, par leur esprit de généralisation ou par les méthodes qu'ils ont fait prévaloir, par l'introduction en pathologie des théories physiologiques qu'ils avaient conçues, ces illustres savants se sont élevés chacun à la hauteur de chefs d'école, et ces écoles ont reçu le nom des deux grandes nations auxquelles ils appartiennent. M. Virchow est le chef avoué de l'école allemande. M. Cl. Bernard est la gloire de l'école française (1).

(1) Cl Bernard, *Leçons de physiologie expérimentale.* Paris, 1855-56, 2 vol. — *Leçons sur les effets des substances toxiques et médicamenteuses* Paris, 1857, 1 vol. — *Leçons sur la physiologie et la pathologie du système nerveux.* Paris, 1858, 2 vol. — *Leçons sur les propriétés physiologiques et les altérations pathologiques des légendes de l'organisme.* Paris, 1859, 2 vol.

L'œuvre de ces deux novateurs, à la considérer dans son ensemble et dans sa portée générale, est à la fois dissemblable et comparable : chacune reflète le génie de sa nationalité. L'une, systématique, profonde, obscure pour tous ceux qui se bornent à parcourir du regard l'enveloppe uniquement extérieure des choses, hardie dans la vérité comme dans l'erreur, découvrant la vie et ses lois cachées dans des régions où l'œil humain n'avait pas encore pénétré, la dénaturant par contre dans les caractères fondamentaux attestés par l'universelle observation, au demeurant œuvre vaste et forte, où les saines affirmations effaceront bientôt les négations téméraires et funestes.

L'œuvre française n'a rien eu d'abord de ces visées générales et systématiques, rien non plus de ces obscurités qui fatiguent à pénétrer et trompent ceux qui aiment les voies faciles. Elle s'est longtemps attachée à poursuivre un but particulier, la découverte et la démonstration d'un fait nouveau. Elle a révélé au monde savant étonné des fonctions organiques nécessaires au maintien de la vie, et qui‘ jusqu'ici, n'avaient pas même été soupçonnées. Ces lueurs, jetées sur un point de l'organisme vivant et de son mécanisme fonctionnel, ne se sont pas bornées à éclairer ce point; mais bientôt, rejaillissant de fonctions en fonctions, elles ont embrassé l'organisme entier, où tout s'entretient, où tout est causé et causant, où toute fonction particulière pénètre toutes les autres fonctions, et en est à son tour pénétré. Cependant M. Cl. Bernard, quelque moisson glorieuse qu'il eût recueillie dans le champ de ses études expérimentales, ne pouvait s'y renfermer pour toujours et ne pas en dé-

in-8. — *Introduction à l'étude de la médecine expérimentale*. Paris, 1856, in-8. — *Leçons de pathologie expérimentale*. Paris, 1871, in-8. — *Leçons sur les anesthésiques et sur l'asphyxie*. Paris, 1875, 1 vol. — *Leçons sur la chaleur animale, sur les effets de la chaleur et sur la fièvre*. Paris, 1876, 1 vol. in-8. — *Leçons sur le diabète*. Paris, 1877, 1 vol. in-8.

passer l'horizon trop limité. Incessamment placé en face de la vie, il ne pouvait ne pas l'interroger dans son unité et dans ses harmonies, dans sa cause et dans sa fin, dans sa pleine et substantielle réalité. Quoique ces derniers et grands caractères de la vie échappent à l'expérimentation, et ne se réalisent pas dans un déterminisme propre, M. Cl. Bernard ne s'est pas dérobé au devoir de les contempler, au besoin de les méditer, parce que, chez lui, derrière l'expérimentateur, il y avait un physiologiste et un savant; c'est-à-dire un homme qui sait que les conditions expérimentales des phénomènes ne sauraient jamais en livrer la connaissance vraie, et que, pour atteindre à celle-ci, il faut remonter à la cause qui domine et régit le déterminisme phénoménal. Je ne dis pas que M. Cl. Bernard se soit toujours montré fidèle à ces vérités capitales; il n'y est certainement arrivé qu'à travers bien des hésitations, et ces hésitations ne semblent pas toutes effacées de son esprit. La trace des préjugés vaincus subsiste et reparaît, et c'est un spectacle digne de fixer l'attention que celui des courants contraires qui se font jour dans les œuvres dernières de ce grand physiologiste.

L'influence exercée par MM. Virchow et Cl. Bernard est destinée à durer, et à grandir en durant. L'idée de vie n'est pas demeurée immobile et stérile en leurs mains; ils en ont compris la portée et ont vu que là était l'appui de leurs travaux. Ils l'ont plus patiemment et plus activement remuée qu'aucun de leurs prédécesseurs, qu'aucun de leurs contemporains. La vie est la base sur laquelle toute physiologie repose et se développe; ils ont voulu la définir, lui donner ses caractères propres et inaliénables, et en déduire les caractères mêmes de la science biologique. Quels sont ces caractères? Ardemment animés de l'esprit de recherche et de progrès, ces deux chefs d'école ont-ils dû, par cela même, rejeter et combattre les enseignements de la tradition? Les conceptions, fruits de leurs beaux travaux, sont-elles en opposition avec les grandes doctrines spiritualistes sur lesquelles, jusqu'ici, s'était élevée l'idée de vie, et la science qui en est le long et merveilleux développement? Répondre à ces hautes questions, c'est montrer où en est et où marche la physiologie contemporaine.

<h2 style="text-align:center">II</h2>

Tout corps vivant naît d'un germe, *omne vivum ex ovo*. Tel est le caractère essentiel de la vie, celui qui résume les autres, et hors duquel la vie ne saurait se concevoir. La doctrine de la génération spontanée a essayé d'en amoindrir la portée, en prétendant prouver que certains infusoires, et, par conséquent, la vie, au moins sous sa forme rudimentaire, pouvaient naître spontanément au sein des liquides organiques. Mais ces assertions, relevées et démenties par une science plus avancée et plus sûre, n'ont servi qu'à donner une force nouvelle à la vérité contestée, et à mettre en une plus éclatante lumière cette marque suprême de tout être vivant et de toute vie.

Ce caractère appartient à l'être considéré dans son unité, dans son tout organique, dans son évolution régulière, à l'individu, en un mot. L'individu naît d'un autre individu semblable à lui. Cet être est lui-même composé de parties constituantes, d'organes, d'appareils, de tissus, d'éléments divers. Ce fut l'un des grands progrès de l'anatomie générale que la découverte, due à Bichat, des tissus élémentaires dont l'organisme est formée. Armée du microscope, l'analyse a pénétré plus avant dans la contexture organique; elle est allée jusqu'aux parties élémentaires dont sont composés ou d'où naissent ces tissus. Ces parties sont les véritables éléments dont l'association constitue l'être vivant. Ce sont les éléments anatomiques ou organiques primitifs, les *organites*, comme les appelle M. Milne-Edwards. Ces éléments ont tous été ramenés au type unique de la cellule; type figuré qu'il ne faut pas se représenter sous la forme unique et simple d'une vésicule close et renfermant un noyau central, mais sous les formes les plus variées, et même indépendamment de toute forme précise, à l'état de noyau entouré d'un protoplasme, matière organique non encore figurée.

Le corps vivant est donc un prodigieux assemblage de cellules ou d'organites associés dans un but commun, reliés en un fonctionnement harmonique d'autant plus admirable que les parties qui fonctionnent sont en nombre infini et infiniment petites. Ces cellules, quoique exprimant la vie générale de l'être et tirant de cette vie leur propre existence, n'en possèdent pas moins une vie particulière et jusqu'à un certain point distincte. Chacune sent, réagit, souffre individuellement et communique ses impressions autour d'elle, dans un rayon plus ou moins étendu. La cellule a donc une sorte d'individualité; c'est une espèce d'être inférieur et soumis, qui ne possède et ne propage la vie qu'à la condition que tout vive autour et au-dessus d'elle, qu'une vie supérieure la soutienne et l'imprègne incessamment.

Qu'on me pardonne ce court exposé : j'avais besoin de le tracer pour introduire le lecteur dans une physiologie et dans une pathologie nouvelles, création de l'école allemande et de son illustre chef, M. Virchow, et qui ont reçu de lui les noms caractéristiques de *physiologie* et de *pathologie cellulaires* (1).

(1) Virchow, *la Pathologie cellulaire basée sur l'étude physiologique et pathologique de tissus*. 4ᵉ éd., par Is. Strauss, Paris, 1874.

Cette physiologie naissante posa bientôt des problèmes inconnus avant elle. La cellule, organite primitif du corps vivant, comment naît-elle, comment se multiplie-t-elle, d'où provient-elle? Ici reparaissent sous une forme nouvelle ces problèmes émouvants de génération spontanée ou de génération par ancêtres, que nous avons vus se poser pour la vie du tout, pour l'être individuel. La cellule naît-elle spontanément au sein de l'organisme dans les liquides dont l'organisme est baigné? ou la cellule est-elle toujours engendrée par une autre cellule qui se multiplierait en se divisant par un travail sans relâche, travail connu sous le nom de prolifération cellulaire? Ces deux théories, nous pourrions dire ces deux doctrines, ont chacune leurs défenseurs dans la science. A Paris, M. le professeur Ch. Robin soutient la génération spontanée au sein des liquides albumineux ou plasmatiques fournis par l'organisme vivant (1). C'est la thèse matérialiste de la génération spontanée de l'être, non plus limitée aux êtres inférieurs, mais transportée dans les êtres supérieurs, dans ceux-là mêmes qui naissent de parents. Ces êtres, aussitôt engendrés et nés, se développeraient par la formation spontanée de leurs éléments figurés au milieu de liquides qui, introduits du dehors, subiraient au sein de l'économie une élaboration physico-chimique spéciale (2). La vie, en tant que cause et force propres, est aussi supprimée que possible dans ce

(1) Ch. Robin, *Anatomie et physiologie cellulaire ou des cellules animales et végétales.* Paris, 1873, in-8. — *Programme du cours d'histologie.* 2e éd., Paris, 1870, in-8.

(2) De grands efforts d'expérimentation ont été tentés, et tout récemment encore, pour prouver la génération spontanée de cellules au sein de liquides tirés de l'organisme vivant. Ces efforts sont demeurés stériles. Nulle expérience n'a résisté au contrôle d'une observation sérieuse. Toujours il a été facile de montrer que les cellules à prétendue naissance spontanée provenaient de l'organisme lui-même et des cellules qui le constituent. (Voir à ce sujet les discussions soulevées au sein de la *Société de biologie* par les expériences de M. Onimus.)

développement de l'être. La génération par parents, cette
œuvre et cette marque suprêmes de la vie, qui, à elle seule,
nous transporte dans un ordre nouveau dont la physique
et la chimie ne sauraient donner l'idée, la génération ne se
rencontrerait qu'à un point mystérieux, celui de la naissance de l'être. Ce serait là un moment unique, dont la
science n'a pu encore pénétrer le secret; mais, ce moment
passé, tout mystère s'efface; la matière et ses forces reprennent leurs droits absolus, et si elles n'expliquent pas
l'origine de l'être vivant, elles en expliquent du moins le
développement ultérieur.

L'école allemande repousse énergiquement cette génération spontanée de la cellule. Avec M. Virchow, elle proclame toute génération spontanée une illusion, soit qu'on
la place à l'origine de l'être, soit qu'on l'admette comme
raison de son développement. Elle a complété le vieil aphorisme, *omne vivum ex ovo*, par cet autre non moins important, *omnis cellula e cellulâ :* toute cellule provient de
cellule. L'être vivant, cellule à peine visible à sa première
apparition, mais cellule toute pleine de force latente et
d'unité, ne se maintient et ne se développe que par une
évolution qui va marchant de cellule en cellule, par l'é-
nergie créatrice de toute cellule créée. Durant le cours
entier de la vie, tout se crée et se façonne, sent et réagit
par la seule activité cellulaire : c'est là l'unité de formation
et de création organiques. Simple et grande vérité, qui
nous traduit l'une des lois fondamentales de la vie, sans
rien ébranler de ce que la tradition scientifique nous enseignait déjà. Elle donne, au contraire, à cette tradition une
confirmation nouvelle; car elle étend ses enseignements
de la cellule première du germe, où ils s'étaient arrêtés, à
la masse infinie des cellules animées qui composent un
être.

N'est-ce pas déjà un beau spectacle et une noble conquête de l'esprit que cette conception qui suit la vie dans ses œuvres les plus profondes, qui dévoile le mystère d'innombrables générations dans un organisme qui semblait engendré une fois pour toutes! La loi de la génération première devenant la loi de l'évolution vitale tout entière, quel coup d'œil sur la nature même de la vie, que de vieilles théories mécanicistes renversées, quelle interprétation nouvelle de phénomènes déjà connus ou que l'on croyait connaître! Prenons, par exemple, l'intussusception, mode d'accroissement que l'on considère à bon droit comme l'un des caractères de l'être vivant, caractère opposé à la juxtaposition, mode d'accroissement du corps inorganique. Combien de physiologistes, mis en demeure de s'expliquer sur cette intussusception organique, ne savent y voir que l'introduction des sucs nourriciers, élaborés par les actes successifs de la digestion et de l'absorption, introduction s'opérant à travers les membranes vivantes par une sorte d'endosmose, et permettant une assimilation temporaire de la matière introduite! L'intussusception, ainsi comprise, est-elle vraiment vivante et diffère-t-elle essentiellement de l'accroissement par juxtaposition? Si l'assimilation de matière élaborée ne s'opérait pas suivant un type voulu, et ne répondait pas à des déterminations et à des besoins généraux de l'être, si on la jugeait sur les seuls phénomènes locaux que l'on en connaît, elle n'offrirait guère qu'un mode de juxtaposition intérieure, succédant à une endosmose physique, et liée à un mouvement corrélatif de séparation. La nutrition de l'être se résoudrait ainsi en un double mouvement continu que rien n'indique comme essentiellement vivant. La notion vraie de la vie cellulaire donne de la nutrition une tout autre idée. L'intussusception devient une propriété vivante de la cellule, car la cellule la régit directement, et par la vie qui est en elle. Ce n'est plus une simple endosmose, suivie d'exosmose, à travers une membrane organique d'une ténuité extrême : non, la membrane d'enveloppe n'est pas la partie essentielle de la cellule, et ne dirige ni ses actes, ni son accroissement. C'est le noyau de la cellule qui gouverne toute la vie cellulaire; c'est lui qui préside à la nutrition de l'organite, qui provoque et réalise l'intussusception, l'accroissement, la prolifération cellulaire. L'intussusception, soumise à cette activité centrale et rayonnante de la cellule, est directement commandée par la vie; elle est comme une conquête de la vie sur la matière inanimée; et si, dans ses conditions instrumentales, elle demeure endosmotique et physique, dans sa cause déterminante elle est un acte spécifique et vital. C'est ainsi que la connaissance de la vie cellulaire transforme la notion de tous les actes vitaux, en les imprégnant d'une vie plus profonde et plus intime.

La doctrine cellulaire inaugurée par l'école allemande devait avoir en pathologie un retentissement prolongé, témoignage de sa vérité en physiologie. La pathologie, en effet, n'est qu'un développement, un aspect nouveau de la physiologie; et les vérités émises d'un côté doivent se continuer de l'autre. Nous allons tâcher de donner une idée du mouvement imprimé à la pathologie par le hardi novateur de Berlin; nous ferons ainsi comprendre toute la portée de la physiologie cellulaire.

A l'origine de l'être, il n'y a qu'une cellule, l'ovule, et, par conséquent, une seule espèce cellulaire. Cette cellule, en se divisant et en se multipliant sans fin, ne perd pas ses caractères propres; elle garde son type primitif, et ce type devient celui de l'élément cellulaire, celui du tissu le plus répandu de l'économie, du tissu dit conjonctif ou connectif, que l'on rencontre dans la trame de tous les organes. La cellule plasmatique est l'élément de ce tissu ; on pourrait l'appeler avec plus de vérité cellule génératrice commune. Cette cellule à type primitif a, en effet, une puissance génératrice originelle et persistante. C'est elle qui, suivant des conditions de temps et de lieu déterminées par le type spécifique de l'être, engendrera des cellules de forme et de fonctions spéciales, dérivées de la cellule primitive et commune, et cependant distinctes d'elle : ce sont les cellules des systèmes nerveux, musculaire, épithélial. Ainsi donc, cellule primitive se multipliant, d'un côté, en conservant ses caractères originels et propres, et, d'un autre côté, se multipliant sous des formes secondes, disposées pour des aptitudes fonctionnelles spéciales, transformées, mais toujours soumises au type spécifique de l'être ; la cellule première de l'être contenant en puissance, sinon en manifestation immédiate et visible, toutes les formes cellulaires qui vont évoluer et constituer l'être complet : telle est la loi générale du développement cellulaire. Eh bien ! ce processus physiologique et normal que nous venons d'esquisser, devient le type fécond de tout processus pathologique ; la loi de la genèse physiologique devient la loi de la genèse pathologique. La cellule, dans la maladie, n'engendre pas suivant un autre mode, ni des cellules d'un type autre que les cellules engendrées à l'état physiologique.

M. Virchow, sur cette notion capitale, a réformé toute l'anatomie pathologique et tout le processus des tumeurs, c'est-à-dire des produits de formation anormale et pathologique.

« Le type qui, en général, dit M. Virchow, régit le développement et la formation de l'organisme, régit également le développement et la formation des tumeurs. » Il dit encore ces paroles non moins vraies et qu'il ne faudrait jamais oublier en médecine comparée : « Il faut établir d'avance que tout ce que l'homme produit sera toujours quelque chose d'humain, et ce que l'animal produit quelque chose d'animal (1). » Pour appuyer le précepte d'un exemple qui le fasse bien comprendre, M. Virchow montre aisément que, dans les tumeurs observées sur une oie, on ne rencontrera jamais de poils pareils à ceux de l'homme; et, chez l'homme, les tumeurs ne contiendront jamais des plumes semblables à celles de l'oie. Cette vue si simple suffit, à elle seule, à renverser toutes les théories illusoires que les premières études microscopiques des tumeurs avaient fait naître. On avait cru, en effet, que chaque tumeur de nature spéciale se caractérisait par un élément cellulaire spécial, sans analogue dans l'économie, entièrement nouveau, par conséquent, et qui semblait ainsi constituer une sorte d'être ou de parasite, entièrement distinct de la couche vivante sur laquelle il se développait. C'est ainsi qu'on avait admis une cellule spéciale du cancer et du tubercule; on pensait avoir découvert par là la nature vraie et le caractère essentiel des tumeurs cancéreuses et des produits tuberculeux. Ces idées, on les avait acceptées avec enthousiasme et défendues avec acharnement; on déclarait ennemis du progrès ceux qui les repoussaient et qui prétendaient trouver ailleurs le caractère essentiel du cancer et du tubercule, et le plaçaient dans l'affection productive et dans l'évolution de la tumeur pathologique, et non dans une cellule dont rien ne démontrait la spécificité réelle. La question en était là et semblait pour longtemps livrée aux solutions les plus opposées, lorsque la physiologie cellulaire est venue la résoudre au nom des principes généraux de cette physiologie comme au nom d'une observation attentive. Il ne peut y avoir d'éléments spécifiques sans analogues dans les autres éléments organiques; la cellule,

(1) Virchow, *Pathologie des tumeurs*, 1ʳᵉ leçon.

et l'être qui en est le développement, ne peuvent rien produire qui diffère essentiellement d'eux-mêmes, pas plus dans
l'état de maladie que dans l'état de santé. Tous les types cellulaires des productions morbides doivent se retrouver dans
l'organisme sain qui engendre ces productions. La descendance est toujours en rapport direct de nature avec les
ascendants générateurs. L'observation venait, à son tour,
donner raison à la physiologie générale, en montrant que
tous ces éléments de tumeurs, prétendus nouveaux et
spécifiques, avaient leurs semblables dans l'organisme, et
n'étaient, en conséquence, ni nouveaux ni spécifiques.

Cependant les tumeurs offrent souvent des éléments
cellulaires différents de ceux de la région où ils se développent, et des tissus qui les supportent. Telle était même la
cause de l'erreur commise relativement à la spécificité
anatomique des éléments constituants de ces tumeurs. La
loi de développement des divers éléments cellulaires fournit
la raison physiologique de ces anomalies. Les cellules
plasmatiques du tissu conjonctif, celles que nous proposons
d'appeler génératrices communes, engendrent, suivant
des lois déterminées, les cellules de forme et de fonction
variées, observées dans l'organisme. Cette puissance de
génération variée, les cellules du tissu conjonctif la conservent dans la maladie comme dans l'état physiologique;
elles peuvent engendrer des cellules différentes d'elles-
mêmes, mais toujours analogues à celles qu'elles engendrent sur tels ou tels points de l'économie, en tel ou tel
temps de l'évolution vitale. Aussi le tissu conjonctif est-il
seul apte à émettre ces formations pathologiques. Toutes
les tumeurs par prolifération d'éléments variés et différents de l'élément producteur, toutes ces tumeurs naissent
du tissu conjontif ou générateur commun. Il a le mono-
pole de ces genèses anormales, véritable renversement de

l'évolution physiologique. Il n'y a donc de changé, dans le cas de maladie, quant aux productions histologiques, que les conditions de lieu et de temps. Des éléments cellulaires spéciaux apparaissent là où ils ne devraient pas se montrer ; mais ces mêmes éléments, on les rencontre normalement ailleurs. Le type spécifique de l'être vivant domine toujours toutes ces productions déviées ou dégénérées ; l'homme devenu malade ne produit que les cellules qu'il peut produire originellement. La maladie ne lui octroie aucune faculté créatrice d'organes ou d'éléments nouveaux.

D'autres fois, les cellules nouvelles nées des éléments plasmatiques, ne s'en séparent pas par des différences de forme, de façon à ressembler aux autres éléments cellulaires de l'organisme : non, ces cellules conservent le type de l'élément conjonctif, mais elles demeurent chétives, misérables, n'arrivent pas à complet développement, meurent bientôt au sein des tissus et subissent cette dégénération granulo-graisseuse qui est comme une sorte de mort vivante, et amène la perte de toute sensibilité et vitalité organiques. Tel est le tubercule. Ici encore rien de spécifique, mais une altération cellulaire par arrêt de développement et défaut de résistance vitale.

Il convient de remarquer le caractère fondamental que prend l'anatomie pathologique dans la doctrine cellulaire. Elle repose toute sur le mode de génération de la lésion ; la lésion n'est lésion que par son processus, et non par elle-même. Il y a ou erreur de lieu, ou erreur de temps, ou erreur de développement ; c'est un trouble évolutif qui fournit le caractère réel de la lésion. De la sorte, l'anatomie pathologique n'est plus une science immobile et morte, une façon d'enregistrement d'altérations matérielles ; elle devient vivante, relevant tout entière de la science de la vie, trouvant sa raison d'être dans les lois générales de l'évolution vitale; elle est cette évolution déviée, et non une altération physique de nos tissus, surgissant on ne sait d'où, et se réalisant on ne sait comment.

Je m'arrête, et je n'irai pas jusqu'à la fin de ce sujet, quelque intérêt que je lui trouve. Ainsi, je ne montrerai pas comment cette physiologie de la cellule transforme la vieille notion d'inflammation et lui ôte son caractère superficiel d'unique congestion des capillaires sanguins, avec gonflement, rougeur, chaleur et douleur, pour la rattacher plus profondément à la vie et à l'élément cellulaire qui la représente. Tous les phénomènes de l'inflammation sont mis par M. Virchow sous la dépendance de la vie cellulaire; c'est cette vie affectée qui les suscite, les règle, les dirige; elle en est l'âme cachée et la raison substantielle; ils deviennent une conséquence, une expression des troubles organiques primitifs, lesquels portent tous sur la cellule vivante (1).

Je ne dirai rien non plus de cette fécondation cellulaire que M. Virchow a su invoquer pour expliquer les proliférations anormales des cellules plasmatiques. Cette génération de la vie cellulaire commune ne s'accomplit pas sans une excitation spéciale que M. Virchow a tort d'appeler du nom générique d'*irritation*, mot qui, depuis

---

(1) Depuis que ces pages sont écrites, la théorie de l'inflammation, à laquelle est attaché le nom de M. Virchow, a été ébranlée, et au lieu de la prolifération des éléments conjonctifs, M. Conheim lui a substitué la sortie des leucocytes à travers les capillaires sanguins de la région enflammée. Les globules du pus se rapporteraient à ces leucocytes, et non à la prolifération des cellules conjonctives. Les deux théories peuvent être associées et la prolifération inflammatoire peut affecter aussi bien les éléments conjonctifs que les globules blancs du sang, engendrés dans le système circulatoire. En tout cas, cette dissidence ne touche pas au fond de la physiologie et de la pathologie cellulaires. Qu'il y ait génération profuse de leucocytes ou multiplication anomale et rapide des cellules conjonctives, c'est toujours un fait de prolifération morbide portant sur les éléments générateurs communs, soit du sang, soit des solides. Ces éléments sont peut-être plus rapprochés de nature qu'on ne le croit.

Broussais, passe pour désigner le premier degré de l'inflammation, et partage dès lors la nature propre de ce dernier acte pathologique. Cette excitation, ou mieux encore, en employant le langage de Brown, cette *incitation* génératrice est une sorte de fécondation rudimentaire, une infection de cellule à cellule, qui transmet à la cellule saine le mode de la cellule anormale et déviée, ou à la cellule fécondée un type différent, celui de la cellule fécondante. Toute cette physiologie pathologique respire un sentiment de vie générale que nul savant n'avait eu à un si haut degré. Ce sentiment est même en avance sur les idées et la science de ce temps; peu de médecins le comprennent, en saisissent l'inspiration première, et en mesurent la portée. Ceux-là mêmes qui, parmi nous, suivent et exaltent les enseignements venus d'Allemagne, ne se font pas une idée exacte de la pensée qui domine ces enseignements; ils ne voient et n'étudient que les faits particuliers d'anatomie et de pathologie que les médecins d'outre-Rhin nous envoient. Ces faits sont souvent contestables et erronés; mais la rénovation physiologique qui s'opère obscurément sous l'action de l'analyse microscopique et de l'observation des processus vitaux, cette rénovation, ils la méconnaissent, ou la traitent de système, et la condamnent par ce seul mot. Ceux-là veulent des faits visibles ou tangibles, et rien au delà. Or M. Virchow n'a pas craint souvent de dépasser ces faits, et il a édifié toute une physiologie vivante où l'évolution et l'idée qui la dirige tiennent plus de place que les sens et que leurs perceptions immédiates.

Si les doctrines vitalistes et les notions fondamentales de l'autonomie vitale étaient proscrites de la science, elles devraient y être ramenées par M. Virchow. La physiologie cellulaire en est tout imprégnée, et nulle conception de la vie n'est, plus que celle-là, inaccessible à la causalité physico-chimique. Quel est, en effet, le symbole de cette profonde physiologie? C'est l'ovule fécondé, cellule animée dont l'être entier va sortir par une inénarrable spontanéité. Toute la vie demeure une fécondation et une génération continues. La masse innombrable des cellules qui constituent un organisme n'ont pas, à bien dire, d'autres fonctions : sentir et réagir, se féconder et multiplier, s'impressionner des unes aux autres, généraliser dans le tout, par l'action intermédiaire et subordonnée d'appareils de transmission, les impressions ressenties en un point, toute la vie cellulaire se résume à ces faits, ou mieux à ces actes; et quels échappent plus absolument à ce que le travail mécanique ou chimique peut produire? Sentiment et génération, où cela se rencontre-t-il dans les manifestations de la matière pure? L'ordre vivant, seul, manifeste cette puissance inconnue, et celle-ci lui est tellement nécessaire qu'il ne peut se concevoir sans elle. L'être vivant naît, se développe et se reproduit par génération. En face de ce spectacle, on peut vraiment dire qu'un ordre nouveau s'élève : *Novus rerum nascitur ordo.* Les propriétés de la matière, quelque rôle qu'elles soient destinées à jouer dans cet ordre nouveau, ne contiennent, dans leur principe, aucune de ces activités vitales; elles ne sauraient en rendre compte dans leur cause réelle; il faut passer à une causalité nouvelle, comme les faits que cette causalité régit.

Mais l'esprit de l'homme est un abîme de contradictions, et souvent les plus grands esprits offrent en ce genre les plus grands abîmes. M. Virchow, dominé par des préjugés philosophiques que l'étude intime de la nature vivante aurait dû vaincre en lui, posant en *a priori* ce vulgaire précepte qu'il n'y a de vrai que ce que la méthode expérimentale montre, M. Virchow effacerait volontiers, par moments, l'émouvant tableau de la vie cellulaire, pour faire de la cellule un produit nu de la matière inorganique; et un tel produit ne saurait devoir ses propriétés qu'à l'arrangement particulier et complexe de la matière et aux réactions chimiques qui en résultent. Au prix de quelles étonnantes contradictions M. Virchow arrive-t-il à de pareils enseignements, je ne saurais le dire; je préfère citer quelques-unes de ses paroles, afin que l'on en juge directement :

« La vie, dit M. Virchow, est l'activité de la cellule; ses caractères sont ceux de la cellule. La cellule est un véritable corps, composé de substances chimiques déterminées et construit d'après les lois déterminées. Son activité varie avec la substance qui la forme et qu'elle contient; sa fonction varie, croît et diminue, naît et disparaît avec le changement, l'augmentation et la diminution de cette substance. Mais cette matière ne diffère pas, dans ses éléments, de la matière du monde inorganique, inanimé, qui lui sert, au contraire, à toujours se compléter, et à laquelle elle retourne après avoir accompli son rôle spécial; ce qu'elle a de propre, c'est la manière dont elle est disposée, le groupement particulier des plus petites particules de la matière, et cependant ce groupement n'est pas tellement particulier qu'il soit en opposition avec les dispositions et les groupements que la chimie reconnaît dans les corps inorganiques. Ce qui nous paraît particulier, c'est le genre d'activité, ce sont les fonctions spéciales de la substance organique, et cependant cette activité, ces fonctions, ne diffèrent pas de celles que la physique étudie dans le monde inorganique. Toute la particularité se borne à ceci, que dans le plus petit espace sont condensées les combinaisons les plus variées des substances, que chaque cellule est le foyer des actions les plus intimes, des combinaisons les plus variées, et qu'elle produit ainsi des effets qui ne se présentent nulle

part ailleurs dans la nature, parce que nulle part on ne
trouve une semblable intimité d'action (1). »

Peut-on voir un embarras de doctrine plus pénible que
celui que trahissent ces lignes? La vérité parle d'ordinaire
un langage et plus net et plus droit. Après avoir fait de la
cellule un simple composé chimique, après avoir enchaîné
son activité à la substance qui la forme, M. Virchow, voulant
enfin définir ce que la cellule vivante a de propre, place
celui-ci dans le groupement particulier des plus petites
particules de la matière, et *cependant*, ajoute-t-il, ce groupement n'est pas en opposition avec le groupement que la
chimie seule effectue. Que devient dès lors ce groupement
particulier et ce que la cellule vivante a de propre? en quoi
se distingue-t-il de ce qui s'observe dans la nature inorganique? M. Virchow insiste afin de mieux se faire comprendre,
sans doute, et de donner une distinction plus réelle : « Ce
qui nous paraît particulier, dit-il alors, c'est le genre
d'activité, ce sont les fonctions spéciales de la substance
organique, et *cependant* cette activité, ces fonctions, ne
diffèrent pas de celles que la physique étudie dans la nature
norganique. » Est-ce sérieux? Tous ces *cependant* ne rap-
pellent-ils pas le personnage bouffon d'une comédie contemporaine, qui ne commençait un éloge que pour le finir
par un *cependant*, présage immédiat d'une amère critique?
La cellule, la substance organique ont des fonctions spéciales,
cependant ses fonctions ne diffèrent pas de celles que la
physique étudie dans la nature inorganique! La physique
étudie donc, dans la nature inorganique, la sensibilité et
la spontanéité organiques, la fécondation et la génération,
l'unité et l'individualité de l'être! Quelle est cette physique,
et quelle est cette nature inorganique qui aborde ou qui

(1) Virchow, *Conception mécanique de la vie.* (*Revue des cours scientifiques*, du 7 avril 1866.)

offre de si prodigieux effets d'étude? Voilà où l'on aboutit lorsqu'on ne veut pas avouer franchement, dans la vie, une causalité propre, créatrice d'un nouveau monde.

M. Virchow affecte de se séparer violemment de tout spiritualisme physiologique, pour n'avoir pas à attribuer à la vie un principe chimériquement distinct et isolé de l'organisme. Il n'y a aucune solidarité entre les doctrines spiritualistes et cette dernière erreur. La cause vivante, toute réelle qu'elle soit, n'est pas distincte de l'organisme vivant : celui-ci n'en est que la traduction visible, l'effet réalisé en ce monde. L'effet, ainsi conçu, ne peut pas plus se séparer de sa cause que la cause de son effet. L'organisme mort, le cadavre n'est pas plus un organisme que la cause vivante n'existe, pour le médecin et le savant, en dehors du corps qu'elle crée et anime. Voilà l'enseignement spiritualiste et physiologique. Il est autrement clair et scientifique que ces opinions tortueuses, que ces affirmations aussitôt suivies de négations, que l'on nous propose pour éviter à tout prix le mot effrayant de causalité vitale, qui donne à l'être vivant une existence absolument distincte du monde inorganique.

Mais les vérités essentielles ont toujours leur jour et leur heure. L'esprit de système qui les fait contester se tait parfois, et la même voix affirme, à un moment, ce qu'elle croyait avoir nié sans retour. Après avoir prononcé, au *Congrès des naturalistes allemands*, ce discours sur la *Conception mécanique de la vie*, dont le titre seul est un programme; après avoir dit, comme on l'a vu, que l'activité de la cellule, qui est toute la vie, ne diffère pas des activités physico-chimiques, M. Virchow, quelques mois après, dans une conférence publique de Berlin, intitulée *Atome et individu*, s'exprimait ainsi : « Il n'y a de semblable à la vie que la vie elle-même... La nature est double. La nature organique est quelque chose de tout à fait particulier, quelque chose de tout autre que la nature inorganique. Quoique formée par la même substance, par des atomes de même nature, la matière organique nous offre une série continue de phénomènes différant, par leur nature même, du monde inorganique, non pas que celui-ci représente la nature *morte*, car il n'y a de mort que ce qui a vécu; la nature inorganique possède aussi son activité, son travail éternellement actif; mais cette activité n'est pas la vie, si ce n'est au figuré (1). »

Comment croire que c'est le même homme, et un même savant qui a écrit ces lignes et celles que nous citions plus haut! Quelle plus énergique contradiction des premières que les secondes! Et pourtant cela est; et le dirai-je? à des degrés divers, c'est un fait presque constant en médecine. Je ne sais pas de science où la contradiction règne en maîtresse plus absolue; et, bien entendu, ce n'est pas la science qu'il faut accuser, mais ceux-là qui la cultivent, leurs préjugés, et les doutes que ces préjugés enfantent.

Veut-on avoir une preuve nouvelle de ces contradictions et de ces préjugés? M. Virchow va nous la fournir encore : nous allons voir ce grand esprit jetant le doute sur des vérités fondamentales que, plus qu'un autre, il aurait dû défendre, car il les avait faites particulièrement siennes en les étendant à tout un ordre nouveau de faits. En les reniant, il reniait une des meilleures parts de sa gloire, et néanmoins, il fait ce sacrifice à des erreurs devenues populaires et qu'il n'ose affronter.

Il s'agit de l'invariabilité de l'espèce dans les êtres vivants, invariabilité qui se traduit jusque dans la cellule, et que la maladie elle-même n'ébranle pas. « Une espèce déterminée

(1) Virchow, *Atome et Individu*. (*Revue des cours scentifiques*, 22 septembre 1866.)

de plantes, dit M. Virchow, ne produit que des plantes de la même espèce, et jamais d'une espèce différente; l'animal ne se propage que dans les limites de son espèce. Si l'espèce meurt, elle est éteinte pour toujours. Il y a plus : le développement maladif est fixé aux limites établies de l'espèce; même dans les conditions pathologiques les plus différentes, le corps humain, ainsi que j'ai cherché à le démontrer, ne donne naissance à aucune forme organique, à aucun élément cellulaire qui n'ait son pareil dans l'état de santé. Toute formation physiologique et pathologique n'est que la répétition, la reproduction tantôt plus simple, tantôt plus compliquée, de types une fois classés. Le plan de l'organisation est invariable dans les limites de l'espèce; l'espèce ne sort pas de l'espèce. »

Voilà l'affirmation; elle est absolue et fournit la base indispensable sur laquelle s'élève la doctrine physiologique de la vie cellulaire. Quelques lignes plus loin, voici la négation, voici l'invariabilité des espèces niée au nom de la mécanique, dont l'auteur veut faire la puissance créatrice du monde et de la vie : «¦ Si la vie a eu un commencement, il doit être possible à la science de déterminer scientifiquement les conditions de ce commencement. Jusqu'ici le problème n'est pas résolu. Il y a plus : nos observations ne nous permettent même plus de regarder l'invariabilité des espèces, qui nous paraît si bien établie de nos jours, comme une loi ayant toujours existé; car la géologie nous fait connaître une espèce de gradation suivant laquelle les espèces se sont succédé, les espèces supérieures venant après les inférieures; et, quoique les observations actuelles combattent cette hypothèse, je suis forcé d'avouer que je regarde comme une nécessité scientifique de revenir de nouveau à la possibilité de la transformation d'une espèce dans l'autre. Alors seulement la théorie mécanique de la vie

acquiert une véritable certitude dans cette direction (1). »
A voir la prétendue nécessité scientifique qu'invoque ici
M. Virchow, et qui le pousse à conclure contre « les observations actuelles », on peut juger de la tyrannie exercée par
certains préjugés, et des obscurcissements où ils jettent les
intelligences qui les subissent. Il y a un instant, l'auteur
proclamait comme nécessaire l'invariabilité du plan d'organisation dans les limites de l'espèce ; maintenant il enseigne
la possibilité de la transformation d'une espèce dans l'autre ;
et cela sans preuve (car la succession géologique des espèces
ne démontre en rien leur transformation), ou plutôt contre
toute preuve, contre l'ensemble des doctrines physiologiques si admirablement défendues et agrandies par lui !
Quel abandon, quel déchirement scientifique de soi-
même !

Jetons un voile sur ces faiblesses : au demeurant, elles
n'ont pas l'importance qu'on pourrait leur attribuer d'abord.
Elles retardent, je l'accorde, l'intelligence et la vulgarisa-
tion des vérités entrevues par la physiologie nouvelle ; mais
ce retard ne saurait amener l'oubli définitif, le rejet irré-
missible de ces vérités. Quoi qu'il fasse à l'encontre, M. Virchow n'en a pas moins jeté dans la science des idées fécondes et destinées à survivre quand même aux erreurs
sous lesquelles il tente de les étouffer. La contradiction devient fatale à l'erreur, jamais à la vérité ; celle-ci prévaut
de soi. La physiologie de la cellule a donné pour toujours
à l'idée de vie une extension et une force qui la sépareront
de plus en plus du monde inorganique. La vie cellulaire
est plus fermée aux intrusions de la mécanique que la vie
considérée dans l'être pleinement développé.

La cellule, en effet, réduite à la simplicité organique
presque absolue et à la fonction vitale la plus irréductible,

(1) Virchow, *Conception mécanique de la vie.*

à l'unique génération, ne saurait à aucun degré être considérée comme machine et assemblage de ressorts dont le jeu se communique d'une partie à l'autre. L'être complet offre seul l'image extérieure d'une machine. La cellule qui sent et engendre, et ne peut concevoir sous un autre fonctionnement, n'a rien en elle qui rappelle l'agencement et les pièces diverses et adaptées d'un mécanisme organique. Elle est le type le plus parfait d'une activité propre réalisée d'une spontanéité incessamment créatrice, d'une harmonie évolutive et finale, qui sont la négation même du mouvement communiqué et transmis.

L'étude isolée de la cellule vivante n'était pourtant pas sans danger : elle pouvait, en s'exagérant, en devenant exclusive et systématique, ébranler la notion d'unité de l'être, perdre l'idée fondamentale de l'individualité, anéantir la vie du tout dans l'océan des vies cellulaires. La cellule, se substituant à l'organisme, absorbait en elle l'unité, et devenait l'individu véritable : grave sophisme que ne devaient pas éviter ceux qui, ayant perdu tout sens métaphysique ou le repoussant volontairement, ne savent s'élever au réel qui est un, par-dessus le visible et le phénomène qui sont nombre et composé. Et en effet, que l'on écoute M. Virchow : « Est-ce la cellule qui est l'individu, ou bien est-ce l'homme ? Est-il possible de faire une réponse simple à cette question ? Je dis : Non… La difficulté gît tout entière en ceci : le mot individu est entré dans le langage longtemps avant que nous n'ayons pu nous faire une idée exacte du sens qui doit y être attaché… L'idée d'individu est devenue incertaine et multiple avec le développement de l'expérience. Si l'on ne peut pas se décider à distinguer les individus en individus collectifs et en individus simples, ce qui serait la meilleure manière de tourner la difficulté, il faut absolument rayer des branches organiques des sciences naturelles l'idée d'individu, ou bien la considérer comme intimement liée à la cellule. »

Non, l'homme n'est pas un individu collectif, une réunion d'individus simples. L'idée d'homme disparaît dans cette idée de collection; la collection n'est que nombre, et l'homme est individualité et unité, avant tout et toujours. La cellule, à son tour, n'est pas individu, quoi qu'en dise M. Virchow, car elle ne vit que par la vie du tout; elle ne possède pas en elle-même sa raison d'être, elle n'enferme pas, dans sa membrane d'enveloppe, une unité causale qui se suffise à elle-même.

Il n'y a de cellule à laquelle on puisse accorder l'unité, que la cellule primitive, source active de toutes les autres. Celle-là est bien, en effet, une individualité, et la plus puissante, la plus active qu'on puisse imaginer; car elle contient l'individu entier, avec toutes ses facultés natives, avec toutes ses fonctions diverses, avec son caractère spécial et inaliénable. L'ovule fécondé, voilà donc la cellule une, voilà l'être et l'individu dans son expression simple et première. Mais, à bien dire, qu'est l'être vivant arrivé à son complet développement? Rien autre chose que cette cellule primitive, accrue par son activité propre, ayant engendré en elle d'autres cellules qu'elle vivifie de sa propre vie, qu'elle nourrit en sa propre substance. Ces cellules secondes se sont associées en tissus et en organes, ont acquis des aptitudes fonctionnelles spéciales; mais sous ces formes et sous ces activités nouvelles, ces cellules engendrées font toujours partie de la cellule engendrante, qui les soutient et les régit tant que la vie persiste. Tout être animé est donc comme une cellule unique, variable de type et de développement, et créant en elle tout un monde intérieur et soumis de cellules harmoniquement associées. L'unité de l'être est toujours dans la cellule primitive; les cellules secondes vivent dans cette unité première, mais n'ont jamais en elles une unité réelle et affranchie. L'unité de la cellule organique est une illusion, si on la sépare de l'unité de l'organisme.

La raison de l'individualité est toute dans ce processus, dans cette génération interne de la cellule primitive, dans la persistance réelle et fonctionnelle de cette cellule mère; chercher ailleurs cette raison, c'est nécessairement tomber dans l'arbitraire et le fictif. Que penser, par exemple, de cette assertion de M. Virchow : « Le mystère de l'individualité consiste indubitablement dans les différences délicates de disposition et de développement des cellules isolées ou des groupes cellulaires. » Que signifie ce langage? Une individualité qui consiste dans des différences de disposition des cellules! M. Virchow a raison d'appeler cela un mystère. S'il veut dire que, différemment disposées et développées, les cellules sont incompatibles avec la vie, et par conséquent avec l'individualité de l'être, soit; mais en quoi cela donne-t-il raison de cette individualité, alors que les cellules sont bien disposées et développées?

Toutefois, nous l'avons déjà vu, M. Virchow a le don des contradictions; nous aimons à le rappeler ici, car il va lui-même nous donner de l'unité de l'être une idée autrement nette et juste que celle qu'il nous a déjà fournie. « L'individu, dit-il, à l'apogée de son développement, porte en lui l'empreinte de l'unité. Quelque nombreuses, quelque variées que soient les parties, elles forment toutes une véritable communauté, dans laquelle chaque partie est en rapport avec toutes les autres et a besoin des autres, dans laquelle enfin aucune ne peut acquérir toute son importance en dehors de la communauté. Comme le disait Aristote, tout ce qui vit agit dans un but, et ce but, ainsi que Kant

(1) Virchow, *Atome et Individu*.

l'a exprimé plus nettement, est un but intérieur. Ce qui vit
se sert de but à soi-même... L'individu porte en lui son
but et sa mesure ; ainsi, à l'opposé de l'unité purement
idéale de l'atome, l'individu se montre comme une unité
réelle (1). » Ailleurs, M. Virchow emploie cette expression
forte et juste : *L'individu est une communauté une.*

L'idée de communauté une nous reporte bien loin de
l'idée vulgaire de collection ; elle ne traduit pas encore
la dépendance profonde des cellules engendrées vis-à-vis
de la cellule mère ; elle ne laisse pas voir la persistance de
la cellule primitive à travers les générations cellulaires
émises par elle ; cependant la communauté une donne une
image à peu près suffisante de la réalité. La raison d'une
communauté une, en effet, est toute dans l'unité qui la
constitue et la gouverne ; et cette unité ne saurait être une
résultante imaginaire, ou un type purement idéal, une loi
abstraite. Résultante, type ou loi, sont des mots sans pouvoir ; ils n'ont pas en eux l'existence effective et l'unité
créatrice. Celle-ci est toute dans une cause propre, dans
une individualité métaphysique et simple, se réalisant dans
l'organisation, dans la communauté des cellules vivantes,
et produisant celle-ci comme une cause produit son effet.

L'unité de l'être n'est donc pas incompatible avec la vie
cellulaire ; elle s'accommode plus étroitement à cette vie
qu'à une conception mécanique de l'organisme, telle que
Stahl la professait. Dans l'animisme stahlien, l'unité est séparée de la machine qu'elle meut et gouverne, mais qu'elle
ne crée pas, qu'elle ne pénètre pas jusqu'en ses dernières
profondeurs. L'organisme existe, pour ainsi dire, et se
développe en dehors de la cause individuelle qui lui est
attachée. Organisme et cause organique ne vivent plus de la
même vie, ne sont plus l'un dans l'autre, mutuellement

(1) Virchow, *Atome et Individu.*

nécessaires et inséparables. Il n'y a plus unité, mais dualité de l'être vivant, décomposable en deux parts : ici l'âme, là l'organisme, ici le moteur, là la machine mue.

Le tableau de la physiologie cellulaire, tel que j'ai essayé de le tracer, a-t-il mis en relief les progrès imprimés par cette physiologie à l'idée traditionnelle de vie? A-t-il montré tout ce qu'elle ajoute de force à l'autonomie vitale? S'il en est ainsi, on peut juger de la gloire qui doit marquer le nom de M. Virchow, tant que la science pure gardera son prestige dans la mémoire des hommes (1).

III

Si l'on veut mesurer le chemin parcouru par M. Claude Bernard, on ne doit pas regarder seulement au point d'arrivée, il faut retourner en arrière et voir le point de départ. M. Claude Bernard a pris la physiologie française des mains de Magendie; il a recueilli et a dû continuer, presque sous les yeux du maître, un enseignement auquel il avait été initié et dont il ne pouvait braver les traditions. Or on sait ce que voulait Magendie, ce qu'était son enseignement, quel esprit l'inspirait. M. Claude Bernard me permettra de le rappeler, sans blesser aucun des souvenirs qu'il aime à évoquer et qui honorent son caractère.

Magendie a eu l'honneur, non pas d'inaugurer l'expéri-

(1) Je ne modifie en rien ces appréciations de l'œuvre de M. Virchow, écrites en 1868. Nous ne marchandions pas, en France, l'admiration à la science allemande; celle-ci rencontrait, parmi nous, des adhésions parfois enthousiastes. Nous n'avons pas recueilli un retour de ces sympathies en 1871, et M. Virchow lui-même ne nous a pas ménagé les expressions haineuses et perfides. Je ne veux pas m'étendre sur ce triste sujet. Quels dénigrements la science française n'a-t-elle pas subis de ceux à qui la fortune des armes nous avait livrés! Et combien on affecte, outre-Rhin, le dédain pour nos travaux scientifiques, alors même qu'on les estime au fond, et qu'on en use sans les citer!

mentation physiologique, mais de lui attribuer une pré-
pondérance exclusive, de lui tout sacrifier, de nier *a priori*
tout ce qui n'était pas l'expression d'un fait expérimental.
Cette expérimentation, Magendie ne la voulait pas au service d'une idée, il la voulait brute et nue; il n'acceptait
dans la science que les faits, et en bannissait tout ce qui
était idée générale, doctrine, vue de l'esprit. Il ne croyait
qu'aux sens, à ce qu'il voyait et touchait. La raison lui paraissait une arme inutile et dangereuse, il faisait profession de l'ignorer. La vie n'était pour lui qu'un mot vide
et qu'il fallait oublier en face d'un organisme vivant. Celui-
ci n'était que matière, un composé de fibres, de tissus et
d'humeurs; il n'apercevait rien qui distinguât essentiellement ce composé de tout autre. Toute idée de cause
propre et de finalité dans les phénomènes vitaux le révoltait; il raillait impitoyablement la médecine et les médecins
qui croyaient à cette cause et à cette finalité, et estimaient
que la maladie était autre chose que le dérangement d'une
machine pure. Tel était Magendie; tels furent les préjugés
qu'il légua à M. Claude Bernard.

Celui-ci parut d'abord accepter l'héritage. Il porta si
haut le culte de l'expérimentation, il en recueillit de tels
fruits et une si belle part de gloire, qu'elle parut en ses
mains l'unique méthode scientifique. Tout ce qui ne sortait pas de l'expérimentation, tout ce qui ne pouvait être
prouvé et déterminé par elle, était presque déclaré en dehors
de la physiologie. L'observation traditionnelle, l'étude des
facultés et des caractères généraux de la vie, les notions
de causalité, d'unité et de finalité sous lesquelles on con-
cevait l'être vivant et son évolution propre, étaient considérées comme des études inférieures, inabordables ou
contraires à l'expérimentation. Nul souci de ces questions,
ou dédain de toutes les solutions qui en avaient été données

jusqu'ici. Tout phénomène vital doit être expérimentalement analysé, ramené à son mécanisme de production : c'est la seule manière de le connaître et de le rattacher à la science. Pour exprimer cette analyse, M. Claude Bernard a inventé ou consacré l'emploi d'une expression nouvelle, le déterminisme ; il n'y a de scientifique que le dédéterminisme des phénomènes. C'est le seul but et la seule œuvre de la science ; toute notre connaissance doit se borner là. Le déterminisme, c'est le jeu, la mise en œuvre des causes prochaines, les seules accessibles. Les causes premières nous échapperont toujours en physiologie comme ailleurs. Ne nous plaignons pas de cette profession de foi, malgré tout ce qu'elle a d'exclusif et d'incomplet ; ne regrettons pas cette recherche du mode de production comme l'œuvre par excellence de l'esprit scientifique ; tout cela nous a valu de trop beaux travaux, a été la source de découvertes trop importantes pour que nous ayons le droit d'examiner de trop près un ensemble de convictions qu'on a su rendre si fécondes. Le jour des vérités oubliées ou méconnues viendra d'ailleurs, et M. Claude Bernard nous montrera lui-même comment on modifie des opinions trop absolues, comment on élargit la base de croyances trop étroites ou mal assises.

M. Claude Bernard parut donc continuer Magendie et se borner à interroger expérimentalement l'organisme vivant. Mais déjà, à la façon même dont il posait ses interrogations expérimentales, à l'esprit qui le dirigeait dans l'analyse des faits biologiques, à l'art avec lequel il pénétrait jusqu'à la racine même des phénomènes vitaux, on pouvait prévoir que, dépassant le maître dans l'étude des fonctions organiques, il saurait arracher à la nature vivante de plus profonds secrets ; on pouvait prévoir encore que, placé sincèrement en face de la vie, contemplant ses œuvres intimes avec un esprit d'artiste qui sent et devine les harmonies cachées des choses, il devait peu à peu évoquer les problèmes fondamentaux, passer des faits particuliers aux vérités générales, envisager la vie dans sa réalité causale, l'être vivant dans son unité substantielle, dans sa finalité suprême. Les préjugés de Magendie se trouveraient dès lors répudiés, et la science des vérités physiologiques reprendrait son développement légitime.

C'est dans ce retour vers les vérités générales que nous voulons suivre M. Claude Bernard. Nous voulons demander à ce grand expérimentateur, non les faits nouveaux que l'expérimentation lui a livrés, mais les doctrines biologiques qu'il a conçues en regard des spectacles émouvants que l'expérimentation traduisait devant lui. Qu'est la vie qui anime le terrain sur lequel le physiologiste opère et analyse? Quel caractère imprime-t-elle aux phénomènes organiques? Dans quelles conditions place-t-elle l'expérimentateur? quels problèmes soulève-t-elle devant lui? quel rang assigne-t-elle à la physiologie et à la médecine? quel genre d'autonomie attribue-t-elle à ces sciences? M. Claude Bernard a vu ces problèmes et d'autres encore : quelle solution en donne-t-il?

« S'il fallait définir la vie d'un seul mot, dit M. Claude Bernard, qui, en exprimant bien ma pensée, mît en relief le seul caractère qui, suivant moi, distingue nettement la science biologique, je dirais : La vie c'est la création... De sorte que ce qui caractérise la machine vivante, ce n'est pas la nature de ses propriétés physico-chimiques, si complexes qu'elles soient, mais bien la création de cette machine qui se développe sous nos yeux dans des conditions qui lui sont propres et d'après une idée définie qui exprime la nature de l'être vivant et l'essence même de la vie... Ce qui est essentiellement du domaine de la vie, et ce qui n'appartient ni à la physique, ni à la chimie, ni à rien autre chose, c'est l'*idée* directrice de cette évolution vitale. Dans tout germe vivant il y a une idée créatrice qui se développe et se manifeste par l'organisation. Pendant toute sa durée, l'être vivant reste sous l'influence de cette même force vitale créatrice, et la mort arrive lorsqu'elle ne peut plus se réaliser. Ici, comme partout, tout dérive de l'idée, qui elle seule crée et dirige (1). »

Je ne pense pas que la physiologie générale compte une déclaration plus accusée et plus nette. Oui, la vie, c'est la création; il n'y a qu'à déduire les conséquences de cette notion fondamentale. La création suppose un agent créateur et créant, comme un effet suppose une cause. Cet agent, quel peut-il être? C'est à lui qu'il faut remonter pour donner à cette création un sens réel, pour la déterminer dans sa cause productrice et vivante. Cette question, M. Cl. Bernard ne la pose pas directement; on dirait qu'il redoute la réponse. Cette cause créatrice, il la laisse ordinairement dans le vague; il ne la caractérise que par des mots indéterminés qui n'obligent à rien ou qui introduisent dans la science un langage plus poétique que précis. Ce sont tantôt l'idée et tantôt la loi qu'il met au-dessus de la création organique, et auxquelles il attribue le rôle de cause. Dans les lignes précédemment citées, nous voyons apparaître l'*idée directrice*, l'*idée créatrice*, l'*idée qui seule crée et dirige*. Cette idée si complaisamment invoquée comme puissance réelle n'a cependant aucune réalité. L'idée directrice ou créatrice d'un organisme n'existe pas par elle-même; il lui faut un substratum, un principe substantiel qui la supporte. L'idée est l'acte et le propre d'un principe actif qui la conçoit et la réalise; c'est ce

____

(1) Claude Bernard, *Introduction à l'étude de la médecine expérimentale*, p. 163.

principe qui est la puissance créatrice, et non l'idée.

Ces réflexions sont pareillement applicables à la loi.
M. Cl. Bernard emprunte souvent à l'école positiviste le mot
de loi, dernier terme de la connaissance pour cette école
qui fuit la substance et la cause pour s'attacher exclusivement au phénomène et à l'effet ; il associe volontiers la loi
à l'idée, pensant éclairer l'une par l'autre : « Quand on
considère, dit-il, l'évolution d'un être vivant, on voit clairement que l'organisation est la conséquence d'une *loi* organogénique qui préexiste. Nous savons que l'œuf est la
première condition organique de manifestation de cette loi.
C'est un centre nutritif qui, dans un milieu convenable,
crée l'organisme. Il y a là en quelque sorte des idées évolutives et des idées fonctionnelles qui se réalisent sous nos
yeux. Ces idées sont virtuelles, et les excitants chimico-
physiques ne font que les manifester, mais ne les engendrent pas. » Et ailleurs : « Les lois des phénomènes sont
en quelque sorte les idées de la nature. » Tout cela est excellent, et c'est de la physiologie saine et élevée, à la condition pourtant d'interpréter les mots employés, et de ne
pas prendre la loi dans le sens littéral qui lui est attribué
ici. Une loi n'est et ne saurait être qu'un rapport. Pas plus
que l'idée, la loi n'a une existence propre, virtuelle, indépendante. Il n'y a pas de loi organogénique préexistante et
créant l'organisation. Ce langage est figuré, et c'est une
illusion que de le donner pour un langage précis et rigoureusement scientifique. La loi et l'idée veulent être substan-
tialisées pour créer et gouverner quoi que ce soit ; sans
cela, elles représentent des mots au lieu des choses. J'insiste sur ces remarques, parce que ce langage imaginé et
peu sévère est celui qu'emploie de préférence M. Cl. Bernard, qui semble vouloir se dédommager, en physiologie
générale, de la contrainte qu'il s'impose avec une volonté

si arrêtée sur le terrain de la physiologie expérimentale.

Ce langage, devenu usuel, tend à compromettre la pensée elle-même. Il arrive parfois à M. Cl. Bernard de représenter l'idée et la loi comme une entité ou une puissance étrangère à l'organisme, supérieure, et le façonnant librement d'après l'art dont elle a reçu la tradition. Il compare volontiers, avec Gœthe, la nature à un grand artiste, et l'organisme est une œuvre de ce puissant ouvrier. L'idée réelle de la vie s'altère dans ces comparaisons trop longtemps poursuivies ou répétées. Il faut lui donner un corps plus solide; il ne sera pas moins beau.

J'ai hâte de le dire : le reproche que j'ose adresser à M. Cl. Bernard n'est pas absolu ni toujours mérité. Notre éminent physiologiste dépasse quelquefois la notion d'idée et de loi pour atteindre à celle de cause ou de force. Il reconnaît une force vitale créatrice de l'organisation, et cette force poursuit son œuvre durant toute la durée de l'être; car, il le déclare, la nutrition est une création continue. Mais, faut-il le dire? Ces mots *force vitale* répugnent à M. Cl. Bernard. Ce sont des mots bien simples, exprimant nettement la pensée d'une puissance créatrice; et cependant, ces mots à peine écrits, M. Cl. Bernard se retourne contre eux, comme s'il voulait conjurer des sophismes dangereux, prêts à en sortir. Cette crainte va si loin chez lui que pour amoindrir cette force vitale qu'il se voit forcé d'accepter, il va presque jusqu'à effacer ce qu'il a enseigné sur l'idée créatrice ou directrice, sur la loi organogénique, que la force vitale exprime dans sa raison d'être et dans sa cause réelle. Les lignes suivantes vont faire juger de ces restrictions singulières :

« C'est par les phénomènes de rénovation organique que les êtres vivants se distinguent essentiellement des corps bruts. C'est pourquoi on a admis que ces phénomènes s'accomplissent sous l'influence d'une force spéciale aux êtres vivants, qu'on a appelée *force vitale*. Nous devons à ce sujet donner quelques mots d'explication. Sans doute on pourrait reconnaître dans les êtres vivants une faculté organogénique qu'on pourrait appeler la *vie*, en même temps qu'on observe en eux une dissolution ou une destruction qu'on pourrait appeler la *mort*. Mais si nous donnions le nom de *force vitale* à la puissance d'organisation et de nutrition des corps vivants, ce serait seulement pour indiquer par cette expression qu'il existe chez eux des phénomènes d'organisation qui ne se rencontrent pas dans les corps bruts... Il n'y a en réalité pas plus de force vitale dans les êtres vivants qu'il n'y a de force minérale dans les corps bruts. Le mot *force,* dans les sciences expérimentales, n'est qu'une abstraction ou une forme de langage. On ne saisit pas les forces, on n'agit pas sur elles; il n'y a que des phénomènes que l'on puisse atteindre.

» Il faut donc être bien fixé d'avance sur la valeur purement idéale qu'il convient de donner aux mots *force vitale,* et rester convaincu que l'on doit seulement s'appliquer à étudier les phénomènes vitaux et à déterminer leurs conditions physico-chimiques d'existence et de développement. Mais encore conviendrait-il de substituer aux mots *force vitale,* qui ont un sens vague, les mots phénomènes *organo-trophiques* ou *nutritifs,* qui ont un sens plus précis et désignent spécialement les phénomènes d'organisation d'où dérivent toutes les manifestations vitales. Je veux dire, en un mot, qu'il ne faut jamais, en physiologie pas plus que dans les sciences des corps bruts, se payer avec des mots et chercher l'explication des choses dans les attributs hypothétiques des propriétés imaginaires d'une force occulte quelconque (1). »

(1) Claude Bernard, *Rapport sur les progrès et la marche de la physiologie générale en France.*

Le nom de force vitale, nous dit-on, doit seulement indiquer qu'il existe chez les êtres vivants des phénomènes d'organisation qui ne se rencontrent pas dans les corps bruts. Pourquoi amoindrir ainsi les caractères propres des corps vivants et l'expression qui les résume? La force vitale qui préside aux phénomènes d'organisation, ou mieux qui crée l'organisation elle-même, ne serait donc pour rien dans les grandes questions d'unité, d'évolution, de finalité de l'être vivant? Elle ne compterait pour rien dans les facultés de sensibilité et de réaction organiques, dans la puissance de nos sens, qui vont du sens inconscient de la cellule plasmatique et de la cellule épithéliale jusqu'au sens conscient de la cellule cérébrale, jusqu'à l'épanouissement de la volonté et de la raison ! En tout cela, qui comprend, à bien dire, la vie entière, la force vitale n'interviendrait pas et tous ces phénomènes se passeraient hors de sa sphère, dans le milieu inorganique, par conséquent! Que l'on soutienne que l'expression force vitale est elle-même insuffisante et qu'elle ne peut être que l'attribut essentiel d'un principe déterminé et un, à la bonne heure! Mais la limiter à un seul ordre de phénomènes vitaux et en exclure les autres, est-ce possible? Ces phénomènes d'organisation, quels sont-ils eux-mêmes, sinon des phénomènes qui comprennent en eux ou supposent tous les autres phénomènes vitaux? Et, dès lors, que vaut cette restriction nominale, qui n'a d'autre effet et peut-être d'autre but que d'affaiblir la notion d'une vérité majeure?

Ce qui suit permet de le supposer. Il n'y a pas plus de force vitale dans les êtres vivants, ajoute-t-on, que de force minérale dans les corps bruts. Le mot force n'est qu'une abstraction ou une forme de langage en science expérimentale. Ainsi, cette force vitale que l'on vient de définir à l'instant la puissance d'organisation et de nutrition des corps vivants, n'existe que comme un vain mot l'instant d'après! La puissance d'organisation et de nutrition disparaît-elle aussi? Si elle disparaît, que devient la vie, quelle notion en donner? Si elle ne disparaît pas, pourquoi la force vitale, qui n'est que l'expression fidèle de cette puissance, disparaît-elle? Quant à cette force minérale, elle est sans doute fort mal nommée, car les minéraux ne forment pas un ordre d'êtres à part, ayant besoin d'une force spéciale pour rendre raison de leur existence; mais si la force minérale n'est rien comme force spéciale, les minéraux, comme tout ce qui appartient à l'ordre physique, existent en vertu des forces physiques. Comme toute matière, que seraient-ils sans force qui les constitue et les substantialise? Qu'est la matière, si par impossible on l'imagine sans une force adéquate et constituante? Ainsi dépouillée, comment échapperait-elle à l'infinie divisibilité, c'est-à-dire au néant lui-même? Le mot force est une abstraction, soit; l'abstraction n'est pas une négation de la réalité; ce n'est pas une simple forme de langage, même en science expérimentale. La science ne vit que de forces et de causes, traduites en phénomènes et en effets; c'est là sa seule base solide; celle des phénomènes livrés à eux-mêmes est une illusion de l'esprit, et la plus trompeuse.

Mais on ne saisit pas les forces, on n'agit pas sur elles; on ne peut atteindre qu'aux phénomènes et à leurs conditions : objection trop vulgaire et trop répétée en médecine. Saisir les forces? Directement, non; car, si cette prise directe et matérielle était possible, ce ne serait plus la force, mais une matière que l'on saisirait. Mais la force se poursuit et se saisit à travers les phénomènes qu'elle engendre. C'est là que sa réalité éclate aux yeux de qui sait voir. On croit saisir un phénomène, on saisit une force en action. On ne saisit pas plus un phénomène qu'on ne saisit une ombre. Quant aux conditions des phénomènes, elles ne touchent qu'indirectement à la force productrice et au phénomène produit ; leur étude pratique a son importance ; mais quelle que soit celle-ci, elle demeure secondaire, et la connaissance de la cause la dominera toujours.

M. Cl. Bernard voudrait substituer aux mots force vitale, qu'il trouve vagues, ceux de phénomènes organo-trophiques, ou nutritifs, dont le sens est plus précis. Comment substituer à l'idée de force l'idée de phénomènes ? Comment, dans le langage scientifique, remplacer l'une par l'autre ? Peut-on exprimer l'idée de cause en ne parlant jamais que de l'effet, et en supprimant tout terme qui ne désignerait pas strictement un fait, un phénomène ? Si l'on veut effacer la force vitale au profit des phénomènes organo-trophiques, il faudrait au moins proposer la force organo-trophique ou nutritive. Mais, en vérité, où serait l'avantage ? Les mots force vitale traduisent la cause vivante dans l'ensemble de ses effets organiques et vitaux ; ceux de force organo-trophique ne traduiraient qu'une faculté, une fonction particulière, et quelque essentielle et dominante que soit cette fonction, elle ne peut désigner à elle seule l'ensemble de toutes les fonctions. La vie, en puissance de toutes ses facultés, est plus que la nutrition. Si, d'ailleurs, la nutrition était toute la vie, la force organo-trophique ne serait qu'un synonyme de la force vitale ; l'une et l'autre exprimeraient identiquement la même chose ; dès lors, à quoi bon ces termes nouveaux au lieu des termes consacrés par l'observation traditionnelle ? Ne nous payons pas de mots, dirons-nous avec M. Cl. Bernard ; ils ne valent que par l'idée qu'ils nous rendent. Les mots force vitale sont plus compréhensifs, plus larges ; ils représentent plus entièrement l'idée de vie, ils sont donc plus scientifiques et plus vrais. Que l'on essaye de les remplacer dans le langage de la science par les mots de force organo-trophique, et l'on verra aussitôt combien ceux-ci répondent mal à leur objet, combien ils traduisent imparfaitement cette notion de cause et d'unité vitale qui domine la science des êtres vivants.

Mais, j'ai hâte de le dire, à côté de ces jugements incertains et contradictoires sont inscrits des jugements fermes et droits qui révèlent presque un homme nouveau dans l'expérimentateur célèbre. Ces derniers ne dominent pas par le nombre, ils n'ont pas reçu tous les développements qui leur sont dus; mais, jetés sur un fond parfois obscur, ils témoignent d'autant mieux du travail latent dont ils jaillissent. Que l'on étudie, dans le *Rapport sur les progrès de la physiologie*, les dernières pages du chapitre V; que d'inspirations justes et élevées sur le but et la nature même de la physiologie! Ceci, par exemple : « On aura beau analyser les phénomènes vitaux et en scruter les manifestations mécaniques et physico-chimiques avec le plus grand soin; on aura beau leur appliquer les procédés chimiques les plus délicats, apporter dans leur observation l'exactitude la plus grande et l'emploi des méthodes graphiques et mathématiques les plus précises, on n'aboutira finalement qu'à faire rentrer les phénomènes des organismes vivants dans les lois de la physique et de la chimie générales, ce qui est juste; mais on ne trouvera jamais ainsi les lois propres de la physiologie... Il ne nous est donné de modifier l'organisation des êtres vivants qu'indirectement et par l'intermédiaire de la force organo-trophique qui lui est propre. C'est donc sur elle que nous devons diriger nos recherches pour apprendre à connaître ses lois et à déterminer ses conditions d'activité, ce qui veut dire, en d'autres termes, que le problème de la physiologie ne consiste pas à rechercher dans les êtres vivants les lois physico-chimiques qui leur sont communes avec les corps bruts, mais à s'efforcer de trouver, au contraire, les lois organo-trophiques ou vitales qui les caractérisent. »

Qu'ajouter à des déclarations aussi explicites, et comment exprimer en termes plus nets l'autonomie de la physiologie et de ses lois, l'autonomie de l'être vivant? Oui, les lois propres de la physiologie sont absolument distinctes, dans leur principe, des lois physico-chimiques de la matière brute. Ces dernières fournissent à la vie ses conditions extérieures; mais connaître les conditions extérieures d'un fait n'est pas connaître le fait. On ne connaît celui-ci que lorsque, à travers lui, l'intelligence perçoit une cause, la cause créatrice du fait. C'est cet invisible et cet immatériel qui constituent une notion scientifique; sans eux, on ne dépasse pas une connaissance tout empirique.

Il y a donc, dans tout fait biologique, deux éléments distincts : la cause du fait et sa condition extérieure. C'est là ce qui fait les difficultés et le péril de la physiologie et de la médecine. Ces sciences, en effet, ne s'occupent pas d'un ordre simple, comme l'ordre inorganique, chez lequel la cause et les conditions d'être sont identiques; on ne risque donc pas de constituer une science fausse en prenant les conditions physiques d'un corps inorganique pour le principe constituant de ce corps. Il n'en est pas de même lorsqu'on traite de l'être vivant : celui-ci est double, en quelque sorte; il est physico-chimique dans ses conditions d'existence; il est de cause vitale dans son principe, dans sa causalité propre. Or, l'un des sophismes les plus ordinaires, l'erreur qui entraîne tous ces esprits qui redoutent ou dédaignent les distinctions métaphysiques, c'est de substituer, dans l'étude des phénomènes vitaux, les conditions à la cause. Ces conditions sont mécaniques et physiques; elles sont nécessaires à l'exécution de la fonction : si elles sont troublées, l'acte vital est troublé; la fonction s'anéantit si le trouble physique de l'organe dépasse certaines limites. De cette relation constante entre les conditions organiques de la fonction et la fonction elle-même, on conclut que celle-ci n'existe que par ces conditions, que ces conditions sont tout, et que seules elles livrent la cause de l'acte, de la fonction, de la vie. La causalité vivante est effacée; la vie n'est plus qu'une manifestation physico-chimique de la matière. Telle est la base du matérialisme physiologique; tels sont les raisonnements sans portée sur lesquels s'appuie aujourd'hui toute une génération médicale, qui se croit positive parce qu'elle supprime la plus haute part du problème biologique.

M. Cl. Bernard a su entrevoir ces graves erreurs. Il a montré, en bien des cas, que les interprétations matérialistes de faits physiologiques étaient le résultat de la confusion trop accréditée de la cause et des conditions des phénomènes; et la preuve, il a été la chercher dans ce centre vivant des fonctions cérébrales où la physiologie moderne, précisant les conditions organiques de la pensée, a prétendu trouver la cause elle-même de la pensée, l'origine toute matérielle de l'intelligence et de la liberté humaines. Écoutons M. Cl. Bernard exposer lui-même les expérimentations dont on tire de si étranges inductions :

« Les expériences de transfusion faites sur la tête et dans lesquelles on voit disparaître et reparaître l'expression de l'intelligence, nous frappent toujours comme quelque chose de merveilleux et d'incompréhensible. Mais ces faits ne nous semblent extraordinaires que parce que nous confondons les *causes* des phénomènes avec leurs *conditions*. Nous croyons à tort que la science conduit à admettre que la matière engendre les phénomènes que ses propriétés manifestent, et cependant nous répugnons instinctivemen à croire que la matière puisse avoir la propriété de penser et de sentir.

» Pour le physiologiste qui se fait une juste idée de la propriété des phénomènes vitaux, le rétablissement de la vie et de l'intelligence dans une tête, sous l'influence du sang oxygéné, n'a rien absolument qui soit anormal ou étonnant ; ce serait le contraire seul qui serait surprenant pour lui. En effet, le cerveau est un mécanisme conçu et organisé de façon à manifester les phénomènes intellectuels par l'ensemble d'un certain nombre de conditions. Or, si on enlève une de ces conditions, le sang, par exemple, il est bien certain qu'on ne saurait concevoir que le mécanisme puisse continuer de fonctionner. Mais si l'on restitue la circulation sanguine avec les précautions exigées, telles qu'une température et une pression convenables, et avant que les éléments cérébraux soient altérés, il n'est pas moins nécessaire que le mécanisme cérébral reprenne ses fonctions normales. Les mécanismes vitaux, en tant que mécanismes, ne diffèrent pas au fond des mécanismes non vitaux. Si dans une montre on enlevait un rouage, on ne concevrait pas que son mécanisme continuât de marcher ; mais si l'on restituait ensuite convenablement la pièce supprimée, on ne comprendrait pas non plus que le mécanisme ne reprît pas son mouvement. Cependant on ne se croirait pas obligé pour cela de conclure que la cause de la division du temps en heures, en minutes et en secondes, manifestée par la montre, réside dans les propriétés du cuivre ou de la matière qui constitue ses aiguilles ou les rouages de son mécanisme. De même si l'on voit l'intelligence revenir dans un cerveau et dans une physionomie auxquels on rend le sang qui leur manquait pour fonctionner, on aurait tort d'y voir la preuve que l'intelligence est dans le sang ou dans la matière cérébrale. Il ne faudrait donc pas tirer de ces expériences des conclusions qu'elles ne comportent pas. Je le répète, la physiologie ne doit voir là que des mécanismes vitaux, disloqués et rétablis dans leurs *conditions d'action*. »

M. Cl. Bernard généralise justement l'application de ces principes ; il les étend à la nutrition, à l'évolution vitale, c'est-à-dire à toutes les fonctions : « Si des conditions matérielles spéciales sont nécessaires pour donner naissance à des phénomènes de nutrition ou d'évolution déterminés, il ne faudrait pas croire pour cela que c'est la matière qui a engendré la loi d'ordre et de succession qui donne le sens ou la relation des phénomènes : ce serait tomber dans l'erreur grossière des matérialistes (1). »

M. Cl. Bernard dit quelque part que quand il entre dans son laboratoire, il commence par mettre le spiritualisme et le matérialisme à la porte. S'il entend par là que spiritualisme et matérialisme n'ont rien à voir dans les procédés expérimentaux qu'il va mettre en œuvre, dans l'expérience à laquelle il va soumettre la matière, je le crois sans peine,

____

(1) Cl. Bernard, *Rapport sur les progrès et la marche de la physiologie en France.* — Je ne suis pas le seul que les déclarations que je viens de transcrire aient impressionné comme un grand et heureux progrès accompli dans l'esprit du chef de la physiologie française. Je viens de retrouver la même impression sous la plume d'un savant écrivain dont les travaux mériteraient d'être remarqués de notre génération médicale. Voici, en effet, comment s'exprime M. le docteur Paul Dupuy, naguère l'un des lauréats les plus distingués de l'École de Paris, aujourd'hui professeur de pathologie à l'école de médecine de Bordeaux : « En acceptant la conception métaphysique de la cause, qu'il différencie nettement des conditions d'existence, M. Cl. Bernard est entré définitivement dans la donnée idéaliste et cartésienne, à laquelle il avait déjà fait de nombreux emprunts. Peut-il y avoir un démenti plus éclatant infligé au matérialisme ? Un homme dont l'éducation, les habitudes scientifiques auraient dû faire un sensualiste déterminé, et qui vient à comprendre que le rapport de succession nécessaire ne saurait être confondu avec le rapport de causalité. Peu de chose en apparence, moins que rien, et cependant toute la métaphysique est là. Cet homme aurait-il eu quelque illumination soudaine ? Aura-t-il trouvé quelque part son chemin de Damas ? Nullement ; c'est affaire de réflexion, d'observation intérieure : M. Cl. Bernard a pensé. » (*Gazette médicale*, 5 septembre 1868.)

et la chose ne valait guère la peine d'être dite. Mais, même dans son laboratoire, le physiologiste pense à ce qu'il voit, à ce que lui traduit l'expérience, à ce qu'enseigne le fait perçu, à ce qu'est la cause, et à ce que sont les conditions de ce fait; et, aussitôt, les doctrines que l'on croyait avoir déposées, comme un vêtement inutile, à l'entrée du laboratoire, reparaissent au plus profond de notre pensée, deviennent l'âme de nos jugements. J'en prends à témoin M. Cl. Bernard et les pages que je viens de citer. Celui qui transfuse du sang oxygéné dans les vaisseaux de la tête d'un animal, ne le fait pas sans être, dans son laboratoire même, ou matérialiste ou spiritualiste; il sait pourquoi il expérimente, il voit ce que signifie l'expériment accompli; il distingue dans les phénomènes observés la condition et la cause; il reste enfin un homme de science et de jugement.

Ces jugements superficiels et vains que M. Cl. Bernard condamne avec tant de raison, inondent la physiologie et la pathologie. Il n'est pas une fonction que l'on ne croie interpréter dans sa cause, en analysant ses conditions instrumentales; une maladie dont on ne croie dévoiler la nature par les conditions physico-organiques de ses phénomènes successifs. Des deux côtés on laisse la cause sous prétexte qu'on ne peut l'atteindre avec les sens; et l'erreur prend ainsi place au cœur même de la science. Et cependant, peut-on connaître la fonction et la maladie par le seul exposé de leur instrumentation physique? On aura beau énumérer successivement tous les phénomènes de la fonction ou de la maladie, et préciser le déterminisme de ces phénomènes successifs, on n'en tirera jamais comme résultante la connaissance même de l'unité physiologique ou pathologique, que ces phénomènes traduisent. La notion causale manque à toutes ces analyses. Or, la fonction ne se peut concevoir que dans ses rapports avec la vie, sa cause animatrice. La maladie n'existe, pareillement, que parce qu'elle est une forme accidentelle, un mode temporaire de la vie ; elle est une affection de la vie ; et si une idée synthétique exprimée par le nom même de la maladie, ou par l'état général de l'être souffrant, ne sert de lien causal entre tous les phénomènes morbides, et ne désigne l'affection propre de la vie dont ces phénomènes sont la traduction extérieure, jamais la maladie ne sera connue. La connaissance isolée des symptômes sera impuissante à en donner une idée ; on demandera toujours ce que signifient ces symptômes, quelle est la raison de leur association, quelle unité les gouverne, quelle affection ils désignent, autrement dit quelle cause ils manifestent. C'est la réponse à cette interrogation qui fera réellement connaître la maladie. Cette philosophie médicale, si simple et si féconde, transformerait la physiologie et surtout la pathologie, si elle était appliquée avec un esprit ferme et une volonté soutenue. Les conséquences pratiques seraient proportionnées à la réforme scientifique. A dater de ce moment, la médecine aurait secoué tout empirisme, parce qu'elle aurait secoué l'inconséquence dont elle vit sans le savoir. Le médecin n'agirait plus sous l'inspiration inconsciente de vérités qu'il méconnaît dans ses affirmations scientifiques. La science et l'art marcheraient d'un pas égal, se soutenant l'un l'autre. L'art ne serait plus ce qu'il est trop souvent, un heureux démenti donné à une science qui s'égare. Nous vivrions des vérités que nous possédons, et non de vérités altérées, ou que nous repoussons. Mais nous sommes loin de ces temps de lumière. Toute notre génération se laisse aller à croire que le déterminisme, en physiologie et en pathologie, est l'unique but à atteindre, le *desideratum* qui doit combler tous les vides, la connaissance dernière et complète des choses.

Ce préjugé sur l'omnipotence du déterminisme, M. Cl. Bernard n'a pas peu contribué à le répandre : par son exemple, d'abord, par les découvertes brillantes que l'analyse expérimentale lui a valu, et dont l'éclat était bien propre à fasciner le monde savant. La science a ses entraînements qui dépassent parfois le but, et de ce que le déterminisme pouvait beaucoup, on a conclu hardiment qu'il pouvait tout. A cette conclusion, non-seulement prématurée, mais fautive, M. Cl. Bernard n'a pas opposé de résistance. Dans son ardeur légitime à favoriser l'expérimentation, il anéantit tout ce qui n'est pas elle; il tient pour vaines toutes les notions que lui-même a été forcé de reconnaître ; il exige que, en science et en pratique, elles soient annihilées, pour ne laisser subsister qu'un déterminisme affranchi de tout lien, de toute vérité supérieure. Ces contradictions laissent voir dans l'esprit de M. Cl. Bernard, entre la vérité qui se présente et l'erreur qui occupe la place, un combat intérieur et pénible qui ne tourne pas toujours à l'avantage de la première.

Rappelons, par exemple, ces déclarations déjà citées : « Ce qui est essentiellement du domaine de la vie et ce qui n'appartient ni à la physique, ni à la chimie, ni à rien autre chose, c'est l'idée directrice de l'évolution vitale... Ici comme partout tout dérive de l'idée qui seule crée et dirige... » Et ailleurs : « On aura beau analyser les phénomènes vitaux et en scruter les manifestations mécaniques physico-chimiques avec le plus grand soin... on n'aboutira finalement qu'à faire rentrer les phénomènes des organismes vivants dans les lois de la physique et de la chimie générales, ce qui est juste, mais on ne trouvera jamais ainsi les lois propres de la physiologie... Le problème de la physiologie ne consiste pas à rechercher dans les êtres vivants les lois physico-chimiques, qui leur sont communes

avec les corps bruts, mais à s'efforcer de trouver, au contraire, les lois organo-trophiques ou vitales qui les caractérisent. »

Ces affirmations sont claires : la physiologie reconnaît
des lois et poursuit un but que l'analyse physico-chimique
ne peut livrer; la matière organique présente des phénomènes de même ordre que ceux de la matière inorganique ;
mais ce n'est pas la connaissance de ces phénomènes qui
fournit la connaissance des vrais phénomènes vitaux. Le
déterminisme des phénomènes appliqué à la physiologie
n'est donc pas absolu : loin de là; tout ce qui est loi propre
de la physiologie, loi organo-trophique ou vitale, lui échappe
complétement; et l'étude de ces lois est le domaine même
de la physiologie. Si on ne connaît ces lois, on aura beau
connaître le déterminisme de toutes les actions mécaniques
et chimiques de l'organisme, on ne connaîtra en rien
la physiologie. Le déterminisme est donc un instrument
d'étude, ce n'est pas l'étude même de l'être vivant. Ce sont là
des principes que M. Cl. Bernard ne semblerait pas pouvoir
désavouer; et cependant il dit et répète trop souvent qu'en
dehors du déterminisme, il n'y a rien en physiologie. Quoi!
et les lois propres de la physiologie que ne pourra jamais
livrer la science physico-chimique, n'est-ce rien? Qu'un chimiste le prétende et ne reconnaisse pas ces lois, soit; mais
un physiologiste qui vient de les proclamer lui-même, est-ce
croyable? Écoutons cependant :

« Il n'y a en réalité qu'une physique, qu'une chimie et
qu'une mécanique générales, dans lesquelles rentrent toutes
les manifestations phénoménales de la nature, aussi bien
celles des corps vivants que celles des corps bruts. Il n'apparaît pas, en un mot, dans l'être vivant, un seul phénomène
qui ne retrouve ses lois en dehors de lui. De sorte qu'on
pourrait dire que toutes les manifestations de la vie se com-

posent de phénomènes empruntés, quant à leur nature, au
monde cosmique extérieur, mais seulement manifestés sous
des formes ou dans des arrangements particuliers à la matière organisée et à l'aide d'instruments physiologiques
spéciaux. Ne pourrait-on pas ajouter que l'intelligence elle-
même, dont les phénomènes caractérisent l'expression la
plus élevée de la vie, existe en dehors des êtres vivants dans
l'harmonie et dans les lois de l'univers? Mais nulle part ailleurs que dans les corps vivants elle ne se traduit avec des
instruments qui nous la manifestent sous la forme de phénomènes de sensibilité, de volonté », etc.

Toutes les manifestations de la nature, celles des corps
vivants et celles des corps bruts, rentrent ainsi dans la physique générale : pas un seul phénomène de l'être vivant qui
n'ait ses lois en dehors de lui, dans cette physique universelle; toutes les manifestations de la vie sont empruntées,
quant à leur nature, au monde extérieur; l'arrangement,
la forme du travail varient seuls! Mais les lois propres
de la physiologie, déclarées ailleurs irréductibles à la physique, ne comptent donc pour rien en physiologie; elles ne
se traduisent donc par aucune manifestation vitale; cette
idée directrice de l'évolution vitale, cette création, sont
donc des rêves mystiques, inabordables à l'observation! Le
déterminisme ne pouvant les aborder, pourquoi se donner
la peine de les nommer? L'intelligence elle-même, nous
l'empruntons à l'univers dont nous faisons partie intégrante,
à son harmonie, à ses lois identiques à notre harmonie
propre, à nos lois vitales! Quelques facultés de l'être demeurent gênantes : la sensibilité, la volonté, et tant d'autres. On ne peut guère les classer parmi les phénomènes
empruntés au monde cosmique extérieur; mais il n'importe, il ne faut s'arrêter à si peu! Je le répète, tout cela
est-il croyable? Non, ce n'est plus de la science, ni de la

physiologie; c'est le règne de toutes les confusions.

Revenons à la vérité simple et ferme. Tout ce qui est *vie* échappe en soi au déterminisme physico-chimique; celui-ci ne peut agir que sur ce qui est physique ou chimique et non sur ce qui est vivant; il analyse la matière dont use la vie, non la vie; il aide à l'observation de la vie, il n'observe pas la vie elle-même. Toutes les fois que l'on prétend donner le déterminisme d'un phénomène vivant, on commet involontairement une erreur de logique et de méthode; on donne le déterminisme des conditions de ce phénomène et non celui du phénomène; sinon ce phénomène n'est pas vivant, mais physique, et il y a dans l'organisme des phénomènes qui ne représentent en rien la vie, mais uniquement la physique et la chimie générales. Tout phénomène vivant est un phénomène de sensibilité et de génération : depuis la cellule plasmatique jusqu'à la cellule nerveuse, tout sent, agit, réagit, engendre. Il n'est pas de fonction vitale qui échappe à cette loi nécessaire. Rien de cela n'est directement susceptible d'un déterminisme; car cela n'est ni physique ni chimique. La nutrition elle-même n'est pas un fait physico-chimique; M. Cl. Bernard l'a dit lui-même, *la nutrition n'est que la génération continuée.*

Dans la vie tout est évolution, tout trahit une puissance directrice incarnée à la matière et la faisant organique et vivante. Or une évolution ne peut être connue par un déterminisme, car le déterminisme, pour s'appliquer, est d'abord obligé de la détruire. L'unité de l'être et sa finalité, ces grands faits de l'être vivant, lois primordiales de la physiologie, quel déterminisme les saisira? Imagine-t-on un déterminisme atteignant, révélant une unité, une finalité? Ce sont là des manifestations essentielles de la vie; l'observation les dévoile, mais le déterminisme demeure muet en face d'elles. Qu'on ne vienne donc pas nous dire

« que les manifestations des êtres vivants n'ont rien de spécial dans leur nature, et qu'elles rentrent toutes dans les lois de la physico-chimie générale » ; c'est l'inverse qui est la vérité. Si j'insiste sur ces considérations et si elles conservent le pouvoir de m'animer, c'est qu'elles touchent à tout en physiologie et en pathologie ; il n'est pas un fait vital qui, interprété en dehors de ces principes, ne soit interprété à faux, c'est-à-dire d'après les préjugés matérialistes.

Cependant M. Claude Bernard insiste : tous les phénomènes vitaux s'accomplissent par l'intermédiaire de conditions physico-chimiques déterminées, et on ne peut agir sur ces phénomènes qu'en agissant sur ces conditions physico-chimiques. C'est donc là le vrai domaine de la science et de l'action scientifique. « Le savant ne peut placer le déterminisme des phénomènes que dans leurs conditions, qui jouent le rôle de *causes prochaines*. Les *causes premières* sont hors de sa portée et ne doivent jamais le préoccuper. C'est le déterminisme seul des phénomènes qui constitue son domaine. C'est là que se trouve tout le problème de la science expérimentale. » Nous avons cité plus haut ces mots, qui résument toute la pensée de l'auteur : « On ne saisit pas les forces, on n'agit pas sur elles. »

Tel est le thème favori du jour ; son succès ne me séduit pas ; j'avoue même que je n'en subis pas le spectacle sans une certaine impatience. Ce dédain et ce rejet des causes premières, parce qu'on ne peut les toucher de la main, me semble comme la sénilité de la science ; l'amour exclusif du déterminisme et des causes prochaines est une pauvre faiblesse. Qu'a-t-on donc besoin de mettre la main sur les causes premières, pour les apprécier et pour agir sur elles ? Qui donc a jamais pensé à chercher et à manier les causes premières toutes seules, isolées de leurs effets, des manifestations organiques qu'elles engendrent, et par lesquelles elles se réalisent? Agir sur la cause vivante, sur la vie, qu'est-ce, sinon agir sur l'organisme vivant, sur un organe ou un élément vivant? Agir sur l'organisme, ou l'organe vivant, est une chose praticable et de tous les instants, on me l'accordera; ce n'est pas cependant faire du déterminisme physico-chimique: car agir sur une partie ou un élément vivant, c'est l'impressionner, c'est l'exciter, c'est troubler son évolution, c'est accroître ou affaiblir son action vitale, c'est modifier de telle ou telle façon sa sensibilité organique, c'est la pervertir ou la ranimer, c'est la pousser à des actes utiles ou nuisibles, c'est la maintenir dans sa finalité régulière ou l'en détourner. En tout ceci, y a-t-il rien de physico-chimique? N'est-ce pas là pourtant tout le programme de l'action qu'il nous est donné d'exercer sur la matière vivante? Que cette action toute vitale s'accompagne de changements plus ou moins appréciables dans les conditions physico-chimiques, qui le conteste? mais ces changements ne sont pas la raison ni le but de l'action proposée; et si parfois nous paraissons nous proposer pour but premier une modification physico-chimique de la matière, c'est afin de provoquer secondairement une action organique et vitale; et c'est celle-ci qui est, en réalité, le but essentiel, celui en vue duquel nous nous adressons à la matière composante de l'organe. Tout le secret de la thérapeutique est là, quoiqu'on ait l'air de l'oublier aujourd'hui. Lors donc qu'il s'agit des causes premières en physiologie, on ne prétend en rien les séparer des effets organiques dans lesquels il nous est donné de les percevoir: la vie, c'est l'organisme vivant, et agir sur l'organisme, en tant que vivant et non en tant qu'agrégat chimique, c'est agir sur la vie, c'est atteindre à la cause vivante elle-même. Aussi doit-on employer rarement les mots *force vitale*; les mots de vie, de cause vivante, de système vivant, d'unité vivante, d'organisme, suffisent au physiologiste et au médecin, et représentent la force vitale en évolution et en acte.

Nous avons dû montrer les faiblesses dont n'est pas exempte l'œuvre de physiologie générale entreprise par M. Claude Bernard. Toutefois les inconséquences et les défaillances que l'on doit relever dans cette œuvre n'en détruisent pas le caractère doctrinal. M. Claude Bernard, en termes souvent élevés, a réitéré sa profession de foi à la croyance de la vie comme force propre et cause créatrice ; il a nettement déclaré que les conditions physico-chimiques des phénomènes organiques n'en contenaient pas la cause, et que cette confusion trop commune caractérisait « l'erreur grossière des matérialistes ».

Nous prenons acte de ces déclarations, et si nous nous demandons quel nom convient à la doctrine d'où elles découlent, ou sous quel nom cette doctrine est connue, une seule et même réponse est possible : cette doctrine, c'est le vitalisme. Le vitalisme est un terme, relativement moderne, qui désigne la doctrine traditionnelle qui a constitué la médecine sur son véritable terrain, dès Hippocrate, la doctrine de l'autonomie de la vie, de son unité, de sa finalité. Tout médecin ne devrait prononcer ce nom qu'avec respect et fierté ; il domine tout notre passé, un passé glorieux, quoi qu'on en dise, et auquel l'avenir ne répondra dignement qu'en s'y alliant sincèrement. C'est le vitalisme, ce sont les vérités dont il est le symbole, qui ont enlevé la médecine à l'empirisme pour la faire entrer dignement dans les régions élevées de la science. Ces vérités qui, dès l'origine, ont reçu une si noble forme, vivent encore et vivront dans l'âme des médecins ; elles fourniront toujours nos plus sûres inspirations, et la nature médicatrice qui les résume demeurera comme une sorte de déité médicale. Rien d'ailleurs, en ces vérités, n'est une opposition ni un obstacle à l'esprit de recherche et de progrès, et si l'on interrogeait nos vieilles annales, d'Hippocrate à Sydenham, de Stoll à Bordeu et à Laennec, on verrait bien vite que tous les grands noms qui représentent les grands progrès de la médecine, sont aussi ceux que le vitalisme consacre comme lui étant plus particulièrement attachés.

J'ai le regret de le dire, M. Claude Bernard, adepte de fait des doctrines vitalistes, prête l'autorité de son nom et de sa parole à ceux qui dénigrent et attaquent violemment ces doctrines, qu'ils ne connaissent ou ne comprennent pas. Comme eux, il les défigure étrangement, et, ainsi défigurées, il les livre aux railleries de la foule comme une superstition.

« Parmi les naturalistes, dit-il, et surtout parmi les médecins, on trouve des hommes qui, au nom de ce qu'ils appellent le vitalisme, émettent sur le sujet qui nous occupe les idées les plus erronées. Ils pensent que l'étude des phénomènes de la matière vivante ne saurait avoir aucun rapport avec l'étude des phénomènes de la matière brute. Ils considèrent la vie comme une influence mystérieuse et surnaturelle qui agit arbitrairement en s'affranchissant de tout déterminisme, et ils taxent de matérialistes tous ceux qui font des efforts pour ramener les phénomènes vitaux à des conditions organiques et physico-chimiques déterminées... Les idées vitalistes, prises dans le sens que nous venons d'indiquer, ne sont rien autre qu'une sorte de superstition médicale, une croyance au surnaturel. Or, dans la médecine, la croyance aux causes occultes, qu'on appelle vitalisme ou autrement, favorise l'ignorance ou enfante une sorte de charlatanisme involontaire, c'est-à-dire la croyance à une science infuse et indéterminable. Le sentiment du déterminisme absolu des phénomènes de la vie mène, au contraire, à la science réelle et nous donne une modestie qui résulte de la conscience de notre peu de connaissance et des difficultés de la science (1). »

On croirait, à ce langage, lire telle page d'un *Dictionnaire de médecine* bien connu qui portait autrefois le nom de *Nysten*, et qui aujourd'hui est consacré à la glorification de la philosophie positive et de la médecine qui en dérive (2). Ce sont les mêmes épithètes de *mystérieuse* et de *surnaturelle* qui désignent, ici et là, une doctrine que l'on travestit pour mieux la bafouer. Je ne sais où jamais a paru ce vitalisme qui prétend que la matière vivante est sans aucun rapport avec la matière brute, qui considère la vie comme une influence surnaturelle et arbitraire, comme une croyance aux causes occultes enfantant un charlatanisme involontaire. Ces accusations se justifient-elles, et qui les autorise? Quel est le médecin, vitaliste sérieux, qui a professé de telles opinions? Une chose frappe, au contraire, dans l'histoire de l'art, c'est que toutes les études vraiment pratiques, toutes les recherches physico-chimiques importantes sont dues, dans le passé, à des médecins ouvertement vitalistes. Stahl et Boerhaave n'ont-ils pas appliqué à la médecine toute la science mécanique dont leur temps disposait? Van Helmont, avant eux, était le plus grand chimiste de son époque, et, pour qui sait lire à travers son langage ontologique et figuré, on voit combien, dans l'application des sciences physiques à l'homme malade, il est en avance sur ses contemporains. Reprocherait-on aux vitalistes des siècles passés de n'avoir pas eu l'idée d'un déterminisme

(1) Claude Bernard, *Introduction à l'étude de la médecine expérimentale*, p. 117.

(2) *Dictionnaire de médecine, de chirurgie, de pharmacie, de l'art vétérinaire et des sciences qui s'y rapportent.* 14ᵉ éd., par E. Littré et Ch. Robin, Paris, 1878.

aussi absolu et aussi étendu que celui qui règne de nos jours; les accuserait-on d'avoir parfois attribué à la vie ce que la physique peut réclamer comme sien, et de n'avoir pas vu que toutes les conditions des phénomènes vitaux étaient de source physique et non de force vitale? Mais ces reproches et ces accusations leur sont communs avec tous les médecins de ces temps d'ignorance physique; nul ne saurait se vanter d'avoir, sous ce rapport, donné l'exemple aux vitalistes, et il n'y a pas à défendre ceux-ci de ne pas l'avoir suivi. La physique et la chimie n'existaient pas; comment le déterminisme, qui repose sur ces sciences, pouvait-il être appliqué? Rien de plus remarquable, au contraire, que de voir les médecins vitalistes s'essayer avec persévérance à ces applications de connaissances incomplètes, rudimentaires, en tirer des inductions pratiques quelquefois justes, souvent exagérées ou prématurées. Avec leur instinct profond, sans procéder par affirmation dogmatique, par une pente naturelle de leur esprit observateur, ils savaient allier la notion de l'autonomie vitale avec l'expérimentation, avec les interprétations physicochimiques du mécanisme organique, et, loin de restreindre ces interprétations, ils en abusaient souvent en les étendant outre mesure. Et ce sont ces médecins que l'on vient accuser d'une sorte d'obscurantisme rétrograde et de croyance au surnaturel dans leur art!

Je n'ignore pas, toutefois, que certains vitalistes, au commencement de ce siècle, Bichat entre autres, pensaient que la vie s'oppose à l'accomplissement régulier des lois physico-chimiques dans la matière vivante. Mais cette erreur ne leur était pas particulière : elle appartenait à tous en même temps qu'à eux-mêmes. Nul ne les contredisait alors : chacun avait sur ce sujet une opinion pareille; pourquoi les rendre responsables? Ils ne sauraient encourir cette responsabilité, que si l'erreur reprochée tenait directement et absolument à leur doctrine. Mais un tel lien n'existe pas, et l'on peut considérer la vie comme cause autonome, et néanmoins considérer les conditions instrumentales et organiques de la vie comme essentiellement physico-chimiques. D'ailleurs M. Claude Bernard ne condamne pas uniquement les vitalistes du passé : il n'amnistie en rien ceux du présent. Or, quels sont ceux aujourd'hui qui soutiennent les superstitions médicales dont on nous présente le fabuleux tableau? On ne saurait en citer; du moins je n'en connais pas. Pourquoi dès lors ces condamnations générales? Sont-elles dignes d'une science impartiale et forte? Croit-on apprendre ainsi aux jeunes générations médicales l'estime et le respect qu'elles doivent à des générations laborieuses qui leur ont transmis un long héritage de belle observation? On leur enseigne un suprême dédain pour tout ce qui a fait la gloire de notre science; on semble leur dire : Tout ce fatras du passé ne mérite pas qu'on y regarde, ce n'est que fétichisme; la vraie science prend date à nos travaux; nous commençons à peine à débrouiller le chaos du vieil et informe empirisme. Et l'on ne voudrait pas que ces générations, enorgueillies du rôle qu'on leur assigne, éprises du culte des sens et de la matière qu'on leur prêche sous toutes les formes, tombassent dans le matérialisme scientifique, et de là dans le matérialisme absolu, dans celui qui prononce sur nos origines et sur nos destinées! Est-ce possible, et arrête-t-on à volonté ces courants d'opinions que l'on a violemment soulevés, ces conséquences fatales qui se précipitent, et entraînent toutes les barrières qu'une tardive et illogique prudence voudrait leur imposer?

M. Claude Bernard soutient que l'empirisme a seul régné en médecine jusqu'ici, qu'il règne encore, mais qu'il doit

disparaître peu à peu devant le déterminisme des phénomènes. Les conquêtes de la physiologie expérimentale sont
toutes les conquêtes faites sur l'empirisme médical. Assertions aussi banales que peu fondées. La science des maladies, l'étude de leur évolution, de leurs symptômes et des
lésions qu'elles provoquent, la science des indications
puisées aux diverses sources de la connaissance des maladies, rien de tout cela ne saurait être taxé d'empirisme.
C'est de la pleine et éternelle science; elle pourra grandir,
mais, quels que soient ses développements, ses bases ne
changeront pas : l'édifice aura les mêmes assises et la
même solidité. Or c'est là toute la médecine, et j'ajouterai,
c'est tout l'art; car l'art n'aura jamais d'autre appui scientifique que celui des indications. La physiologie expérimentale et le déterminisme pourront donner le mode
d'action d'un agent quelconque; mais la connaissance de
ce mode d'action ne livrera jamais la valeur thérapeutique
de l'agent dans le traitement des maladies. Cette valeur se
rapportera toujours à la réalité de l'indication qu'il devra
remplir. Ce ne sont pas les agents thérapeutiques qui nous
font défaut lorsque nous percevons clairement une indication : le difficile et le rare, c'est la perception nette de
cette indication. Quant au déterminisme expérimental, si
on le prend pour règle absolue, son inévitable produit sera
le chaos et un empirisme bien autrement grossier que
celui qu'il prétend chasser. Que l'on supprime par la
pensée tout ce que la tradition nous a légué en fait de
science nosologique et d'art, et qu'à la place on n'accepte
résolûment que ce que le déterminisme expérimental nous
a appris, et l'on sera effrayé du vide fait, et de l'inanité de
ce qui reste pour le combler. Tout aura sombré; le doute
et le néant deviendront les maîtres d'une science ruinée.

Il serait vraiment temps que ceux qui, au nom de la

physiologie expérimentale, nous parlent de doctrine et d'histoire, de science et de progrès, daignassent y regarder d'un peu près, avant d'émettre ces jugements sommaires et dédaigneux, livrés sans réserve à une jeunesse impatiente de tout respect, et dont on aime mieux flatter que combattre les préjugés. L'histoire, si on l'étudiait, nous enseignerait une mutuelle tolérance. Les écoles vitalistes ne sont pas seules coupables d'erreurs médicales; qui pourrait nombrer les erreurs commises par la science expérimentale? Serait-ce une raison pour déverser d'injustes mépris sur l'expérimentation et sur la large part qui lui revient dans le progrès scientifique? Pourquoi rendre le vitalisme responsable de tout ce qui se dit de faux en son nom? N'est-il pas préférable de proclamer les grandes vérités dont il a été le promoteur, et de déterminer leur rôle irrécusable dans la constitution de la médecine rationnelle?

Nous terminerons ici cet exposé déjà long et cependant trop sommaire. Les idées de physiologie générale, dont le chef de l'école française s'est constitué le défenseur, sont, dans leur ensemble, une puissante rénovation des idées traditionnelles, rénovation ne signifiant pas ici renversement, mais exprimant une force nouvelle acquise, et ranimant des traditions languissantes. M. Claude Bernard termine son *Rapport sur les progrès et la marche de la physiologie générale en France* par ces paroles simples, empreintes à la fois d'une vraie modestie et d'une juste confiance en soi :

« Je désire qu'on sache que les obscurités, les imperfections, et l'incohérence apparente qu'on peut trouver dans mes divers travaux, ne sont que les conséquences du manque de temps, des difficultés d'exécution et des embarras multipliés que j'ai rencontrés dans le cours de mon évolution scientifique. Depuis plusieurs années, je suis préoccupé de l'idée de reprendre tous mes travaux épars, de les exposer dans leur ensemble, afin de faire ressortir les idées générales qu'ils renferment. J'espère maintenant qu'il me sera possible d'accomplir cette deuxième période de ma carrière scientifique. »

Nous accueillons avec une joie sincère cette promesse, et nous formons d'ardents souhaits pour qu'elle s'accomplisse. La santé de l'illustre physiologiste, minée par de longs et pénibles travaux, a été gravement menacée depuis quelques années. Elle semble se raffermir peu à peu. Plaise à Dieu que ce rétablissement s'achève et ramène les forces nécessaires aux grandes entreprises de la science (1). Que M. Claude Bernard reprenne ses travaux ; qu'il fasse ressortir les idées générales dont ils relèvent ; qu'il efface des contradictions peut-être plus apparentes que réelles ; qu'après avoir contemplé la vie dans ses œuvres particulières, il la contemple et la médite dans son unité active, dans ses rapports harmoniques avec le monde extérieur, dans sa finalité souveraine ; qu'il donne à ces vérités d'un ordre supérieur l'autorité, le prestige de son nom, et il aura rendu à la science de nouveaux et signalés services. Il se sera donné toutes les gloires du savant, celles de l'expérimentateur et celles du généralisateur ; il aura aussi montré aux générations futures la double carrière qu'elles ont à parcourir.

25 octobre 1868.

---

(1) Nous n'avons pas besoin de dire que les souhaits que nous formions ici ont été, et à tous les points de vue, pleinement exaucés.

LE MOI ET L'UNITÉ VIVANTE

I

Au premier regard jeté sur l'océan sans bornes de la matière et des forces physiques, l'intelligence humaine a discerné des êtres qui se détachaient du fond immobile des choses, qui paraissaient comme constitués à part dans le milieu qui les enveloppe, quoique empruntant à ce milieu la matière qui les compose, marqués, en un mot, d'un caractère propre, l'individualité. Le langage, création profonde de l'esprit scientifique naissant, manifestation spontanée des vérités primordiales que le doute et la contradiction ne sauraient obscurcir, le langage universel a consacré et caractérisé cette distinction en appelant individuels les êtres vivants. La vie a été donnée, dès l'origine, comme raison et cause de l'individualité. Tout individu est vivant, tout être vivant est un individu. L'individualité et la vie présupposent un autre grand caractère, l'unité. On n'est individu qu'à la condition d'être un. Aussi, l'idée d'être, associée à l'idée d'unité, désigne à la fois l'individualité et la vie. On n'appelle un être que l'être vivant. Vie, unité, individualité, demeurent des termes solidaires et comme équivalents dans la langue traditionnelle.

La nature se partage ainsi en deux ordres qui enferment tout l'ensemble visible : l'ordre physique que remplissent les choses inanimées, l'ordre vivant que constituent les existences individuelles. Le premier s'offre comme un tout invariable, où rien ne se perd, où rien ne s'ajoute, immobile sous une mobilité apparente, manifestation d'une force unique qui semble se modifier et se traduire en effets divers, mais qui, à travers ces effets changeants, subsiste identique, ne s'usant et ne s'amoindrissant jamais, inaltérable image d'une éternelle fixité. Le second se déroule en une longue suite d'individus périssables, se succédant dans la naissance comme dans la mort, ensemble où rien n'est stable, où rien ne demeure, où la somme totale est essentiellement variable, croît ou diminue, peut même disparaître sans retour, car rien ne garantit l'éternelle perpétuité des êtres vivants. Tout y représente, non une cause immuable et remplissant l'immensité des temps et des choses, mais des causes distinctes, individualisées, transitoires, venues chacune à son heure, chacune destinée à s'effacer bientôt du monde où elle a surgi, et, durant son court passage, ne se confondant avec aucune des causes et des existences congénères. Quelle opposition entre ces deux mondes ! Là, l'impassible unité d'un tout inaltérable et sans limites, où rien n'a sa forme et sa destinée propres, où tout demeure plongé dans l'indistinct, le permanent et l'improductif ; ici, au contraire, des unités limitées, distinctes, particulières, s'écoulant et disparaissant, mais fécondes et renaissantes, et dont la multiplication successive fournit la marque suprême de l'ordre auquel elles appartiennent.

Entre tous les caractères qui séparent ce qui vit de ce qui ne vit pas, s'élève et domine le caractère de l'unité. C'est la vérité spiritualiste et vitaliste par excellence. A elle seule elle suppose et entraîne toutes les autres. Aussi, en ces temps où tant de savants veulent effacer toute distinction essentielle et causale entre l'ordre inorganique et l'ordre animé, l'unité, fondement de toute individualité vivante, est-elle le dogme le plus ardemment contesté. Philosophes sensualistes et physiologistes expérimentateurs le repoussent, ou en livrent des interprétations équivalentes à une négation.

Dans ces conflits, les négations métaphysiques n'ont pas acquis une importance nouvelle, malgré la haute assurance avec laquelle elles se produisent. Si elles sont devenues plus audacieuses, elles n'ont rien gagné, ni par l'attrait de la nouveauté, ni par la profondeur des déductions. Ce sont toujours les vieilles objections, ayant perdu, toutefois, de leur dissimulation embarrassée, sachant mieux où elles vont que par le passé, tentant plus hardiment la séduction des esprits faibles ou prévenus. Les objections expérimentales portées au nom d'une physiologie savante se sont multipliées, au contraire. Une facile popularité leur est bientôt venue des dédains dont une hautaine science accable la métaphysique. Les sophismes usés du passé, associés aux sophismes expérimentaux du présent, ont, par là, retrouvé quelque crédit; ils étonnent les uns ou corrompent les autres. L'affaiblissement du sens philosophique, l'autorité accordée à l'expérimentation brute, concourent à ce même but, effacer les vérités traditionnelles ou amoindrir leur action sur les esprits. Aussi le sens de l'unité tend-il à se perdre dans la science de l'être vivant; et, perdu de ce côté, il est perdu de l'autre, dans la science de l'être spirituel et moral. S'il n'y a plus d'unité dans l'organisme humain, il n'y a plus d'unité dans l'homme pensant; si la vie n'est plus une, l'âme une s'évanouit. Tout s'enchaîne et se commande dans la science de l'homme. A chaque grande vérité métaphysique correspond une grande et nécessaire vérité biologique. C'est à l'aide d'une fausse physiologie et d'une expérimentation mal interprétée que l'on tente aujourd'hui, en Allemagne et en France, de renverser la grande institutrice de l'esprit humain, la philosophie spiritualiste ; il faut, à l'aide d'une physiologie plus vraie et en face d'une expérimentation mieux comprise, relever la noble immortelle toujours attaquée, toujours libérale et féconde. Nous devons reprendre à la science les armes qu'on lui dérobe pour l'attaque. Plus d'une fois déjà je l'ai tenté. Je voudrais de nouveau conduire mes lecteurs jusque sur le terrrain physiologique. Il faut se faire à l'appareil scientifique moderne, qui prétend subjuger toute la métaphysique, et la pénétrer pour l'ébranler ; celui qui saura l'interroger y retrouvera souvent la confirmation inattendue des vérités contre lesquelles tout cet appareil est mis en jeu.

Nous nous sentons un : l'idée d'unité s'empare, quoi qu'on en ait, de la conscience ; il est impossible de l'en arracher entièrement ; elle repousse par des racines vivaces et aussitôt recouvre tout de son ombre puissante. Nous vivons en elle et par elle. Il y a là une domination importune pour ceux qui ne veulent pas accepter en nous, comme cause immanente et nécessaire, un principe simple, générateur de toutes nos pensées, de tous nos actes, de toutes nos fonctions. Cette unité, fond de notre être spirituel, comme de notre être organique, la philosophie sensualiste a essayé de la dénaturer, de la dissoudre en phénomènes et en sensations, sauf à colliger ses sensations, ce qui ne rétablit pas l'unité. Une collection ou un assemblage sont la négation directe de l'idée d'unité. L'abbé de Condillac a fourni le modèle de toutes ces réfutations détournées : « Le moi de la statue, dit-il, n'est que la collection des sensations qu'elle éprouve et de celles que la mémoire lui rappelle. » Or, cette statue que Condillac prétend animer, c'est l'homme ; le moi de la statue, c'est notre moi ; et celui-ci devient ainsi une simple collection de sensations et de souvenirs.

Nos plus brillants rhéteurs ont à peine modifié la forme des sophismes sensualistes. Ainsi, M. Taine s'est borné à recueillir, tout en la rabaissant, la fiction de Condillac. La statue que celui-ci animait, qu'il remplissait de sensations et d'images, de perceptions et d'idées, retenait encore la noble forme de l'homme, et la collection qu'elle enfermait reproduisait, dans ses contours, un simulacre de l'être. M. Taine met une planche à la place de la statue, et, par ce trait hardi, matérialise plus grossièrement la collection de sensations et d'idées qui fait tout le moi. Il a textuellement écrit les lignes suivantes : « Nous ne croyons pas que l'âme soit distincte des idées, sensations et résolutions que nous remarquons en nous. Notre avis est que les idées, sensations et résolutions, sont des tranches ou portions interceptées et distinguées dans ce tout continu que nous appelons nous-mêmes, comme le seraient des portions de planche marquées et séparées à la craie dans une longue planche. Nous ne disons point pour cela que le moi soit la collection et l'amas des idées » (réserve que tout ce qui suit dément), « pas plus que nous ne disons que la planche est la collection et l'addition des morceaux de planche. Dans la planche comme dans le moi, le tout précède les parties ; le tout est sujet ou substance, les parties sont attributs ou qualités. Mais si tous les morceaux étaient enlevés, il n'y aurait plus de planche ; et si toutes les idées, sensations, résolutions disparaissaient, il n'y aurait plus de moi. Si vous en voulez une preuve, considérez le sens du verbe, vous verrez que toujours et partout où il se rencontre, l'attribut est une qualité, un abstrait, une portion du sujet. Cette pierre est pesante, la matière est étendue, cette plante végète, le soleil est brillant : dans toutes ces phrases, l'attribut est un membre détaché du sujet. L'étendue est une portion du tout qu'on appelle matière; la pesanteur est une portion du tout qu'on appelle pierre; la végétation est une portion du tout qu'on appelle plante; l'éclat est une portion du tout qu'on appelle soleil. » (Quelle suite inouïe de sophismes! L'attribut devenant une portion du sujet, l'éclat une portion du soleil!) « Donc, quand vous dites : Je souffre, je jouis, je pense, je veux, je sens, la sensation, la résolution, la pensée, la jouissance, la souffrance exprimées dans le verbe sont des portions du sujet *je* ou *moi*. Donc nos opérations et modifications sont des portions de nous-mêmes. Donc le moi n'est point une chose distincte, autre que les opérations ou modifications, cachée sous elles, durable en leur absence (1). »

Qu'on me pardonne cette longue citation; elle permet de mesurer à quelle chute, à quel prodigieux amoindrissement de la pensée entraîne la négation du moi. La sensation, l'idée, la résolution seraient des parties du moi, comme une tranche de planche, limitée à la craie, est une portion de la planche entière! Le moi, c'est toute la planche; il se diviserait comme la planche en une infinité de morceaux. Quelle image; et elle satisfait les esprits qui se disent positifs! Quand à demander une force individualisée, un être actif, dont les sensations, les idées, les résolutions soient les manifestations variées, c'est nourrir, sans doute, un désir chimérique. Qu'est-ce qu'une force? Un mot. « Des faits et des rapports, il n'y a rien autre, » affirment M. Taine et tout le positivisme contemporain. Une cause, productrice de ces faits, demeure un rêve contre lequel sont permises toutes les railleries. Il n'y a pas de sujet en dehors des qualités qu'il affecte, pas de centre lumineux en dehors des rayons qu'il projette. Les attributs sont des sujets, sont

(1) Taine, *les Philosophes français du* XIXe *siècle*, chap. X.

des faits au même titre que la substance. Les phénomènes seuls existent : telle est la grande vérité du jour, telle est la philosophie du phénoménalisme. L'âme est ainsi dissociée et comme anéantie dans la poussière des sensations et des idées; elle n'est plus rien de substantiel et d'actif; elle se perd en un vain nom.

La vie n'a pas une autre réalité, et M. Taine lutte contre la force vitale aussi vaillamment que contre l'âme. « La force vitale, suivant lui, n'est ni une qualité, ni une substance, mais un simple rapport. » Je défie de comprendre cet absolu non-sens, destiné à suppléer au sens vrai des choses. Une force qui est un simple rapport! Cela a été proposé et écrit sérieusement. Dans cet enseignement, la vie n'est qu'une collection de fonctions; celles-ci se décomposent en une suite de phénomènes. Toute l'idée de vie se réduit à dresser un immense catalogue de faits qui se succèdent et s'enchaînent, sans qu'on ait à chercher la raison de cette succession, le principe caché de cet enchaînement. Il y a dans la vie la digestion, la circulation et autres fonctions; dans la digestion il y a la mastication, l'insalivation, la déglutition, la chymification, et autres mouvements ou actes; la vie consiste dans l'ensemble de ces mouvements. Des faits et jamais la cause, des phénomènes et jamais la substance, des apparences et jamais la réalité: voilà le bilan de nos connaissances; il ne faut pas tenter d'aller au delà. De telles assertions inspirent à ceux qui les émettent de profondes satisfactions. « Nous avons purgé notre esprit d'un être métaphysique, dit alors M. Taine, c'est une bonne œuvre, et ce n'est pas une petite œuvre. » Autant dire « c'est une grande œuvre », et la foule applaudira volontiers. Pour son honneur, la science moderne ne tient pas toujours un tel langage. L'une des grandes figures scientifiques de ce siècle, M. Chevreul, à l'encontre de l'in-

fatuation positiviste, a écrit ces simples paroles : « En définitive, je n'ai jamais aperçu aussi clairement qu'aujour-
d'hui combien il y aurait peu de raison à supposer que
celui qui aurait expliqué la digestion, l'assimilation, la
respiration, la circulation et les sécrétions, serait en état
d'expliquer la vie (1). » La physiologie qui ne croit qu'aux
faits fera bien de méditer ces quelques lignes à la fois si
modestes et si hautes.

Je me borne à indiquer, sans les réfuter plus longuement, ces négations de l'unité du moi qu'une philosophie
impuissante réveillerait en vain, si elles n'avaient rencontré dans les sciences biologiques des auxiliaires qui
en imposent. Tout un ensemble de considérations anatomiques et physiologiques est venu leur apporter une force
apparente que, réduites à leur expression nue, elles avaient
perdue. L'expérimentation a cru, de son côté, fournir des
preuves irrésistibles contre l'unité vivante. Descendant des
organismes supérieurs aux organismes inférieurs, elle a
prétendu diviser la vie et détruire ainsi son unité. En
décomposant les organismes complexes, et en les réduisant
à de prétendus éléments simples et indépendants, l'analyse
physiologique a dissous peu à peu l'individu vivant en une
multitude infinie d'éléments épars ou juxtaposés, et de ces
éléments elle a fait des individus vrais, de réelles unités. De
même donc que l'unité intellectuelle se réduisait en une
collection sans nombre de sensations et d'idées, de même
l'unité vivante s'est trouvée réduite en une collection incalculable d'unités élémentaires, au milieu desquelles dispa-
paraissait, comme dans un abîme sans fond, l'unité réelle,
l'organisme un et individuel, affirmé par le moi sentant,
réagissant et voulant.

J'ai hâte d'arriver à l'examen critique de ces affirmations

____

(1) Chevreul, *Mémoires de l'Académie des sciences*, 1855, t. XXIII, p. 52.

physiologiques; je voudrais les interroger, et montrer ce qu'elles valent. Ont-elles le droit qu'elles s'attribuent de changer la notion de l'être vivant, en le faisant passer de l'état d'unité à l'état de pure collection? L'unité demeure-t-elle le point central et lumineux, d'où tout part et où tout revient dans la science de la vie, ou n'est-elle qu'une de ces nuageuses croyances que chasse et dissipe le souffle viril d'une science croissante? Je préciserai d'abord l'idée d'unité, telle que la tradition nous l'a livrée; je montrerai, en quelques mots, la place qui lui est faite dans les travaux physiologiques contemporains qui consentent à l'accepter; j'essayerai de montrer quelle est la forme que la science de l'être vivant, au point où elle en est arrivée, doit donner à cette idée fondamentale; je réfuterai les sophismes que l'anatomisme physiologique a soulevés contre elle; j'examinerai, enfin, les objections portées au nom de la physiologie expérimentale, objections qui égarent tant d'esprits plus sincères qu'éclairés. Ces débats nous permettront de conclure, et nous laisseront entrevoir l'action de l'unité jusque dans les profondeurs les plus cachées de l'évolution vitale; nous la verrons suscitant la multiplicité infinie des phénomènes par lesquels se déroule cette évolution harmonique et réglée. Ces phénomènes, on s'en convaincra, ne se peuvent juger que dans et par l'unité; si on les lui soustrait, on perd toute notion exacte des choses, tout sens de la hiérarchie et des subordinations organiques. On ne connaît plus ni la fin des fonctions diverses, ni celle du tout dont ces fonctions relèvent. On ignore la vie; on peut à peine en poursuivre l'ombre trompeuse et fugitive.

II

L'idée d'unité est essentiellement traditionnelle dans la science des êtres vivants, c'est-à-dire qu'elle y est primordiale et nécessaire. Elle y remplit le rôle de ces vérités premières qui s'appuient sur l'évidence, et en dehors desquelles aucune connaissance de vérités particulières n'est possible. Aussi l'enseignement d'Hippocrate, le plus grand des observateurs de l'activité vivante et le fondateur de la médecine scientifique, est-il plein de l'idée d'unité. Elle est exprimée, dans ses écrits, avec une vigueur qui n'a pas été dépassée : « Le principe de tout est le même, dit Hippocrate ; il n'y a aussi qu'une fin, et la fin et le principe sont uns... Dans l'intérieur est un agent inconnu qui travaille pour le tout et pour les parties, quelquefois pour certaines et non pour d'autres... Il n'y a qu'un but, qu'un effort. Tout le corps participe aux mêmes affections ; c'est une sympathie universelle. Tout est subordonné à tout le corps, tout l'est aussi à chaque partie. Chaque partie concourt à l'action de chacune des autres. »

Dans ce langage simple et ferme, tout le corps, c'est l'unité vivante elle-même ; tout est subordonné à tout le corps, c'est-à-dire à l'unité. L'unité pénètre chaque partie ; rien n'atteint les parties qui n'atteigne pareillement l'unité ; et c'est ainsi que la sympathie est universelle dans l'organisme que tout le corps participe aux mêmes affections, qu'il n'y a qu'un but, qu'un effort. Une affection ne peut saisir une partie qu'en saisissant l'unité, qu'en étant ou en devenant aussitôt générale. L'effort est commun ; tout y concourt. La pensée hippocratique embrasse toute la science de la vie, dans l'état de santé, comme dans l'état de maladie.

Après Hippocrate, la Grèce féconde donne à la science de la vie Aristote, dont le génie institua l'histoire naturelle des êtres organisés. Ces deux noms qui se suivent comptent parmi les plus hauts dominateurs de l'intelligence humaine. Aristote rattache l'unité au principe substantiel qui la supporte, et détermine ainsi le caractère fondamental de tout ce qui vit. Ce principe substantiel et un, c'est l'âme; tout ce qui vit a une âme. Il recherche les caractères particuliers qu'offre cette âme en chacune des grandes catégories dans lesquelles se partage l'ensemble des êtres. Il établit ainsi l'échelle des êtres organisés et démontre l'ascension progressive de la série vivante. De degrés en degrés, Aristote s'élève à l'homme, et là, l'unité, l'âme lui apparaît sous sa forme la plus éminente. Et, à bien dire, c'est la perception consciente de l'unité humaine, c'est la notion que nous avons de notre moi, de notre personnalité une et constante à travers tous les accidents de la vie, à travers les incessantes mutations de notre matière organique, et la multiplicité des opérations vitales, c'est cette notion qui nous fournit le réel et invincible fondement de l'idée d'unité. Nous jugeons à notre mesure tout ce que la vie rapproche de nous. C'est en transportant la notion qui nous vient du moi à tous les échelons de l'animalité, c'est en en retrouvant les vestiges jusque dans les manifestations inférieures de la vie, qu'Aristote arrive à faire de l'unité le caractère suprême de tout ce qui possède la vie.

Les larges doctrines d'Hippocrate et d'Aristote ne devaient plus s'effacer de la science. Toutefois, la belle et pure simplicité qu'elles avaient revêtue, dès l'origine, ne pouvaient subsister sans être gâtée par les flots mouvants de l'opinion. Elle devait s'obscurcir à plusieurs reprises sous les suggestions de l'esprit de système. C'est ainsi que Stahl dénature l'unité vivante en substituant à l'idée hippocratique une idée étroite et dégénérée. L'unité, ce n'est plus tout le corps, ce n'est plus le principe et la fin du tout, ce n'est plus le but et l'effort communs, ce n'est plus la subordination de chaque partie au tout qui est un; c'est l'âme rationnelle devenant le moteur d'une machine compliquée, qui est l'organisme. L'unité est conçue en dehors du tout, la machine organique imaginée en dehors de l'unité : double et grave déviation de l'idée de l'unité vivante.

A côté de l'animisme stahlien, il faut placer cette autre doctrine qui défigure l'unité en la dédoublant, en exigeant une unité pour l'être pensant, une ou plusieurs unités pour l'être vivant : la première, vraiment une et indivisible; la seconde, probablement divisible et multiple; l'âme raisonnable et immortelle, et l'âme sensitive et périssable de Van Helmont; et au-dessous la hiérarchie des archées, *particulares viscerum archæi,* ou l'âme et le principe vital, celui-ci divisible, à la rigueur : Barthez laisse ce problème indécis. L'unité de l'homme est ici détruite; il y a, tout au moins, deux unités en lui; c'est la doctrine du double dynamisme. En regard de cette double unité humaine se maintiendrait l'unité simple et vraie dans tout le règne animal; car la haute unité, l'âme, disparaîtrait, même chez les animaux supérieurs. Ceux-ci n'auraient que le principe vital. Ce seul fait suffit à ruiner la doctrine. Il y a, des animaux à l'homme, une suite non interrompue qui, sans abaisser l'homme à l'animal, et sans lui donner un animal pour ancêtre, ne permet pas de concevoir dans la constitution substantielle de l'homme un autre plan que celui qui se réalise et s'élève à travers les degrés successifs de l'animalité. Si l'animal est un, l'homme est un; son principe animateur grandit et lui vaut la pensée et la liberté, mais il n'est pas double; et cette étrange conception qui, dans un même être, multiplie les causes, va à l'encontre de l'une des grandes lois de la nature, avare de causes et féconde d'effets. Combien, si on sait la comprendre, la pensée hippocratique, l'unité c'est tout le corps, est autrement vivante et profonde que cette subtile superposition d'une âme et d'un principe vital distincts, et destinés à régir telle ou telle partie de l'organisme, ici l'organe de la pensée, là les viscères de la vie nutritive.

A travers ces formes amoindries ou altérées, le dogme de l'unité vivante s'est perpétué, survivant à tous les systèmes, inspirant plus ou moins fortement les médecins et les physiologistes. De loin en loin, quelques rares esprits ont su en comprendre toute la portée, et le retrouver sous toutes les manifestations de la vie : le plus grand nombre n'en gardaient qu'un souvenir confus, et ne sentaient guère, à travers la mobilité et la multiplicité des phénomènes vitaux, l'unité immanente et génératrice, l'effort du tout, et le but commun. Il en est ainsi de toutes les vérités premières, et en proportion de la domination qui leur revient. Ce sont les vérités qui sont partout et qui dominent tout, que souvent l'on voit le moins. Ce que notre faiblesse voit le mieux, c'est le particulier. Que de médecins et de physiologistes observent l'être vivant et analysent ses fonctions, et oublient ou méconnaissent la raison supérieure de tous les actes vitaux, l'unité qui se traduit par ces actes ! La physiologie moderne, tout adonnée à l'analyse et à l'expérimentation, perd fatalement de vue une notion essentiellement synthétique. L'analyse, c'est la dissociation et la division ; expérimenter, c'est analyser en divisant et en isolant. La science qui se borne à l'emploi de ces moyens de connaître, peut-elle rencontrer une vérité qui échappe à toute entreprise expérimentale, que l'expérimentation et l'analyse sacrifient nécessairement et d'abord ?

Je n'ignore pas, cependant, que de temps à autre les physiologistes, pour qui l'organisme n'est pas un simple agrégat de matière et de propriétés, émettent quelques recommandations banales, et rappellent aux expérimentateurs qu'il y a une unité au-dessus de leurs expériences.

« Le physiologiste et le médecin, dit M. Cl. Bernard, ne doivent jamais oublier que l'être vivant forme un organisme et une individualité... Il faut donc bien savoir que si l'on décompose l'organisme vivant en isolant ses diverses parties, ce n'est que pour la facilité de l'analyse expérimentale, et non pour les concevoir séparément. En effet, quand on veut donner à une propriété physiologique sa valeur et sa véritable signification, il faut toujours la rapporter à l'ensemble, et ne tirer de conclusion définitive que relativement à ses effets dans cet ensemble. » Ces recommandations, j'ai le regret de le dire, ne portent pas loin et sont presque de pure forme. Elles sont vite oubliées, et M. Claude Bernard lui-même ne s'en inspire guère dans l'enchaînement de ses travaux. Nul ne se demande ce qu'est cette unité, comment elle se réalise, quelles autres conditions générales de l'être elle suppose, quel est son rôle dans l'évolution vitale régulière, que devient ce rôle dans l'évolution troublée et pathologique. On conçoit volontiers la maladie en dehors de l'unité ; on imagine, au sujet de la fièvre, des explications physiologiques dans lesquelles l'unité n'intervient en rien. On admet une unité dans l'organisme, et on poursuit par des enseignements qui sont la négation même de l'unité. Les contradictions suivent toujours l'affaiblissement des doctrines.

L'unité dans l'être n'est pas une négation du multiple. Loin de là ; elle ne saurait se percevoir en dehors d'une nécessaire multiplicité. Une unité pure, qui ne se déroulerait pas en une suite d'actes et de phénomènes, deviendrait une unité inaccessible, idéale, une cause sans effets sensibles, une réalité soustraite à toute observation. L'unité est donc incessamment traduite par une multiplicité saisissable, et c'est par les rapports qu'elle affecte avec cette multiplicité que se révèlent sa puissance et son énergie.

Ces rapports ne se montrent pas identiques à tous les degrés de l'être et de la vie. L'unité n'est pas partout pareillement attachée à la multiplicité qui relève d'elle. Il y a dans l'énergie de ces attaches, dans la puissance de l'unité vivante, au sein des phénomènes qu'elle régit, des variations extrêmes qui vont comme d'un bout à l'autre de l'échelle animale.

Dans les régions inférieures, là où la vie est uniquement végétative, l'unité est singulièrement faible, et ne se trahit que par le caractère du développement de l'être et la permanence d'une évolution régulière. Dans les êtres rudimentaires, chaque partie semble vivre isolément et par elle-même, ne reçoit du tout et n'exerce sur le tout qu'une influence obscure et lente. Cette influence existe certainement, et la vigueur ou la souffrance d'une partie, la diminution ou l'accroissement d'une vie locale, ne tardent pas à retentir sur l'être entier, et à imprimer à celui-ci telle ou telle direction ou modification vitale. Toutefois on doit connaître que, dans ces organismes pauvres, végétaux ou animaux, les manifestations de l'unité sont ordinairement très-restreintes et affaiblies. On peut, à cet égard, établir une loi vraiment saisissante : lorsque l'organisation est réduite à son plus grand état de simplicité, alors qu'elle semble se rapprocher de l'unité de structure, que l'unique appareil est celui d'une agglomération de cellules uniformes, l'unique fonction, la nutrition et ses aboutissants naturels, l'accroissement et la génération scissipare, alors, et par un contraste inattendu, l'unité vivante se relâche; elle se déroberait presque à l'observation, et la multiplicité seule apparaîtrait, si le caractère et le développement spécifiques n'étaient là pour témoigner d'une cause agissante et une. Ainsi une structure organique sans variété, réduite à sa plus simple expression, une fonction unique ne se multipliant pas en fonctions diverses, correspondent à des conditions opposées de l'unité génératrice du tout. Quand l'organisme, considéré dans sa matière et dans son organisation, semble un, l'unité réelle est faible et tend à s'effacer sans y parvenir jamais.

Si l'on s'élève dans les rangs de l'animalité, le spectacle change : à mesure que la structure se complique, que l'organisation atteint à un degré éminent de complexité, que les appareils, les organes, les tissus se multiplient ; à mesure aussi que les fonctions perdent de leur simplicité primitive, qu'elles croissent en nombre, qu'elles s'associent entre elles par mille liens que l'analyse a grande peine à dénouer ; à mesure, enfin, que l'organisme devient une énigme si mêlée et enchevêtrée qu'après vingt siècles d'étude nous commençons à peine à la déchiffrer ; à mesure, l'unité s'élève plus forte et plus dominatrice en cette infinie multiplicité. Plus la perfection des sens, de l'instinct, et de l'intelligence multiplie les relations de l'être avec le monde extérieur, et plus cet être de complexité croissante devient un. Il semble que l'unité devient plus nécessaire pour établir au sein de ce monde, de ce microcosme si riche d'organes et de perceptions, si impressionnable et si agité, une harmonie, une règle, une hiérarchie, afin que le désordre ne soit pas une conséquence de tant de richesses. « La multitude qui n'est pas unité est anarchie », a dit Pascal en son merveilleux langage. Notre organisme offrirait l'image d'une indescriptible anarchie, si une unité puissante ne venait imprimer l'ordre en cette multitude, et la diriger vers une fin voulue.

Tel est, dans ses traits généraux, le tableau que présente la série animale relativement à l'unité de l'être. Il contient tous les degrés de l'unité, en raison directe de la complexité de l'organisation et de la multiplicité des fonctions. L'unité, par son intensité d'énergie, marque le point de perfectionnement de l'être, d'autant plus forte que le perfectionnement s'élève.

III

Ceux qui ont suivi l'évolution scientifique de la physiologie et de la médecine depuis un demi-siècle, savent l'importance qu'avaient acquise les doctrines organiciennes. Qu'était devenue l'idée de l'unité vivante en regard de ces doctrines? S'était-elle effacée, comme les nécessités logiques le commandaient? ou avait-on trouvé entre elle et l'enseignement organicien un accommodement imprévu?

L'affirmation première de l'organicisme était celle-ci : il n'y a dans l'organisme que des organes et des fonctions; toute fonction suppose un organe, et il n'y a pas d'organe sans fonction; la fonction résulte de l'organe. Transportés dans l'ordre pathologique, ces principes se transformaient en ceux-ci : il n'y a dans la maladie que des lésions et des troubles fonctionnels; tout trouble fonctionnel, toute maladie suppose une lésion; la maladie résulte de la lésion des organes. Dans toutes ces conceptions, l'unité est absente; la mutiplicité fonctionnelle et organique se montre toute seule; rien ne la domine, rien ne la crée. L'unité génératrice de toute fonction, de toute évolution organique, de toute manifestation vivante, s'efface. C'est une inconnue qui ne trouve pas sa place au milieu de ces formules qui ne touchent qu'à la partie et n'embrassent jamais le tout; qui, du moins, ne comprennent le tout que comme une collection de parties.

L'organicisme repousse donc en principe la doctrine de l'unité vivante. Mais un système demeure rarement fidèle à lui-même; souvent il essaye de se plier aux vérités que,

par nature, il repousse; surtout lorsque ces vérités ont
pour elles le témoignage unanime et traditionnel, lorsqu'elles s'imposent dans la conscience de chacun, lorsqu'elles percent par leur éclat tous les voiles dont on les
recouvre. Il en est ainsi de notre moi, de l'unité qui est en
nous et nous fait nous. L'organicisme a voulu se prêter à
ces vérités inéluctables, les façonner à son usage, sans se
renier lui-même, en maintenant, s'il était possible, les
principes sur lesquels il croit reposer.

Il n'y a, dit-on, dans l'organisme que des fonctions et des
organes, et toute fonction suppose un organe. L'organicisme, prétendant ne pas refuser l'idée d'unité, a cru lui
faire droit en considérant l'unité comme une fonction, et
en lui cherchant un organe approprié. L'unité devient une
fonction générale; son organe devait être un appareil organique général. Quel pouvait être cet appareil organique
général? La réponse ne devenait pas difficile.

Dans les animaux supérieurs, où l'unité apparaît dans
tout son jour, le travail physiologique se divise; « c'est le
grand procédé de perfectionnement », dit M. Milne-
Edwards. Les appareils et les organes se multiplient; chacun d'eux a sa fonction distincte, tout en concourant à la
vie du tout. Cette division du travail, cette multiplication
des fonctions ne s'opèrent pas sans que de puissants liens
ne surgissent en même temps pour relier tous ces travaux
divisés, toutes ces fonctions multiples. Plus est considérable
le développement des diverses vies fonctionnelles comprises
dans la vie générale, plus ces vies sont distinctes, et plus
se développe le système organique destiné à établir entre
ces diverses vies des relations intimes et continues, à conduire, suivant une hiérarchie et une harmonie réglées, les
opérations synergiques qui se passent au sein de l'organisme. Ce système, instrument principal et marque infaillible

du perfectionnement de l'être, c'est le système nerveux. Il
est le grand régulateur de l'économie vivante; il y maintient
l'ordre, la pondération, et dirige à leur but toutes les opérations vitales; l'unité vient de lui. On a pu, dans le passé,
rapporter l'unité à une cause vivante une et créatrice; aujourd'hui les progrès de la science permettent d'affirmer
que l'unité n'est qu'une résultante des connexions établies
entre les parties par le système nerveux. « Le moment
n'était pas encore venu, dit M. le professeur Rouget, où
l'on pourrait prouver que l'unité de l'organisme résulte
uniquement des connexions établies par le centre nerveux
céphalo-rachidien entre toutes les parties dont les nerfs ont
dans ces centres leur origine ou leur terminaison (1). » Le
système nerveux, tel est donc l'organe et le siége de l'unité.

Il n'est pas de plus grave erreur, et rien n'autorise une
pareille conclusion. Je laisse de côté pour le moment toutes
les raisons qui font que l'unité ne saurait jamais avoir ni
un siége ni un organe. Je m'en tiens au seul point de vue
anatomique; il démontre que les centres nerveux n'offrent
en rien le caractère d'unité qu'on leur attribue : ils forment,
au contraire, un assemblage de centres divers et actifs;
rien n'y apparaît comme centre de ces centres. M. Virchow
a nettement mis en lumière cette constitution anatomique
des centres nerveux, et nous ne pouvons donner une meilleure démonstration que celle qu'il fournit :

« Il est facile de dire, écrit M. Virchow, que le système
nerveux représente la véritable unité dans le corps humain,
puisqu'il n'existe pas d'autre système plus complétement
répandu dans toutes les parties périphériques et dans les
organes les plus divers. Mais cette vaste extension elle-
même, ces moyens d'union si variés qui relient les diverses

(1) Rouget, *Physiologie des actions réflexes* (cours de 1862-63). Introduction aux leçons de Brown-Séquard.

parties du système nerveux, sont loin de le représenter comme le centre de toutes les fonctions organiques. Nous avons trouvé dans l'appareil nerveux des éléments cellulaires particuliers, servant de points centraux à la motilité; mais nous n'avons pas trouvé une seule cellule ganglionnaire d'où tout mouvement prenne, en dernière instance, son point de départ : les appareils moteurs particuliers et individuels sont reliés à des ganglions moteurs et individuels. Les sensations sont rassemblées dans des cellules ganglionnaires spéciales; mais, là aussi, la cellule unique, centre de toute sensation, fait défaut, et nous la trouvons remplacée par un grand nombre de centres particuliers...

» C'est qu'en effet le système nerveux est bien un système, c'est-à-dire un tout composé d'un grand nombre de parties. Prenons la moelle épinière, qui en est la partie la plus importante, nous aurons là une sorte de centre où aboutissent et d'où émanent un nombre incalculable de courants. Mais ce centre n'est pas un centre réel au point de vue philosophique; les névristes ne sauraient y trouver cette unité chimérique qu'ils poursuivent. On peut diviser la moelle en un certain nombre de segments dont chacun innerve certaines parties périphériques, et continue à les innerver après l'opération. Mais chaque section à travers la moelle crée un *système indépendant*, c'est-à-dire un nombre plus ou moins grand de *centres*.

» Il en est de même pour le cerveau. L'anatomie divise cet organe en un grand nombre de départements doués d'une activité spécifique. Chacun de ces départements vit de sa vie propre, ce qui ne l'empêche pas de contenir des milliards de petits éléments qui en font autant dans leur sphère restreinte. Nulle part dans l'économie il n'existe une véritable unité, et même le fameux *nœud vital* de Flourens ne peut être invoqué dans la question. Il prouve uniquement qu'un certain nombre de fonctions indispensables au maintien de la vie, l'activité des pneumo-gastriques notamment, prennent leur source dans un groupe restreint de cellules nerveuses...

» Les fonctions du système nerveux (et elles sont très-nombreuses) ne nous montrent d'autre unité que celle de notre propre conscience; l'unité anatomique ou physiologique n'a pu, jusqu'à présent, être démontrée nulle part. Et quand bien même on admettrait que le système nerveux, malgré ses centres fonctionnels si nombreux, est le point central d'où partent toutes les fonctions organiques, on n'aurait pas avancé la question d'un pas, on n'aurait pas trouvé l'unité absolue. Que l'on songe à tous les obstacles qui s'opposent à l'admission d'une semblable unité, et l'on verra que nous avons toujours été abusés par un phénomène mental du *moi*, que notre conscience s'est trompée dans l'appréciation des processus organiques (1). »

Nous verrons plus tard comment M. Virchow prétend nous désabuser du phénomène mental du *moi* et redresser l'erreur de notre conscience, et quel nouveau genre d'individualité et d'unité il veut substituer à la vieille unité de l'être. Pour le moment, nous nous bornons à retenir la démonstration qu'il fournit contre l'attribution de l'unité au système nerveux, système composé d'une infinité de centres. Une autre et non moins forte démonstration est fournie par la constitution originelle et l'évolution première de l'être vivant.

L'unité de l'être, en effet, existe avant que le système nerveux n'existe lui-même, et jamais elle ne se montre plus puissante qu'à ce premier moment où l'être apparaît. Voyez cette cellule fécondée : quelle saisissante image de

---

(1) Rudolf Virchow, *la Pathologie cellulaire*, chap. XV. Traduction du docteur Straus. Paris, 1874.

l'unité ! Elle n'offre ni centre nerveux, ni centre circulatoire, et cependant cette cellule est imprégnée d'une si
vivante unité, qu'elle va, sans dévier de la voie et du but
qui lui sont assignés par les ancêtres, marcher à ses fins,
créer l'être tout entier, enfanter ses tissus et ses humeurs,
organiser ses appareils et ses organes. Le système nerveux
aura son heure d'apparition dans le développement de l'être ;
mais l'être était un avant cette apparition ; et c'est parce
qu'il était un, qu'il a engendré en lui tous ces centres
d'impression et d'innervation destinés à relier et à harmoniser toutes les fonctions diverses dont il était plein.
L'évolution de l'être, si on la considère dans ses œuvres
successives, nous montre l'unité dans sa vraie et visible
réalisation. En cette cellule fécondée, qui est l'être primordial, l'unité ne siége en aucun point spécial ; elle
anime et agite la cellule entière, et, par conséquent, l'être
tout entier que la cellule contient, au moins en puissance.
Que cette cellule première se multiplie, et qu'en se multipliant elle se répande en formes et en tissus variés,
l'unité première et créatrice, loin de disparaître, subsiste,
et s'imprime, pleine et agissante, sur toute cette génération
cellulaire. Elle ne se localise ni sur une cellule spéciale,
ni sur telle ou telle agglomération de cellules ; elle embrasse et pénètre toutes les cellules qui ont pris place et
fonction dans l'être.

L'être lui-même, qu'est-il, sinon une vaste cellule arrivée
à un degré éminent de complexité organique, cellule qui
enferme un nombre incalculable de cellules, toutes sorties du travail de segmentation opéré dans la cellule primitive, toutes engendrées et contenues en cette cellule mère
qui ne s'anéantit pas, qui se maintient à travers les transformations apparentes, à travers les divisions et multiplications incessantes qui s'accomplissent en elle. L'unité

remplit cette immense et complexe cellule qui représente un être complet, tout comme elle remplit la cellule à peine visible, l'ovule, rudiment premier et fécond de l'être. Qu'importe l'étendue, en regard de l'unité? Celle-ci ne reconnaît pas ses limites dans l'espace; ses limites se trouvent uniquement dans sa puissance, dans son activité, dans la nature et la durée de l'être qu'elle engendre et soutient.

La physiologie cellulaire n'a pas su comprendre qu'elle n'était rien en dehors de l'évolution, et que la base de tout ses enseignements reposait sur ce fait majeur, commencement et fin de toute chose en biologie. Elle a détaché la cellule seconde de la cellule mère qui l'a engendrée, la suite infinie des cellules d'avec l'être entier dont elles relèvent; en un mot, elle a détaché le nombre de l'unité qui le produit, et a imaginé, sans s'en douter, cette monstruosité d'un nombre qui ne descendrait d'aucune unité. Telle est la doctrine proposée par M. Virchow, qui arrive à se demander si c'est la cellule qui est l'individu, ou si c'est l'homme. Il faut citer ces étranges paroles : « Est-ce la cellule qui est l'individu, ou bien est-ce l'homme? Est-il possible de faire une réponse simple à cette question? Je dis : Non. La difficulté gît tout entière en ceci : le mot individu est entré dans le langage longtemps avant que nous n'ayons pu nous faire une idée exacte du sens qui doit y être attaché... L'idée d'individu est devenue incertaine et multiple avec le développement de l'expérience. Si l'on ne peut pas se décider à distinguer les individus en individus collectifs et en individus simples, ce qui serait la meilleure manière de tourner la difficulté, il faut absolument rayer des branches organiques des sciences naturelles l'idée d'individu, ou bien la considérer comme intimement liée à la cellule. »

Il n'est pas possible d'accumuler plus de sophismes. Que signifient ces mots accouplés : *individus collectifs*, dont l'un est la négation de l'autre ? Faire de l'homme une collection d'individus simples, voilà où conduirait l'expérience, l'analyse scientifique ! L'ignorance est plus instruite qu'une telle science. L'idée d'homme est inséparable de celle d'être un et individuel. L'homme disparaît dans l'idée de collection. D'ailleurs cette collection de cellules dont on voudrait nous faire un homme, est une fiction de soi irréalisable. Les cellules ne vivent pas par elles-mêmes ; elles ne sont rien à elles seules, isolées du tout auquel elles appartiennent et par lequel elles existent. Les cellules ne vivent que par la vie du tout, c'est-à-dire par l'unité première et créatrice dont elles procèdent. Séparées de cette unité, elles deviennent inconcevables ; toute raison d'être leur est enlevée ; elles ne meurent pas, elles n'ont pu naître et vivre. Comment passeraient-elles à l'état de collection ? Une collection de cellules, d'individus simples qui n'ont pu recevoir et garder l'être, telle est la chimère que l'on nous propose pour homme ! Non, jamais la fausse science n'a livré conception plus informe.

L'individualité, c'est l'unité ; un composé d'individus est un composé d'unités vivantes. Aussi M. Virchow, conséquent avec ses opinions sur l'individu, écrit-il : « Chaque animal représente une somme d'unités vitales qui portent en elles-mêmes les caractères complets de la vie (1). » L'affirmation est catégorique ; elle détruit l'unité de l'animal. Une somme d'unités vivantes n'est pas une unité, alors surtout que les unités qui composent la somme sont des unités emportant avec elles les caractères complets de la vie. Mais si les assertions téméraires sont faciles, il est plus difficile de leur demeurer absolument fidèle et de ne

(1) Virchow, *Pathologie cellulaire*, chap. I.

jamais confesser les vérités évidentes. Le spectacle de l'être vivant est plein d'une unité qui éclate. M. Virchow est, à certains moments, subjugué par ce spectacle, et lui, qui ne veut pas placer l'individu dans l'homme, mais dans la cellule, lui qui déplace si aisément l'unité, et qui, dans l'animal, n'accepte qu'une somme innombrable d'unités, ce même chef de la science allemande semble, sans façon, oublier ses assertions tranchantes, comme si elles ne tiraient pas à conséquence : « L'individu, dit-il, à l'apogée de son développement, porte en lui l'empreinte de l'unité. Quelque nombreuses, quelque variées que soient les parties, elles forment une véritable communauté dans laquelle chaque partie est en rapport avec toutes les autres et a besoin des autres, dans laquelle enfin aucune ne peut acquérir toute son importance en dehors de la communauté. Comme le disait Aristote, tout ce qui vit agit dans un but, et ce but, ainsi que Kant l'a exprimé plus nettement, est un but intérieur. Ce qui vit se sert de but à soi-même... L'individu porte en lui son but et sa mesure : ainsi, à l'opposé de l'unité purement idéale de l'atome, l'individu se montre comme une unité réelle (1). »

Dans ces lignes, le bon sens et le langage traditionnel reprennent leurs droits; on se lasse à les outrager toujours. L'individu n'est plus dans la cellule; il ne nous est pas donné non plus comme une collection, mais comme une unité réelle. Ailleurs, M. Virchow appelle encore l'individu une *communauté une*, expression forte et juste. Unité réelle, communauté une, traduisent, en termes équivalents, la même vérité; car la raison d'une communauté une est toute dans l'unité qui la constitue et la gouverne. Mais M. Virchow ne sait pas aller jusqu'au bout de la vérité qu'il entrevoit. Il ne veut pas voir que pour

____

(1) Virchow, *Atome et Individu.*

que cette unité de l'être ne soit pas un vain mot, un effet
sans cause, une abstraction vide, une loi sans substratum
effectif, il faut la rattacher à un principe, à une cause substantielle et une, se réalisant dans l'évolution organique,
dans cette communauté une de cellules en travail incessant de
renouvellement. Il faut que cette unité, qui porte en elle
son but, sa mesure, son type, soit une réalité vivante, une
énergie génératrice ; il faut qu'elle soit quelque chose enfin,
et elle ne peut être que ceci, à savoir la force individualisée qui crée, règle et soutient l'être vivant.

IV

Le système nerveux, la cellule isolée, n'offrent, nous venons
de le voir, ni l'image, ni la réalité, ni le siége de l'unité de
l'être. On pouvait affirmer à l'avance ces résultats négatifs.
Une unité ne saurait trouver de siége ; l'idée de siége est la
négation même de l'idée d'unité. Celle-ci saisit l'être dans
toutes ses profondeurs, dans l'infinie multiplicité de ses
éléments. Une unité localisée en un point de l'être ne serait
plus l'unité de l'être ; ce serait un fantôme, l'unité d'une
partie qui prétendrait devenir l'unité du tout. L'unité
n'est ni une collection de parties et de phénomènes, ni un
assemblage complexe d'organes, ni une succession ou une
réunion de fonctions. Parties et phénomènes, organes et
fonctions, ne sont rien par eux-mêmes ; ils ne sont que
par l'unité qui les engendre et qu'ils traduisent. « Il
n'y a que l'unité, disait Fénelon ; elle seule est tout, et après
elle il n'y a plus rien. Tout le reste paraît exister, et on ne
sait précisément où il existe, ni quand il existe. En divisant
toujours, on cherche toujours l'être qui est l'unité, et on le
cherche sans le trouver jamais. La composition n'est qu'une
représentation et une image trompeuse de l'être : c'est un

je ne sais quoi qui fond dans mes mains dès que je le presse. » Que de vérités profondes en ces lignes, et dignes d'être méditées par les biologistes. C'est la loi même de notre science que Fénelon formule, la loi qui gouverne tout ce qui a l'être, tout ce qui vit, comme tout ce qui pense.

Inspiré par ces vues suprêmes des choses, l'auteur du *Traité de l'existence de Dieu* semble prophétiser le spectacle que nous offre le travail moderne, poursuivant sans relâche l'analyse du microcosme vivant, se livrant à une décomposition sans fin de nos tissus, de nos organes, de nos fonctions : « Plus on multiplie les nombres, plus on s'éloigne de l'être précis et réel, qui n'est que dans l'unité. Les compositions ne sont que des assemblages de bornes, tout y porte le caractère du néant; c'est un je ne sais quoi qui n'a aucune consistance, qui échappe de plus en plus, à mesure que l'on s'y enfonce et qu'on y veut regarder de plus près. Ce sont des nombres magnifiques, et qui semblent promettre les unités qui les composent; mais ces unités ne se trouvent point. Plus on presse pour les saisir, plus elles s'évanouissent. La multitude augmente toujours, et les unités, seuls véritables fondements de la multitude, semblent fuir et se jouer de notre recherche. »

Tel est bien le résultat qui se réalise sous nos yeux : les nombres croissent, la dissociation se poursuit à l'aide de tous les moyens d'analyse, les phénomènes saisis se multiplient à l'infini; mais l'unité fuit à mesure que progresse ce travail. Cette science, instituée sans vérités premières, semble n'être qu'un immense et mobile catalogue de faits; l'existence qui supporte ces faits devient tous les jours plus insaisissable. Ces faits eux-mêmes sont l'objet d'incessantes disputes, de commentaires contradictoires. Tour à tour acceptés et contestés, interprétés de façons opposées, ils ne sauraient à eux seuls fournir une assiette ferme et stable sur laquelle la science puisse bâtir. Toutefois, ces documents et matériaux épars, fruits de tant de labeurs, ne restent pas entièrement inutiles. Les vérités synthétiques, vaguement reconnues et acceptées par ceux même qui s'en croient affranchis, s'emparent obscurément de cette masse de faits, la soumettent à un travail caché, et la science tend à se constituer, en dépit même de ceux qui luttent contre elle. L'unité, en un mot, pénètre lentement les nombres, les substantialise, et les enlève à la dissolution dernière où ils se perdraient sans retour. Mais combien cette œuvre de l'unité demeure imparfaite, alors qu'elle s'opère à la dérobée, et dans une sorte d'inconscience! Combien cette œuvre, mêlée de préjugés, de doutes, d'assertions contraires, perd en clarté et en force, et combien la science qui se fait au sein de ces ténèbres reste couverte d'ombres et chargée d'erreurs! Et cependant elle tend, par une action intime et continue, à se dégager de toutes ces oppressions, tant est puissante et incompressible l'énergie des choses. Et c'est bien là où nous en sommes en biologie, où la lumière et l'unité se font jour malgré tout, et quoique les travaux de l'heure présente semblent se poursuivre contre toute idée de synthèse et d'unité.

Les mêmes raisons qui défendent de chercher à l'unité un siége spécial dans l'organisme, défendent aussi de faire de l'unité un principe à part, uni à l'organisme, mais distinct de lui, sorte de moteur invisible, veillant sur le fonctionnement de la machine organique, sans se confondre avec la machine, la dominant et la réglant par une intervention et une surveillance de tous les instants. Cette interprétation abusive de l'unité est celle que le positivisme repousse dédaigneusement, comme coupable d'invoquer un être surnaturel. Cette façon de condamner une erreur doctrinale est plus perfide que bizarre. Le surnaturel est de soi en dehors de toute science. Interpréter à faux une notion scientifique ne sera jamais faire du surnaturel ; ce sera méconnaître certains enseignements de la nature, et qui n'en méconnaît pas ! Mais ce n'est pas entrer par cela même sur les domaines réservés de la foi où la science ne doit jamais aborder.

Il faut se garder, disons-nous, de transformer l'unité ou la cause vivante en un principe causal, distinct de l'organisme vivant. Ne réveillons pas les erreurs de l'animisme stahlien. L'unité vivante n'est pas isolée de l'organisme qu'elle engendre et anime ; elle n'est rien en dehors de cet organisme, de même que la cause n'est rien si on la sépare de l'ensemble de ses effets ; ou, du moins, l'unité et la cause, ainsi isolées, ne sauraient avoir qu'une existence idéale, dépourvue de toute réalité accessible, une existence qui serait tout en puissance, et jamais en acte, et qui, par conséquent, se déroberait à toute prise. Non, l'unité n'est pas seulement en puissance, elle est en fait et en acte, et comme telle elle est l'organisme vivant lui-même. Celui-ci, c'est l'unité se manifestant, l'unité extériorisée. L'unité, selon la forte expression d'Hippocrate, c'est donc tout le corps, c'est-à-dire un principe un, et cependant réfléchi et incarné en chacune des cellules vivantes du corps, de telle façon que chaque cellule vit en cette unité, y puise son caractère propre et l'exprime.

Que de conséquences à déduire de cette conception de l'unité, et quel jour elle jette sur la constitution de l'individu sain et malade ! Telle cellule qui fait partie intégrante de tel organisme, ne se distingue en rien de telle autre cellule qui appartient à tel autre organisme, de même que le germe premier d'un individu est visiblement pareil au germe d'un autre individu de même espèce ; et cependant ces cellules et ces germes sont profondément dissemblables, comme sont dissemblables les organismes auxquels ces cellules appartiennent, ou que ces germes fécondés doivent enfanter. La cellule représente l'être au sein duquel elle évolue; elle est un produit et une image fidèle de l'unité vivante qui remplit cet être. Cette cellule est individualisée au même titre que l'être tout entier. Chaque individu a son tempérament, lymphatique ou sanguin, nerveux ou athlétique; chacun a ses idiosyncrasies, sa sensibilité propre, ses vigueurs ou ses faiblesses fonctionnelles; toutes ces variétés se reproduisent en chaque cellule, suivant l'individu. Celui qui est lymphatique, sanguin, nerveux, athlétique, l'est dans chacune de ses cellules; l'idiosyncrasie se cache pareillement au fond de toutes les parties élémentaires de l'être. L'unité du tout anime et façonne chaque partie si infime qu'elle paraisse.

Il en est de même dans l'état de maladie. On n'est pas seulement phthisique dans le poumon que le tubercule envahit; le cancer n'est pas seulement dans l'organe qu'il détruit; le goutteux n'a pas toute sa maladie aux jointures; le varioleux n'a pas la variole que sur la peau, et la fièvre typhoïde ne se borne pas à affecter la muqueuse intestinale; la pneumonie n'est pas toute sur le poumon enflammé. D'autre part, la maladie ne s'étend pas uniquement par les troubles sympathiques que la lésion locale provoque; elle n'est pas comme un retentissement prolongé sur des parties éloignées du siége qu'elle occupe. Non, le mal descend aux dernières profondeurs et en provient. Toute maladie vraie est une, et, par conséquent, générale; elle affecte l'unité vivante, et, avec elle, pénètre jusque dans toute cellule, dans chaque élément histologique. Toutes les cellules du tuberculeux, du cancéreux ou du goutteux, du varioleux, du typhique ou du pneumonique, reflètent et portent en elles l'affection propre du tout. Tout converge, tout concourt ; tout le corps participe aux mêmes affections, suivant l'expression hippocratique. On n'est pas sain dans une partie de son corps et malade seulement en un point, quand il s'agit non d'un accident, mais d'une maladie de cause interne. La maladie, tout en ayant son centre visible en un appareil ou organe, plonge ses racines dans tous les éléments de nos tissus et de nos humeurs ; et c'est ainsi qu'est constituée l'unité morbide, représentation de l'unité vivante. Elle possède tout le corps, et tout le corps la forme. La maladie une n'est pas plus un être à part et distinct, que l'unité vivante n'est un principe isolé dans l'organisme. La maladie est simplement une affection et un mode de l'unité vivante.

Ce que nous disons des éléments histologiques et cellulaires, qui tous, malgré leur nombre infini, représentent expressément l'unité vitale de l'être, il faut le dire, à plus forte raison, des grands appareils organiques par lesquels se développe la vie de l'animalité supérieure. Cette vie, en effet, à mesure qu'elle grandit, se réalise en appareils généraux, centres de vies particulières, agissant dans la vie générale, lui demeurant soumis, tout en possédant une action relativement indépendante : tels sont les appareils nerveux, circulatoire, musculaire, viscéraux, centres d'autant de vies fonctionnelles correspondantes, les vies nerveuse, circulatoire, musculaire, et les vies viscérales, celle de la respiration, celle des absorptions et des sécrétions, celle enfin des excrétions. Toutes ces vies secondes sont imprégnées de la vie du tout ; elles possèdent une vie individuelle et propre, représentative de l'individualité de l'être entier. Les rapports indissolubles et constants qui les unissent témoignent, à leur tour, de l'unité qu'ils concourent à former. Le système nerveux offre les mêmes caractères individuels que le système circulatoire qu'il anime, que le système musculaire qu'il commande, que les fonctions viscérales qu'il met en jeu ; pareillement, le système circulatoire et le système musculaire concordent, et concordent avec eux l'ensemble des fonctions viscérales. Tous ces systèmes et toutes ces vies ne font qu'exprimer l'unité du tout, l'individualité de l'être. Ainsi se constitue la vie une, le tout un, en partant de la cellule, et en se poursuivant d'organe en organe, de centre en centre, d'appareil en appareil, de fonction en fonction, tous s'entretenant et empreints de la même individualité. L'unité devient ainsi solidarité et hiérarchie.

V

J'arrive à l'ensemble des objections portées à la doctrine de l'unité vivante au nom de l'expérimentation physiologique. Il n'y a pas à dissimuler l'importance qu'elles ont acquise, et qu'elles puisent dans le fait expérimental d'abord, et aussi dans l'esprit scientifique qui domine le temps présent.

La physiologie expérimentale comprend mal et repousse tout ce que ne lui montre pas l'expérience directe. Elle traite de métaphysique et condamne les notions générales que le scalpel, l'objectif du microscope, ou le réactif chimique, sont impuissants à poursuivre. Obéissant à de tels préjugés, les physiologistes expérimentateurs ne pouvaient aborder la notion d'unité que pour la déclarer mystérieuse et inintelligible. Ils ne comprennent, en effet, l'unité que sous la forme d'un principe vital, un, indivisible, distinct de l'organisme, logé quelque part dans l'économie et commandant aux actes organiques comme un chef de légion commande aux manœuvres de ses soldats. C'est sous cette forme grossière et naïve que ces savants conçoivent la cause vivante. Si donc l'expérience montre qu'un organisme peut être divisé, et la vie se maintenir dans chaque division, ils en concluent que la vie n'est pas due à un principe vital, lequel est nécessairement un et indivisible, et comme tel ne peut se trouver partagé dans les tronçons d'un animal divisé en plusieurs parts. Or ces expériences existent; elles sont même nombreuses et variées; il convient de les examiner successivement.

En première ligne viennent les faits qui se rapportent à la segmentation pure de quelques animaux inférieurs. Ces expériences sont simples, nettes, ont de tout temps préoccupé les observateurs, et passent pour particulièrement probantes. J'en emprunterai l'exposé et l'appréciation à un éminent expérimentateur, à mon savant collègue M. le professeur Vulpian : « Les faits abondent, dit-il, qui démontrent qu'il n'y a pas chez les animaux un principe vital, un et indivisible de sa nature. Qui ne connaît les expériences célèbres de Trembley, si souvent répétées depuis par les physiologistes? On coupe transversalement un polype d'eau douce. Si le principe vital existe, il est réparti dans toute l'étendue de l'animal, ou bien, au contraire, il est cantonné dans une région particulière du corps. Eh bien, il semble, en prenant cette proposition pour point de départ, que les deux moitiés de l'animal devront périr ou que l'une des deux pourra seule survivre à l'expérience. Or les deux moitiés de l'animal survivront, et chacune même, au bout d'un certain nombre de jours, aura reformé un animal complet. On pourra même diviser le polype en plusieurs segments, et chacun d'eux se complétera et constituera un nouveau polype entièrement semblable au polype primitif.

» De même quand on divise une planaire en plusieurs tronçons, soit dans le sens longitudinal, soit dans le sens transversal, chaque tronçon, comme l'a fait voir Dugès, forme bientôt un animal semblable à celui qui a été ainsi divisé. Des expériences analogues instituées sur d'autres invertébrés ont donné des résultats tout semblables.

» Le principe vital, cette force une, était donc divisible chez ces animaux. Mais pour nous, dire que le principe vital est divisible, c'est dire qu'il n'existe pas (1). »

Les expériences de ce genre ne sont pas neuves, et, dans les âges passés, elles ont étonné ou troublé ceux qui professaient l'unité de la cause vivante. « Déjà, dit M. Bouillet, la divisibilité du ver de terre en parties qui vivent et qui se meuvent, avait embarrassé saint Augustin. » Les physiologistes et les philosophes de nos jours, qui acceptent la doctrine de l'unité, n'éprouvent pas de moindres embarras. Ils cherchent à ces faits des explications plausibles, et ils n'en fournissent que de douteuses. Les uns, imaginant pour la vie un principe vital distinct du principe pensant, admettent la divisibilité de ce principe vital, au moins dans les animaux inférieurs. M. Milne-Edwards aboutit à cette conclusion : « Lorsque l'homme, dit cet éminent naturaliste, écoute le sentiment du moi ou qu'il observe les manifestations ordinaires de la vie chez les animaux supérieurs, il doit être enclin à adopter de prime abord la première de ces idées et à considérer le principe de vie de l'individu comme une chose qui aurait aussi son individualité ; mais lorsqu'on réfléchit à la signification de certains phénomènes offerts par les animaux inférieurs, on penche vers l'opinion contraire. » M. Milne-Edwards pense donc que chez les animaux inférieurs qui se laissent partager en tronçons divers, lesquels continuent à vivre, il n'y a pas de principe un et individuel, mais un principe divisible. Chez ces animaux on

____

(1) Vulpian, *Leçons sur la physiologie générale et comparée du système nerveux.*

peut considérer le principe vital « comme étant une somme de forces particulières appartenant aux divers éléments de l'organisme ». Chez l'homme, le sentiment du moi et de l'individualité relève du seul principe pensant. Il serait permis de dire, en ce sens, que l'homme n'est un que parce qu'il est double; et, à considérer l'homme dans sa seule vie organique, il perdrait toute unité et deviendrait divisible comme l'animal.

Mais les physiologistes et les philosophes pour qui l'unité de l'être vivant existe à tous les degrés de l'échelle des êtres, quoique plus ou moins forte ou relâchée, ceux qui repoussent chez l'homme l'hypothèse d'un double dynamisme, qui estiment que la pensée et la vie relèvent d'une même cause, que cette cause est partout simple et une, ceux-là ne sauraient se ranger aux explications précédentes. La section d'un animal en plusieurs parts dont chacune devient un animal complet, leur pose un problème qu'ils doivent résoudre sans détruire l'unité souveraine et nécessaire de l'être. Or cette objection expérimentale les émeut; ils semblent invoquer les circonstances atténuantes ou ne produisent que des explications hésitantes et contestables. Voici, par exemple, ce que dit M. Bouillet, l'un des fermes soutiens de la doctrine de l'unité vivante :

« L'objection tirée de la divisibilité de certains animaux inférieurs, comme les polypes, a quelque chose au premier abord de plus embarrassant et de plus spécieux. Toutefois, même en admettant que cette divisibilité soit un indice certain de la divisibilité de la force vitale qui les anime, pourrait-on conclure avec certitude de ce qui se passe dans certains animaux inférieurs à ce qui a lieu dans les animaux d'un ordre supérieur dont l'organisation plus compliquée réclame plus impérieusement l'unité du principe vital?... Il s'agirait encore de savoir si les expériences qu'on nous oppose ne sont pas susceptibles d'une autre interprétation plus plausible. Cet animal qu'on coupe en morceaux et dont chaque tronçon reproduit un animal de même espèce, tels que les polypes ou les planaires, est-il réellement un animal unique? N'est-ce pas plutôt un agrégat, un véritable polyzoïsme, un groupe d'animaux de même nature liés, soudés les uns aux autres de telle sorte que la divisibilité apparente qu'on nous oppose ne serait qu'une désagrégation de ces petits êtres, provisoirement associés ensemble, et nullement la divisibilité de la force vitale d'un animal unique?

» Quoi qu'il en soit de ces êtres d'une nature inférieure, placés au dernier degré de l'animalité, ou même dont l'animalité est douteuse, les expériences faites sur eux sont susceptibles de diverses interprétations et ne sauraient nous contraindre à nier l'unité du principe de la vie là où elle nous semble évidente, avec l'immatérialité qui en est la conséquence. »

Tout cela est gêné, et de telles raisons sont suspectes ou insuffisantes. Certainement les expériences qui portent sur les animaux inférieurs n'ont pas une valeur absolue à l'égard des animaux supérieurs. Dans ces organismes inférieurs, la vie est aussi confuse que diffuse; l'expérimentateur, si je puis m'exprimer ainsi, n'agit jamais qu'en gros et sans distinguer sur quelle manifestation vitale il opère. L'expérimentation demeure confuse comme la vie de l'animal sur lequel elle porte, et il n'y a guère d'enseignement clair et précis à en tirer. Cependant, si l'on accepte que dans ces êtres rudimentaires, la cause vivante est divisible, il sera difficile de prouver que cette divisibilité cesse dans les animaux d'une organisation plus complexe; d'autant plus que d'autres expérimentations viennent, comme nous le verrons, apporter leur appoint et semblent infirmer le caractère d'unité, même chez les animaux supérieurs. D'un autre côté, avancer que ces animaux inférieurs et divisibles ne sont que des agrégats, des groupes d'animaux de même espèce soudés entre eux, c'est émettre une pure hypothèse. Où est la preuve de ce polyzoïsme, et qui démontre qu'en divisant ces animaux on ne fait que les désagréger? Une affirmation arbitraire, une supposition ne sont pas des preuves, et ce n'est pas ainsi qu'on lutte contre la brutale expérience. Nous croyons que l'on pent fournir de tous ces faits une raison autre et vraiment physiologique, et que les lois de l'être vivant, si on sait les entendre telles que la nature les dicte, démontrent que l'on peut diviser l'être sans que la vie soit divisible, que celui-ci reste un quoiqu'on puisse le partager en parts distinctes et vivantes. Je réclame ici toute l'attention du lecteur.

Tout être vivant est fécond, c'est-à-dire se reproduit et se multiplie. Allons au fond de ces mots, « l'être vivant se reproduit » : que signifient-ils? ceci : que l'être vivant, sans perdre son unité et son individualité, émet des germes qui, détachés de lui, vivent d'une vie propre mais semblable à la sienne, le reproduisent, en un mot. Au point de vue physique, il y a une sorte de division de l'organisme reproducteur dans la génération, et nous verrons même qu'il est des modes de génération où cette division est aussi nette et complète que si l'instrument tranchant l'opérait brutalement. Cette division qui, dans la reproduction, sépare une partie d'avec la souche vivante à laquelle elle adhère, cette division laisse néanmoins à l'organisme sa pleine intégrité. L'unité vivante, en travail générateur, se multiplie, mais ne se divise pas. L'organisme qui engendre peut mourir en accomplissant cet acte suprême de toute vie; dans tous les cas, il tend à la mort par cet engendrement qui est sa fin véritable et son extension indéfinie; mais, tant que l'organisme procréateur subsiste, tant qu'il lui est donné de durer pour pourvoir à de nouvelles générations, il demeure entier, il n'a rien perdu, quoique des éléments vivants se soient détachés de lui. Il n'y a pas division réelle, car l'unité de l'être qui engendre n'est pas atteinte et reste entière ; et l'être engendré reçoit, dans sa plénitude, une unité comparable à l'unité créatrice d'où il sort.

Telle est la loi vivante : engendrer sans se diviser, émettre sans se diminuer. Elle institue un fait d'ordre absolument nouveau, incompréhensible dans l'ordre physique. Ce fait devient le fondement de l'ordre organique.

Munis de ces notions générales, voyons comment s'opère la génération dans les rangs inférieurs de l'animalité, chez les infusoires, les polypes, les vers, puisque c'est sur ces êtres inférieurs que portent les expériences dont nous avons à chercher le sens réel. Ici, la génération s'offre sous la forme la plus élémentaire. L'organisme se divise spontanément en deux nouveaux êtres ; il se segmente de lui-même. Cette génération, très-commune au bas de l'échelle animale, est désignée sous le nom de reproduction par segmentation ou scission ; c'est la scissiparité. En d'autres cas, la segmentation demeure incomplète, et les individus nouveaux restent unis par un point de leur substance aux individus anciens et procréateurs. Il se produit ainsi une espèce de chapelet d'êtres vivants ; si l'on tranche le point d'union, les individus séparés deviennent libres ; la scission génératrice est accomplie.

Un autre mode de génération est la gemmiparité. Elle consiste dans une véritable végétation qui se développe sur un point de l'individu producteur ; c'est un bourgeonnement vivant. Le bourgeon se détache, et l'organisme nouveau est affranchi. A cette génération par bourgeonnement il faut rattacher ces bourgeonnements artificiels qui, chez certains animaux, servent à la régénération des organes et des membres perdus. C'est ainsi que les écrevisses se refont des pattes, les colimaçons des antennes et des têtes, les têtards et les lézards des queues, les poissons des nageoires, les tritons des membres, des queues, des mâchoires. La régénération n'est qu'une génération partielle.

La nature, éloquente en ses œuvres, ne nous apprend-elle pas ainsi ce que signifient ces segmentations de polypes, des hydres d'eau douce, des annélides, dont chaque partie séparée reproduit un animal entier? N'est-ce pas là une évidente génération par scissiparité? Le fait naturel et régulier n'enseigne-t-il pas ce qu'est le fait expérimental? La scission n'est plus spontanée, mais artificielle; c'est la seule différence qu'entraîne l'expérimentation. Chaque fragment divisé devient un germe d'animal entier, ou mieux, un animal entier qui va bourgeonner sur les points sectionnés et se compléter par ce même bourgeonnement artificiel, génération locale qui reproduit les parties ou organes retranchés de l'animal. La vie, l'unité vivante n'est point divisée dans une telle opération; elle reste entière en chacun des segments, et transforme aussitôt ce segment en un organisme complet.

Si l'animal primitif est sectionné en deux, trois ou quatre parties destinées à survivre, il n'y a pas partage en deux, trois ou quatre parts de l'unité vivante primitive, chaque segment retenant une moitié, un tiers ou un quart d'unité. Non; il y a deux, trois ou quatre unités vivantes subitement engendrées. Chaque segment se trouve animé par une pleine unité, comparable à celle de l'animal non sectionné; chaque segment fonctionne comme un animal entier : il en a toute la puissance active, il répare les mutilations qui l'ont frappé, bientôt il a reconquis sa forme type, et s'offre dans son intégrité à l'observation étonnée. Donc, à la suite de certaines segmentations expérimentales, il y a multiplication, génération d'unités vivantes, mais non division de celles-ci. De tels faits, bien compris, n'offrent rien d'insolite ; ils rentrent dans l'ordre des faits de génération, dont les formes et les conditions sont éminemment variables, aux degrés divers de l'animalité. Diviser, dans ces cas-là, c'est engendrer.

VI

A côté des segmentations qui, loin de partager et d'amoindrir l'unité vitale, la multiplient, il faut placer d'autres expériences que l'on prétend, comme les précédentes, contraires à la doctrine de l'unité. Nous examinerons d'abord l'effet de greffe animale, auquel M. Bert (1) et, avec lui, plusieurs autres physiologistes attachent une grande portée doctrinale. J'emprunte encore à M. Vulpian l'exposé de la plus démonstrative de ces expériences : « M. Bert, nous dit-il, prend un jeune rat auquel il coupe une patte ; il dépouille cette patte de sa peau et l'introduit sous la peau du flanc d'un autre rat. Au moment de la transplantation, le squelette n'était pas encore arrivé à son entier développement, les épiphyses n'étaient pas encore soudées aux diaphyses. La patte n'a plus évidemment de principe vital pour diriger sa nutrition ; elle va donc rester désormais, une fois greffée, dans l'état où elle se trouve au moment de l'expérience. Eh bien, non, cette patte se greffe ; elle emprunte les matériaux de sa nutrition à l'animal sur lequel elle est greffée ; mais elle va vivre de sa vie propre, elle va se développer en conservant les proportions relatives de ses diverses parties osseuses ; les extrémités épiphysaires de chaque os se souderont au corps ou à la diaphyse de l'os, et, au bout d'un certain temps, au lieu d'une

(1) Bert, *De la greffe animale* Paris, 1863.

patte en voie de formation, on retrouve une patte dont le squelette est complétement développé, comme si on l'avait laissée à sa place sur le rat amputé. »

A cette expérience M. Vulpian en ajoute une instituée par lui, et qui n'est pas moins remarquable : il sépare la queue du corps d'une larve de grenouille dégagée de son enveloppe depuis vingt-quatre heures, et il met dans l'eau la queue ainsi obtenue. Cette queue continue à vivre et à se développer régulièrement, en consommant les granulations vitellines contenues dans les éléments cellulaires situés au-dessous de la peau. Quand ces granulations ont entièrement disparu, c'est-à-dire vers le dixième jour, ce segment caudal meurt. Il est à ce moment tout aussi développé, sous tous les rapports, que la queue des embryons de grenouille nés le même jour et non mutilés. « Comment expliquer, dit M. Vulpian, ces phénomènes si complexes? A-t-on, ici encore, divisé le principe vital, pour en laisser une partie dans le tronc de l'animal et une autre partie dans le segment caudal? Mais, encore une fois, le principe vital est indivisible de sa nature. »

L'expérimentation produit un autre genre de faits qui semblent encore plaider en faveur de la divisibilité du principe de vie, même chez les animaux supérieurs. Ici, ce ne sont plus les développements d'une greffe animale ou d'un segment détaché du corps de l'animal, c'est la vie subsistante et se prolongeant pendant un certain temps sur des parts d'un organisme supérieur, divisé par une mutilation mortelle : « Lorsqu'un chien est décapité, dit M. le professeur Gavarret, toute vie d'ensemble est désormais éteinte dans les deux tronçons séparés. La force unique indépendante, hypothétiquement admise par les vitalistes pour animer ce chien avant l'opération, ne saurait être fractionnée. Si elle persiste, elle doit se localiser dans un des deux tronçons;

si elle disparaît, tous ses attributs doivent disparaître avec elle, et, en même temps, doivent s'éteindre toutes les activités des éléments histologiques qui ne sont que les manifestations de ces attributs. Et pourtant, dans chacun de ces deux tronçons, l'irritation de la peau produit des mouvements réflexes; l'activité de la cellule grise survit donc à la décapitation. Cette activité, accusée par des mouvements réflexes, subsiste un certain temps et ne disparaît pas simultanément dans toute l'étendue des centres nerveux... Alors que toutes les propriétés physiologiques de la substance grise sont éteintes, la neurilité, l'activité du nerf persiste encore; l'excitation directe d'un cordon nerveux détermine des contractions dans les muscles auxquels il se distribue. Enfin, alors même que tout a disparu du côté du système nerveux central et périphérique, l'activité propre de la fibre musculaire n'est pas éteinte; sous l'influence d'une excitation directe, le muscle se contracte.

» Ainsi les manifestations vitales les plus caractéristiques, les plus fondamentales, subsistent, au même degré, dans les deux tronçons séparés, alors que la décollation a rendu impossible toute vie d'ensemble.... Mais alors que les deux tronçons ne répondent plus à aucune excitation, tout est-il fini? N'est-il pas possible de rendre leur excitabilité aux systèmes nerveux et musculaire? Les expériences de Legallois, d'Astley-Cooper, de M. Brown-Séquard nous ont appris qu'il suffit d'injecter dans les artères du sang chaud, oxygéné et défibriné, pour que cette tête et ce tronc redeviennent le siége de manifestations vitales évidentes. Ces faits sont en contradiction flagrante avec l'hypothèse d'une force unique, indépendante, qui communiquerait à toutes les parties de l'organisme leur activité. Comment, en effet, comprendre que cette force unique puisse se manifester à la fois dans les deux tronçons séparés? En tout cas, comment admettre que cette force indépendante puisse être ramenée, par une simple injection de sang, dans ces organes qu'elle avait abandonnés? »

J'ai tenu à relater avec quelque détail toute cette série d'expériences, et à ne rien dissimuler de ces attaques, que l'on tient pour si sûres et si triomphantes. Je suis étonné, je l'avoue, de la fascination exercée par ces expérimentations, et des entraînements auxquels elles conduisent. Au jugement de la foule, les expériences dispensent de toute autre raison. Il ne sert de rien d'invoquer ici le sentiment intime que nous possédons de notre unité et de notre individualité, l'observation de ce merveilleux concours, de cette harmonie fonctionnelle, de cette direction vers un but prédéterminé, qui éclatent dans l'organisme vivant. Tout cela s'efface en regard d'une section d'animal. D'ailleurs, plus la vérité contre laquelle on soulève un fait expérimental est élevée, moins elle appartient à l'expérimentation, et plus le fait et l'expérimentation sont acclamés, et moins on les discute.

Les savants eux-mêmes s'abandonnent à des conclusions précipitées avec un laisser aller vraiment singulier. Rarement ils prennent la peine d'étudier et d'approfondir la doctrine qu'ils prétendent repousser au nom de l'expérimentation. Ils écoutent tous les préjugés vulgaires, et trop souvent ils les acceptent pour l'expression sérieuse d'une doctrine. C'est ainsi qu'ils représentent la doctrine de l'unité sous la forme travestie d'un principe vital indépendant, distinct de la matière organique, réparti dans tout l'animal, ou cantonné, suivant l'expression de M. Vulpian, dans une région particulière du corps; en sorte que si, dans une section de l'animal, les deux parties continuent à vivre, c'est que ce principe, un et indépendant, a été divisé; et, s'il est divisible, il n'existe pas. Cette argumentation est certainement propre à séduire des esprits que la métaphysique révolte, et auxquels il ne faut présenter, comme raisons, que des faits concrets ou des images banales. Mais les réalités des choses ne s'abaissent pas à ces faciles imaginations.

Les physiologistes, avant de combattre, par l'expérimentation, la doctrine de l'unité vivante, auraient dû rechercher les caractères et les conditions nécessaires de cette doctrine. Ils auraient vu que la cause et l'unité vivantes ne sauraient exister comme êtres à part; qu'elles sont nécessairement réalisées dans les actes qu'elles engendrent; que ces actes sont la création organique et toute l'évolution vivante. L'organisme et son évolution ne sont rien autre que cette cause et cette unité extériorisées. L'unité vraie, je l'ai déjà dit, pénètre à l'infini l'organisme; elle l'anime jusque dans les plus infimes éléments, et par delà même les parties visibles; car ces éléments et ces parties s'écoulent par un incessant courant; rien ne les fixe; ils entrent dans la sphère vivante et en sortent, éphémères agents d'une unité permanente. Chaque élément soutient donc la même unité vivante; chaque partie vit comme tout le corps, dans tout le corps, et par tout le corps. Dès lors que deviennent les objections expérimentales présentées avec tant de confiance? Elles reposent toutes sur la conception d'un faux ontologisme; elles vont se dissiper, comme une vaine ombre, devant l'apparition des réalités vivantes.

En effet, il n'y a plus à s'étonner qu'une partie qui réfléchit en elle l'unité vivante de l'être, qui la réalise, pour sa part, jusque dans ses intimes profondeurs, en conserve l'empreinte plus ou moins durable, alors même que la partie est séparée du tout. Cette partie ne doit-elle pas vivre en cette unité qui la pénètre, tant que persistent les conditions générales de la vie qu'elle a reçues? Pourrait-on concevoir qu'il en fût autrement? Pourrait-on imaginer que, subitement et à un indivisible moment, tous les éléments organiques vinssent à perdre toute activité, toute empreinte de l'unité animatrice, absolument comme si, à un moment donné, on pouvait extraire de l'organisme une espèce de fluide moteur, de même que, par une action rapide, on soustrait d'une chaudière la vapeur motrice qui la remplit? Non, dans l'organisme vivant, il n'y a ni fluide, ni vapeur, ni principe vital que l'on puisse chasser du coup. Les parties, toutes pénétrées d'une vie propre quoique émanée du tout, ne meurent que par degrés, les unes plus tôt, les autres plus tard. Elles conservent en elles, pour un temps, l'unité vivante qui les fécondait, alors même que les conditions d'évolution et de durée de cette unité viennent d'être brisées. L'œuvre instituée se poursuit, tant que les atteintes fatales qui ont ruiné le tout n'ont pas obtenu leur retentissement dernier et absolu. Nous mourons successivement par une sorte d'ondulation progressive de la mort qui, du tout, gagne chaque partie, chaque tissu, chaque cellule. Cette mort successive semble envahir les éléments organiques avec une rapidité qui varie suivant la participation plus ou moins active de l'élément à la vie du tout. Plus l'élément s'élève dans cette participation à l'unité, plus il meurt promptement; plus ses rapports avec l'unité sont amoindris et inférieurs, et plus sa mort particulière est lente à venir.

Toutes les expériences qu'on nous oppose viennent traduire comme d'elles-mêmes ces vérités premières de la vie. On enlève la patte d'un jeune rat, on la greffe sur un autre rat, elle y vit : cette patte enlevée n'était pas morte encore; la vie du tout se prolongeait en elle; on replace la patte dans des conditions où la vie qui l'anime, celle qu'elle a reçue de l'organisme auquel elle appartenait, peut se continuer; quoi d'étonnant qu'elle persiste à vivre, qu'elle se greffe? En quoi cela prouve-t-il que l'unité de l'organisme premier n'était qu'une illusion? En quoi cette unité est-elle atteinte? Dans le rat privé de sa patte, l'unité est-elle amoindrie dans son fonctionnement général? A-t-elle perdu une partie d'elle-même? a-t-elle été divisée par la soustraction expérimentale d'un membre? Non, elle subsiste entière malgré l'amputation; il n'y a donc pas eu de division en deux parts.

Mais il y a plus; et cette expérience porte en elle une admirable confirmation de la doctrine en vain contestée. Cette patte enlevée à un jeune rat, croit-on qu'elle va rentrer entièrement dans la sphère d'unité du rat plus âgé sur lequel on la greffe? Loin de là; cette patte greffée demeure toujours la patte de l'organisme auquel on l'a dérobée. Elle grandira comme elle aurait grandi sur cet organisme; elle lui appartient toujours, quoique transplantée sur un autre organisme; elle demeure pleine de l'unité qui l'a engendrée, et dont elle ne cesse pas de faire partie, quoiqu'en étant artificiellement séparée. Elle n'emprunte à l'organisme étranger auquel on l'associe monstrueusement, que des matériaux nutritifs; mais ces matériaux, elle les transforme en elle, exactement comme s'ils lui étaient fournis par l'organisme pour lequel et par lequel elle a été engendrée. Quelle plus saisissante manifestation de la réalité et de la puissance d'une unité créatrice!

On peut appliquer ces mêmes réflexions à l'expérience qui consiste à séparer la queue du tronc sur des larves de grenouilles. Ce segment caudal continue à vivre tant qu'il possède des éléments nutritifs suffisants; il se développe exactement comme s'il restait adhérent au corps de la larve; il témoigne ainsi de l'action pénétrante de l'unité de l'animal auquel il appartenait, et cette action se prolonge tant que vit le segment caudal. Il vit tant que les éléments dont il est formé trouvent des aliments, tant qu'aucune circulation générale des humeurs n'est nécessaire à sa nutrition. Tout cela est absolument régulier. Nous savons que toutes les parties de l'être ne meurent pas simultanément, ni tout d'un coup ; l'unité d'où elles proviennent ne s'éteint en elles que lorsque les conditions que leur apporte la vie générale sont devenues impuissantes à prolonger la vie locale. Ici, par suite des conditions particulières de nutrition où se trouve ce segment caudal, sa vie peut se prolonger pendant dix jours environ ; il vit jusqu'à ce qu'il ait consommé les granulations vitellines qu'il renferme. Durant ce temps, sa vie se développe suivant le plan voulu par l'unité vivante à laquelle on peut dire qu'il demeure attaché, quoiqu'il en soit violemment séparé. Où trouver là une ombre d'objection sérieuse contre la doctrine de l'unité de l'être ? S'imagine-t-on avoir partagé en deux la cause une et vivante par cette section de grenouille ? L'unité subsiste, vraie et entière, dans le corps de l'animal ; elle s'efface peu à peu dans la queue : mais la même unité du tout animait les deux parties sectionnées ; à aucun moment on n'avait créé deux unités. Il n'y a eu, dans ce cas, rien de comparable à une véritable génération, à une multiplication d'unité, comme dans la section d'un polype ou d'un annélide.

Les observations faites sur un chien décapité offrent une application des mêmes principes. Les activités histologiques persistent durant un certain temps sur les deux tronçons de l'animal ; elles s'éteignent peu à peu, celles-ci plus tôt, celles-là plus tard. Qu'est-ce que cela prouve, sinon ce fait, sur lequel nous avons déjà insisté, que l'unité vivante réalisée jusque dans les profondeurs cellulaires de l'organisme

ne cesse de manifester son action que par un retrait gra-
duel, mais non subit? L'unité du tout est atteinte d'abord;
puis, par degrés, l'unité émanée du tout s'affaiblit dans
les tissus et dans les éléments qu'elle pénétrait; l'animal
meurt graduellement, jusqu'à ce qu'enfin la mort soit générale, pleinement acquise et sans retour. Il en est ainsi
surtout dans la mort violente qui surprend un animal en
pleine santé, dans la vigueur vitale de tous ses éléments
histologiques. En séparant la tête du tronc, l'unité du tout
est brisée; mais il serait inconcevable que cette même unité,
active en chaque cellule, en chaque élément, ne laissât in-
stantanément plus trace appréciable de son incarnation
vivante. Non, l'unité donne à l'élément une vie à la fois
indépendante et dépendante du tout. Cette indépendance
relative possède une durée variable, mais fatalement
s'épuise lorsqu'elle ne se renouvelle plus en puisant dans
la vie du tout. La physiologie de l'unité n'est donc point
atteinte par le maintien de l'excitabilité des éléments histologiques dans les deux tronçons d'un chien décapité.
Mais cette excitabilité ne saurait trouver en elle-même ses
conditions de durée; elle ne survit au tout que pour succomber bientôt après.

Si l'on pratique une injection de sang chaud, oxygéné
et défibriné, l'excitabilité qui semblait perdue reparaît,
certaines activités histologiques se réveillent, la mort apparente fait place à un retour de vie. A ce sujet, l'on demande comment on peut « admettre qu'une force indépendante puisse être ramenée, par une simple injection de
sang, dans ces organes qu'elle avait abandonnés ». La
réponse est facile à donner : il ne s'agit pas d'abord d'une
force indépendante des organes, mais d'une force, d'une
cause réalisée, incarnée dans tous les organes, dans tous les
tissus, dans tous les appareils, dans chaque cellule, dans

chaque élément histologique aussi bien que dans le tout. Cette force, il ne s'agit pas de la ramener dans les organes qu'elle aurait abandonnés. Lorsqu'un organe ou un élément histologique est vraiment mort, on ne le ranime plus; il y a, en science expérimentale, des réviviscences, mais non des résurrections. La mort d'un tissu ou d'un élément peut n'être qu'apparente. Entre l'extinction apparente et l'extinction réelle, il y a toujours un intervalle où l'on peut ramener, non la vie qui subsiste encore, mais l'activité vitale dont les manifestations sont tombées. Si l'on révivifie ces éléments qui touchent à la mort, en rétablissant artificiellement autour d'eux les conditions de la vie ordinaire, si on leur envoie du sang oxygéné, tel que l'animal en santé peut leur en fournir, on ne ramène pas en eux une force indépendante et disparue, mais on ranime leur vitalité expirante; ils redeviennent aptes à fournir quelques manifestations de la vie. Cette aptitude disparaît, à son tour, promptement; car les artifices expérimentaux ne sauraient suppléer à la vie réelle, à l'action génératrice du tout. Ces artifices ne peuvent que prolonger pour quelques instants les activités locales, que la mort ne saurait envahir que successivement et peu à peu.

Il est temps d'arrêter tout ce fatigant commentaire. N'ai-je pas le droit de conclure en affirmant que cet ensemble d'expérimentations n'ébranle en rien l'unité, base de l'être vivant; que chacune d'elles, au contraire, donne à cette unité un caractère plus assuré, et surtout sert à mieux faire comprendre la nature du dogme qu'elles prétendaient renverser? Ces expérimentations montrent, en effet, combien il importe de ne pas faire de l'unité un fait abstrait, purement idéal, ou systématiquement dévolu à un principe simple et indépendant de l'organisation; combien il importe que cette unité soit réellement vivante, incarnée aux éléments organisés, trouvant une réalisation active et féconde jusque dans la cellule la plus cachée, la plus obscure dans son fonctionnement. Pascal disait : « La multitude qui n'est pas unité est anarchie » ; mais il ajoutait aussitôt : « L'unité qui n'est pas multitude est tyrannie. » Par ces fortes paroles. Pascal juge et condamne, dans leur principe, et l'organicisme et l'animisme. Si l'organisme n'est pas un, s'il demeure multitude, s'il est collection d'organes et d'éléments, il n'échappe pas à l'anarchie. D'autre part, si l'unité n'est pas en même temps multitude, si elle est un principe indépendant, si elle ne s'incarne pas dans le nombre infini et incessamment engendré des éléments organiques, elle devient tyrannie. C'est l'écueil fatal de l'animisme, où l'unité est tyrannique, où elle gouverne despotiquement une machine inférieure et d'autre nature qu'elle. C'est contre cette erreur que prévalent les expérimentations que nous avons discutées. Mais, contre l'unité qui est en même temps multitude, ces mêmes expérimentations ne peuvent rien. Il n'y a plus de tyrannie dans l'organisme vivant ainsi compris. Tout y est un et représentatif ; l'unité du tout se trouve empreinte dans l'unité de chaque élément ; tout concourt, tout conspire ; tout est union et harmonie ; suivant les paroles hippocratiques : « Il n'y a qu'un but, qu'un effort. Tout le corps participe aux mêmes affections ; c'est une sympathie universelle. Tout est subordonné à tout le corps, tout l'est aussi à chaque partie. »

Si je franchissais les limites de la biologie synthétique pour aborder la pathologie générale, qui lui tient de si près, il me serait facile de montrer que, si la vie est incompréhensible sans l'unité, la maladie n'est plus que ténèbre et contradiction en dehors de cette doctrine. Ou pour mieux dire, la maladie disparaît, se disperse en membres épars, si l'unité ne la constitue en un tout réel. Elle se dissout en descriptions isolées de symptômes et de lésions, surgissant en dehors de toute fin et de toute règle. C'est là ce que veulent quelques pathologistes, qui se complaisent dans la rigueur de leurs idées systématiques. Pour eux, la maladie n'est qu'un vain mot, l'expression d'un ontologisme illusoire. Il n'existe que des lésions et leurs signes, lésions multiples, juxtaposées ou éloignées, mais qu'aucun lien supérieur ne réunit, et qui doivent être étudiées à part. Ces diverses lésions d'organes naissent et marchent, indépendantes les unes des autres; par cela qu'elles coexistent, on n'est pas en droit d'en faire un tout, une espèce morbide; il n'y a pas de maladie, il n'y a que des états organopathiques. Telle est la conclusion, et elle a le mérite de découler nettement des prémisses adoptées. De quel droit faire intervenir une unité, ou la saisir, pour constituer la maladie, alors que l'on n'a pas besoin de l'unité pour constituer la vie? La maladie est-elle autre chose qu'une forme inférieure de la vie? Mais de telles questions veulent être longuement exposées, et ce n'est pas ici le lieu de le faire. Il suffit de savoir que, dans l'étude de l'homme vivant, tout s'entretient, et que les mêmes vérités premières dominent et l'état de santé et l'état de maladie.

Ces hautes vérités de la science de la vie sont combattues avec une ardeur croissante. C'est le malheur des temps. Dès qu'on touche à l'homme, on sent que les affirmations prennent aussitôt une invincible solidarité, et qu'elles dépassent le fait particulier qu'elles visent. Il faut nier la cause et l'unité vivantes, parce que l'on veut nier l'âme, et, avec elle, toute cause et toute unité. Tout doit préparer ces négations suprêmes et y aboutir. Il faut remonter ces courants de ténèbres. Rattachons la science à l'unité; c'est un moyen de rendre l'âme évidente et Dieu visible.

25 mai 1874.

LA SPONTANÉITÉ VIVANTE ET LE MOUVEMENT

I

Sous quelque forme qu'il se voile, le mouvement est
l'unique force qui agite le monde physique. Chaleur ou
lumière, attraction, affinité chimique ou électricité, il demeure l'invariable agent. Ses manifestations et ses lois
désignent le but que poursuit toute science de la matière.
La plus générale de ces lois est celle que les physiciens
nomment, aujourd'hui, *principe de la conservation de
la force :* « La quantité de force capable d'agir, qui existe
dans la nature inorganique, est éternelle et invariable, tout
aussi bien que la matière (1). » Jamais, donc, le mouvement
ne se crée sous nos yeux ; nul mouvement nouveau ne surgit à travers les mouvements existants, et n'en augmente
la somme ; il n'y a que des mouvements reçus et transmis ;
reçus et transmis sous une forme identique, ou transformés
en se transmettant.

Pareillement, nul mouvement ne se perd ; nul ne diminue
et ne s'arrête ; toujours il se poursuit, et s'il semble faiblir
et disparaître, c'est qu'il s'est transmis peu à peu, et que
peu à peu, par transmission insensible, il s'est dépensé en
d'autres mouvements. Le mouvement communiqué et le
mouvement transmis sont en quantités nécessairement

(1) Helmholtz, *Mémoire sur la conservation de la force,* traduit par Louis
Piérard.

égales ; c'est ce que l'on appelle *équivalence* ou *corrélation des forces*, et cette seconde loi découle de la première. La quantité de forces ne serait plus éternelle et invariable, si un mouvement, en se transmettant, pouvait déterminer un mouvement plus fort ou plus faible que lui. Cela seul suffirait à augmenter ou à diminuer la somme totale de la force existante. Le mouvement, dans la nature physique, demeure un monotone flux et reflux, sous une immobile fixité. Rien ne change en un tel monde, d'où toute création est bannie, où tout subsiste aussi inaltérable qu'improductif. Tout y est nécessaire et fatal ; rien n'y est spontané à un degré quelconque ; surtout rien n'y est voulu, rien n'y est libre, ce terme suprême de ce qui est spontané.

Comment, cependant, les idées de spontanéité et de volonté sont-elles entrées dans l'esprit humain, en regard de cette immense nature physique qui les repousse ? comment, sinon par l'étude de sa propre nature, par l'invincible sentiment de son activité particulière ? De même que l'homme vivant s'est senti un être individuel et un, de même il s'est senti doué de spontanéité et de volonté. Il s'est ainsi énergiquement séparé du monde physique, il s'est affirmé cause individuelle d'actes et de déterminations. Sentant qu'il s'appartenait à lui-même, et qu'il n'était pas une simple dépendance du monde extérieur, l'homme s'est jugé supérieur à ce monde et à tout l'ensemble des forces inanimées, si écrasantes que fussent celles-ci par rapport à sa faiblesse, si nécessaires qu'elles fussent à sa propre existence. Ces caractères éminents, l'homme les a retrouvés à un degré plus ou moins accusé, dans tout ce qui, comme lui, jouissait de la vie ; dans tout le règne vivant, il a retrouvé une unité plus ou moins fortement constituée, une spontanéité plus ou moins affranchie du mouvement physique. Dans les rangs élevés de l'animalité, il a su retrouver les vestiges mêmes de la volonté dont il contemplait en lui l'image indéfectible, dont il ressentait les émotions iucessantes.

La spontanéité, telle est donc, après l'unité, la marque souveraine de la vie. L'être vivant ne se distingue pas seulement du monde inorganique parce qu'il est un, parce qu'il possède sa forme et son espèce par lesquelles il se réalise et s'individualise à travers les milieux infinis de la matière; il se distingue aussi parce qu'il est créé et créateur. Il n'est pas simple agent de réception et de transmission du mouvement; il engendre sa propre action, il la crée, en un mot, il agit spontanément. Agir spontanément n'est pas agir sans cause, comme quelques biologistes semblent le croire; c'est agir en trouvant en soi-même sa cause d'action. Ce n'est pas non plus agir sans être sollicité à l'action, car une sollicitation à l'action n'est pas cause de l'action; cette cause reste à l'être sollicité.

Voilà donc deux ordres d'existence, en apparence opposés, le physique et le vivant : l'un n'est-il pas la négation de l'autre, et comment concilier le principe de la conservation de la force, l'immutabilité dans la quantité du mouvement physique, avec ce fait que l'ordre vivant tout entier est créateur d'action? Vouloir cette conciliation, n'est-ce pas tenter une œuvre impossible? L'être vivant n'est-il pas un composé de matière? Tout individualisé que soit ce composé, tout distinct qu'il soit, par sa forme et son évolution, du milieu inorganique qui l'entoure, il n'en demeure pas moins soumis aux lois invariables de la matière; peut-il s'accomplir en lui une action, c'est-à-dire un mouvement qui ne soit reçu et transmis comme le mouvement qui entraîne toute matière? La nécessité des lois physiques s'impose partout et toujours. Si rien ne s'ajoute, si rien ne se perd en fait de mouvement, ne doit-on pas en conclure que l'être vivant, tout doué de spontanéité qu'il paraisse, ne crée pas du mouvement, qu'il reçoit celui-ci du monde physique, et qu'il le lui restitue? Et pourtant, la vie c'est la création! Y aurait-il donc une action qui ne relèverait pas du mouvement, et serait-ce ce genre seul d'action que l'être vivant aurait le pouvoir de créer? Quels seraient alors les rapports entre cette action que la vie développe et le mouvement d'ordre physique? Quelles relations uniraient ce qui est spontané et ce qui est mouvement communiqué? Tels sont les problèmes qui se posent, et sur lesquels la science et les préjugés ont tour à tour accumulé les contradictions. A la spontanéité de l'être vivant on a opposé son absolue passivité, ou mieux son entière soumission au mouvement physique. On est arrivé, dans cette voie, *à l'identité du mécanisme et de la logique, du physique et du psychique, de l'inconscient et du conscient,* suivant la formule familière d'un savant physiologiste et psychologue Allemand, M. Wilhelm Wundt, dont M. Th. Ribot nous engage à étudier les œuvres psychologiques (1). Dans l'ordre animé, comme dans l'inanimé, on n'observerait que mouvements communiqués et transmis, transformés ou non : telle est l'affirmation que l'on prétend dresser contre la spontanéité vivante, contre la volonté humaine, contre la liberté morale.

Nous voudrions essayer d'élucider ces graves questions, et définir la part qui revient, dans les êtres organisés, à la spontanéité vivante et au mouvement physique. Cette tentative est pleine de périls cachés, tant la science du mouvement est mêlée à la science de la vie, et tant les efforts contemporains ont voulu réduire celle-ci pour tout livrer à la première, effacer l'une devant les envahissements de l'autre.

(1) Voyez Th. Ribot (*Revue des cours scientifiques*, n° 31, janvier 1875), *la Psychologie allemande contemporaine.*

II

Le caractère propre qu'offre l'être vivant ne consiste pas seulement en ce que cet être révèle une cause propre et individuelle distincte de la causalité physique ; c'est encore et surtout en ce qu'il présente l'association profonde de deux ordres de causes, de la cause une et vivante, et de la causalité générale et physique. Cette association est impénétrable dans son mode ; elle cache un mystère dont la science ne peut pas même approcher, car c'est celui de la raison dernière des choses. Tout impénétrable qu'elle soit, cette association de causes compose la trame de tout ce qui vit ; elle est un fait général, se retrouve à tous les degrés de l'animalité, dans tout perfectionnement vital, dans la vie végétative comme dans la vie volontaire et pensante. Dans leur association, les deux causalités, vivante et physique, ne remplissent pas un rôle égal : elles ne sont pas seulement conjointes en toute opération organique. Non, il y a, de l'une à l'autre, une subordination qui fait le caractère même et l'essence de la vie. La cause une et vivante domine et règle la causalité physique. Toutefois, cette domination ne va pas à l'encontre des lois qui régissent la causalité physique ; celles-ci ne sauraient plier, et subsistent entières. Même dans l'organisme, le mouvement physique demeure toujours un mouvement communiqué et transmis ; ses transformations en chaleur ou en affinité chimique s'opèrent dans la matière organique comme dans l'inorganique. La physique et la chimie sont partout identiques.

Mais ce mouvement communiqué, cette chaleur, cette composition et décomposition de la matière du corps, ne sont que les moyens, les conditions de manifestation de la vie. La vie elle-même leur est supérieure, les conduit dans une direction et suivant un but prédéterminés; et c'est sur ce substratum ainsi dirigé et comme façonné par elle, qu'elle s'institue et se développe. Instituée sur la matière et le mouvement, la vie leur demeure étrangère, parce qu'elle est d'un autre ordre. Vivre c'est sentir, c'est se nourrir ou engendrer, c'est se mouvoir, c'est enfin vouloir. Rien de tout cela ne relève du mouvement; c'est l'œuvre de la seule cause vivante.

La vie ne se manifeste qu'en usant de la matière et du mouvement, et cependant la matière et le mouvement n'engendrent pas la vie par eux-mêmes; ils lui fournissent le théâtre sur lequel elle évolue et poursuit ses destinées. Ces vérités semblent avoir été perçues par M. Claude Bernard, et parfois, je suis heureux de le reconnaître, il exprime nettement cette constitution en partie double de l'être vivant, où la vie fournit la cause, la matière et ses forces les conditions. « Les phénomènes de création organique des êtres vivants, dit l'éminent physiologiste, me semblent bien de nature à démontrer une idée que j'ai déjà indiquée, à savoir que la matière n'engendre pas les phénomènes qu'elle manifeste. Elle n'est que le *substratum*, et ne fait absolument que donner aux phénomènes leurs conditions de manifestation, seul intermédiaire par lequel le physiologiste peut agir sur les phénomènes de la vie. » Et plus haut, dans le même article : « Nous croyons à tort que le déterminisme dans la science mène à conclure que la matière engendre les phénomènes que ses propriétés manifestent; et cependant nous répugnons instinctivement à admettre que la matière puisse avoir par elle-même la faculté de penser, de sentir (1). »

Ces considérations préliminaires sur la constitution de l'être vivant permettent à la fois de comprendre sa spon-

____

(1) Bernard, *le Problème de la physiologie générale* (*Revue des Deux Mondes*, 15 décembre 1867).

tanéité nécessaire, et de juger comment cette spontanéité n'est pas une négation des lois du mouvement, présentes partout où la matière intervient. A la cause et à l'œuvre vivantes appartient, en effet, la spontanéité ; par contre, toutes les conditions, mises en jeu pour les manifestations vivantes, sont physiques ou chimiques, et la spontanéité en est bannie, comme de toute physique et de toute chimie. Quand l'être vivant sent, et quand il agit, il ne reçoit pas du monde extérieur la sensation et l'action fonctionnelle comme un mouvement communiqué et transmis. Quelle que soit l'intervention du milieu ambiant, cette intervention n'est qu'une excitation. C'est dans le seul milieu vivant que se créent la sensation et la fonction, et celles-ci demeurent étrangères, dans leur essence, à tout mouvement transmis du dehors. Ce n'est pas à dire que le mouvement extérieur ne se communique à la matière qui compose la trame organique. Mais tant que ce mouvement communiqué demeure mouvement physique, tant qu'à son approche ne surgit pas l'œuvre nouvelle de la sensation, ce mouvement n'appartient pas à la vie ; il est comme non avenu pour l'être vivant. Dès que le mouvement qui atteint la matière organique excite la sensibilité de l'être, dès qu'il est *senti*, alors, en vertu de sa spontanéité propre, l'être vivant entre en action ; il sent, il conçoit, il se meut, il veut ; et, dans chacun de ces actes, il ne relève que de lui, il n'obéit qu'à la cause une et active qui l'anime et l'institue.

L'une des plus graves erreurs de toute étude de l'être vivant consiste, d'un côté, à méconnaître la spontanéité nécessaire de tous les actes vitaux, et d'un autre côté, à accorder la spontanéité aux conditions physico-chimiques qui accompagnent chacun des actes vitaux. Cette double erreur a été trop souvent commise. L'ancienne physiologie attribuait la spontanéité à tous les mouvements et à toutes les transformations de la matière organique. Les physiologistes contemporains, au contraire, ne sachant considérer que les conditions seules de l'acte organique, fatalement soumises aux lois du mouvement, en arrivent à refuser la spontanéité à l'acte vital, et partant, à la vie. Leur opinion se forme ainsi d'un étrange mélange d'erreur et de vérité, dans lequel la vérité est, en fin de compte, sacrifiée; car la vérité et l'erreur associées ne sauraient enfanter d'autre produit que l'erreur elle-même.

Ainsi M. Cl. Bernard, qui professe que la vie est créatrice, n'en écrit pas moins les lignes suivantes : « La matière organisée ou vivante, qui constitue les éléments histologiques, n'a pas plus de spontanéité que la matière inorganique ou minérale; car l'une et l'autre ont besoin, pour manifester leurs propriétés, de l'influence des agents extérieurs. La spontanéité des corps vivants n'est qu'apparente. » Pourquoi cette spontanéité des corps vivants ne serait-elle qu'apparente? Comment placer au même rang ce qui vit et ce qui ne vit pas, alors que l'on reconnaît que la vie relève d'une cause propre? La matière vivante ne jouirait d'aucune spontanéité, par cela qu'elle n'entre en fonction que sous l'influence des excitants extérieurs? Mais cet énoncé lui-même n'implique-t-il pas la spontanéité que l'on repousse? Si le mouvement extérieur n'est qu'un excitant, c'est qu'il ne se transmet pas directement et pleinement; il excite, il provoque; il ne détermine ni n'opère. Quand une bille en frappe une autre, elle ne l'excite pas; elle lui communique tout ou partie du mouvement qui la pousse. La spontanéité vivante a besoin d'être excitée, je l'accorde; mais cela même la confirme. En chimie, on n'excite pas les corps à se combiner; la combinaison s'effectue sans excitation, dès que les affinités chimiques le commandent. Aussi ne puis-je souscrire aux analogies fausses que M. Cl. Bernard présente pour appuyer son affirmation précédente : « Les excitants généraux, air, chaleur, lumière, électricité, qui provoquent les manifestations des phénomènes physico-chimiques de la matière brute, éveillent aussi d'une manière parallèle l'activité des phénomènes propres à la matière vivante. » L'air, la chaleur, l'électricité, n'excitent ni ne provoquent les phénomènes physico-chimiques; ils les déterminent. Au contraire, ces mêmes agents provoquent, éveillent l'activité de la matière vivante, mais ils ne déterminent pas l'accomplissement des actes vitaux. Un abîme sépare ces deux ordres de faits.

Plus loin, M. Cl. Bernard ajoute : « Dès que nous avons reconnu plus haut que la matière organisée est dépourvue de spontanéité comme la matière brute, elle ne peut pas plus qu'elle avoir conscience des phénomènes qu'elle présente... Les mécanismes vitaux, comme nous l'avons dit, sont passifs comme les mécanismes non vitaux. Les uns et les autres ne font qu'exprimer ou manifester l'idée qui les a conçus et créés (1). » Oui, si la matière organisée n'était que matière, elle ne saurait posséder ni spontanéité, ni conscience des sensations qui l'émeuvent; mais la matière, en tant qu'organisée, est vivante, elle est la vie elle-même, et celle-ci sent et se détermine, se meut et veut, possède la conscience distincte ou indistincte d'elle-même; car, en physiologie, les deux formes de conscience existent. Les mécanismes vitaux sont passifs, nous dit-on, comme les autres mécanismes. A cela il n'y a qu'une difficulté, c'est que ce qui est mécanique ne saurait être vital. Un mécanisme est exclusif de toute idée de vie; il est de soi passif, et ne peut que transmettre et recevoir le mouvement. Un mécanisme peut offrir à l'œuvre vivante une condition de réalisation, mais il n'entre pas dans la vie pour cela; mé-

____

(1) Bernard, *le Problème de la physiologie générale.*

canisme, il demeure soumis aux lois purement mécaniques. En tant qu'organisée et vivante, la matière des éléments histologiques ne forme jamais un simple mécanisme ; cette matière a pour caractère nécessaire de sentir et de réagir fonctionnellement, et ce n'est là la fin d'aucun mécanisme. Il faut donc abandonner ces images incohérentes, et ne pas associer ces mots contradictoires de mécanisme et de vie. Tout est passif et communiqué dans la matière prise en elle-même, et non comme expression de la vie. La matière considérée, au contraire, dans son expression vivante, n'est plus passive, mais douée de spontanéité, car la spontanéité est la marque de tout ce qui vit.

Il va nous être permis de comprendre maintenant comment et pourquoi la vie est une création. L'idée et le mot de création sont ignorés de la science du monde physique, où rien ne s'ajoute, où rien ne se perd. Ils forment le symbole le plus exact de la science de la vie, où tout se crée et se perd incessamment. L'être vivant qui a pour essence la spontanéité est nécessairement créateur ; de lui, en effet, il tire tous ses actes, toutes ses déterminations ; il ne reçoit pas le mouvement de l'extérieur physique, il n'obéit qu'à des mobiles engendrés en lui. Il y a plus ; il s'engendre perpétuellement, il se crée, et, en même temps, il émet de son sein fécond des êtres semblables à lui. A cette affirmation d'une création, les physiciens et les chimistes se révolteront certainement, eux qui n'assistent qu'au spectacle opposé ; eux qui ne sauraient concevoir un mouvement qui ne soit transmis ; eux qui se meuvent au sein d'un ensemble de forces éternelles et fixes. Nous biologistes, si nous savons méditer et comprendre les faits que nous observons, nous verrons que notre science a pour unique sujet une création continue à laquelle une mort continue correspond. Dans le monde vivant, tout s'ajoute et tout se perd ; il peut se multiplier et s'étendre indéfiniment, tant que les conditions physiques ne lui font pas défaut ; il peut disparaître sans retour, car son maintien n'a rien d'immuable et de nécessaire.

Nous demandera-t-on si l'apparition de l'être vivant, si les actes qu'il émet, si les produits de son activité fonctionnelle méritent vraiment le nom de création ? Y a-t-il là, en effet, une émission de matière nouvelle et d'un mouvement qui ne préexistait pas ; et en dehors d'une telle émission, y a-t-il création vraie ? Non, certainement, la matière qui compose un organisme, et le mouvement qui pousse cette matière ne sont en rien créés par la cause vivante. Cette matière et ce mouvement sont les conditions de l'être, et ces conditions il les puise dans le monde physique ; mais pourquoi restreindre à ces conditions l'idée de création ? Où prend-on le droit d'affirmer qu'il n'y a que matière et mouvement, et qu'en dehors il n'y a ni existence, ni création possibles ? L'être vivant nous est une démonstration qu'il existe quelque chose, la vie, que le mouvement ne saurait produire. Il faut demander la vie à la vie ; la physique et la chimie ne peuvent la livrer. On aura beau soumettre la matière à toutes les expérimentations, on aura beau rapprocher et combiner les molécules et les principes immédiats qui entrent dans la matière organique, on ne créera pas l'organisme le plus élémentaire. L'être vivant crée donc sa forme, son type, ses facultés, son évolution. Quelle création dépasse celle-là ? L'ovule fécondé, cellule à peine visible, par sa spontanéité puissante, va créer tout un être sentant, se mouvant, pensant et voulant : comment lui refuser le pouvoir créateur ?

La vie suffit donc à nous montrer qu'il n'y a pas que la matière, mobile en apparence, immobile au fond, inaltérable et immuable. Une cause invisible et créatrice plane sur cette matière et enfante visiblement sous nos yeux. Une sensation, un élan de douleur ou de plaisir, quand ils surgissent et disparaissent, ne sont-ils pas un fait tour à tour créé et perdu? Une pensée exprimée, une mélodie inspirée, une œuvre d'art, quelle que soit la forme que le génie lui donne, ne sont-elles pas des créations au plus haut titre? Que cette pensée, transmise par la parole ou écrite, que cette mélodie ou cette œuvre d'art aient besoin de la matière et du mouvement pour trouver leur expression, qu'importe? Soutiendra-t-on que les unes et les autres sont des produits de la matière et du mouvement, qu'elles ne s'élèvent pas dans le monde comme un fait nouveau, comme une création merveilleuse? La conscience universelle protesterait contre de tels jugements; l'esprit de système peut les exiger; le bon sens les dédaigne et passe. Essayez de supprimer par la pensée l'ordre vivant, l'immense ensemble des existences, des types, des formes, par lesquels il se manifeste, les affections et les passions qui l'émeuvent, les expressions par lesquelles il traduit ses agitations intérieures, les industries auxquelles le conduisent les besoins qu'il éprouve ou les plaisirs qu'il recherche; et, enfin, en retranchant l'homme au sein de ce monde qu'il remplit, mesurez la glorieuse accumulation d'œuvres, de vérités et de beautés qui parent le monde, et qui, s'effondrant, laisserait à la matière une nudité que rien ne saurait recouvrir. Dira-t-on que, par cet anéantissement de toute vie, on n'a rien perdu, parce que, en fait de mouvement, elle n'avait rien créé; et que le monde des existences vivantes, disparu, ne laissera, après lui, aucun vide réel, parce que la matière et le mouvement demeureront immuables et stériles? Non, assurément, la vie est créatrice, car la vie soulève des actes et des œuvres que la physique et la chimie ne sauraient aspirer à réaliser. Il y a donc deux mondes, l'un où rien ne se crée, l'autre où la création est incessante; et ces deux mondes, loin de se heurter et de se repousser, s'unissent de façon à ce que l'un sert à l'autre, à ce que le monde inférieur offre au monde supérieur ses conditions de développement. L'ordre inorganique semble avoir été préparé pour fournir à l'organique un support sur lequel il pût s'établir, et poursuivre ses réalisations diverses. Quelle plus belle harmonie des choses !

III

La spontanéité vivante n'est pas suspendue dans le vide : elle entretient avec la matière et le mouvement des relations nécessaires, car ceux-ci ont à lui fournir les seuls matériaux par lesquels elle organise et agit. Ces relations s'établissent suivant une loi qui peut se réduire à cette simple formule : monde inorganique au point de départ comme au point d'arrivée de l'acte organique, et, entre ces deux points extrêmes, un mouvement qui va de l'un à l'autre, et sur lequel s'établit la fonction vivante. Cette loi règle toute détermination vitale.

Ainsi, et comme exemple fondamental, la spontanéité de la vie végétative et organisatrice s'opère par d'incessants emprunts au monde extérieur, auxquels répond une restitution pareillement incessante. Pour satisfaire à ce besoin d'emprunts et pour rechercher ce qui peut lui servir, l'être vivant est doué d'un premier pouvoir, celui de sentir. Il sent le monde extérieur, et ce monde l'excite, c'est-à-dire réveille sa faculté de sentir. Mais la vie végétative s'accomplit jusque dans les éléments histologiques profonds, dans ceux que leur situation intérieure semble dérober à toute influence venue du dehors; ou, pour mieux dire, tout ce qui vit est intérieur et commme séparé des vastes milieux ambiants. Aussi ne sont-ce pas les seuls milieux extérieurs qui viennent fournir aux éléments vivants l'excitation et l'aliment nécessaires; ce sont de nouveaux milieux, les humeurs, prolongement intérieur, en quelque sorte, des milieux externes. Ces milieux, déjà rapprochés de la vie, mais qui ne vivent pas, où tout du moins n'est pas vivant; ces milieux excitent partout la nutrition, les fonctions particulières des éléments et des organes. Il n'y a pas une cellule qui ne soit douée de la faculté de sentir les humeurs qui l'enveloppent, qui ne soit excitée par l'afflux humoral qu'elle sollicite. Chaque cellule est comme un sens inconscient entrant en relation avec le milieu dans lequel elle plonge, comme au moyen du toucher et de la vue nous communiquons avec la matière et les vibrations lumineuses. L'organisme, donc, emprunte aux divers milieux, soit extérieurs, soit intérieurs, des matériaux qu'il assimile, et qui, assimilés, appartiennent à la matière organisée. Mais ces matériaux empruntés ne peuvent s'accumuler daus l'organisme; ils ne font qu'y passer; ils le traversent d'un cours monotone et indifférent. Durant leur passage, ces matériaux s'altèrent. Ils étaient entrés sous la forme de tel composé; ce composé se transforme peu à peu, et les modifications successives par lesquelles il passe constituent ce que l'on appelle, aujourd'hui, le déterminisme de la fonction. Enfin, à travers ces modifications, le composé primitif atteint à un point d'altération qui le rend impropre et nuisible à la constitution de la matière organique; il perd l'assimilation acquise, et devient un corps étranger; dès lors, il est expulsé et rendu à l'ordre chimique d'où il sortait.

Les fonctions des sens établissent, entre nous et le monde extérieur, des relations analogues à celles de la vie végétative. Les organes de la vue, de l'audition, du toucher, sont excités par un mode de la matière et du mouvement; la sensation met en jeu la spontanéité de l'être, et celui-ci voit, entend, touche, et de la sorte perçoit et analyse le monde extérieur. Ce monde est au point de départ de la sensation, et il se retrouve comme objet et aboutissant de la perception sensorielle; il excite et il est perçu. Tout sens excité et fonctionnant provoque un mouvement dans la matière organique qu'il met en jeu; c'est le déterminisme de la fonction sensorielle. Ce mouvement physique se traduit en accélération du mouvement de composition et de décomposition organiques, et en production équivalente de la chaleur. Mais si la fonction sensorielle s'accompagne d'un mouvement physique nécessaire; si tout nerf, si toute cellule nerveuse qui travaille, se décompose plus rapidement et s'échauffe, cette décomposition ne nous livre en rien le caractère du travail fonctionnel. Ce caractère relève de la spontanéité de l'être qui fonctionne. C'est elle qui fait que la perception sera plus ou moins juste, plus ou moins fine, plus ou moins durable; et s'il s'agit d'une conception, c'est cette seule spontanéité qui fera que la conception sera plus ou moins forte ou élevée, plus ou moins brillante ou profonde.

Et même un caractère nouveau et saisissant s'élève, si nous considérons exclusivement la spontanéité vivante dans ses rapports avec l'exercice des sens, et surtout avec nos facultés affectives et intellectuelles : l'excitation de notre spontanéité peut naître d'elle-même, surgir de nos facultés qui s'excitent et s'éveillent les unes les autres. Le monde extérieur ne nous est plus directement nécessaire; le souvenir que nous en gardons suffit à réveiller notre activité fonctionnelle et à provoquer la fonction, comme si l'excitation venait du dehors. C'est ainsi que nous croyons voir une image absente, entendre une mélodie qui nous a autrefois charmé, que le souvenir d'un mets agréable suffit à amener un flux de salive dans la bouche, comme si nous goûtions encore ce mets. La méditation et tous les exercices intellectuels s'accomplissent pareillement, et mieux encore, sans excitation du dehors. Nous abstraire du monde extérieur est souvent la condition la plus favorable pour que la pensée trouve toute son énergie. Se souvenir et penser deviennent ainsi les actes culminants de notre spontanéité.

Cependant, ces actes eux-mêmes ne s'accomplissent pas sans que le mouvement organique s'accélère et leur serve de substratum. Le travail cérébral, quel qu'il soit, active le mouvement circulaire de la matière du cerveau. Mais qui oserait mesurer la pensée par ce mouvement? Newton en découvrant les lois de l'attraction, Corneille en écrivant *Polyeucte*, n'offraient pas un autre mouvement de composition et de décomposition de la matière organique de leur cerveau, que celui que supporte le cerveau d'un laborieux comptable ou d'un fastidieux versificateur. Le mouvement est identique dans tous ces cerveaux en travail, et cependant quelle distance entre les produits! Maintenant, comment s'établit cette relation entre la spontanéité vivante et le mouvement, entre la cause et le déterminisme de l'effet et de la fonction : c'est là ce qu'il ne nous est et ne nous sera jamais donné de connaître. Savons-nous, ce qui paraît beaucoup plus abordable, comment le mouvement ou la force peut agir sur la matière? savons-nous même ce qu'est en soi la force et ce qu'est la matière? De partout l'ignorance nous enveloppe, et nous ne pénétrons aucun des secrets derniers des choses, mêmes de celles qui semblent inférieures; et, plongés dans ces obscurités invincibles, nous prétendrions chercher le comment des relations de la vie avec le monde inorganique! nous oserions demander comment la cause vivante agit sur le mouvement et sur la matière! Il ne nous est donné, en ce monde, que de juger les causes à travers les effets, et de comprendre les effets en les rapportant à leurs causes. « Les phénomènes, dit Zimmermann, servent à donner l'idée de la cause; la cause sert ensuite à l'intelligence des phénomènes. » Toute la science humaine est renfermée dans ces limites.

Les déterminations de l'être vivant reconnaissent, enfin, une règle supérieure et dernière, qui achève de marquer d'un signe ineffaçable la spontanéité qui les engendre et les soutient. L'être vivant, excité par les milieux extérieurs et se déterminant à agir, n'est pas livré aux caprices d'une action désordonnée. Il ne suit pas indifféremment telle ou telle voie; loin de là, sa voie lui est, en quelque sorte, tracée d'avance; il marche à un but manifeste, que des influences hostiles peuvent seules l'empêcher d'atteindre. La spontanéité vivante, en effet, est instituée pour une fin, et cette fin doit, tout entière, appartenir à l'être, afin que celui-ci conserve sa spontanéité en la poursuivant. C'est pour lui que l'être organisé agit; le mobile de tous ses actes, c'est sa propre existence. Il est la cause, le centre et l'aboutissant de tout ce qu'il conçoit et enfante; il ne connaît et n'aime que lui. La fin et le principe sont un, disait Hippocrate. L'être vivant ne dépasse pas les horizons que lui ouvre la cause qui l'anime et le crée. La fin d'un être vivant est toute en son évolution : accomplir cette évolution, se développer, résister à toutes les causes de destruction, se réparer, et enfin se multiplier, telle est la loi finale de la vie. La spontanéité vivante reconnaît donc pour but, la conservation et la croissance de l'être. Il n'est pas possible de lui en concevoir un autre, et il n'est pas possible de la concevoir sans ce but à atteindre.

Cette fin est aussi visible dans le végétal que dans l'animal, dans l'animal inférieur que dans l'animal supérieur;

elle est indépendante de toute conscience comme de toute volonté. Rechercher toutes les conditions favorables au développement, lutter contre toutes les conditions défavorables, se conserver, se multiplier par la génération, ces caractères appartiennent à tout ce qui vit, aussi bien à la plante qu'à l'animal ; ils affirment la spontanéité à tous les degrés de l'existence organique. Le monde physique n'offre rien d'analogue. Les existences individuelles y manquant, il n'y a pas de but comparable à celui que ces existences poursuivent. L'évolution y est un mot vide de sens ; la conservation n'y est pas en cause, puisque tout y est indestructible ; l'accroissement et la multiplication y sont inconnus, puisque rien ne s'y ajoute. Le mouvement qui gouverne le monde physique y est toujours communiqué et transmis dans une équivalence absolue ; ce mouvement ne saurait, dès lors, avoir un but particulier à atteindre. Il se résout en une circulation fatale, ininterrompue, où rien ne commence, où rien ne finit, où rien n'est particulier, ni ne saurait courir à une fin distincte de la fin inaccessible du tout.

Je n'ai pas besoin de montrer toute l'importance du caractère de finalité, règle et démonstration nouvelle de la spontanéité des actes vitaux. J'aurai à l'invoquer et à le faire valoir, alors que le moment sera venu d'interroger les opinions qui refusent à l'être vivant sa spontanéité, pour le soumettre aux seules forces physiques, au mouvement communiqué et transmis. Livré au monde physique ; et de même nature que ce monde, l'être vivant se trouve déchu de toute finalité ; il perd tout but propre ; ses actes reflètent la suprême et monotone indifférence d'une circulation de molécules inaltérables et sans fin ; il se confond avec la matière et le mouvement, dans sa fin comme dans son principe.

IV

La spontanéité vivante, quoique poursuivant partout un même but, n'est pas, cependant, pareille à tous les degrés de l'échelle des êtres. Elle est obscure, lente, et comme opprimée dans le règne végétal; elle s'accentue et s'anime dans le règne animal naissant; se dégage et s'élève de plus en plus, des animaux inférieurs aux suéprieurs jusqu'à l'homme enfin, où elle trouve tout à coup, ses derniers épanouissements et un éclat suprême. Nous voudrions marquer les principales étapes de cette marche ascendante.

La spontanéité dans le règne végétal semble tellement soumise aux conditions extérieures, qu'on serait tenté de la méconnaître en donnant toute puissance à ces conditions. A la lumière, à la chaleur, à l'humidité, on accorderait le pouvoir de créer la vie de la plante. Suivant que ces conditions, en effet, sont telles ou telles, le végétal se développe de telle ou telle façon; là où elles manquent absolument, toute végétation disparaît. Il y a une sorte de proportionnalité entre les conditions de milieu et la vie végétative. On pourrait donc, en attribuant à ces conditions l'action causale et directe, dire des végétaux ce que M. le professeur Rouget affirmait témérairement de l'homme et de tout être vivant : « La lumière et la chaleur qui rayonnent des mondes stellaires sont, pour l'homme et tous les êtres organisés, les sources de la vie. Et ce n'est pas là seulement une poétique métaphore, mais la rigoureuse expression d'une vérité scientifique (1). » Ces assertions sont systématiques, et ce n'est pas une rigoureuse vérité, mais une erreur fondamentale qu'elles expriment. La vie, on va le

____

(1) Rouget, *Leçons d'ouverture du cours de physiologie.*

voir, est loin d'être due à une simple transformation des forces cosmiques.

La spontanéité dans le règne végétal est, il est vrai, bornée ; par cela même, elle est plus étroitement assujettie aux conditions de milieu. Quoique bornée, elle n'est pas moins réelle et évidente. On aura beau faire tomber sur une terre nue la lumière, la chaleur, l'humidité ; on aura beau charger cette terre de tous les composés ou principes immédiats qui entrent dans la composition des végétaux, on n'y ouvrira jamais les *sources de la vie*. Si sur cette terre vous ne jetez pas un germe, ou si vous n'y implantez pas une bouture vivante, vous n'obtiendrez jamais la moindre végétation, la mousse la plus obscure. Le germe seul peut y lever, y croître, et devenir le point de départ d'une longue suite, et toujours croissante, de germes et de végétaux. Dans sa croissance, le germe ne reproduira pas indifféremment toute espèce végétale, mais une espèce déterminée, celle dont il provient lui-même. Cette espèce pourra varier dans de certaines limites, mais conservera son caractère spécifique à travers toutes les variétés. Que signifient ces faits, sinon que la lumière et l'eau ne sont pas maîtresses absolues et productrices directes de la vie végétale, qu'elles n'en sont que les conditions excitatrices ? Ces conditions ne sauraient obtenir leur effet que lorsqu'elles rencontrent un être, un germe doué de spontanéité, contenant en puissance la vie végétative, et prêt à passer de la puissance à l'acte, dès que les conditions voulues s'offriront à lui.

Cette activité du germe, lorsqu'elle entre en jeu, obéit à la loi de toute spontanéité vivante ; elle poursuit un but nécessaire qui est le développement de la plante, sa croissance et sa multiplication. Tout végétal se plie aux conditions du milieu dans lequel il vit. Si ces conditions sont favorables, son développement est continu, abondant, facile; si ces conditions sont mauvaises, le développement se réduit, s'arrête. L'être lutte tant que les conditions qu'il rencontre ne lui sont pas absolument contraires; il meurt si elles lui sont décidément hostiles. Toute sa vie témoigne donc de sa spontanéité; il tend incessamment à son but; sa mort arrive s'il ne lui est pas permis de l'atteindre. Or tendre à un but est la marque de tout ce qui est spontané. Les accidents mêmes qui frappent le végétal témoignent de la puissance avec laquelle il cherche sa fin. Les réparations locales par lesquelles il remédie aux mutilations qu'on lui fait subir, les modifications qu'il imprime à sa vie végétative suivant les conditions particulières du milieu, les mouvements évidents par lesquels certaines espèces se défendent contre les agressions extérieures, tous ces phénomènes si divers et si intéressants montrent combien est profonde la tendance au but dans ces rangs inférieurs de la vie. Ils montrent, par là même, combien les actes de la vie du végétal sont doués d'une spontanéité irréfragable, et séparés du mouvement qui pousse la nature physique.

Dans les rangs inférieurs de l'animalité, la vie demeure presque exclusivement végétative; elle se colore à peine d'une sensibilité plus accentuée et d'une contractilité plus apparente; et encore, dans les végétaux supérieurs, il y a une sensibilité, et même une motricité que bien des animaux ne présentent pas au même degré. Mais à mesure que l'on monte dans l'échelle animale, la sensibilité se perfectionne, la contractilité et la motricité s'accusent et deviennent des phénomènes prépondérants. L'animal sent et se meut; il acquiert enfin des affections et des passions; la mémoire et l'imagination, et même les traces d'une espèce de raison apparaissent dans les rangs supérieurs de l'animalité. La spontanéité se dégage et s'élève à chacune de ces acquisitions de l'animal. Comment se dégage-t-elle? En cela que les influences extérieures perdent de leur action sur l'animal, que leur provocation est moins entraînante et moins efficace, et que les actes de l'animal, non-seulement surgissent de son propre fonds, ce qui est le fait nécessaire de tout ce qui vit, mais surgissent en dehors de toute sollicitation étrangère, et même malgré ou contre les sollicitations qui surviennent.

Toutefois, quand l'animal s'élève et s'enrichit de facultés de plus en plus indépendantes et spontanées, il conserve, au-dessous de cette spontanéité qui tend à s'affranchir, la spontanéité, en quelque sorte soumise, que comporte la vie végétative. Le support, en effet, de ces vies perfectionnées, où les sens de la vie de relation se multiplient, où les sentiments affectifs et passionnés prédominent, ce support demeure toujours la vie végétative. Celle-ci est la vie commune ; elle est le fondement de tout ce qui vit et se nourrit : vie végétative et vie nutritive sont des termes équivalents. Cette vie nutritive, chez les animaux supérieurs, demeure, comme celle des êtres vivants inférieurs, essentiellement soumise aux conditions de milieu. Elle prospère ou dépérit, marche régulièrement ou dévie, suivant que ces conditions sont ou non favorables ; elle accomplit les réparations des tissus lésés, se plie aux circonstances qui pèsent sur elle, ne succombe qu'après une lutte où elle déploie des ressources souvent merveilleuses. L'animal supérieur est donc comparable à l'animal inférieur, et même au végétal, au point de vue de la vie nutritive. La spontanéité dont il jouit, dans ce sens, est une spontanéité incessamment provoquée dans ses actes par des influences étrangères. L'animal qui se nourrit emprunte sans relâche au monde extérieur les matériaux de son organisme ; il est donc soumis à l'action de ce dehors dans lequel il est obligé de puiser, et qui lui offre le bien ou le mal, l'abondance ou la misère.

Si la spontanéité de la vie nutritive demeure une et comparable dans tous les êtres vivants, la spontanéité de la vie de relation, qui a pour instrument le centre cérébro-spinal, grandit à mesure qu'on la considère dans les animaux élevés de la série, et que, par degrés, on se rapproche de l'homme. L'influence des provocations extérieures diminue; le nombre et l'influence des mobiles intérieurs augmente en proportion. Plus un animal est riche de passions et d'affections, plus il est doué de mémoire, et de cette représentation interne qui est la forme rudimentaire de l'imagination, et plus les actes de sa vie de relation sont nombreux et spontanés. Et même dans les animaux supérieurs, surtout dans ceux que la domestication a mis en commerce assidu avec l'homme, apparaît, à côté de l'imagination et du souvenir, une raison inférieure, sorte de passion ou d'affection raisonnée, mais concrète et comme attachée à des images particulières. Cette raison, quoique toute reliée aux faits sensibles, suffit pourtant à donner à l'animal l'attribut qui le rapproche le plus de l'homme, la volonté. Sentir, se mouvoir, se passionner, se souvenir, vouloir, tout cela marque des degrés de plus en plus élevés dans la spontanéité. Vouloir, surtout, poursuivre un but dont on a conscience, se rappeler les joies ou les douleurs éprouvées, les rechercher ou les éviter, n'est-ce pas là l'œuvre d'une spontanéité que le monde extérieur n'a pas besoin de stimuler, qui sait trouver dans le monde intérieur ses excitations et ses mobiles? Toutefois, je le répète, ces affections et ces passions, ces souvenirs et cette volonté, quoique s'émouvant spontanément chez l'animal, se rattachent toujours au monde extérieur, et à ses images. Cette volonté qui détermine l'animal, ne remonte jamais, chez lui, à une idée abstraite, étrangère aux figures et aux phénomènes que soulèvent les faits extérieurs; elle est toujours en rapport avec des faits de sensations actuels ou évoqués par la mémoire. La volonté de l'animal, ainsi nécessairement liée aux impressions sensorielles, en retient un caractère subordonné, qui en fait une volonté d'ordre inférieur et soumis.

Chez l'homme le spectacle change, et la spontanéité prend un éclat imprévu. Ses passions et ses affections, son imagination et sa mémoire y sont servies par une faculté nouvelle, le langage, qui leur donne une puissance et une étendue incomparables. Le langage lui-même suppose une autre faculté, caractère suprême de l'homme, la faculté d'abstraction. Par cette faculté, l'homme dépasse, d'un bond infini, les horizons du monde extérieur; il s'arrache à toute influence de matière et de mouvement, et trouve en lui les idées nécessaires, les idées générales dites innées dans la vieille scolastique, les idées de causalité, de substance, d'universalité, d'absolu, de bien, de beau, de vrai, que la succession et la comparaison des phénomènes sensibles ne sauraient jamais livrer. Ces idées nécessaires, il les marie incessamment aux idées relatives, aux images que l'extérieur fournit, et c'est ainsi qu'il juge les choses. Tout jugement suppose cette association du nécessaire et du contingent; et la raison de l'homme est tout jugement. C'est ici donc que la spontanéité trouve un développement qu'elle ne connaissait pas. Ces idées nécessaires fournissent à l'homme ses plus hauts et ses plus décisifs motifs d'action; et comme ces idées émergent de sa propre activité intellectuelle et morale, c'est en cette activité, dans les profondeurs intelligentes et morales de son être, que l'homme trouve le mobile souverain de ses actes.

Si donc, par sa vie végétative, l'homme est fatalement soumis aux influences du milieu qui l'enveloppe et le presse, par sa vie affective et surtout par sa vie rationnelle et morale, l'homme se soustrait aux pressions extérieures. Il s'affranchit du monde sensible, et n'a plus que les principes qu'il trouve en lui, pour principes d'action. C'est ainsi que sa volonté acquiert un caractère qui n'appartient qu'à lui, celui de volonté libre. Mais la liberté, en entrant dans l'homme, n'y entre pas comme un principe de désordre et d'anarchie. Si la loi de toute spontanéité vivante est la conservation et l'accroissement de l'être, cette loi se maintient dans l'ordre de la spontanéité morale. Les idées de justice, de devoir, de vérité, s'élèvent en l'homme comme une lumière intérieure, et lui désignent la voie de son perfectionnement intellectuel et moral. La liberté est le pouvoir qui lui est donné de marcher dans cette voie étroite où ne l'attire aucune des satisfactions matérielles que les sens désirent.. Réaliser la justice, approcher du bien, défendre le vrai, composent un but que la liberté seule permet d'atteindre. L'homme dont la volonté tend à un tel but échappe, par là même, aux suggestions contingentes, physiques, purement sensorielles et animales qui l'assiégent. C'est ainsi qu'il devient et reste libre.

Voilà l'homme, tel que nous le montrent la science, la tradition, la conscience intime de chacun. Et c'est en présence de tous les caractères éclatants qui le révèlent, que des sophistes dénaturant la science, l'histoire, l'analyse de l'entendement et de la morale, viennent nous dire que « la vertu humaine a pour matériaux les instincts et les images animales; » et M. Taine, poursuivant cette idée qui lui est chère, déclare ailleurs que « le vice et la vertu sont des produits comme le sucre et le vitriol. » L'homme, ainsi enlevé à la spontanéité de ses actes physiologiques et à la liberté de sa vie morale, devient un *automate intellectuel*, et l'histoire des sociétés humaines se transforme en une série de *problèmes de mécanique*. Je me borne à repousser ces enseignements corrupteurs, dont tout ce qui précède et tout ce qui va suivre livre la réfutation continue. Non, la vertu humaine n'a pas pour matériaux les instincts et les images animales, pas plus qu'elle n'est un produit chimique ou un résultat fatal des circonstances. La vertu humaine relève de la liberté; comme celle-ci elle a ses degrés; elle monte ou décroît comme monte ou décroît la liberté.

La liberté, en effet, comme toute chose humaine, n'est pas absolue. Tous n'en jouissent pas au même degré. Ceux qui vivent d'une vie inférieure, soumise aux sens, aux impressions physiques, à l'empire des plaisirs matériels, aux mille accidents de la vie extérieure, ceux-là ignorent vraiment la liberté. Ils ont en eux la puissance d'êtres libres et ils ne savent en user; ils vivent dans une longue suite de servitudes. Celui, au contraire, qui a su imposer pour règle à sa vie morale le juste, le vrai et le beau, celui-là se fait libre. Le monde extérieur ne le domine plus; il est délivré de toutes les sujétions physiques; c'est en son être affranchi qu'il trouve ses mobiles d'action; il s'appartient et il se donne aux abstractions morales qu'il écoute en lui comme un retentissement divin. Il est libre. C'est le plein éclat de la spontanéité.

La vraie liberté ne consiste donc pas uniquement à ce que l'homme puise en lui-même ses motifs d'action, mais à ce qu'il se décide à agir en vue d'un but supérieur, principe et fin de sa vie intellectuelle et morale. Si la notion de ce but supérieur est supprimée, la liberté disparaît et la volonté humaine acquiert un caractère fatal qui éloigne d'elle toute responsabilité morale. Une volonté ainsi désemparée, livrée aux motifs que les passions, les intérêts, les accidents du jour soulèvent, devient comparable au mouvement communiqué et transmis qui régit le monde physique. Le motif ou l'accident le plus fort l'emportent; ou une résultante s'établit entre tous les motifs, et la volonté suit cette direction qu'il ne dépend pas d'elle de changer. Il y a, de la sorte, un déterminisme moral comme il y a un déterminisme physique; l'indifférence et la nécessité règlent tous les déterminismes; rien ne sépare plus l'homme de l'animal. C'est là l'enseignement de l'école positiviste et celui que formule le chef qui la dirige avec une inflexible sérénité : « L'analyse expérimentale de la volonté, dit M. Littré, a montré qu'il n'y avait d'autre action sur elle que l'action des motifs, et qu'au moment de la décision, c'était le plus fort qui l'emportait. Tel est le déterminisme naturel, celui que la nature a établi (1). » Le déterminisme naturel de la volonté supprimerait donc toute responsabilité morale, et avec elle, toute liberté. Peut-on comdamner et punir ce que produit un déterminisme naturel? Mais la vieille conscience humaine se révolte. La responsabilité et la liberté se redressent contre ces sophismes. Nous avons conscience de la fin suprême vers laquelle nous devons diriger tous nos actes. Nous savons que nous devons chercher et faire le bien, tel qu'il nous est donné de le comprendre. Ce bien, nous le repoussons souvent, sachant cependant ce qu'il est. Nous allons alors contre le but et la loi de notre être, nous faisons le mal, négation du bien. Cette négation volontaire, nous en demeurons responsables; par elle nous affirmons et, à la fois, sacrifions notre liberté, dont l'acte supérieur est de vouloir le bien.

Remarquons ici la différence qui sépare la spontanéité vivante de la pure spontanéité morale. La première a un caractère qui approche de la fatalité. La vie végétative qui

(1) Littré, *la Science au point de vue philosophique*, p. 346.

la représente poursuit nécessairement le développement de l'être, autant que les conditions de milieu le permettent. Nous ne voyons jamais la spontanéité vivante lutter contre elle-même et se détruire, alors que les influences qui l'entourent lui permettraient un développement régulier. Si ces conditions de milieu deviennent mauvaises, la spontanéité vivante résiste; mais elle est affectée, et sa résistance ne dépasse pas certaines limites. Si les conditions hostiles persistent, ou deviennent absolument nuisibles, elles étoufferont la spontanéité et l'être lui-même. Dans la spontanéité morale, le caractère fatal s'efface. Ce n'est plus le monde extérieur qui fournit les conditions favorables ou hostiles; c'est le monde intérieur qui parle, ce sont les notions du bien et du mal, qu'à des degrés divers nous possédons tous en nous, que nous devons écouter. Si nous méconnaissons ces voix, si nous cédons au mal, nous déméritons, et nous sommes responsables; car nous pouvons lutter contre le mal, nous pouvons nous donner au bien, quelques suggestions mauvaises qui se dressent en nous, ou que suscitent de perfides conseils. Nous sommes donc libres dans l'exercice de notre spontanéité morale; nous ne sommes pas libres dans l'exercice de notre spontanéité vivante. Nous sommes un composé de liberté et de servitude; la servitude est lourde; mais la part de liberté qui est en nous couvre de son rayonnement tout notre être. C'est elle qui ouvre, entre l'homme et tous les animaux, un abîme que rien ne saurait combler. La faculté d'abstraction, la connaissance des idées générales, la liberté et la responsabilité qui en découlent font de l'homme un habitant de régions que l'animalité n'abordera jamais.

L'unité est le fondement de notre être, et la spontanéité vivante lui est attachée, au point que l'une peut servir de mesure a l'autre. Beaucoup ou peu d'unité dans l'être, lui vaut beaucoup ou peu de spontanéité. Une unité relâchée et sans force supporte une spontanéité pauvre, affaiblie, fatalement enchaînée aux provocations du milieu ; une unité forte, active, animant un organisme complexe, riche en fonctions et en organes, se déploie en une spontanéité énergique, vive, mobile, facile à l'excitation, tendant à l'affranchissement des causes extérieures dans les fonctions supérieures de l'être, touchant, enfin, à la liberté, dans la vie intellectuelle et morale. Ces intimes et solidaires rapports de l'unité et de la spontanéité impriment à la physiologie des êtres vivants supérieurs, à celle de l'homme surtout, une physionomie propre qu'il importe de ne pas méconnaître.

En effet, une question se pose en regard de toute la physiologie humaine : le caractère de liberté, qui est le couronnement dernier de notre spontanéité, ne dépasse-t-il pas l'ordre moral dans lequel il s'épanouit ; et la spontanéité végétative et organique de l'homme ne se ressentelle en rien de cette marque libre, imprimée dans sa spontanéité morale ? L'homme, dans ses sensations, dans ses fonctions animales, dans ses affections et dans ses passions, dans ses appétits et ses désirs organiques, ne montre-t-il pas une spontanéité qui participe déjà du caractère affranchi et libre de sa spontanéité morale ? L'homme est-il absolument un animal, dans toutes les manifestations qui ne tiennent pas à sa nature libre et morale ? Est-il toujours licite de conclure d'un fait d'expérimentation animale à l'existence d'un fait semblable sur l'homme, ou, du moins, les provocations d'un tel fait seront-elles identiques chez l'animal et chez l'homme ? L'observation enseigne le contraire, et nous ne saurions nous en étonner, car l'unité est le fond et la raison de notre nature, le fond et la raison de toutes les manifestations humaines. C'est tout l'homme qui pense, qui veut et qui respire, qui sent et qui souffre ; et si la liberté est le signe de sa vie la plus élevée, le symbole de sa vie morale, ce caractère de son être pénètre, jusqu'à un certain point, tous les actes de sa spontanéité vitale. La physiologie de l'homme porte un reflet de sa psychologie. Il y a en elle une tendance à l'affranchissement, à la réaction, à l'individualisme, qui ne se rencontrent pas chez les animaux. Tous les animaux d'une même espèce ressentent de même les mêmes conditions extérieures. Lorsque l'orage se lève, ou qu'une espèce ennemie menace un troupeau, tout le troupeau partage les mêmes émotions, ressent les mêmes impressions, agit, fuit ou se défend de même. Chez l'homme, les mêmes causes extérieures ne produisent pas ces effets pareils et communs. Les uns ou les autres éprouveront, à l'encontre d'une même cause, des impressions différentes et parfois même opposées ; les déterminations qui s'en suivront seront dissemblables ou contraires. Ce qui effrayera et paralysera les uns, animera les autres ; ce qui assombrira ceux-ci, excitera l'intérêt ou la joie de ceux-là ; ce qui nuira à certains individus sera favorable à certains autres. Partout la variété dans les impressions et dans les résolutions ; et cela, jusque dans la vie végétative ou nutritive de l'être. Cette vie végétative, qui, comme celle de l'animal, semble fatalement soumise aux conditions de milieu, se montre chez l'homme plus indépendante, plus individuelle, plus idiosyncrasique. Et il en est de plus en plus ainsi, à mesure que l'on s'élève, non-seulement dans les espèces animales, mais même dans l'espèce humaine. Les animaux, depuis longtemps domestiqués, auxquels nous avons lentement inculqué une partie de nos passions et de notre sensibilité, ces animaux contractent une spontanéité organique, autrement délicate et susceptible que celle des espèces sauvages ; il y a, entre eux, d'un individu à l'autre de bien plus profondes variétés que n'en produit la vie sauvage. Celle-ci restreint les mobiles intérieurs, uniformise et abaisse les individus. Il en est de même dans l'espèce humaine. Plus l'homme s'élève en civilisation, plus il est, depuis longues générations, attaché à une vie fine, perfectionnée, pleine de besoins et de désirs, constamment surexcitée par tous les produits d'une société raffinée, et plus son impressionnabilité individuelle s'accroît, plus sa spontanéité se développe, plus il se particularise et se distingue de tous ceux qui l'entourent et vivent dans le même milieu. Cet accroissement dans la spontanéité et dans l'individualisation se montre dans toutes les fonctions de l'être, dans sa vie végétative, comme dans tous les actes de sa vie de relation. Et cela, parce que, de cette vie de relation, la spontanéité redescend jusqu'à la vie inférieure, jusqu'à la vie commune, et lui communique une impressionnabilité, une puissance d'émotions propres et spontanées, que d'elle-même elle ne connaîtrait pas. C'est un résultat de l'unité vivante. L'homme est un, et il ne pouvait être doué d'une spontanéité presque affranchie, dans sa vie supérieure, et n'offrir qu'une spontanéité fatale dans sa vie inférieure.

De l'ordre physiologique, cette spontanéité se réfléchit dans l'ordre pathologique. La richesse d'une pathologie est en raison de la spontanéité physiologique de l'être. Plus un être vivant est doué d'une spontanéité prompte et étendue, plus augmente le nombre des maladies qui l'atteignent. Si la domestication élève la spontanéité des animaux, elle accroît aussi, et singulièrement, le nombre des affections morbides auxquelles ils sont exposés. Pour nous, les maux que nous vaut la spontanéité intense et féconde qui anime jusqu'à notre vie commune, ces maux sont en proportion des biens et des satisfactions que cette spontanéité nous procure. Triste mais inévitable compensation! Nous pouvons plus de mal, parce que nous pouvons plus de bien : cette loi appartient à la vie pathologique comme à la vie morale. Aussi, la pathologie humaine est-elle d'une déplorable richesse. Nos vices de la vie organique sont aussi nombreux que les vices de notre vie morale. La plupart de nos passions et de nos affections, en se dénaturant, en se pervertissant, enfantent aussi bien les uns que les autres. Tout se communique dans l'homme et s'entretient, tout y est causé et causant, de l'ordre moral à l'ordre organique, aussi bien que de l'ordre organique à l'ordre moral. C'est en nous un échange continu, à travers lequel apparaît l'unité génératrice qui fait notre être.

Toutes les vérités doctrinales de la biologie et de la métaphysique sont solidaires : on n'attaque pas l'une d'elles, sans attaquer les autres. Aussi la doctrine de la spontanéité a-t-elle été combattue par les mêmes savants qui repoussent les notions d'autonomie et d'unité vivantes. Les objections actuellement présentées contre ces doctrines relèvent surtout de la physiologie expérimentale ; elles ont acquis une valeur qui les rend offensives et redoutables. Aujourd'hui, nulle vérité ne saurait être acceptée, s'il s'élève contre elle des assauts venant de l'expérimentation, et qu'elle soit impuissante à repousser. Nous avons, dans un précédent travail, *le Moi et l'Unité vivante*, examiné les réfutations émises au nom de la physiologie expérimentale contre la doctrine de l'unité et de l'individualité dans les êtres vivants. Nous avons, à cette heure, à interroger les objections que cette même physiologie soulève contre la doctrine de la spontanéité vivante. Les expérimentateurs prétendent parler au nom de la science positive ; il importe de voir ce que répond cette science bien interrogée. J'ose dire à l'avance que rien ne saurait

prouver plus éloquemment la spontanéité de l'être vivant,
que les allégations apportées par ceux qui la nient. Je ne
sais pas de vérité qui ressorte plus lumineuse des luttes
engagées contre elle.

V

Avant de recevoir une formule précise en rapport avec
la loi de la conservation de la force, comme avec celle de
l'équivalence et de la transformation des forces, la doctrine qui fait de la vie un simple mode du mouvement avait
revêtu des formes indécises, telles que la science ébauchée
du monde physique pouvait les lui livrer. De tout temps,
le matérialisme a cherché dans le mouvement la raison de
tous les actes vitaux, non-seulement de ceux qui ont pour
caractère un mouvement apparent, tels que la contractilité
les fournit, mais encore de ceux qui semblent se dérober
au mouvement, tels que le sentiment, l'instinct et la
pensée.

Le sénateur Cabanis, au commencement de ce siècle,
essayait déjà, à travers des réticences ou des obscurités de
langage calculées, de ramener toutes les facultés de
l'homme au mouvement, et de faire du *moi* un moment,
une manifestation spéciale du monde physique. La pensée
de ce médecin et philosophe matérialiste se dégage dans la
suite de *Mémoires* qu'il a réunis sous le titre de *Rapports
du physique et du moral de l'homme*, et en particulier
dans le deuxième Mémoire, intitulé *Histoire physiologique
des sensations* (1). Il ne sera pas sans intérêt de montrer
comment s'exprime et procède ce précurseur de doctrines
que la physiologie expérimentale de ce temps a adoptées,

(1) Cabanis, *Rapports du physique et du moral de l'homme et Lettre sur
les causes premières*. 8ᵉ édition, par L. Peisse. Paris, 1844.

et qu'elle prétend établir par les méthodes qui lui sont propres. Quelques courtes citations suffiront.

Cabanis commence par établir que le monde extérieur, en impressionnant nos organes, est la cause de la vie et la source de toutes nos connaissances : « Sujet à l'action de tous les corps de la nature, l'homme trouve à la fois dans les impressions qu'ils font sur ses organes, la source de ses connaissances et les causes mêmes qui le font vivre ; car vivre, c'est sentir. » La vie ainsi conçue n'est plus une activité propre, cause de tous les actes par lesquels elle évolue ; la vie appartient au monde extérieur, tout ce que nous sommes et tout ce que nous connaissons sort de ce monde ; les impressions qu'il exerce sur nous sont la cause même de notre existence. Cet énoncé si simple, et en apparence banal, supprime déjà, en principe, la spontanéité vivante, intellectuelle et morale de l'homme.

Cabanis va peu à peu laisser voir tout ce qu'il y a au fond de la précédente assertion : « Toute sensation ou toute impression reçue par nos organes ne saurait sans doute avoir lieu sans que leurs parties éprouvent des modifications nouvelles. Or nous ne pouvons concevoir de modification nouvelle sans mouvement. Quand nous sentons, il se passe en nous des mouvements plus ou moins sensibles, suivant la nature des parties solides ou des liqueurs auxquelles ils sont imprimés, mais néanmoins toujours réels et incontestables. » Notons ce premier engagement : toute sensation provoque un mouvement ; il faut en venir à dire que toute sensation n'est qu'un mouvement. Or entre une sensation et le mouvement physique, la distance est tellement grande qu'il semble impossible de la combler, et il est difficile, dans les conditions présentes de nos connaissances, d'identifier deux faits aussi éloignés l'un de l'autre. Le sénateur Cabanis emploie déjà la ressource dont on a tant

abusé depuis lui : il en appelle à l'avenir, il invoque les
progrès futurs de l'analyse : « Nous ne pouvons pas dissimuler, dit-il, que cette distinction (entre le sentiment et
le mouvement) pourrait bien disparaître encore dans une
analyse plus sévère, et qu'ainsi la sensibilité se rattache
peut-être par quelques points essentiels aux causes et aux
lois du mouvement, source générale et féconde de tous les
phénomènes de l'univers. » Malgré un *peut-être* de pure
forme, voilà l'affirmation du matérialisme moderne nettement pressentie : la sensibilité, c'est-à-dire la vie (vivre,
c'est sentir), n'est qu'un mode du mouvement ; le mouvement seul existe ; il remplit l'espace, conduit les mondes,
et les êtres que la vie anime.

Mais cependant, anatomiquement, le nerf ne paraît pas
organisé à l'effet de se mouvoir, et on ne voit aucun mouvement dans le nerf qui sent. Cabanis éloigne cette objection de fait par les mêmes raisons que la science contemporaine allègue ; il distingue entre les mouvements
sensibles et insensibles, entre les mouvements de masse et
les mouvements moléculaires : « Nous observons aussi,
ajoute-t-il après les paroles citées ci-dessus, qu'en disant
que les nerfs sont incapables de se mouvoir, nous avons
entendu de se mouvoir d'une manière sensible, ou de faire
éprouver à leurs parties des déplacements reconnaissables,
par rapport à celles des autres organes qui les entourent.
Tous leurs mouvements sont intérieurs ; ils se passent dans
leur intime contexture, et les parties qui les éprouvent ou
qui les exécutent sont si déliées que l'action s'en est jusqu'à présent dérobée aux observations les plus attentives,
faites avec les instruments les plus parfaits. »

Ces hypothèses et ces affirmations nous amènent en face
des théories modernes qui, s'appuyant sur la transformation
et l'équivalence des forces, demandent au mouvement

externe la cause de tous les mouvements organiques. D'après ces théories, le mouvement externe détermine dans le nerf sensible un mouvement moléculaire ; il ébranle ce nerf et la cellule à laquelle la fibre nerveuse aboutit ; passe d'un centre sensible dans un centre moteur ; s'y transforme en excitation motrice, et est ensuite restitué sous la forme de mouvement de masse ou musculaire. De la sorte, tout part du mouvement externe et tout y revient : du début à la fin de l'acte organique, tout demeure mouvement communiqué, transmis, transformé.

Telle est, dans ses données essentielles, la théorie des actes dits réflexes. Cette théorie est le type mis en avant par tous les physiologistes qui nient la spontanéité des mouvements et des fonctions organiques. Dans les mouvements réflexes, la volonté n'intervient pas. Effacer la volonté dans des actes provoqués par un mouvement externe, c'est effacer la spontanéité apparente de ces actes. Lorsqu'une impression sensitive est transmise à l'encéphale, soit directement, soit indirectement, à travers la moelle épinière, cette impression est perçue par l'animal, et celui-ci y peut répondre par un mouvement volontaire. Ce dernier mouvement, qui souvent est sans relation anatomique et directe avec l'impression sensible, semble spontané. Il est l'expression de la volonté, d'une détermination réfléchie, et cela seul lui imprime un caractère ineffaçable, qui le place bien au-dessus et en dehors d'une pure transmission du mouvement externe. Mais une impression sensible peut être transmise à la moelle épinière ou même au cerveau, ne donner lieu à aucune sensation consciente, ne pas éveiller la volonté de l'animal, et néanmoins se réfléchir immédiatement sur les nerfs moteurs correspondants au nerf sensible affecté, et déterminer ainsi des mouvements *réflexes* auxquels ne participe point la volonté de l'animal. Ici, rien ne trahit la spontanéité ; il semble qu'il y ait transmission directe du mouvement externe qui, d'un nerf sensible, passe à un nerf moteur.

Ces mouvements réflexes et involontaires ont pour agents essentiels un nerf de sensibilité d'abord, ensuite un nerf de mouvement, et, interposé entre les deux, un centre de cellules nerveuses, centre excito-moteur. Le nerf de sensibilité affecté communique l'impression ressentie aux cellules nerveuses auxquelles il aboutit ; ces cellules impressionnent à leur tour d'autres groupes cellulaires moteurs, d'où part une excitation motrice des nerfs de mouvement en rapport avec ces derniers groupes de cellules. L'impression sensible est ainsi transformée en mouvement, souvent sans que l'animal en ait conscience. Un animal décapité dont on excite un nerf sensible répond par un mouvement musculaire à cette excitation, sans que, à coup sûr, il ait conscience de l'excitation subie, et volonté d'agir. Partout où il y a des cellules nerveuses, partout s'opèrent les transformations du sentiment en mouvement. L'axe cérébro-spinal et tous les centres nerveux ganglionnaires sont donc des centres d'action réflexe. Les cellules qui possèdent l'action excito-motrice peuvent même être disséminées dans certains organes, le cœur, par exemple, et constituer là des centres à peine visibles et qui donnent à ces organes une sorte d'innervation indépendante. Aussi le cœur, arraché de la poitrine, continue-t-il à être excitable et à se contracter.

Comment l'étude de l'action réflexe a-t-elle conduit à une négation particulière de l'état de spontanéité organique ? Comment cette négation, limitée d'abord à l'action réflexe, s'est-elle étendue à tout l'ensemble des actes nerveux, et, de là, à l'ensemble des fonctions organiques ? L'examen de ces questions va nous conduire au cœur de toutes les affirmations de la physiologie systématique des centres nerveux.

On a commencé par présenter l'action réflexe comme étant l'analogue des actions de mouvement qui s'opèrent dans le milieu physique. On en a fait une simple transformation du mouvement extérieur. Celui-ci, a-t-on dit, provoque un ébranlement du nerf sensible, comme le démontre un léger accroissement de température constaté dans le nerf; arrivé au centre cellulaire nerveux, l'ébranlement moléculaire détermine une impression, laquelle se transforme, à son tour, en excitation motrice qui passe dans les nerfs de mouvement, et provoque enfin un mouvement musculaire de masse ou de totalité. Ce dernier n'est que la restitution extérieure du mouvement extérieur primitif. Le mouvement réflexe est donc un mouvement restitué. Cette formule, si souvent employée, ne dépasse en rien l'ordre physique; il n'y a, dans cet ordre, que transformation et restitutions de mouvement.

M. le professeur Rouget est l'un de ceux qui ont le plus nettement compris et exprimé cette conception doctrinale de l'action réflexe. Dans son travail sur la *Physiologie des phénomènes réflexes*, ce professeur, qui a importé à Montpellier les enseignements du matérialisme absolu, considère l'action réflexe, et avec elle toute l'innervation, comme un pur *mécanisme de transmission et de transformation de l'action nerveuse*. L'action réflexe c'est la fonction nerveuse élémentaire. « A la fonction nerveuse élémentaire, dit M. Rouget, à ses conditions essentielles, correspond, avec la dernière évidence, la chaîne nerveuse élémentaire qui transmet à l'appareil central l'action du monde extérieur et la transforme en activité propre de l'animal; activité qui, comme toutes les autres forces de la nature, n'est qu'une transformation de forces, de mouvements préexistants. » On le voit, l'affirmation est catégorique : l'activité nerveuse n'est qu'une transformation de mouvements pré-existants ; l'ordre vivant n'est qu'un mode de l'ordre physique ; tout est, de l'un à l'autre, mouvement communiqué et transmis.

La science du mouvement reconnaît comme loi absolue ce que l'on a appelé *équivalence* ou *corrélation* des forces. Les quantités de mouvements reçus et transmis sont nécessairement équivalentes ; rien ne s'en perd, ni ne s'accroît. Un corps ne saurait transmettre une quantité de mouvement plus grande, ni moindre qu'il n'a reçu. Si les actes réflexes sont de simples transmissions et transformations du mouvement physique, cette loi de l'équivalence des forces doit les régir, comme elle régit tout mouvement. Cette conséquence logique est acceptée par M. le professeur Rouget. Suivant lui, le mouvement transmis dans l'action réflexe est proportionnel à l'impression reçue, au mouvement communiqué de l'extérieur. Ce fait lui semble si naturel et si incontestable qu'il se borne à le signaler d'une façon incidente, à propos de quelques expériences de MM. Brown-Sequard et Tholozan. Ces deux expérimentateurs ont fait voir que lorsque l'on plonge l'une des mains dans de l'eau très-froide, les vaisseaux de la main du côté opposé se contractent. Cette contraction des vaisseaux, visible dans les veines sous-cutanées, est d'autant plus prononcée que la sensation du froid et la douleur sont plus intenses. « Le rapport entre l'intensité de la contraction et l'intensité de la sensation, dit M. Rouget, est encore une preuve de plus qu'il s'agit ici d'une action réflexe. »

« On sait, ajoute-t-il, que cette harmonie entre l'action et la réaction est une loi essentielle de ces actions nerveuses dans lesquelles le système nerveux joue le rôle d'un *appareil qui reçoit des impressions et restitue sous forme d'excita-*

tion motrice, et en quantité proportionnelle ce qu'il a reçu comme impression (1). »

Afin de mieux établir cette proposition, qui assimile si étroitement l'ordre vivant et l'ordre physique, M. Rouget expose les résultats de l'excitation expérimentale produite chez les animaux à sang froid. « Observez, dit-il, un animal placé dans les conditions les plus favorables à la manifestation des actes réflexes, un animal à sang froid ou un mammifère dont la température a été artificiellement abaissée et chez lequel la moelle a été séparée par une section transversale de l'encéphale. Pincez légèrement un membre, des mouvements se montreront dans ce membre seul; pincez un peu plus fort, les mouvements se manifesteront à la fois dans le membre qui reçoit l'excitation et dans celui du côté opposé; pincez encore plus fort, les mouvements convulsifs envahissent les quatre membres et le tronc. Augmentez l'intensité de l'irritation, vous aurez des mouvements généraux, des cris même si la section a porté au-dessus du bulbe rachidien. » L'équivalence des forces ou des mouvements produits se manifesterait donc dans les êtres vivants comme dans l'ordre inorganique. Toute prétendue spontanéité vivante serait ainsi effacée.

Allons plus loin : Cette transformation de l'impression sensible en mouvement appartient-elle à la seule action réflexe, à l'action nerveuse accomplie en dehors de toute intervention de la volonté? Les actions réflexes jouent-elles, dans l'économie, un rôle important, ou sont-elles secondaires et presque accidentelles? Y aurait-il dans l'organisme des actes réflexes, involontaires, inconscients, automatiques, soustraits à toute spontanéité organique; et, à l'op-

----

(1) Brown-Séquard, *Leçons* traduites de l'anglais par le Dr Richard Gordon, précédées d'une *Introduction sur la physiologie des actions réflexes*, par le professeur Rouget, p. 51.

posé, des actes volontaires, conscients, manifestation d'une spontanéité animale, évidente? Les physiologistes répondent à ces questions en montrant que les actions réflexes jouent dans le fonctionnement un rôle continu et prépondérant; les actions réflexes se multiplient et envahissent toute la vie organique. « Chaque progrès nouveau, dit le professeur Rouget, de la physiologie du système nerveux démembre, pour ainsi dire, pièce à pièce, le domaine de la volonté une et consciente. Ce ne sont plus seulement quelques phénomènes convulsifs involontaires, observés dans quelques conditions d'expériences déterminées, ou bien accidentels et en dehors de la marche régulière de la vie, qui se rangent sous la loi du mouvement réflexe : les fonctions les plus importantes de l'organisme vivant, les manifestations de son activité régulière les plus habituelles se montrent comme de purs mouvements réflexes, de pures transformations en activité propre à l'animal d'un mouvement actuel de la matière extérieure. »

M. Rouget ne tend pas seulement à ramener au mouvement réflexe les fonctions les plus importantes de l'organisme; il éloigne toute réserve à ce sujet, et prétend que l'action réflexe est le type unique de toutes les fonctions du système nerveux : « Si diverses et si complexes qu'elles soient en apparence, les fonctions du système nerveux se rattacheront toujours à cette forme simple et élémentaire qui constitue le mouvement réflexe ou *impression transformée en action*. » Parmi ces fonctions diverses du système nerveux se trouve évidemment comprise la fonction pensante. La pensée est donc ramenée à un mouvement réflexe; la pensée, pour reproduire les expressions du savant physiologiste de Montpellier, devient une *pure transformation en activité propre à l'animal d'un mouvement actuel de la matière extérieure*. La pensée demeure aussi étrangère à toute spontanéité que le mouvement de la matière extérieure dont elle est une transformation.

Ce sont là de bien grosses assertions, et contraires au sentiment traditionnel, comme au sentiment intime que chacun porte en soi. Où est la preuve de cette suite hardie d'affirmations? Nulle part; et ce n'est pas l'un des moindres étonnements que procure une science qui se dit positive, que de voir avec quel sans gêne et quel arbitraire elle tranche et décide. Dans les solutions qu'elle impose, elle ne semble écouter que les convenances de ses préjugés. Elle adopte, sans démonstration, une théorie des mouvements réflexes; et, toujours sans démonstration, elle généralise une telle théorie, l'étend des actes sans conscience et involontaires aux actes conscients et volontaires; et il y a tout un public pour accepter ces doctrines qui reposent sur la parole d'un maître, et pour considérer cet amalgame d'idées confuses et fausses pour l'expression du libre progrès, et le dernier mot d'une science affranchie.

VI

Cependant quelques hésitations se font jour parfois, même parmi ceux qui adoptent volontiers les enseignements précédents. C'est affaire de tempérament, d'ardeur ou de modération naturelle. On reconnaît que lorsque le sentiment conscient et la volonté interviennent, il y a un fait en apparence nouveau, et que la transmission du mouvement extérieur explique mal. On prêche alors le probable, et on en a le droit. Si dans les actes inconscients et involontaires, il n'y a que mouvement communiqué de l'extérieur, transformé et restitué en quantité proportionnelle, n'est-il pas probable que l'état de conscience et de volonté ne change pas les lois absolues du mouvement, et que, dans cet état, comme dans l'autre, il n'y a qu'un mode spécial de transformation du mouvement? N'y a-t-il pas, de l'état conscient à l'état inconscient, et de l'état volontaire à l'état involontaire, des gradations insensibles, lentes, qui font qu'on passe de l'un à l'autre sans secousse, sans que rien décèle entre les deux un hiatus, une séparation brusque et profonde? Il y a des états de conscience obscure et de volonté inaperçue, qui sont difficiles à distinguer de ceux où toute conscience et toute volonté font défaut; n'est-on pas autorisé à en conclure que si les lois du mouvement expliquent le premier état, elles doivent aussi expliquer le second? Cet enchaînement d'idées est naturel, et nous ne nous étonnons pas de le voir accepté par les représentants de la physiologie matérialiste. M. le docteur Beaunis, professeur de physiologie à la Faculté de Nancy, a proposé de ramener la pensée, la conscience et la volonté au simple mouvement physique communiqué de l'extérieur, et voici comment il expose et essaie de légitimer cette proposition (1).

M. Beaunis choisit pour exemple un homme à qui l'on vient de lancer une pierre; celle-ci a frappé la figure; douleur au point frappé; de colère, cet homme ramasse une pierre et la lance à la figure de son adversaire. Dans la première moitié de cette suite d'actes, choc de la pierre, douleur locale, ébranlement d'un nerf de sensibilité, modification d'un centre nerveux sensitif, M. Beaunis ne voit que transmission du mouvement externe; la modification du centre nerveux qui perçoit la douleur lui paraît une transformation du mouvement moléculaire déterminé par le choc de la pierre. Mais viennent la sensation de douleur,

_____

(1) Beaunis, *La force et le mouvement* (*Revue des cours scientifiques*, 24 janvier 1874). — Voyez aussi Beaunis, *Nouveaux éléments de physiologie humaine*. Paris, 1876.

la colère, la volonté de se venger, qui se dérobent, en apparence, au fait du mouvement; ces phénomènes physiologiques et psychiques semblent irréductibles aux lois du mouvement communiqué et transmis. Mais, avant de classer ces phénomènes à part, et de les rattacher à des causes étrangères au mouvement, il faut remarquer que les faits qui succèdent, modification du centre nerveux moteur transmission nerveuse motrice, mouvement musculaire du bras qui va ramasser et jeter la pierre, reparaissent, suivant M. Beaunis, comme phénomènes de mouvement. Or le mouvement ne se crée pas; il est toujours communiqué et transmis. Il est donc à croire que les phénomènes de sensibilité et de volonté intermédiaires entre les premiers mouvements, venus de l'extérieur par le choc de la pierre, et les mouvements ultérieurs qui consistent à lancer une pierre contre l'agresseur, ne sont aussi que phénomènes de mouvement, quoique l'analyse ne puisse le prouver encore; et ce sont ces phénomènes mal connus de mouvement qui, à leur tour, se transforment dans les centres nerveux moteurs, et aboutissent à cette action dernière de vengeance, action toute de mouvement physique.

Mais laissons M. le professeur Beaunis exposer lui-même cet enchaînement de faits et de transformations de mouvement, tel qu'il l'imagine. « Donc, dit-il, dans cette série de phénomènes, entre la modification du centre nerveux sensitif et celle du centre nerveux moteur se trouve interposée une série d'actes psychiques qui ne sont pas reconnus, même par une analyse délicate, comme des phénomènes de mouvement, mais qui sont reconnus comme appartenant au moi, à ce même moi qui sent et qui veut. Mais, d'un autre côté, je remarque que les phénomènes de transmission nerveuse, qui sont incontestablement des modes de mouvement matériel, ne sont pas connus par la conscience et qu'il faut une analyse très-rigoureuse et très-difficile pour les constater. J'en conclus qu'il se passe en dedans de nous, dans les centres nerveux en particulier, des phénomènes de mouvement dont nous n'avons pas conscience et qui n'en existent pourtant pas moins, et que ces phénomènes de douleur, de colère et de volonté pourraient bien être aussi du même ordre, et n'être autre chose que des mouvements.

» En outre, si ces phénomènes psychiques ne sont pas un mouvement matériel, que devient le mouvement moléculaire dégagé dans le centre nerveux sensitif, et d'où vient le mouvement produit dans le centre nerveux moteur? D'après la loi de corrélation, dite des forces physiques, le premier ne peut disparaître qu'en se transformant, et le second ne pouvant être créé *ex nihilo* ne peut être qu'une transformation d'un mouvement antérieur. N'y a-t-il donc pas lieu de supposer que ces phénomènes psychiques ne sont qu'un mode de mouvement (mode tout particulier, si l'on veut) provenant de la transformation du mouvement moléculaire du centre sensitif et se transformant en mouvement moléculaire de centre moteur? Ce qui donne plus de poids à cette hypothèse, c'est que lorsque ces phénomènes sont portés à un degré très-puissant, exemple : la colère, on sent en soi quelque chose qu'on ne peut comparer qu'à un mouvement; *la colère me monte à la tête,* dit-on quelquefois, et ce langage n'est peut-être pas si figuré qu'il en a l'air.

Enfin, tous ces actes psychiques supposent des organes nerveux, organes dont l'activité n'est qu'un mode de mouvement. Quel besoin alors de surajouter à ces organes une force distincte et spéciale qui ne peut entrer en action sans eux? La liaison qui existe entre certains organes nerveux et des actes que nous ne reconnaissons comme phénomènes de mouvement que par une analyse très-délicate, ne nous autorise-t-elle pas à croire que la même liaison existe entre la volonté et certains centres nerveux, et qu'il n'y a là qu'un mouvement moléculaire dont nous n'avons pas conscience. Il est évident que la preuve absolue ne sera faite que le jour où la volonté, la mémoire, le jugement, etc., où tous les actes psychiques simples auront été scientifiquement rapportés à un centre nerveux et à un mouvement moléculaire, comme la transmission nerveuse est rapportée à un mouvement moléculaire d'un cordon nerveux ; mais jusque-là n'y a-t-il pas au moins une très-forte présomption en faveur de cette hypothèse, et la science ne marche-t-elle pas de plus en plus dans cette voie ? Le reproche essentiel qu'on peut faire à l'hypothèse de la production matérielle de la pensée, c'est que certains faits ne sont pas encore prouvés, que beaucoup sont inexpliqués et inexplicables. C'est vrai ; mais n'en est-il pas de même de l'hypothèse contraire ? »

Toutes ces probabilités semblent triomphantes à M. Beaunis et il les couronne par cette proposition générale : « Le mouvement dans ses différentes manifestations physiques, vitales et (pour nous du moins) psychiques, constitue le champ commun de toutes les sciences. » L'auteur termine en disant que les lois générales du mouvement deviennent les lois générales de toute science. « Ces lois, ajoute-t-il, sont au nombre de trois, la transmission, la nécessité et l'égalité du mouvement. Ces trois lois sont solidaires, et la dernière emporte les autres. Toutes deviennent applicables à la pensée, et, en particulier, la dernière loi que M. Beaunis formule ainsi : « *Égalité du mouvement. Les quantités du mouvement transmis et du mouvement communiqué sont égales l'une à l'autre sous quelque forme que ce mouvement se présente.* » Voilà donc la pensée formellement soumise aux lois mathématiques et fatales du mouvement physique. Dans cette transformation psychique du mouvement, il doit y avoir un mouvement reçu égal au mouvement transmis; car il en est ainsi sous quelque forme que le mouvement se présente. Telle est l'équation à laquelle, désormais, la pensée devra se soumettre; la pensée sera un fait proportionnel au mouvement!

Qu'on me pardonne ces longues citations : elles étaient nécessaires pour montrer les idées plus ou moins nettes qui couvent au fond de nombre d'esprits. Il faut savoir où l'on aboutit, lorsque l'on part de la négation de la spontanéité vivante, et que l'on considère le mouvement et ses transformations comme l'unique loi du monde physique et du monde vivant. Que de difficultés, cependant, surgissent, même pour ceux qui, tout attachés qu'ils sont aux hypothèses positivistes, regardent d'un peu près les faits qu'ils croient expliquer. Les théories superficielles et faciles, que l'on bâtit sur des exemples choisis et que l'on interprète à son gré, rencontrent bien vite des cas contraires et des faits qui se dérobent à ces explications, vides encore plus qu'aisées.

Ainsi, dans l'exemple commenté par M. Beaunis, il y a un choc extérieur; ce mouvement initial, venu du dehors, devient, à travers des transformations successives, l'origine du mouvement dernier destiné à lancer une pierre contre l'agresseur. Je vois, ici, une apparence de mouvement communiqué et transmis; les choses semblent régulières à ce point de vue. Mais que dire lorsque le choc extérieur manque, lorsque le sentiment, la volonté et le mouvement ne se rattachent à aucun mouvement fourni par l'extérieur? Le premier anneau manque à la chaîne des faits et des mouvements ultérieurs. Que faire en cette situation équivoque? On la dissimule volontiers, ou mieux, l'on essaye de la tourner en invoquant les analogies, les à peu près et les faux-fuyants si chers à la science des affirmations positives. On voit, par exemple, un spectacle d'horreur; on recule épouvanté : l'horreur aperçue devient l'analogue du choc extérieur; elle ébranle, sans doute, les nerfs optiques, et cet ébranlement se transforme en mouvement de recul, en expression d'épouvante. Ce n'est pas sérieux, me dira-t-on; un spectacle effrayant n'ébranle pas plus ni autrement le nerf optique qu'un spectacle attrayant; les rayons lumineux ne possèdent pas une faculté variée d'ébranlement, suivant la signification morale de l'image qui les envoie. Il n'importe; sérieuse ou non, cette explication est la seule possible, et elle est au fond de la pensée de tous ceux qui n'acceptent que le mouvement physique communiqué et transformé. Je la rencontre, non-seulement chez ceux qui savent être fidèles à leurs idées, et aller jusqu'au bout d'un système; mais je la trouve encore chez les inconscients, chez les sceptiques, chez ceux qui croient se soustraire à toute idée doctrinale, et qui sont entraînés, sans le savoir, par les hardis de l'erreur; modérés, comme toujours entraînés par les violents, parce que leur modération ne repose pas dans la vérité, mais hors de la vérité.

Veut-on une preuve de toutes ces faiblesses de langage et de pensée? Qu'on lise ce curieux passage d'un article sur l'*allaitement* (1). « L'allaitement, dit l'auteur, est le complément de la gestation. C'est là que se montre dans toute son activité l'instinct de la maternité. Chez les animaux, l'action de contact entre la femelle et les petits a lieu par un effort mutuel : dans l'espèce humaine, le nouveau-né est passif, et l'activité tout entière est, du côté de la mère. Le nouveau-né n'agit sur la mère que par une *sorte d'action*

(1) Lorain, *Nouveau dictionnaire de médecine et de chirurgie pratiques.* Art. ALLAITEMENT. Paris, 1864, t. I.

réflexe; ses cris sollicitent et éveillent l'instinct maternel, d'où naît le rapprochement entre le sein et la bouche. » Malheur, donc, au nourrisson tranquille, d'humeur douce, qui ne souffrirait et ne crierait pas : il ne provoquerait pas l'action réflexe qui doit accomplir le *rapprochement entre le sein et la bouche!* Sérieusement, les cris de l'enfant ne sont-ils pas assimilés ici à un choc extérieur, et un acte conscient et volontaire n'est-il pas considéré comme une sorte d'acte réflexe? Cela ne montre-t-il pas combien ces vagues analogies conduisent au faux, quand on n'a pas la notion droite du vrai pour les redresser?

Et, cependant, même ces images indécises ne sauraient, dans tous les cas, être invoquées. Il n'y a pas toujours spectacle ou cris pour fournir un analogue au choc extérieur. Souvent la pensée s'éveille, et le mouvement volontaire la suit, sans qu'aucune circonstance extérieure intervienne. Quoique l'esprit de méditation ne soit pas aussi commun qu'on le dise, il existe néanmoins, et quelques hommes savent s'abstraire du monde extérieur, s'abîmer dans leur propre pensée, et puiser souvent les plus fermes déterminations dans ce retour sur eux-mêmes. D'où peut venir ici le premier mouvement? Où est le mouvement communiqué qui doit se transformer en sensation, en pensée, en mouvement volontaire enfin? Je vois le dernier terme, la détermination volontaire; je ne vois pas le premier, le mouvement communiqué, celui qui doit fournir les transformations successives. Les physiologistes du mouvement évitent de signaler tous ces *desiderata*; ils y répondraient sans doute en disant, comme M. Beaunis, « que certains faits ne sont pas encore prouvés, que beaucoup sont encore inexpliqués et inexplicables. » Mais ils ne voudraient pas abandonner pour si peu leur hypothèse préférée. Des faits qu'ils croient expliquer, ils concluent sans hésiter aux faits qu'ils ne peuvent expliquer. Le mouvement leur paraît suffire dans certains cas; ils l'admettent dans tous les autres cas. Ils se révolteraient si on leur proposait la marche inverse. Il est des cas où la spontanéité semble évidente, et où le mouvement communiqué et transmis se dérobe, comme dans la pensée consciente et réfléchie; pourquoi ne pas descendre de ces faits aux autres? Peut-être verrait-on alors, dans les faits que l'on croit expliquer par le mouvement, des caractères nouveaux et majeurs qui rendraient cette explication illusoire. Mais n'anticipons pas, et ne commençons pas incidemment une discussion qu'il faut reprendre à ses débuts.

VII

On l'a vu, tous les sophismes dont je viens d'emprunter le textuel exposé aux savants autorisés qui les soutiennent, reposent sur la théorie des actions réflexes. C'est donc cette théorie qu'il convient d'interroger, au nom même de la science expérimentale qui la produit. Le caractère de spontanéité vivante est-il effacé dans l'acte réflexe? La réponse à cette question est capitale; elle prime toutes les autres. Si la spontanéité subsiste dans l'acte réflexe, à plus forte raison domine-t-elle dans les actes conscients et volontaires. Si elle est effacée dans l'acte réflexe, la spontanéité n'est plus un caractère nécessaire de tous les actes vitaux. On pourra se demander plus tard si, absente d'un côté, elle se trouve de l'autre, si, manquant dans l'activité inconsciente et réflexe, elle surgit dans l'activité consciente et volontaire. Toutefois, il n'y a pas à se dissimuler le peu de valeur que comportent les réserves par lesquelles on voudrait sauver l'unique spontanéité des actes conscients et volontaires. Si la spontanéité n'est pas un caractère nécessaire des actes réflexes, l'ensemble de ces actes est tel, il a acquis une si juste importance en physiologie et en pathologie, qu'il y aura, dans ce seul fait, une grave présomption contre le caractère de spontanéité des autres manifestations vivantes, même de celle de l'être conscient, pensant et voulant.

Mais nous n'aurons à faire appel à aucune de ces réserves dont l'impuissance serait manifeste. Nous allons le démontrer : dans l'acte réflexe, l'impression sensible et l'excitation motrice ne sont nullement la transformation d'un mouvement extérieur et communiqué. Je prie le lecteur de me suivre avec patience dans une discussion qui lui montrera que les faits expérimentaux, loin de nuire aux vérités générales de la biologie, tournent toujours à leur éclatante confirmation.

Si le mouvement extérieur frappant un nerf devait se métamorphoser en impression sensible et en excitation motrice, si celles-ci n'étaient qu'une sorte d'ondulation vibratoire du nerf, cette métamorphose s'accomplirait directement. Il n'y aurait rien entre le mouvement extérieur communiqué, et l'impression excito-motrice, forme nouvelle de ce mouvement. C'est la loi de toutes les métamorphoses du mouvement, qu'elles se succèdent en se substituant les unes aux autres. En mécanique aucune force ne doit se perdre, ni s'arrêter dans sa transmission. Or il y a ici une force qui a atteint un nerf sensible ; si, entre cette atteinte du nerf et la sensation perçue, il n'y a aucun fait intermédiaire, on pourra se croire autorisé à soutenir que cette force, qui n'a pu se perdre, s'est transformée en impression. Celle-ci, à son tour, éveillerait l'excitation motrice, et le mouvement communiqué serait restitué de nouveau comme mouvement externe. La forme première du changement serait seule changée : de mouvement moléculaire, d'ondulation insensible, elle deviendrait mouvement de masse, acte mécanique apparent. De la sorte, le mouvement extérieur serait la cause première et efficace de tous les mouvements organiques. La spontanéité vivante tomberait au nombre des conceptions chimériques.

Mais les choses ne se passent pas ainsi. Le mouvement imprimé à un nerf sensible, l'excitation matérielle du bout de ce nerf, ne sont pas uniquement et nécessairement suivis du fait de l'impression sensible, de façon à ce que l'on puisse dire que celle-ci est la transformation des premières manœuvres. Non; dès qu'un nerf sensible est excité à l'un de ses bouts, l'expérimentation montre dans ce nerf deux phénomènes immédiats et constants : augmentation de température, accélération des mouvements de composition et de décomposition du nerf, se traduisant, en dernière analyse, par un accroissement des combustions organiques de la substance nerveuse. Altération moléculaire du nerf, augmentation de sa température, voilà la vraie transformation du mouvement imprimé à un bout de nerf. L'impression sensible peut se joindre ou ne pas se joindre à cette modification dans l'état matériel du nerf; elle n'est pas une conséquence forcée de cette métamorphose du mouvement extérieur. Si l'excitation d'un nerf sensible est opérée chez un animal expérimentalement paralysé, ou chez une personne dont la sensibilité est pathologiquement abolie, l'excitation du nerf se transformera toujours en altération moléculaire et en augmentation de température du nerf; il n'y aura pas perte du mouvement extérieur; une telle perte est impossible; ce mouvement sera restitué par les matériaux de la décomposition chimique du nerf; mais il n'y aura pas eu production d'impression sensible manifeste.

Des expériences physiologiques, précises et nombreuses,

établissent, pour qui sait les interroger, ce fait remarquable que l'excitation d'un nerf quelconque amène, dans ce nerf, une élévation de température et un accroissement des combustions organiques, sans qu'il s'ensuive nécessairement une impression produite. Que celle-ci manque ou soit présente, les faits précédents demeurent les mêmes. Je signalerai les expériences d'un physiologiste éminent, M. Schiff : Il refroidit, d'abord artificiellement, un animal, afin d'éviter les causes d'erreur provenant de la différence des températures de l'animal et du milieu ambiant, et aussi parce que, chez ces animaux refroidis, les nerfs conservent très-longtemps leur excitabilité, et se prêtent ainsi plus aisément aux études expérimentales. Il excise, chez ces animaux, une longue portion du nerf sciatique, et pratique sur la continuité du nerf excisé une ligature ou un écrasement linéaire. Il place le nerf ainsi préparé sur une pile thermo-électrique disposée à cet effet; il excite ensuite une des extrémités de ce cordon nerveux; aussitôt l'aiguille du galvanomètre dévie, et accuse un excès de température du côté de l'extrémité excitée; aucun phénomène dans la partie du nerf que la ligature sépare du bout excité. Si l'on reproduit l'excitation après un certain temps de repos, nouvelle déviation de l'aiguille du galvanomètre. Si l'on place une seconde ligature entre la pile et l'extrémité excitée du nerf, l'excitation ne produit plus aucun effet; l'aiguille reste immobile malgré l'excitation la plus énergique du nerf.

M. Schiff a répété cette expérience sur les deux nerfs sciatiques d'un même animal : l'un des nerfs, complétement séparé des muscles qu'il animait, est préparé comme le précédent, et placé sur la pile thermo-électrique; l'autre nerf reste en connexion avec les muscles et est déposé sur un support voisin. M. Schiff excite simultanément les deux nerfs :

d'un côté, élévation de température, constaté par l'aiguille du galvanomètre ; de l'autre côté, un fait nouveau s'ajoute au précédent ; il y a contraction musculaire. Lorsque l'excitabilité des nerfs s'épuise, il n'y a plus ni élévation de température, ni contraction musculaire. Ces deux manifestations de l'excitation du nerf s'éteignent en même temps. Ces expériences établissent, en outre, que l'élévation de température déterminée par l'excitation, que l'intensité de l'excitation produite, et que l'excitabilité du nerf en expérience, sont proportionnelles, et éprouvent les mêmes variations.

Ces diverses expériences ne démontrent-elles pas directement le fait que nous avancions, à savoir, que le mouvement communiqué de l'extérieur à un nerf, se transforme en mouvement moléculaire de la substance nerveuse et en chaleur, et que l'intensité du mouvement extérieur, l'accélération des échanges moléculaires, et la quantité de chaleur produite sont proportionnelles ? Ne prouvent-elles pas, en même temps, qu'il n'y a pas transformation du mouvement extérieur en impression sensible et en excitation motrice ? Celles-ci peuvent exister ou manquer sans que rien soit modifié dans les transformations opérées. Voici, par exemple, un nerf excisé ; il ne tient plus à aucun centre nerveux ; ce sont des tubes nerveux sans communication avec aucune cellule nerveuse ; il ne peut y avoir là production d'aucune impression sensible, ni d'aucune excitation motrice. Si cependant on excite une extrémité de ce tronc nerveux, alors que son excitabilité persiste, aussitôt sa température s'élève, et un changement dans son état moléculaire se produit. Voilà la transformation du mouvement extérieur qui a atteint l'extrémité du nerf. Elle s'opère exactement comme si ce nerf appartenait encore à un animal sentant et se mouvant. La sensation et l'excitation motrice n'entrent donc pour rien dans cette transformation. Ces faits fournissent, d'eux-mêmes, la réponse à la question que posait M. Beaunis, demandant « ce que devient le mouvement moléculaire dégagé dans le centre nerveux sensitif, et d'où vient le mouvement produit dans le centre nerveux moteur? » Ce mouvement, parti du monde extérieur, lui est restitué sous forme de chaleur et de matériaux organiques comburés; il n'est nul besoin de le rechercher dans les manifestations de la vie sensible ou psychique. Son aboutissant, comme son point de départ, se trouve dans les seuls milieux physiques.

Toutefois, de ce que le mouvement ne se transforme pas en actes vitaux, en impressions sensibles ou excito-motrices, cela ne veut pas dire que ces actes et impressions, que la mise en jeu des activités propres du système nerveux, soient sans rapports avec l'accroissement des combustions organiques et la chaleur produite. Non; le système nerveux ne saurait fonctionner sans que la matière qui le forme s'ébranle; mais cet ébranlement n'est pas la cause de son fonctionnement, il en est la condition, empruntée, comme toutes les conditions organiques, au monde extérieur, au mouvement communiqué et reçu. Cette condition, toute nécessaire qu'elle est, peut se mettre en branle sans que le fonctionnement propre du système nerveux s'éveille, sans qu'une impression soit produite, sans que la cause sentante et pensante agisse réellement et manifeste sa puissance. Dans le fonctionnement vivant, la cause, pour obtenir son effet, exige et suscite la condition; mais la condition ne suscite pas nécessairement la cause, et peut s'éteindre isolée et sans fruit. Il en est ainsi, lorsque l'excitation atteint une portion du système nerveux séparée du centre auquel appartient la faculté de sentir et de mouvoir, comme dans les expériences de Schiff. La condition matérielle nécessaire à la sensation s'établit dans le nerf excité ; mais la sensation fait défaut, car elle a sa cause dans le centre nerveux auquel aboutit le nerf, et le nerf est ici séparé de ce centre.

D'autres preuves viennent corroborer ces premières inductions fournies par l'expérience, et montrer combien l'impression sensible et excito-motrice est loin d'être une pure métamorphose du mouvement externe. En effet, l'une des lois de toute transformation du mouvement, c'est qu'il y ait proportion, égalité, entre le mouvement qui transmet et le mouvement communiqué. Rien ne doit se perdre du premier mouvement ; d'autre part, il ne doit pas transmettre plus qu'il n'a en lui. Cette proportionnalité semble réalisée dans la transformation du mouvement que présente le nerf excité. A une forte excitation correspond une élévation notable de la température du nerf, une altération moléculaire plus avancée ; à une excitation faible correspond une élévation moindre de température, une moindre altération du nerf ; et c'est une raison qui démontre qu'il s'agit là d'une vraie transformation de mouvement. En est-il ainsi en ce qui regarde l'impression sensible, et l'excitation motrice qui lui succède ? Si l'on s'en tenait à l'exemple donné par M. Rouget, on serait tenté de répondre par l'affirmative. Si l'on pince légèrement la patte d'une grenouille, elle retire seulement la patte pincée ; si l'on pince plus fortement, l'animal retire les deux membres postérieurs ; si l'action lésante est encore plus énergique, des mouvements convulsifs envahissent les quatre membres et le tronc. Il y a là une progression dans les manifestations douloureuses et dans l'excitation motrice, qui semble en rapport avec l'action extérieure communiquée. Mais il s'agit, dans ce cas, d'un animal à sang froid et qui a subi la décapitation préalable. Il serait plus que téméraire de conclure d'un tel animal, ainsi mutilé, à l'animal entier, et, surtout, aux animaux à sang chaud, dont l'innervation est, à la fois, plus rapide, plus synergique, plus entraînante. Un animal décapité n'est pas dans des conditions régulières, relativement aux manifestations de la vie nerveuse. Non décapitée, la grenouille, même pincée légèrement, ne se bornerait pas à retirer la patte; elle sauterait au loin, et fuirait l'expérimentateur. Cet exemple est donc loin d'avoir la valeur que l'auteur lui attribue; et l'on peut s'étonner que l'on prétende fonder une loi générale, aussi importante que celle de l'égalité entre le mouvement extérieur transmis et la transformation intérieure de ce mouvement, sur un fait isolé, d'un caractère contestable, et d'aussi mince importance.

De partout, d'ailleurs, surgissent les faits contraires à cette proportionnalité fictive. Ces faits contraires sont en tel nombre, qu'on est embarrassé de choisir parmi eux; ils abondent en physiologie, ils remplissent la pathologie. Pour prendre, en physiologie, un exemple qui se rapproche de celui fourni par une grenouille dont on pince la patte, je citerai le cas d'un homme dont on chatouille très-légèrement la plante des pieds. Le mouvement extérieur transmis est ici très-faible; voyez combien l'impression ressentie est vive, et combien l'incitation motrice est violente; le corps s'agite en secousses convulsives; les muscles de la face se contractent; un rire pénible et irrésistible fatigue et exténue le patient; on peut, dit-on, déterminer la mort en prolongeant ces attouchements, en apparence, inoffensifs. Et même, plus le chatouillement sera délicat, et plus la réacon de tout le système moteur sera intense; si les attouchements, au lieu d'être fugitifs et légers, s'accentuent, augmentent de force et de durée, ils perdent de leur action convulsivante, loin de déterminer une action proportionnelle à leur force. De pareils faits ont de nombreux analogues. Combien est léger le chatouillement de la pituitaire qui va provoquer l'ébranlement subit et violent de tout le système respiratoire moteur, l'éternument, en un mot! Cet enfant, chez qui la présence de vers intestinaux provoque des convulsions; cet homme qui, parce qu'il porte un tænia, est pris, de temps à autre, d'accidents épileptiques terribles, ne sont-ils pas des exemples d'une disproportion incommensurable entre le mouvement physique communiqué et les impressions ressenties, l'excitation motrice produite? Ces helminthes transmettent aux filets nerveux un mouvement presque insensible; le mouvement transmis est pareil à tous les moments, ou du moins les variations en sont inappréciables; et, cependant, l'excitation motrice est effrayante, et, en outre, effroyable à un moment, elle est nulle en d'autres temps. Quoique le mouvement provocateur soit toujours là, tantôt les effets provoqués sont d'une violence extrême, tantôt les effets sont absolument nuls. Où voit-on, dans tous ces faits, la moindre proportion entre le mouvement extérieur et l'impression sensible ou l'excitation motrice, lesquelles sont censées, pourtant, n'être que la simple transformation de ce mouvement? Ne sort-il pas de là une invincible démonstration que cette prétendue transformation n'est qu'une illusion?

Cette disproportion entre le mouvement extérieur et les actions réflexes déterminées par lui, n'avait pas échappé à tous les physiologistes : « Si l'arc nerveux, disait Gratiolet n'était qu'un simple conducteur, l'énergie de la réaction n'étant modifiée par l'intervention d'aucun agent particulier, serait nécessairement proportionnelle à l'énergie de la stimulation. Mais l'expérience démontre qu'il n'en est point ainsi; une réaction forte peut suivre une stimulation faible et, réciproquement, à une stimulation faible, peut, dans certains cas, succéder une réaction puissante. » Par cette seule déclaration, Gratiolet affirmait la spontanéité des actions réflexes.

Les circonstances les plus variées, et souvent les plus insignifiantes, suffisent à modifier, chez un même individu, l'intensité de l'action réflexe, quoique la provocation extérieure de l'acte demeure identique. Parmi ces circonstances je me bornerai à signaler la distraction de l'individu, au moment où le mouvement extérieur l'atteint, et l'accoutumance de l'individu à ce même mouvement extérieur. Un individu fortement distrait, ressentira à peine le choc qui, en d'autres circonstances, provoquerait une action réflexe énergique. Il en est de même pour l'accoutumance : le même choc, le même ébranlement extérieur, en se répétant souvent, ne déterminera bientôt plus aucun acte réflexe tandis qu'à la première atteinte, le mouvement réflexe avait pu être violent. Dans tous ces cas, pourtant, le mouvement venu du dehors, et reçu par le nerf sensible, demeure pareil ; rien ne doit s'en perdre ; suivant la loi invariable de la transformation des forces, il devrait déterminer une impression sensible pareille, et une pareille excitation motrice. Or, chaque jour, le contraire a lieu ; cela seul suffirait à démontrer l'inanité de la transformation invoquée.

Le terrain de la pathologie est encore plus fécond en démonstrations péremptoires des mêmes vérités. Je ne puis m'étendre sur ce sujet ; je rencontrerais des développements qui dépasseraient toute mesure. Je dirai seulement que l'on prétend expliquer, aujourd'hui, par action réflexe, l'ensemble des fluxions, congestions, inflammations, aiguës ou chroniques ; et en expliquant ces troubles fluxionnaires ou inflammatoires, on prétend expliquer, par là même, les maladies que ces troubles expriment, ou auxquelles ils sont associés. Je n'ai pas à juger ici ce que valent ces théories pathogéniques ; je ne dirai pas à quel point elles sont insuffisantes et vides; je ne veux les appeler en témoignage que relativement au fait sur lequel elles prétendent se fonder, à savoir, l'action réflexe et ses rapports avec le mouvement extérieur. Or, sur ce point éclatent les plus étranges dissemblances et les plus entières disproportions. Que l'on examine l'une des causes extérieures les plus communes, l'action du froid, par exemple : Un même froid, agissant sur des personnes d'un bon état de santé, et dans des conditions comparables, sur une réunion d'hommes du même âge, et suivant un même régime, les soldats d'une même caserne, ou les élèves d'un même lycée, non-seulement provoquera des phénomènes d'intensité variée, une fluxion ici légère, là intense, mais encore des affections absolument dissemblables. Chez l'un, il déterminera une névralgie, chez l'autre une douleur rhumatismale, arthritique ou musculaire, chez celui-ci une angine, chez celui-là une bronchite, chez un autre une pleurésie ou une pneumonie, ou une diacrise intestinale. Chez beaucoup, enfin, il n'amènera aucun effet morbide appréciable. Et, cependant, l'action lésante a été la même pour tous : elle a dû affecter de même le système nerveux sensible; pourquoi ne s'est-elle pas transformée en une pareille impression morbide, et en un même état pathologique? Pourquoi cette action extérieure, dans nombre de cas, ne s'est-elle traduite par aucun effet appréciable? Nulle réponse plausible ne peut être faite à ces questions, et la conception d'une maladie par transformation directe d'un mouvement extérieur est la plus chimérique qu'on pût imaginer.

On peut s'élever plus haut dans le jugement à porter sur les théories de la genèse des maladies par transformation réflexe d'un mouvement extérieur. Lorsqu'un mouvement communiqué se transforme, la transformation suit immé-

diatement le mouvement premier, et se transmet ensuite
de même. Il y a une chaîne continue de mouvements communiqués, transformés, restitués, et ainsi de suite et sans
relâche. Il ne peut y avoir d'interruption d'un mouvement
à l'autre ; une interruption serait un arrêt, une suspension
dans la transmission du mouvement, ce qui est contraire
aux lois primordiales du mouvement. Or, on peut dire que
le mode de génération des maladies est absolument opposé
à cette loi. Jamais, dans la maladie, l'effet, l'acte morbide,
l'institution morbide ne suit directement l'action extérieure.
Il y a, entre celles-ci et la maladie, une interruption, un
silence souvent prolongé. On a donné à ce silence le nom
d'*incubation*. Toute maladie, avant d'éclater, a son temps
d'incubation, pendant lequel aucun effet, aucun symptôme
morbide ne s'observent. Ce temps d'incubation est souvent
fort long ; dans la rage, il dure quarante jours, plusieurs
mois, peut-être plus d'une année ; mais long ou court, il ne
manque jamais. Que devient durant le temps de l'incubation, le mouvement communiqué, dont la transformation
doit suivre immédiatement, et dont la restitution, sous
forme de mouvement visible, d'actes morbides appréciables, doit s'accomplir sans retard ? Ce mouvement communiqué s'arrête-t-il ? s'arrêter, il ne le peut ; il doit se
transmettre ; s'arrêter c'est se perdre, et du mouvement
rien ne doit se perdre. La théorie pathogénique de la
maladie par action réflexe se trouve donc réfutée par les
caractères essentiels de la maladie. Rien, en celle-ci, ne
s'explique par simple transformation de mouvement. La
spontanéité marque la naissance et toute l'évolution de la
maladie.

La distance est donc grande qui sépare la maladie de
l'acte réflexe. Toutefois quelque éloignement qu'il y ait
entre une évolution d'actes qui, comme la maladie, a son

incubation, sa progression, sa marche régulière et sa fin déterminée, et l'acte réflexe qui naît brusquement sous le choc extérieur et s'épuise aussitôt, il n'y en a pas moins, de l'une à l'autre, une série ascendante ou descendante, où tout se tient et s'enchaîne, de telle sorte que les transitions sont insensibles d'un degré à l'autre. De l'acte réflexe on peut s'élever par gradations jusqu'à l'impression morbide, rapide et fugitive, et, de celle-ci, jusqu'à la maladie achevée, constituée, persistante ; de façon qu'il n'y ait, entre ces cas divers, aucune de ces distinctions catégoriques qui autorisent à accorder ici une théorie, que l'on repoussera absolument plus loin. Si l'acte réflexe est dû à une transformation de mouvement, celle-ci s'imposera jusque dans la maladie achevée. Mais s'il est prouvé que, dans celle-ci, une telle transformation est impossible et contre nature, cette preuve retournera jusqu'à la théorie de l'axe réflexe ; et s'il y a déjà des preuves qui infirment la production de l'acte réflexe par métamorphose du mouvement physique, ces preuves acquerront une puissance nouvelle par l'adjonction des enseignements fournis par l'étude pathogénique de la maladie. Tel a été notre but : montrer qu'une même loi domine la genèse des actions réflexes et celle des maladies, malgré les différences capitales qui les séparent. Théorie des actes réflexes, pathogénie des maladies, sont comme les deux extrémités reliées d'un même cercle vivant : la spontanéité rayonne du centre sur tous les points de ce cercle.

VIII

La spontanéité qui se cache au fond des actes réflexes, comme celle qui éclate dans les maladies de cause interne, se décèle à un autre et éloquent caractère, qui fournit une nouvelle démonstration de cet attribut majeur des êtres vivants. Ce caractère est celui d'un but à atteindre. Ce but, nous allons le montrer dans l'acte réflexe, là où il est le plus contestable; la tradition nous le montrera, ensuite, dans toute évolution morbide, à côté des actes affectifs et destructeurs qui soulèvent cette évolution.

Un mouvement physique communiqué et transmis, qui ne crée et ne perd rien, un tel mouvement n'a pas de but qui lui soit spécial. Tout, en lui, est indifférent et fatal; il demeure comme anéanti dans l'ensemble des mouvements physiques; il est le moment d'une éternelle et indifférente circulation. Il en est autrement des actes par lesquels se traduit la cause vivante. Ces actes, nous l'avons vu, possèdent un but, une fin adéquate à leur cause. Ce but, c'est l'accroissement de l'être, sa conservation, sa restauration, sa défense contre les agressions hostiles. Ce but de l'être individuel et vivant devient la règle immanente et nécessaire de sa spontanéité régulière. Constater ce but, c'est constater la spontanéité propre de l'être, c'est constater qu'il tire de lui ses déterminations, et qu'il ne reçoit pas le mouvement externe et physique, se bornant ensuite à le restituer sous une forme ou sous une autre. Si donc un acte exécuté par l'être a un but de conservation et de défense, il faut en conclure que cet acte est spontané, et non communiqué et transmis.

Les actes réflexes offrent-ils à l'observation avec un caractère marqué de conservation et de défense? Les actes réflexes ont-ils un but? On comprend toute l'importance doctrinale de la réponse. S'ils ont un but, ils sont par cela même spontanés, et toute la théorie de la transmission et de la restitution du mouvement tombe. Or ce but des actes réflexes est si évident qu'il a été signalé, sans hésitation, au début même de la connaissance de ces actes. C'est le caractère, en effet, qui a tout d'abord frappé Prochaska, le créateur de la physiologie des mouvements réflexes.

Ce grand physiologiste, dont M. Longet a vulgarisé les travaux auparavant peu connus, après avoir établi le mécanisme des actes réflexes, en avait ainsi formulé le caractère essentiel : « La condition générale qui domine la *réflexion* des impressions sensorielles sur les nerfs moteurs, c'est l'instinct de la conservation individuelle. » En assignant un but aux actes réflexes, Prochaska reconnaît que des actes inconscients peuvent tendre à un but comme des actes conscients. Aussi les actes réflexes peuvent-ils, suivant lui, se produire avec ou sans conscience : *notandum est, quod ista reflexio, vel animâ insciâ, vel vero animâ consciâ, fiat.* Pour expliquer le caractère final imprimé aux actes réflexes, Prochaska admet que le *sensorium commune*, organe de tous les instincts conservateurs, comme de la pensée consciente et de la volonté, se prolonge dans la moelle épinière, et que c'est là ce qui fait que, sur les animaux décapités, les actes réflexes conservent leur caractère conservateur et défensif.

Ce but des actes réflexes, Prochaska l'appuie par de nombreux exemples : celui de la grenouille décapitée dont on pince la patte et qui retire le membre irrité; si l'irritation provoquée est plus forte, cette grenouille décapitée retire les deux membres, rampe, saute, cherche à se soustraire au contact douloureux qui la blesse. A cet ordre de faits se rapporte l'éternument consécutif à une excitation de la membrane pituitaire ; la toux provoquée par des parcelles d'aliments ou une goutte de liquide tombée dans le larynx ou la trachée; le vomissement à la suite de la titillation de la luette ou du pharynx; l'occlusion des paupières qui a lieu quand une personne approche rapidement le doigt de notre œil; le mouvement des apoplectiques, chez lesquels toute conscience est abolie, et qui portent la main à la tête, vers le siége de la lésion, comme s'ils voulaient se débarrasser d'un corps lésant. Ces faits-là et tant d'autres prouvent, aux yeux de Prochaska, que les actes réflexes sont coordonnés, réglés en vertu d'un but supérieur; ils tendent à une fin identique, qui est la conservation, la défense de l'animal. Ils sont voulus, en quelque sorte, non d'une volonté sûre, ferme et consciente, mais d'une volonté parfois hésitante, incertaine, obscure, irréfléchie et inconsciente.

Les physiologistes qui veulent que les actes réflexes soient dus à une simple transformation du mouvement externe, et qui fondent, sur cette théorie, la démonstration d'un fait général, à savoir : qu'il n'y a dans la nature qu'une force, le mouvement, et que la vie n'est qu'une transformation de cette force, ces physiologistes ont compris que le caractère final attribué par Prochaska aux actes réflexes était la condamnation formelle de leur idée systématique. Un mouvement qui a une fin pour règle, qui est conçu en vue d'un but à atteindre, un tel mouvement est, de soi, spontané, appartient uniquement à l'être qui le soulève et l'institue pour se défendre. Aussi ces physiologistes, lorsqu'ils sont conséquents, refusent-ils aux actes réflexes tout caractère final. M. Rouget, qui sait être conséquent, repousse bien loin une finalité qui ne doit exister nulle part dans la nature vivante, puisqu'elle n'existe nulle part dans la nature physique. « Prochaska, dit-il, imbu des anciennes idées, au lieu de voir dans ces phénomènes (les actes réflexes) ce qu'ils sont en réalité, la preuve de l'existence de centres nerveux indépendants du cerveau, attribue ces mouvements à l'instinct de conservation qui persisterait, suivant lui, dans le tronçon de l'animal séparé de la tête. C'était encore invoquer un de ces principes ontologiques dont nous avons déjà signalé l'abus et l'inanité. »

Si M. Rouget apportait quelques preuves à l'appui de ses dénégations, il y aurait à les examiner et à les discuter. Mais ce savant professeur se borne à cette condamnation sommaire; il la juge suffisante, sans doute, parce qu'elle vise une opinion opposée à celle qui, pour lui, est la vérité suprême des choses, à savoir : qu'il n'y a qu'une force, le mouvement, et qu'avec cette force il faut expliquer tous les phénomènes de la nature. Mais c'est précisément cet absolu matérialisme qu'il faudrait asseoir, et pour lequel on invente une théorie des actes réflexes, rebelle à toute idée de but et de finalité, et contraire aux faits les plus avérés d'observation. La doctrine de Prochaska, si sommairement repoussée par M. Rouget, avait pourtant obtenu les adhésions les plus autorisées. Legallois, étudiant peu après Prochaska les actes réflexes était presque tenté d'admettre dans la moelle des centres distincts de volonté, tant la coordination des mouvements réflexes, l'avait frappé : « La section de la moelle, écrivait-il, établit deux centres d'innervation bien distincts et indépendants l'un de l'autre; on pourrait même dire deux centres de volonté, si le mouvement que fait le train de derrière quand on le pince supposait la volonté de se soustraire au corps qui le blesse. »

D'autres et plus récents physiologistes, MM. Pflüger et Paton, accordent à la moelle, l'un, un pouvoir *psychique*, l'autre un pouvoir *perceptif*, et c'est ainsi qu'ils expliquent les réactions coordonnées qui s'opèrent par l'intermédiaire de la moelle. M. Pflüger appuie sa manière de voir sur de remarquables expériences; j'emprunte au livre de M. Vulpian l'exposé de l'une d'elles : « Il (M. Pflüger) place une goutte d'acide acétique sur le haut de la cuisse d'une grenouille décapitée, et il voit le membre postérieur se fléchir de façon à ce que le pied vienne frotter le point irrité. Il ampute le pied avant de renouveler l'expérience : l'animal commence à faire de nouveaux mouvements pour frotter la patte irritée, mais il ne peut plus y parvenir, et, après quelques moments d'agitation, comme s'il cherchait, dit M. Pflüger, un nouveau moyen d'arriver à accomplir son dessein, il fléchit l'autre membre et réussit avec celui-ci. »

« M. Auerbach, continue M. Vulpian, a vu des faits semblables se produire. Après l'amputation d'une cuisse sur une grenouille décapitée, il met une goutte d'acide sur le côté correspondant du dos. L'animal fait des efforts; puis, comme s'il reconnaissait leur inutilité, il finit par rester tranquille. On met alors une gouttelette d'acide sur l'autre moitié de la région dorsale. La grenouille immédiatement frotte le point irrité avec le pied de ce côté; puis, comme si elle reconnaissait alors la possibilité d'atteindre le point excité la première fois, elle y porte aussi le pied qui lui reste, et se met à le frotter. »

Il est inutile de multiplier ces récits d'expériences; on a varié celles-ci de mille façons, et toutes ont prouvé la réalité du caractère signalé par Prochaska. M. Vulpian qui, pas plus que M. Rouget, n'aime les *principes ontologiques*, n'en reconnaît pas moins que la plupart des mouvements réflexes sont en réalité des *mouvements défensifs*. « Quoi de plus digne d'attention que ces faits! ajoute-t-il; ainsi la moelle épinière, par des mouvements réflexes appropriés, permet à chaque point du corps de se soustraire aux causes irritantes. Ce que j'avance ici est évident pour les exemples que j'ai mis jusqu'ici sous vos yeux; mais c'est non moins évident pour d'autres actions réflexes qui sont sous la dépendance du prolongement bulbaire de la moelle. Qu'est-ce, en effet, que l'éternument? Ce mouvement si complexe qui nécessite la mise en jeu d'un grand nombre de muscles, qui se compose d'une inspiration prolongée, suivie d'une respiration nasale brusque, soudaine, qui se répète plus ou moins souvent, et cela sous l'influence d'une irritation de la membrane pituitaire, ce mouvement n'est-il pas une sorte de réaction tendant à expulser la cause d'irritation qui agit sur cette membrane? Qu'est-ce que la toux plus ou moins répétée? qu'est-ce que le vomissement? Ne sont-ce pas des mouvements réflexes dont le résultat est de débarrasser les voies respiratoires ou l'estomac des corps qui les irritent : en un mot, de défendre ces parties. Enfin, le cri réflexe lui-même n'est-il pas en quelque sorte un mouvement de conservation? »

Tel est donc le caractère essentiel des actes réflexes : actes de conservation, mais inconscients et involontaires. C'est sans le savoir, sans s'en rendre compte, que le tronc d'un animal décapité s'agite pour sa défense, éloigne de lui les causes hostiles. Tant que l'unité vivante n'est pas entièrement éteinte dans le corps qu'elle engendrait et animait, l'instinct de la conservation persiste. Le cerveau n'est pas l'unique organe de cet instinct; la conservation est la fin de toute vie qui subsiste, que cette vie soit consciente ou inconsciente, qu'elle ait à son service les perceptions achevées et distinctes que le cerveau élabore, ou les perceptions confuses et incomplètes qui siégent en toute substance vivante. La grenouille décapitée n'a pas la volonté de se défendre, elle se défend cependant, et cette défense est vraiment un acte spontané, quoiqu'il ne soit pas volontaire. Volonté et spontanéité ne sont pas solidaires; c'est une erreur que de les assimiler, de façon à ne pas voir l'une sans l'autre, et de refuser la spontanéité à des actes qui ne sont pas volontaires. C'est l'erreur que n'évite pas mon éminent collègue, M. Vulpian. « La volonté, dit-il, telle qu'on l'entend habituellement, fait partie intégrante des fonctions cérébrales; on admet la spontanéité au nombre de ses caractères essentiels; or une grenouille décapitée, un tronçon postérieur de grenouille ou de triton n'a pas la moindre spontanéité. La volonté ainsi comprise est restée bien évidemment tout entière dans le tronçon antérieur, comme vous pouvez en juger, en comparant l'un à l'autre les deux tronçons de cette grenouille ou de ce triton. Il semble bien que c'est le tronçon céphalique qui possède seul des mouvements volontaires, car il se meut sans excitation extérieure appréciable, tandis que le tronçon pelvien demeure inerte tant qu'une cause extérieure ne vient pas le stimuler (1). »

Refuser au tronçon postérieur d'une grenouille décapitée toute spontanéité, parce que cette spontanéité n'offre pas le caractère supérieur que lui ajoute la volonté et parce que cette spontanéité a besoin d'être provoquée par une cause extérieure, c'est aller contre le sens légitime des choses et des mots. Un mouvement spontané, je l'ai déjà dit, est celui qui a sa cause efficiente dans l'être qui l'émet, que cet être jouisse ou non de la volonté consciente, que ce mouvement soit ou non sollicité par un mouvement extérieur. Solliciter n'est pas causer, provoquer n'est pas émettre, dès que le mouvement extérieur ne se transforme pas directement en mouvement de l'être, que celui-ci n'est pas un simple mouvement communiqué du dehors, le mouvement vivant est spontané, quelque nécessaire ou accessoire que soit à sa production le mouvement externe. Ainsi compris, le mouvement vivant n'est plus un mouvement, c'est un acte conçu et engendré. Dans les actes réflexes, le mouvement externe est un stimulant nécessaire; dans d'autres actes vitaux, ce mouvement externe devient un fait accessoire, et peut manquer. C'est l'unique différence qui existe, au point de vue occasionnel, entre ces

____

(1) Vulpian, pour cette citation et les précédentes empruntées au même auteur, voyez *Leçons sur la physiologie du système nerveux*, 19ᵉ leçon.

actes vitaux; les uns et les autres sont pareillement spontanés; ils ne relèvent que de la cause propre et individuelle de l'être. Aussi, avons-nous rencontré la spontanéité jusque dans les rangs inférieurs de l'animalité, jusque dans le végétal lui-même.

Mais, objectera-t-on sûrement, le caractère défensif que présentent beaucoup d'actes réflexes est-il général? n'observe-t-on pas des actes réflexes qui n'offrent nullement un tel caractère, qui même offrent un caractère nuisible? la pathologie n'est-elle pas remplie d'actes réflexes se présentant avec une nocuité évidente? peut-on tirer une conclusion générale de faits qui ne sont pas constants? Sans méconnaître ces objections, on peut dire qu'elles n'infirment pas le caractère fondamental des actes réflexes. L'acte réflexe, n'étant pas volontaire et délibéré, se présente, par cela même, avec un caractère fatal qui peut tourner contre la conservation de l'être, pour laquelle il se soulève, à laquelle il devrait concourir. Il y a des fonctions directement établies pour notre accroissement et notre conservation, et qui deviennent causes actives de destruction, dans certains cas : telle l'absorption; destinée à nourrir l'organisme, elle peut servir à l'empoisonner. Il en est de même pour les actes réflexes : il est de ces actes qui concourent à l'accomplissement régulier de certaines fonctions; ces actes surgissent alors même que les fonctions auxquelles ils sont attachés sont détournées de leur but, affectées et entraînées dans un sens funeste, et concourent à la destruction, au lieu de servir à la conservation pour laquelle elles sont instituées. Le caractère défensif des actes réflexes n'est pas plus altéré pour cela que n'est altéré le caractère utile des fonctions elles-mêmes.

De même, dans l'ordre pathologique. Toute maladie de cause interne s'offre toujours avec deux éléments : l'élément affection qui exprime le caractère nuisible conçu par l'organisme, et l'élément réaction qui exprime la résistance de l'organisme, et la lutte conservatrice ou médicatrice qu'il institue avec plus ou moins de liberté et de succès. Si les actes réflexes, soulevés dans le cours de la maladie, sont dominés par l'affection, ils apparaîtront avec un caractère nuisible, parce qu'ils exprimeront ou réflèteront celle-ci; telles sont les convulsions tétaniques, se déclarant, dans le tétanos, sous la plus légère excitation extérieure. Ces convulsions tétaniques réflexes traduisent directement l'affection, et c'est à cela qu'elles doivent leur caractère funeste. Mais ces actes réflexes, que l'on pourrait appeler affectifs, n'enlèvent pas plus aux actes réflexes normaux leur caractère défensif, que le caractère nuisible de l'affection n'enlève à la maladie le caractère de réaction médicatrice, ou de résistance vitale, qui s'associe à toutes les manifestations morbides de l'affection. Lorsque la vie est déviée de son but, tous ses actes s'en ressentent et peuvent dévier. Ce qui n'empêche pas la vie d'avoir son but propre, qui est sa loi et sa fin. Je me borne à ces brèves considérations sur un sujet qui comporterait de longs développements. Le caractère conservateur et défensif des actes réflexes, pour être obscur ou masqué dans un certain ordre de faits, n'en reste pas moins le caractère saillant des faits réguliers, et cela suffit à dévoiler l'évidente spontanéité de ces actes.

IX

Si nous essayons de résumer cette laborieuse discussion sur la nature des actes réflexes, systématiquement altérée par les physiologistes contemporains, qui prétendent retrouver en ces actes une exacte restitution du mouvement extérieur, nous verrons que le caractère spontané de ces actes ressort de trois ordres principaux de faits : 1° par cela que le mouvement extérieur communiqué à un nerf sensible ne se transforme ni en impression sensible, ni en excitation motrice, mais uniquement en un mouvement moléculaire de composition et de décomposition dans la substance du nerf, mouvement dont les produits aboutissent au monde extérieur d'où il émerge. La restitution du mouvement extérieur s'opère donc exclusivement par un fait physico-chimique, nullement par un fait vivant; 2° par le défaut absolu de proportion entre le mouvement communiqué et l'impression sensible produite, ou l'excitation motrice consécutive, ce qui est contraire aux lois essentielles de la transformation des forces; 3° par le caractère synergique, fonctionnel, conservateur, ou défensif des actes réflexes; ceux-ci ont un but, et cela seul les sépare absolument du mouvement physique et des transformations de ce mouvement.

Je n'aurai pas besoin de longs développements pour montrer que le caractère de spontanéité des actes réflexes, inconscients et involontaires, se retrouve plus expressif encore dans l'ensemble des actes conscients et volontaires. Si la démonstration, en ce qui concerne les actes réflexes, n'a pu se faire jour qu'en écartant des sophismes spécieux et des obscurités accumulées, cette démonstration acquiert d'irrésistibles clartés en se transportant dans les régions humaines de l'affection et de la passion conscientes, de la volonté libre et de la pensée réfléchie.

Prenons l'exemple proposé par le professeur de la Faculté de Nancy : un homme frappé à la figure, éprouvant, à la fois, de la douleur au point frappé et une colère violente; rendant aussitôt l'outrage reçu, en frappant, à son tour, un agresseur coupable. Il y a là comme un grossier décalque des actes réflexes; mouvement extérieur communiqué, impression sensible, excitation motrice, mouvement restitué. Tout cela est arrangé pour les besoins prévus d'une démonstration difficile. Toutefois, on se demande comment, avec de pareils et aussi artificiels arrangements, on peut arriver à en imposer à des esprits même prévenus. Un tel enchaînement de faits et d'actes est loin, en effet, d'être en rapport avec l'observation vulgaire. Il n'est pas toujours exact, tant s'en faut, qu'une violence extérieure, même injustement exercée, se transforme et se restitue en une violence égale. On peut recevoir un coup, ressentir une douleur vive, et ne pas vouloir le rendre, ne pas chercher une vengeance immédiate ou lointaine. Si le coup atteint un lâche, il sera supporté, et l'impression sensible ne provoquera aucune restitution motrice. Si le coup frappe un de ces hommes, dans l'âme desquels le pardon des injures soit profondémeut gravé, si l'insulte et la violence s'adressent à un martyr de la foi, la douleur ressentie ne se transformera pas en mouvement d'agression; le calme de l'esprit répondra aux insultes reçues, et le calme du corps aux violences qui l'auront assailli. Si le coup, enfin, atteint un homme froid, dissimulé et vindicatif, l'homme frappé gardera un sang-froid apparent; son visage ne trahira aucune émotion; il affectera même des sentiments conciliants. Mais, après un temps plus ou moins long, alors que tout paraissait oublié, si l'occasion d'une vengeance assurée se présente, la violence reçue sera tout à coup rendue, et plutôt aggravée qu'affaiblie par le temps.

Dans tous ces cas divers, qui répondent au même mouvement externe, à un coup porté sur la figure, que devient la transformation du mouvement communiqué, de l'ébranlement moléculaire subi par le nerf sensible? où se trouve la métamorphose en impression excito-motrice? où se trouve la restitution en un mouvement de masse ou musculaire? Il n'y a plus ici une simple disproportion entre le mouvement initial ou communiqué et le mouvement transformé ou terminal : il y a, souvent, une absence complète de celui-ci. Le mouvement communiqué existe seul; sa transformation ultérieure se dérobe; et cependant, comme le dit M. Beaunis, « que devient le mouvement moléculaire dégagé dans le centre nerveux sensitif? » Pour nous, nous n'avons pas besoin d'en appeler à d'impossibles hypothèses pour répondre à cette question; nous connaissons ce que devient ce mouvement moléculaire. Nous avons vu qu'il ne se transforme ni en impression sensible, ni en excitation motrice; nous savons qu'il a son équivalent dans le mouvement de décomposition chimique de la substance nerveuse et dans l'accroissement de la température du nerf. Mais, à ceux qui veulent faire de ce mouvement externe l'origine directe du mouvement musculaire qui lui succède, on a le droit de demander ce que devient ce mouvement externe, alors qu'aucun mouvement musculaire ne le suit et ne le restitue.

Je n'insisterai pas, non plus, sur le caractère défensif ni sur le caractère moral que présentent les actes de celui qui repousse la violence par la violence, ou de celui qui, pour tel ou tel motif, noble ou indigne, subit la violence sans la repousser. Ces caractères, défensif ou moral, en quoi le mouvement externe les livre-t-il dans sa prétendue transformation? Par quel déterminisme surgissent-ils dans cette imaginaire métamorphose du mouvement physique qui aboutirait à la restitution de ce mouvement! La spontanéité n'éclate-t-elle pas en tous ces actes, et quels nuages pourraient l'obscurcir?

Que dirai-je si, de ces actes sollicités par un mouvement

externe, nous entrons dans le monde infini des actes et des pensées, où n'intervient aucune sollicitation extérieure, où tout sort de la pure spontanéité humaine? La pensée réfléchie, l'abstraction profonde, les notions nécessaires de cause et de substance, du vrai et du beau, du juste et de l'injuste, de la liberté et de la responsabilité morale, ces notions, fond vivant de notre esprit, lui appartiennent essentiellement; rien du dehors ne vient les imprimer en nous par une transformation du mouvement: elles émergent de notre spontanéité féconde. La liberté morale de l'homme en est la suprême et glorieuse expression. Cette liberté, on l'engloutit en cherchant, dans la transformation du mouvement externe, la cause directe des actes organiques, réflexes ou autres; c'est donc cette liberté que nous sauvons d'un odieux naufrage en montrant qu'aucun acte, qu'aucune fonction ne sont la suite et la transformation du mouvement qui pousse toute matière, de la chaleur qui descend des mondes stellaires et que le soleil départit à la terre. La vie fait la spontanéité. Depuis l'acte réflexe jusqu'à la détermination de la raison libre, tout ce qui est acte vivant est acte spontané : ici, la spontanéité demeure en rapport nécessaire et direct avec la sollicitation externe; là, elle semble s'affranchir, et le monde extérieur n'a avec elle que les rapports nécessaires à l'entretien de la vie dont il est le support. Les rapports du monde extérieur avec la raison libre et la spontanéité morale demeurent des rapports indirects, seconds, établis avec l'être vivant plutôt qu'avec l'être moral; ils n'existent et ne se maintiennent que parce que l'être vivant est la forme vivante de l'être qui pense et qui veut. C'est ainsi que tout passe par les sens, mais que la vraie raison engendre et gouverne au-dessus du monde des sensations qu'elle reçoit.

X

La spontanéité vivante, par cela qu'elle n'est pas une forme du mouvement reçu et communiqué, s'offre avec des modes d'être, des allures inattendues, des physionomies changeantes et contraires, dont les lois du mouvement physique ne sauraient fournir une idée même éloignée. A bien dire, chaque espèce d'être, chaque individu a son genre particulier de spontanéité; le champ de l'observation est sans limites à cet égard. Nous ne saurions nous livrer à l'examen de toutes ces idiosyncrasies vivantes, de tous les modes infiniment variés que la spontanéité revêt dans la longue série des espèces animées. Cela reviendrait à dévoiler les mœurs propres de chacune de ces espèces. Mais à côté de ces mœurs que l'histoire des êtres découvre au naturaliste étonné, il y a l'étude des modes de la spontanéité, qui appartiennent à tout ce qui vit. Chacun de ces modes généraux est une affirmation nouvelle du fait essentiel de la spontanéité. Les modes et les attributs affirment l'être, le développent, et le font mieux saisir et comprendre. La spontanéité vivante peut exister, et cependant se taire, et s'ensevelir dans une longue mort apparente; elle se réveille, et, dans son état d'activité, elle répond à l'action d'agents stimulants; elle subit, après l'action, la fatigue; elle se modifie par l'habitude : tous ces faits amènent des états propres de la spontanéité qu'il importe de connaître, afin de mieux connaître la spontanéité qui les supporte.

La vie est-elle toujours en développement visible de ses facultés et de son activité spontanée? Ne peut-elle exister sans se trahir par des manifestations sensibles, sans mettre en jeu la spontanéité qui accompagne tous ses actes? En un mot, ne peut-elle être en puissance, *in posse*, sans se traduire nécessairement en acte, *in actu?* N'y a-t-il pas une sorte de vie latente, qu'aucun phénomène ne décèle, dans laquelle toute spontanéité semble éteinte, sauf à se ranimer aussitôt que les conditions extérieures voulues viendront la solliciter? Ces questions se posent au physiologiste et nous verrons combien de faits importants s'y rattachent. Mais elles doivent étonner et révolter ceux qui considèrent la vie comme un mode de mouvement, et qui, par conséquent, la tiennent pour soumise aux lois du mouvement. En effet, le mouvement ne saurait pas plus s'arrêter que se perdre; il ne saurait passer à l'état réellement latent, c'est-à-dire ne se manifester par aucun des effets qui lui appartiennent. Une force agit toujours, que cette action soit plus ou moins évidente. Sous une forme ou sous une autre, la circulation du mouvement est constante et indéfinie. « Où sont donc les exemples, dit M. le professeur Gavarret, d'une force présente qui ne révèle son existence par aucune manifestation? Contre-balancée par une résistance, la pesanteur peut bien ne pas communiquer du mouvement à un corps; mais elle n'est pas *latente*, elle produit une pression ou une traction. La chaleur n'est pas à l'état latent dans la vapeur d'eau; transformée en élasticité, elle se manifeste par une pression... » Aussi, M. Gavarret, qui croit que la vie n'est qu'une forme spéciale du mouvement, applique logiquement à l'une les lois de l'autre, et nie ces prétendus états latents de la spontanéité vivante. « Dans le monde organique, dit-il, comme dans le monde minéral, il n'est pas possible d'admettre la présence d'une force là où son existence n'est accusée par aucune manifestation. » Sous une forme inattendue reparaissent la négation ou l'affirmation de la doctrine de la spontanéité vivante. Si cette spontanéité existe, elle peut-être latente; si elle n'existe pas, si la force physique règne seule, l'état latent dans la vie devient une chimère.

Interrogeons d'abord les faits : ils vont prononcer d'eux-mêmes une nouvelle et profonde séparation entre l'ordre vivant et l'inorganique, et montrer, ici, l'état latent réel, complet ou relatif, là l'état d'action continue et nécessaire.

L'exemple le plus commun de l'état latent de la vie, et du silence absolu de sa spontanéité, se rencontre dans ces germes végétaux, graines de céréales ou de légumineuses. qui, maintenues à l'abri de l'humidité, conservent indéfiniment leur vitalité, et passent à l'état actif, dès qu'on les place dans des conditions de milieu favorables. C'est ainsi que des grains de blé, extraits du cercueil d'une momie égyptienne, dont l'antiquité dépassait trois mille ans, ont fourni une puissante et féconde végétation. Des haricots enfermés depuis l'année 1700 dans l'herbier de Tournefort, ont été semés en 1840, et ont produit plantes et graines. Mille exemples analogues pourraient être fournis. Dans ces graines, la vie est vraiment en puissance, et ne se manifeste par aucun acte, par aucun mouvement réel. Soutiendra-t-on que la vie manque à ces graines, et que c'est l'humidité qui la leur apporte? Mais, en vérité, est-ce l'humidité qui donne à la graine le pouvoir merveilleux de se développer suivant une direction déterminée et de reproduire un être conforme à l'espèce des ancêtres? Ce pouvoir n'appartient-il pas en propre à la graine, et l'humidité n'advient-elle pas ici comme une simple condition d'exercice de ce pouvoir, n'est-elle pas comme un aliment nécessaire dont la graine va se nourrir, et à l'aide duquel celle-ci lèvera et fructifiera?

Mais, dira-t-on, dans la graine qui n'a pas germé, la spontanéité vivante n'a jamais été mise en jeu ; nul acte ne l'a décelée ; la vie n'a pas encore pris son élan ; la graine peut garder l'état statique, en quelque sorte; tout demeure immobile dans cette cellule fécondée, tant que les conditions d'un milieu favorable ne la provoquent pas au mouvement organique. Peut-il en être de même dans un être en voie de développement? Cet être peut-il retomber dans l'immobilité dont il est sorti? La vie peut-elle perdre l'activité acquise, pour retourner à l'état latent? En un mot, le pouvoir vivant peut-il persister, et les actes vitaux s'éteindre momentanément? De nombreux exemples répondent encore par l'affirmative. On a vu des fougères complétement desséchées reprendre leur vitalité sous l'influence de l'humidité, et poursuivre ainsi leur développement interrompu; des bulbes conservés pendant plusieurs années dans des herbiers et complétement desséchés ont fourni une végétation régulière : des cryptogames vasculaires desséchés d'abord à l'air libre, puis maintenus pendant douze jours dans le vide de la machine pneumatique, et au-dessus d'une capsule pleine d'acide sulfurique bouilli, et enfin soumis, pendant huit jours, à une température de 66° dans une étuve sèche, ces végétaux cryptogames recouvrent leur aspect ordinaire et leur vie, lorsqu'on leur restitue l'eau qu'ils ont perdue; ils fournissent de bonnes boutures.

Ces faits ne s'observent pas exclusivement dans le règne végétal; on les rencontre pareillement dans le règne animal. Qui ne connaît l'histoire des animaux réviviscents, laquelle reproduit, trait pour trait, l'histoire des cryptogames dont je viens de parler. Les rotifères, les tardigrades, les anguillules des toits, desséchés d'abord à l'air libre, puis exposés, durant cinquante-cinq jours, à l'action du vide et de l'acide sulfurique bouilli, sous la cloche de la machine pneumatique, puis enfin placés dans une étuve sèche dont la température est graduellement portée à 100°, reprennent toute leur activité dans des mousses humectées, et alors qu'ils ont recouvré l'eau dont l'évaporation les avait dépouillés. D'autres observations faites sur des animaux plus élevés dans l'échelle animale, sur des vertébrés, ne sont pas moins remarquables et concluantes. Je citerai, en particulier, les congélations de poissons et de batraciens, dont M. le professeur Gavarret retrace l'histoire intéressante : « Les voyageurs racontaient depuis longtemps qu'en Russie et dans le nord des États-Unis d'Amérique, on transporte au loin des poissons congelés, empaquetés, roides comme des bâtons, et que, même après dix ou quinze jours de congélation complète, ces animaux reprennent toute leur activité quand on les plonge dans de l'eau à la température ordinaire. Ces faits, dont l'authenticité a été d'abord contestée, sont acceptés sans difficulté depuis les expériences intéressantes tentées en Islande par M. Gaspard, en 1828 et 1829. Il plaça des crapauds dans une boîte remplie de terre, et les exposa à l'influence de la température extérieure. Au bout de quelque temps, il ouvrit la boîte; ces animaux étaient durs et roides comme des cadavres gelés; toutes les parties de leurs corps étaient inflexibles et cassantes; quand on les brisait, il ne s'en échappait pas une seule goutte de sang. Placés dans de l'eau légèrement chauffée, ces crapauds recouvrèrent la flexibilité de leurs membres à mesure que les glaçons fondaient; en dix minutes ils reprirent toute leur activité ordinaire... Ces expériences intéressantes ont été répétées bien souvent, avec succès, sur des grenouilles, dans les cours et les laboratoires de physiologie; il demeure donc établi que, même après une congélation complète, des animaux vertébrés peuvent reprendre toute leur activité, quand l'eau de composition de leurs tissus repasse à l'état liquide sous l'influence d'un réchauffement modéré. »

Quelle interprétation donner de tous ces cas de réviviscence, dans lesquels l'eau restituée semble restituer la vie? Y a-t-il, dans tous ces faits, conservation latente de la vie en puissance, et simple reprise des manifestations de la spontanéité vivante, un instant suspendues? Ou bien est-ce la vie elle-même qui est restituée? Au lieu d'une réviviscence, y a-t-il une résurrection, c'est-à-dire un retour de la vie après la mort? Le doute n'existe pas, nous l'avons vu, pour ceux qui considèrent la vie comme étant de même nature que le mouvement. Pour ceux-là, c'est le mouvement, c'est la vie qui est restituée. « Pour expliquer ces phénomènes, dit M. Gavarret, continuera-t-on à répéter que, dans ces organismes congelés ou desséchés, la vie, force indépendante et surajoutée à l'agrégat organique, persiste à l'état latent? Vains subterfuges, pures logomachies derrière lesquelles cherche à s'abriter une théorie aux abois, dont les progrès de la science ont définitivement fait justice (1). » Contre ces logomachies qui le révoltent, M. Gavarret invoque l'opinion de Barthez, qui ne laisse pas de surprendre quand on pense à la doctrine de la vie dont cet illustre médecin est le représentant plus ou moins sincère. « Ce qui est sans doute le plus vraisemblable, dit Barthez, c'est que le principe de vie n'existe plus dans ces animalcules, lorsque le dessèchement les réduit en atomes..., et que ce principe leur est rendu (même après une absence de plusieurs années) lorsque l'affusion d'une goutte d'eau vient à développer convenablement ces organes. »

Voilà donc Barthez qui croit qu'une goutte d'eau rend le principe de vie à des animaux qui en sont privés, même depuis plusieurs années! Comme cela prouve bien que,

____

(1) Pour cette citation et les précédentes, empruntées au même auteur, voyez Gavarret, *les Phénomènes physiques de la vie*, 3ᵉ section : *de la production spontanée et de la force vitale*

pour l'auteur des *Nouveaux Éléments*, le principe de vie n'est au fond qu'un vain mot! Mais si la restitution est étrange quand il s'agit d'un principe de vie, elle ne l'est plus, je l'avoue, si, au lieu d'un tel principe, il s'agit d'un simple mouvement. Aussi M. Gavarret a-t-il raison de prendre à son compte l'interprétation barthézienne. « Avec beaucoup de physiologistes de notre époque, dit-il, nous acceptons comme vraie cette interprétation des phénomènes de réviviscence. Convaincu que l'activité d'un organisme dépend uniquement de la composition, du mode de groupement et de la texture de ses éléments histologiques, et des conditions du milieu ambiant, nous devons nécessairement admettre qu'il suffit d'*enlever* et de *rendre* au corps d'un animal un de ses éléments constituants pour, en même temps, lui *enlever* et lui *rendre* la faculté de vivre. » Doctrine hardie, mais logique! La vie n'est plus; elle est détruite; il n'importe; on la rend en rendant au corps d'un animal l'élément constituant qui lui manque, et cet élément est ici le plus simple de tous, un peu d'eau! L'animal est mort; on le ressuscite; et une telle résurrection n'est plus l'affaire d'un prétendu miracle; elle devient un fait tout naturel et presque vulgaire; et déjà un romancier plaisant, voulant être sérieux, et montrer qu'il connaît ce que la science peut faire, a transporté le fait dans l'histoire de l'homme; il a imaginé le cas d'un homme desséché dans le vide, et, après quelques années, rendu à la vie. Je ne suis pas convaincu que quelques savants enthousiastes ne pensent que l'imagination du romancier, guidée par le sentiment du progrès, n'a fait que devancer les temps où ces merveilles se réaliseront à volonté.

Ai-je besoin de le dire? Ceux qui savent que la vie relève d'une cause propre et créatrice, et n'est pas la continuation et la transformation du mouvement, savent, par là même, que ces restitutions de la vie sont des rêves encore plus chimériques qu'ambitieux, et ils ne croient pas à la résurrection scientifique des morts. Ils ne sont pas surpris de l'opposition nouvelle qui surgit entre la cause physique et la cause vivante. Oui, la cause physique ne saurait être latente, rester à l'état de puissance, sans passer à l'acte ; la cause vivante, au contraire, peut demeurer silencieuse, et ne se manifester par aucun effet appréciable. Ce caractère est une conséquence directe de la spontanéité de l'être. L'être vivant, par cela qu'il est spontané, tire de lui toutes ses déterminations actives ; il y a donc en lui un fonds vivant où il puise, mais où il peut puiser avec plus ou moins de largesse, suivant les conditions où il se trouve. Dans telles de ces conditions, les déterminations, qui émergeront de cette source vivante, se suivront rapides et précipitées, énergiques et soutenues ; dans d'autres conditions, ces déterminations apparaîtront lentes, incertaines, faibles et rares, s'amoindriront, et elles peuvent ainsi approcher de l'état latent, c'est-à-dire devenir si misérables qu'elles soient à peine perceptibles. Nous avons de ces faits un exemple saisissant dans l'état d'hibernation : voyez, en effet, les animaux hibernants, à mesure qu'ils tombent dans leur long sommeil d'hiver. Toutes les manifestations vitales se ralentissent ; la circulation tombe de 90 pulsations à 9 ou 10 pulsations par minute ; la respiration de 30 par minute descend à 7 ou 8 mouvements respiratoires ; l'animal devient insensible aux excitations extérieures. Si le froid devient plus intense, le sommeil prend le caractère léthargique absolu ; le corps de l'animal devient semblable à un cadavre ; la circulation et la respiration ne sont plus appréciables ; le système nerveux résiste aux sollicitations les plus énergiques. La vie, obscure lorsque le froid était moins intense, se cache en des profondeurs impénétrables ; elle devient latente, et l'animal hibernant, au degré extrême de son sommeil, est en un état de mort apparente, presque comparable à celui des animaux réviviscents desséchés, ou des poissons et des batraciens congelés.

L'observation confirme donc les enseignements de la doctrine. La vie, par cela même que toutes ses manifestations sont spontanées, peut rester en puissance et s'immobiliser. Son passage à l'acte n'est pas immédiatement nécessaire. Les échanges nutritifs, qui sont sa fonction primordiale, peuvent s'arrêter sous l'action ou en l'absence de certaines influences, puis, reprendre leur cours si de nouvelles influences les sollicitent. La cessation de la vie est un fait supérieur à l'interruption de ses actes; et quoique entre l'une et l'autre règne une solidarité habituelle, surtout dans l'animalité supérieure, cette solidarité ne saurait contracter un caractère nécessaire et fatal.

Cette distinction de la vie en puissance et en acte est féconde en révélations. Elle n'est pas seulement applicable aux états de mort apparente, dont la forme extrême se rencontre dans l'histoire des animaux réviviscents; elle est pareillement applicable à tous les organismes vivants, alors qu'ils jouissent de leur pleine spontanéité. Ici, encore, renaît l'incessante distinction entre le mouvement communiqué et les générations fonctionnelles de la vie. Dans le monde physique, il n'y a jamais que les forces agissantes; les forces latentes, ou en réserve, ne cachent qu'un non-sens; tout mouvement est, en entier, communiqué, transmis, échangé, transformé. Dans le monde vivant, il n'y a pas que les forces agissantes; il y a toujours des forces réservées, non employées, que l'être vivant possède en lui, et dont il n'arrive à user que lorsque sa défense et sa conservation l'exigent. Il faut donc distinguer dans l'être vivant deux états des forces: ce sont ceux que Barthez appelait, avec une grande justesse d'expression, *état des forces radicales, état des forces agissantes*. Les forces radicales sont *in posse*, les forces agissantes *in actu*; et ainsi reparaissent la vie latente et la vie manifestée, que l'étude des réviviscences nous avait déjà montrées sous les formes inattendues de la mort apparente et de la pleine activité vivante.

Oui, dans tout organisme vivant, il y a la vie latente et la vie manifestée, la puissance et l'acte, les forces radicales et les forces agissantes ; et la distance qui sépare les unes des autres présente souvent les variations les plus imprévues, surtout dans la vie humaine. Il n'y a pas toujours proportion entre les deux. La vie agissante la plus active, la plus remuante, ne sort pas toujours de la vie radicale la plus forte. Il est des organismes dont l'activité semble puissante et durable et qui succombent dès qu'une cause hostile vient troubler sérieusement cette activité; leurs forces radicales sont pauvres et rapidement épuisées; l'action qu'elles soutenaient, et qui offrait les dehors de l'énergie, faiblit et tombe inopinément. Il est, par contre, des organismes dont l'activité semble faible, constamment menacée, n'opère qu'avec une gêne persistante et pénible, et qui possèdent, néanmoins, des forces radicales, solides, opiniâtres, qui fournissent sans s'épuiser. La résistance de ces organismes étonne ; on les croit vaincus d'avance, lorsque des influences nuisibles les atteignent et que la maladie les assiége, et ils triomphent de ces assauts auxquels de plus forts qu'eux auraient cédé. L'aspect extérieur du corps, sa puissance apparente, son développement physique, ne livrent pas toujours le secret des forces radicales qu'il recèle. Tel organisme qui semble florissant est pauvre en forces radicales ; tel autre qui paraît mince et débile est doué de la vie latente la plus opiniâtre. Les variations, à cet égard, sont aussi nombreuses que les individus eux-mêmes. Le caractère des forces dévolues à chaque individu est essentiellement idiosyncrasique. Les espèces morbides ont, de leur côté, un pouvoir variable : les unes frappent plus particulièrement les forces radicales; les autres, les forces agissantes; et l'action d'une même maladie varie, à son tour, suivant l'individu atteint. Il y a là tout un ensemble de faits qui réclament l'attention la plus soutenue du pathologiste comme du physiologiste, et qui, à eux seuls, séparent le système des forces vivantes du système des forces mécaniques. On les conteste en vain; ceux qui, pour satisfaire aux exigences des théories mécaniques, repoussent ces faits en principe, reconnaissent néanmoins, en pratique, ces caractères propres de la force vivante, et acceptent ces forces cachées de la vie, que la vie en fonction ne dévoile pas, et qui ne se révèlent pleinement que lorsque la vie est menacée et résiste.

XI

La spontanéité vivante offre tout un autre ensemble de caractères aussi étrangers que les précédents à tout mouvement physique. Nous l'avons dit, en effet, la spontanéité vivante a ses stimulants et ses modérateurs, ses fatigues et ses intermittences; elle se modifie profondément sous l'action de l'habitude.

Tous ces mots représentent une suite d'idées dont nous n'aurions pas la moindre notion, si la vie et sa spontanéité ne les avaient suscitées en notre esprit. Le monde des forces physiques ne connaît ni la stimulation, ni la fatigue, ni l'habitude. Le mouvement se communique et se transmet avec une équivalence parfaite sans qu'aucune stimulation intervienne, sans qu'aucune fatigue soit ressentie, sans que l'habitude arrête ou facilite cette transmission. La circulation éternelle de la matière s'accomplit suivant les mêmes lois éternelles ; la stimulation et la lassitude sont un non-sens dans ce monde de la fixité où rien ne commence et où rien ne finit, où tout demeure et où rien ne passe, où rien ne s'ajoute et rien ne se perd. Stimulation, fatigue, habitude, impliquent des états particuliers des forces, qui ne se conçoivent que dans les forces spontanées, dans celles que l'être vivant tire de son propre fonds. Cet être, en travail d'enfantement d'actes et de fonctions, peut être excité à ce travail qui est souvent une peine ; il peut se fatiguer dans l'accomplissement de ce travail ; cette fatigue, si elle est modérée, cède à une stimulation nouvelle ; ou, si elle est extrême, exige le repos, impérieux besoin que l'être vivant seul éprouve. L'habitude, enfin, imprime aux impressions sensibles et au travail organique des modifications profondes qui, plus qu'aucune autre, nous font pénétrer dans l'intelligence de la spontanéité.

La stimulation des forces vivantes s'adresse aux forces agissantes de l'être ; elle a pour correctif l'accroissement des forces radicales. La stimulation, en effet, augmente la dépense des forces ; elle tend à les épuiser en se prolongeant, si, en même temps que la dépense s'exagère, le fonds des forces radicales ne croît pas en proportion. L'exercice démesuré, en épuisant les forces par une dépense excessive, agit dans le même sens qu'une stimulation immodérée. L'un et l'autre amènent l'état de fatigue et nécessitent le repos. L'exercice normal des fonctions lui-même ne peut durer sans amener une certaine fatigue, un épuisement momentané des forces, que le repos répare. C'est là ce qui donne aux fonctions organiques un caractère général et frappant d'intermittence. Si l'on prétend vaincre cette intermittence et braver la loi du repos, les forces radicales s'usent rapidement. Chacun sait combien les veilles excessives jettent l'organisme dans un accablement profond, et peuvent le ruiner prématurément.

L'épuisement, et la fatigue qui en est le sentiment irrécusable, forment donc un grand caractère de toute spontanéité vivante. On les observe dans toutes les fonctions de l'être, dans celles, surtout, qui appartiennent à la vie de relation. La vie nerveuse et la vie musculaire sont celles, en effet, où la fatigue devient la plus manifeste, et le repos plus indispensable. Aussi, l'innervation et la contractilité musculaire sont-elles des fonctions en quelque sorte intermittentes, ou plutôt rémittentes; car le repos et l'intermission ne sont jamais absolus, mais seulement relatifs.

La vie nerveuse est celle où la fatigue s'exprime le plus impérieusement. L'excitation expérimentale d'un nerf ne saurait se prolonger sans amener l'inertie paralytique du nerf; il faut suspendre l'irritation pour que l'excitabilité du nerf se rétablisse par le repos. Les travaux intellectuels amènent pareillement une fatigue qui croît à mesure qu'ils se prolongent, et qui peut aller jusqu'au degré extrême de l'inertie. Le repos seul permet à la pensée de retrouver sa vigueur compromise. La fatigue musculaire est celle que le vulgaire connaît le mieux; il n'est pas d'être se mouvant qui ne l'ait ressentie. Rien n'est plus variable que le moment où elle se produit. Chez les uns, elle se fait à peine sentir, après un travail musculaire intense et soutenu; il en est même qui semblent infatigables, tant ils supportent allègrement les longs efforts, les exercices accablants. Chez d'autres, au contraire, la fatigue musculaire apparaît au moindre travail; ils s'affaissent sous le coup de légers efforts. Entre ces extrémités opposées se groupent des variations sans fin. Ces variations, d'ailleurs, ne sont pas toujours en relation avec le développement physique du système musculaire; ici, résistance à la fatigue avec un système musculaire grêle; là, fatigue prompte et résolution des forces, avec un système musculaire d'apparence vigoureuse.

Je sais qu'on a voulu donner de la fatigue qui suit la dépense exagérée des forces agissantes, une explication physico-chimique d'après laquelle la spontanéité vivante n'aurait plus à intervenir pour donner la raison de ces faits. La fatigue ne tiendrait plus à l'épuisement des forces vivantes de l'individu, mais à l'altération de la matière organique, déterminée par le fonctionnement de l'organe. Si le nerf ne répond plus à l'excitation portée sur lui, c'est que la substance de ce nerf s'est altérée, et que le repos est nécessaire pour que l'état normal se rétablisse. Les travaux intellectuels amènent pareillement une exagération dans les combustions organiques de la masse cérébrale, et une élévation concomitante de température. Il faut que le repos intervienne pour que la substance se répare et que l'élévation de température tombe. Pour la fatigue musculaire, on émet une explication non moins spécieuse. Cette fatigue n'est pas, dit-on, un résultat de l'usure du muscle qui aurait besoin de retrouver par la nutrition ce qu'il aurait perdu; elle dépend uniquement de l'*acidification* du suc musculaire. Cette acidification provient de l'accumulation anormale de produits acides, et, en particulier, de l'acide lactique dans la substance du muscle. Un expérimentateur allemand, Ranke, prétend produire tous les effets de la fatigue en injectant de l'acide lactique dans le tissu musculaire. Lorsque ces produits acides sont éliminés, la fatigue disparaît; les combustions organiques reprennent dans le muscle leur courant régulier, et le muscle retrouve son énergie d'action. Ces explications sont bien loin de rendre compte des faits.

Je veux bien que l'accumulation de l'acide lactique dans

le corps du muscle soit un résultat de la fatigue musculaire, mais elle ne saurait en être la cause ni en fournir la raison suffisante. C'est toujours la substitution de l'effet à la cause, et l'expérience de M. Ranke ne prouve rien. Qu'un muscle dans lequel on injecte de l'acide lactique soit impropre à fonctionner, il ne s'en suit nullement que la fatigue résulte de la présence de cet acide. C'est parce que le muscle est dans l'état de fatigue qu'il devient acide; la fatigue reste le fait antérieur; elle est la cause, et l'acidification lactique l'effet. Toutes les conditions du phénomène le prouvent. Si la fatigue résultait d'un état physico-chimique du muscle, cet état physico-chimique résultant lui-même du mouvement, il y aurait entre le mouvement et la fatigue une proportion régulière et constante. Les lois du mouvement physique deviendraient maîtresses de la fatigue comme elles le sont du mouvement, quelle que soit sa forme. Or l'expérience affirme, chaque jour, le contraire. Il y a des individus qui ressentent une fatigue extrême après un fonctionnement musculaire faible et de courte durée; d'autres, — et les coureurs et certains travailleurs en sont un exemple frappant, — d'autres n'éprouvent aucune fatigue après le travail musculaire le plus intense et le plus prolongé. Dira-t-on que, chez les premiers, un faible et court travail a accumulé dans leurs muscles une qualité insolite d'acide lactique; et que chez les autres, un dur et long travail n'a amené aucune acidification dans leurs muscles rebelles? Il y aurait donc des muscles rebelles à la pénétration de l'acide lactique, ce qui les rendrait infatigables! Qui voudrait soutenir une proposition aussi étrange? Si toute substance musculaire est sujette à s'acidifier, et si le mouvement est cause de cette acidification, et si celle-ci est cause de la fatigue, pourquoi y-a-t-il des muscles qui se fatiguent et d'autres qui ne se fatiguent pas?

Le mouvement ne saurait, dans des conditions analogues, produire des effets dissemblables, ici acidifier un muscle, et là le laisser neutre ou alcalin ; et s'il est la cause de la fatigue, l'amener dans un cas et non dans un autre. Non ; la fatigue provient de la chute de l'excitation motrice, de l'épuisement des forces que peut dépenser un organe, et non de l'état physico-chimique de l'organe. Cet état physico-chimique existe, mais il est le témoignage et non la cause de la fatigue. De même qu'à l'état normal, le mouvement physico-chimique est la condition nécessaire de la spontanéité vivante, sans en être la cause, de même la cause de la fatigue organique réside dans l'atteinte portée à cette spontanéité, à l'excitation motrice, faculté vivante, et non dans la production chimique d'un acide.

Il en est de la fatigue nerveuse et cérébrale comme de la fatigue musculaire. L'accélération des combustions organiques de la substance nerveuse en est probablement la condition ; elle ne saurait en founir la cause. Celle-ci réside dans l'épuisement de ce qu'on appelle l'influx nerveux, c'est-à-dire de l'activité nerveuse. La faculté de sentir et celle de penser ne sont pas en proportion des mouvements de composition et de décomposition des fibres et des cellules nerveuses. La fatigue de ces facultés arrive alors même que l'usure organique est à peine accélérée. Il en est que le moindre travail intellectuel accable aussitôt ; d'autres, au contraire, sont susceptibles de supporter sans fatigue des doses effrayantes de travail psychique ; ils semblent ne vivre que par leur cerveau, et chez eux toutes les forces de l'être s'emploient à la pensée. Durant cette intensité de leur vie pensante, la substance cérébrale devient le siége d'échanges nutritifs accélérés et incessants, et cependant cette exagération des combustions organiques n'entraîne pas la fatigue. Celle-ci ne trouve donc pas dans ces combustions sa cause réelle ; la cause est dans le fonctionnement vivant, dans les activités sensitives, affectives et intellectuelles, que la spontanéité de l'être soulève.

Ainsi, la fatigue est un caractère propre des forces spontanées de l'être vivant. C'est parce que, dans cet être, tout est spontanéité, que toutes les fonctions y sont soumises à la fatigue, éprouvent le besoin du repos et subissent la loi de l'intermittence. A ces caractères de la spontanéité nous devons en joindre un autre, non moins inattendu, si l'on ne pense qu'au monde physique : je veux parler de l'habitude.

XII

L'habitude est à la fois un excitant et un modérateur de la spontanéité vitale, et ce double rôle montre combien elle est opposée à tout ce qui est mécanisme, mouvement communiqué et transmis. L'habitude peut être définie : la tendance qu'ont les actions vitales, volontairement répétées, à se répéter ensuite d'elles-mêmes, ou à se laisser reproduire de plus en plus aisément, et presque à s'accomplir sans que l'attention consciente intervienne. L'habitude diminue beaucoup la fatigue qu'entraînent les actions volontaires, celles du mouvement musculaire et du travail psychique. Un même individu soutiendra sans fatigue un travail auquel il est habitué, tandis que, sans l'habitude acquise, ce même travail l'accablerait, ou dépasserait ses forces. On prétend expliquer ce fait en disant que, par l'habitude, on épargne tout travail musculaire inutile. Cela est vrai ; mais cela n'empêche pas qu'en supposant épargné tout travail inutile, l'habitude ne rende le travail accompli plus aisé, plus énergique, et beaucoup moins fatigant. Qu'un coureur ne contracte que les muscles strictement nécessaires à la locomotion, soit; mais ces muscles qui se contractent ne sauraient eux-mêmes supporter les fatigues de courses excessives sans l'habitude qu'ils ont acquise. L'habitude n'empêche probablement pas l'acidification des muscles, puisque celle-ci est un fait chimique déterminé par l'action musculaire; mais l'habitude fait que, malgré l'acidification, aucune fatigue n'est ressentie : preuve nouvelle que l'acidification et la fatigue n'ont pas entre elles la relation de cause à effet qu'on a voulu leur attribuer. Quant au travail psychique, sur lequel l'habitude exerce une influence si marquée, il n'y a ici aucun travail inutile à éviter. L'habitude accroît l'énergie et l'aisance de ce travail, parce que ce travail sort de la spontanéité vivante, et que l'habitude exerce sur cette spontanéité une puissance merveilleuse.

La puissance et la persistance de l'habitude varient en raison du temps que l'habitude a mis à s'établir et à modifier les actions spontanées de l'être. Une habitude contractée rapidement demeure superficielle, ne se grave pas jusque dans les profondeurs de la spontanéité vivante; elle se perd après un certain laps de temps. Il en est tout autrement des habitudes à longue durée, qui se sont comme incorporées aux actes organiques, qui ont été comme pleinement assimilées par les facultés de sentir et de vouloir. Ces habitudes invétérées peuvent s'affaiblir par la désuétude; mais pourtant elles ne s'effacent jamais entièrement; elles semblent perdues, on les retrouve sans effort. Il y a donc des habitudes latentes, comme il y a une vie latente; dès que la spontanéité qu'elles avaient façonnée à une œuvre reprend cette œuvre, les habitudes qui sommeillaient se réveillent.

L'habitude, alors qu'elle influence des actes volontaires, demeure soumise, dans son principe, à la spontanéité et à la volonté de l'être; en sorte que, suivant la direction que cette volonté lui a imprimée, elle produit tel ou tel effet, et souvent des effets contraires. Ainsi, par exemple, deux hommes entendent, le matin, une même cloche : elle appelle l'un au travail; le son de la cloche le réveille par suite d'une habitude contractée par sa volonté : il s'est accoutumé à obéir à ce son de cloche comme à un commandement. Cette même cloche est entendue par un voisin qui n'a pas les mêmes obligations à remplir; il a contracté l'habitude de ne pas s'émouvoir à ce bruit, qui bientôt lui devient indifférent et n'interrompt plus son sommeil. Le même fait a donc produit des résultats inverses. L'habitude engendre des nécessités singulières : tel homme ne saurait dormir qu'au bruit monotone et pénible d'un moulin; s'il se déplace et dort loin de ce bruit, le silence de la nuit le trouble et le maintient éveillé. Tout autre, au contraire, chercherait en vain le sommeil dans un milieu aussi bruyant. Voilà encore un mouvement externe communiqué qui aboutit à des effets inverses, par suite de l'habitude acquise. Preuve à ajouter à tant d'autres que le mouvement externe ne se transmet pas comme tel dans les milieux animés, qu'il n'est qu'un incitateur de la spontanéité vivante. Celle-ci peut répondre d'une façon opposée à des sollicitations identiques, parce que les lois qui la régissent n'ont aucunement les caractères d'équivalence et de conservation de la force physique.

Si nous nous reportons vers le monde physique, nous verrons qu'il ne saurait y avoir d'habitude dans une machine que le mouvement gouverne : tout s'y passe, tout y entre en jeu, tout s'y transforme suivant des lois invariables. Ce n'est que par une forme de langage abusivement transportée du monde vivant au monde inanimé, que l'on dit parfois d'une machine qu'elle a l'habitude de manœuvrer de telle ou telle manière. Le mot habitude ainsi employé est détourné de son sens véritable ; il signifie ici : état antérieur des choses. Cette machine a marché jusqu'à ce moment de telle façon : voilà ce qu'exprime la prétendue habitude de la machine. Dans l'être vivant, au contraire, l'habitude atteint et façonne toutes les actions de l'être ; elle plie et dirige sa spontanéité, l'excite ou la calme, rend inconscientes les actions conscientes, et presque involontaires des actions qu'auparavant la volonté pouvait seule accomplir. Le dicton populaire qui veut que l'habitude soit une seconde nature, exprime la plus saisissante vérité biologique ; et il est encore vrai de dire que l'homme est un animal d'habitude, si l'on songe à toutes les actions conscientes et volontaires que l'habitude modifie, transforme, et rend comme instinctives et purement animales.

Le cours des maladies, tout comme le cours des actes physiologiques, se trouve pareillement soumis aux influences de l'habitude. De légères souffrances sont parfois intolérables, et amènent une perturbation profonde lorsqu'elles sont subites et frappent un organisme qui ne les connaît pas ; des souffrances plus intenses sont aisément supportées et n'entraînent aucun retentissement sérieux, lorsque l'habitude les a comme émoussées et que l'organisme s'est accommodé à leur action par une longue accoutumance. Les actions morbides tendent aussi à se répéter par l'habitude ; et cette répétition résulte, non de ce que les mêmes mouvements physiques se répètent, car rien, dans ces cas, ne provoque à nouveau ces mouvements, mais de ce que l'habitude a pénétré la spontanéité vivante elle-même, la sensibilité de l'être, son impressionnabilité et son incitabilité motrice. Cette modification durable des activités vivantes tend à ramener les mêmes actes. La spontanéité de l'être fournit ce qui est déjà en elle, ce que déjà elle a conçu en d'autres circonstances. Là est tout le secret des mêmes retours pathologiques sous les influences les plus diverses; et ces retours sont parfois bien étonnants, si l'on considère après quel long intervalle de temps reparaissent des affections qui semblaient pour toujours ensevelies dans le silence et l'oubli.

Je me crois autorisé, en terminant cette étude, à lui donner pour conclusion ces mots de Leibnitz : « Tout nous vient de notre propre fonds avec une pleine spontanéité. » Étendant même à tout l'ordre vivant la parole de Leibnitz, je dirai : « L'être vivant tire tout de son propre fonds avec une pleine spontanéité. »

Je voudrais avoir fait comprendre la portée d'une telle vérité : elle va de la spontanéité lente, misérable, inconsciente, du végétal ou du protozoaire, jusqu'à la spontanéité vive, consciente et volontaire de l'animal supérieur, jusqu'à la spontanéité consciente, volontaire, réfléchie et libre de l'homme. De l'une à l'autre de ces extrémités de la spontanéité vivante, tout se tient et s'enchaîne. La négation ou l'affirmation à l'une de ces extrémités, entraînent fatalement, par une suite ininterrompue de faits, d'analogies et de conséquences, une négation ou une affirmation correspondantes à l'autre extrémité. Nier la spontanéité grossièrement ébauchée de la vie végétative ou de l'animalité inférieure, c'est nier la spontanéité pleine et achevée de l'homme, c'est nier sa liberté, et, par suite, sa responsabilité morale. Beaucoup de savants et de biologistes ne se doutent pas jusqu'où portent leurs enseignements, lorsqu'ils présentent la vie végétative et inférieure comme un prolongement du mouvement physique, comme une transformation des forces universelles de la matière, comme un produit de la chaleur que le soleil déverse sur la terre. Plusieurs, peut-être, ignorent quel est l'aboutissant dernier de la physiologie des actes réflexes, telles qu'ils l'acceptent, et ils ne pensent pas précipiter l'homme entier dans les éternels tourbillons du mouvement, en considérant les actes réflexes comme une transformation et une restitution d'un mouvement externe communiqué. J'ai voulu déchirer ces voiles perfidement ou habilement accumulés. Il faut que l'on sache que la doctrine des actes organiques les plus infimes devient la doctrine nécessaire des actes organiques les plus élevés. La cellule qui sent, qui se contracte ou se dilate, qui se divise et prolifère, le fait en vertu de son obscure spontanéité, tout comme l'être qui pense, réfléchit et veut, affirme sa spontanéité en traits éclatants. C'est ainsi qu'un problème de physiologie, qui peut sembler indifférent à quelques-uns, emporte, dans sa solution, celle des destinées de l'homme, de son caractère libre et moral. Ce me sera une excuse de l'avoir si longuement agité.

25 mars 1875.

DE LA FINALITÉ DANS LES ÊTRES VIVANTS

ET DE LA DOCTRINE DE L'ÉVOLUTION

I

Si le monde physique eût seul existé, si la vie ne l'eût recouvert de ses formes infiniment variées, si l'homme n'eût pu contempler sa propre existence, jamais l'idée de but et de finalité ne serait entrée dans le domaine des notions fondamentales que l'humanité possède. On aura beau étudier la matière qui n'augmente et ne décroît jamais, le mouvement dont la somme est également invariable, on ne sera jamais conduit à assigner à la matière et au mouvement un but particulier poursuivi par l'une ou par l'autre. Tout est indifférent, permanent, fatal, dans l'ordre physique ; en tant que soumis à notre connaissance, il a été, il est, il sera tel ; la science de cet ordre est fondée sur l'immutabilité.

Aussi est-ce en dehors de l'ordre physique, en contemplant l'ensemble des êtres animés, et surtout en s'interrogeant lui-même, que l'homme a conçu la grande idée de finalité. Notre vie se compose d'une succession d'actes, et chacun de ceux-ci, quelle qu'en soit la nature, tourne à un but dont nous avons plus ou moins conscience. Nos actes inconscients eux-mêmes tendent à une fin obscure, répondent à la satisfaction d'un besoin. La vie morale et intellectuelle de l'homme n'existerait pas si elle ne trouvait sa raison dans un

ensemble de mobiles qui la régissent, et ces mobiles se ramènent tous à la poursuite d'un but, si élevé d'ailleurs, que
nos aspirations et nos efforts ne nous permettent jamais de
l'atteindre. Si des régions de sa vie morale l'homme descend vers sa vie animale, il y reconnaît partout la marque d'une destination, d'une fonction en vue de laquelle
chaque partie est constituée. Nos mains sont organisées non-
seulement pour saisir, mais pour faire de l'homme un ouvrier incomparable et parfois sublime; nos pieds sont destinés à supporter le poids de tout le corps, de façon à ce
que l'homme marche debout, que sa tête domine et que
son regard s'élève. Si de la forme extérieure nous pénétrons
dans l'organisation intérieure, nous voyons que tout y est
institué, relié, hiérarchisé avec un art prodigieux et en vue
d'une fin, règle souveraine de toutes les fonctions particulières et de la vie générale de l'être. Tout concourt, tout
conspire, suivant l'expression hippocratique, à la vie du
tout. Toutes les actions vivantes convergent au développement et à la conservation de cette vie. Plus la science
pénètre dans les profondeurs de nos organes, plus elle analyse et dévoile les mystères de notre fonctionnement organique, et plus grandit le spectacle merveilleux de cette
finalité. La physiologie n'est, à bien dire, que l'exposé méthodique des moyens par lesquels l'être vivant accomplit
ses destinées régulières. En dehors de la finalité fontion-
nelle, la physiologie périt ou devient un non-sens. « Le
physiologiste et le médecin, écrit M. Cl. Bernard, que j'aime
à citer alors qu'il traduit avec un sentiment juste les notions
générales de la vie, ne doivent jamais oublier que l'être
vivant forme un organisme et une individualité. De là il
résulte que le physicien et le chimiste peuvent repousser
toute idée de causes finales dans les faits qu'ils observent;
tandis que le physiologiste est porté à admettre une fina-

lité harmonique et préétablie dans le corps organisé dont toutes les actions partielles sont solidaires et génératrices les unes des autres. » Tous ceux qui s'occupent de physiologie générale connaissent ce mot profond de M. Cl. Bernard : « La vie est une idée directrice »; le mot serait encore plus énergique et plus juste en disant : la vie est une idée finale.

Ce spectacle d'une finalité immanente que l'homme découvre partout en lui, il le retrouve à tous les degrés de l'ordre vivant. Tout animal, tout être animé, le végétal lui-même, possèdent une fin propre. Rien ne vit qu'à la condition de tendre à un but; par contre, tout but implique la présence et l'action de la vie; et ce caractère de finalité, inconnu à l'ordre physique, essentiel en tout ordre vivant, établit une nouvelle et profonde séparation entre ces deux ordres, et conduit, avec les autres caractères nécessaires de l'être, à rattacher la vie à une causalité propre. Tous ces caractères nécessaires se tiennent d'ailleurs, et mutuellement se supposent. Autonomie vivante, unité vivante, spontanéité vivante, finalité vivante, toutes ces notions primordiales sont solidaires et se résolvent les unes dans les autres. Il n'y a point de finalité dans l'être s'il n'est un et spontané, s'il n'est autonome, s'il ne se sépare absolument du vaste milieu physique et des forces invariables qui agitent ce milieu. Entre tous ces caractères, cependant, il y a une hiérarchie ascendante qui va de l'autonomie à l'unité, de celle-ci à la spontanéité, de la spontanéité enfin à la finalité. La fin est le couronnement et la raison même de l'institution vivante; et plus cette institution s'élève, et plus la fin qui la domine apparaît éclatante. C'est le dogme majeur, surtout dans les formes supérieures de la vie.

Aussi n'est-il pas de notion combattue avec plus d'acharnement par la science qui nie toute causalité propre de la vie. Ces combats, où chaque jour apporte une ardeur croissante, ont prétendu renverser les croyances fondamentales, les vérités premières et les faits généraux d'observation qui jusqu'ici dominaient toute contestation, et formaient comme la substance et le fond de tout ce que nous connaissions de la vie. Ce sont ces affirmations et ces négations de l'idée de fin dans la vie, que nous voudrions sincèrement interroger. Nous nous maintiendrons dans l'ordre physiologique ; mais, nous l'avons dit bien souvent, qui ne voit que les vérités établies ou niées dans cet ordre ont leurs vérités analogues et correspondantes dans l'ordre métaphysique et moral. Refuser toute fin aux actes de la vie physiologique, c'est la refuser bientôt à tous les actes de la vie intellectuelle et morale. Toutes ces négations s'entretiennent fatalement ; les unes engendrent les autres, et toutes forment ensemble un effroyable cortége qui entraîne nos générations révoltées plus qu'orgueilleuses, et qui ne semblent plus ressentir que l'âpre plaisir de détruire.

La vie, dans son développement et dans sa durée, s'offre sous trois phases distinctes : naissance, croissance, déclin et mort. L'idée de fin se retrouve sous ces trois phases, et préside à l'œuvre vivante qui caractérise chacune d'elles. Nous l'étudierons en chacun de ces aspects. Ainsi comprise, l'idée de fin se limite à l'être vivant considéré en lui-même, elle ne dépasse pas l'individu. Mais les êtres vivants forment un ensemble dont le merveilleux et inépuisable spectacle accable l'imagination la plus puissante. Quelle imagination, en effet, aurait pu s'élever à la prodigieuse fécondité des formes vivantes ? Cette innombrable variété des êtres ne cache-t-elle pas aussi une fin qui se dévoile à travers la série vivante et les catégories naturelles des êtres ; et cette fin n'est-elle pas la fin suprême des existences qui couvrent notre globe ? La doctrine de l'évolution des êtres répond à cette interrogation dernière de la science, et cette doctrine a reçu de nos jours de si fausses interprétations, a été systématiquement et tellement pervertie, qu'il sera bon d'en préciser le sens et de savoir si elle s'offre comme une révélation destinée à changer toutes nos conceptions de la nature. Nous considérerons donc la fin et dans l'être individuel et dans l'ensemble des êtres; nous demanderons à la science ce qu'elle sait dans le premier ordre de faits, et le peu qu'elle conçoit dans le second ordre, qui, plus encore que le premier, dépasse nos vues bornées et courtes.

II

L'idée finale qui règle la vie ne se rattache pas, comme l'enseignent les systématiques de l'animisme, à un principe distinct de l'organisme superposé à l'organisme, sorte d'être immatériel dirigeant toutes les fonctions de l'économie avec intelligence et prévision. Cette fausse conception est celle qu'attaquent sans cesse les organiciens matérialistes; ils la qualifient de surnaturelle, de miraculeuse, et ainsi ils croient la renverser, la science n'admettant rien de ce qui est d'ordre surnaturel. Il ne faut pas se lasser de le répéter, cette lutte est engagée contre des fantômes; le langage que l'on prétend réfuter n'est plus, s'il l'a jamais été, celui de la science. Il n'y a pas de principe ainsi superposé à l'organisme vivant; il y a un principe, une cause vivante réalisée à l'infini dans l'organisme, pénétrant jusqu'aux dernières molécules organisées, les animant toutes d'une même essence, d'une même idée créatrice. L'organisme, c'est la cause vivante extériorisée, objectivée; il naît, se développe et agit dans cette cause et par cette cause, comme cette cause s'incarne en son effet qui est l'organisme lui-même. Telle est la notion vraie; l'idée finale, attribut essentiel de la cause vivante, pénètre avec elle dans les profondeurs les plus reculées de l'organisme. Aussi chaque organe, chaque partie organique, chaque cellule, ont-ils une finalité imprimée en eux, finalité qui les fait vivre et évoluer en vue du but qu'ils doivent atteindre.

Il en est tellement ainsi que l'on peut détacher de l'organisme, auquel elle appartient, une partie déterminée, un membre par exemple; et transporté sur un autre terrain organique, où il pourra trouver les aliments nécessaires au maintien vital, ce membre se développera comme s'il appartenait encore à sa souche primitive. C'est ainsi que la queue, ou un membre d'un jeune rat, introduit sous la peau d'un rat adulte, s'y développe comme s'il appartenait encore au jeune animal auquel on l'a enlevé. C'est ainsi encore que la queue de larves de grenouilles détachée du tronc, et maintenue dans l'eau, y vit et se développe comme si elle restait attachée au tronc de la larve, et cela pendant dix jours, c'est-à-dire tant qu'elle trouve à se nourrir des granulations vitellines disposées sous sa peau. C'est ainsi encore que la mort ne frappe pas simultanément tous les éléments d'un organisme; chaque partie, chaque élément meurt successivement, et il en est dont la mort est lente et tardive; telles sont toutes les cellules épithéliales; les ongles, les poils, les cellules d'épithélium vibratile, vivent encore et croissent régulièrement pendant un certain temps, alors que la mort a frappé sans retour l'organisme auquel ces tissus appartenaient. Chaque partie, chaque cellule organique, marche donc à sa fin d'un mouvement propre, spontané, indépendant, lequel cependant reste soumis à la vie du tout, reçoit son impulsion de l'impulsion générale, et sa fin particulière de la fin une et primordiale. Telle est la constitution de l'être vivant, où la multitude des éléments constituants s'engendre dans l'unité du tout; spectacle que l'on ne saurait assez admirer, d'une prodigieuse variété se mouvant spontanément dans une unité puissante.

Cette conception de la finalité vivante est essentielle à poser dès le début de cette étude, car elle contient la réfutation vraie de la plupart des objections expérimentales élevées contre cette finalité. Elle nous permet, en effet, de comprendre comment, sous l'action de causes locales hostiles, la finalité de certaines parties peut être troublée et déviée, alors que la finalité générale persiste; et comment ces troubles de la finalité dans certaines parties peuvent retentir sur la finalité du tout et la troubler à son tour. Nous reviendrons, au moment voulu, sur ces déviations particulières de l'idée directrice finale de la vie, déviations dont on a argué pour nier la finalité elle-même.

Un autre caractère de la finalité vivante, c'est celui d'une fatalité relative qui n'est nullement contradictoire avec l'idée de direction et de but. Par cela que cette idée n'est pas attachée à un principe distinct de l'organisme, et le gouvernant par une puissance supérieure, il s'ensuit qu'elle ne saurait refléter les caractères d'intelligence et de prévision qui ne peuvent appartenir qu'à un tel principe. La finalité vivante pénètre et règle dans leur évolution toutes les parties et cellules constituantes de l'être. Ces parties et cellules, tout en tendant à leur fin propre, ne jouissent ni de discernement, ni de volonté; elles possèdent uniquement leur action fonctionnelle et finale, à laquelle elles cèdent aveuglément. Le végétal a sa finalité incarnée en chacune de ses cellules bourgeonnantes; cette finalité se borne au développement de la vie végétative, qui est toute la vie du végétal, vie inconsciente, à tendances obscures, qui ne devient jamais intelligente, ni libre. Or l'animal supérieur possède, en lui, une finalité que l'on peut appeler végétative, finalité fondamentale de tout ce qui vit, alors même que ce qui vit sent, se meut et pense; car la fonction fondamentale de l'être c'est la nutrition, la vie commune ou végétative. Cette finalité-là demeure fatale à tous les degrés de l'animalité; fatales sont aussi les fonctions d'absorption et d'intussusception qui instituent la vie nutritive de l'être. L'animal absorbe, incorpore, animalise les matériaux que lui fournit l'absorption; c'est à l'aide de cette fonction première qu'il se nourrit, se développe, engendre, et même sent et se meut. Mais cette fonction qui fait sa vie, et dont le caractère final est si évident, peut accidentellement la détruire; car l'absorption peut donner entrée dans le torrent vivant à des éléments nuisibles et destructeurs de la vie. Cela tient à ce que, établie pour la conservation et le développement de la vie, l'absorption reste néanmoins une fonction aveugle, ne jouit ni de discernement, ni de liberté, et opère en présence de toutes matières, les nuisibles comme les utiles. Cette fatalité d'action empêche-t-elle l'absorption d'être une fonction nécessaire, et toute instituée en vue du développement et de la conservation organiques?

C'est que, en effet, la finalité propre à l'organe, à la partie, ou à la cellule, n'est qu'une finalité relative seconde, pour ainsi parler; elle est soumise à la finalité générale de l'être, et celle-ci est tutélaire de la première. La nature a placé l'être vivant dans les conditions générales qui lui sont favorables; c'est dans ces conditions qu'il peut naître et vivre; en dehors, il décline, s'éteint et disparaît. Au sein de ces conditions favorables, et par suite du mouvement incessant qui agite les milieux ambiants, peuvent surgir des conditions hostiles, temporaires, accidentelles, limitées, que l'être vivant doit éviter ou surmonter. Sa vie végétative subit fatalement ces conditions ; mais sa vie de sensibilité les lui fait reconnaître, et sa vie de mouvement lui permet de les éloigner, ou de les fuir. La finalité générale de l'être, celle qui est attachée aux facultés de sensibilité et de mouvement, rejaillit ainsi sur la vie végétative, dirige et maintient cette vie dans les voies qui assurent son action finale. Dans le végétal même, la sensibilité et le mouvement, tout obscurs qu'ils sont, ne sont pas entièrement effacés. Le végétal sent et cherche la lumière, se modifie de façon à s'accommoder aux milieux qui l'entourent. La pure vie végétative est donc associée, en lui, à une sensibilité silencieuse et à une motilité cachée ; elle est donc, jusqu'à un certain point, dominée et conduite par ces puissances, si faibles qu'elles semblent être dans cette vie toute rudimentaire. Parfois même cette sensibilité et cette motilité prennent les apparences qu'elles ne possèdent d'ordinaire et pleinement que chez l'animal ; il est des plantes qui paraissent sentir et se mouvoir spontanément.

Il y a plus. La fatalité des actes végétatifs communs est si peu la négation d'une finalité conservatrice de cette vie, que lorsque ces actes ont fourni à des occasions hostiles le moyen de pénétrer jusque dans les profondeurs de la matière organique, ou lorsque ces occasions ont brutalement offensé l'organisme, comme dans tous les chocs traumatiques, aussitôt une réaction éliminatrice ou réparatrice s'élève au sein même de la vie commune, et tend à ramener l'organisme à ses conditions harmoniques et régulières. Ici apparaît un dogme médical, le plus grand de tous, auquel, depuis Hippocrate, on donne le nom de nature médicatrice. Nous aurons à en maintenir la réalité contre toutes les objections soulevées contre lui ; car, par cela qu'il impliquait une fin attachée à la vie, ce dogme, générateur de toute la médecine, a été l'objet de dénégations systématiques de la part de ceux qui refusent cette fin, et qui logiquement étaient conduits à considérer toute guérison comme l'œuvre exclusive des forces aveugles de la physique et de la chimie.

En résumé, on peut affirmer le caractère fatal des œuvres de la vie organique et des fonctions partielles, quoique cette vie et ces fonctions aient en elles leur raison finale. Cette fatalité n'est pas la même à tous les degrés de l'échelle vivante. Profondément empreinte dans la vie fondamentale et inférieure, elle s'amoindrit à mesure que l'on s'élève dans la vie fonctionnelle, et que l'on aborde la vie de relation. Plus celle-ci se perfectionne et se rapproche de l'animalité supérieure, et plus le domaine de la fatalité se rétrécit; dans l'homme, cette fatalité se réduit à la plus faible expression, sans s'effacer pourtant. La sensibilité exquise, riche de sens variés, la sûreté de l'instinct, la puissance de l'intelligence, la volonté dans les déterminations, la liberté dans les mouvements, luttent sans cesse, dans les animaux supérieurs et dans l'homme, contre le caractère aveugle et fatal de la vie nutritive; ils la placent dans les conditions d'un milieu favorable, et ainsi celle-ci peut accomplir son rôle qui est de pourvoir à la conservation, au développement et à la génération de l'être.

Ces caractères généraux de la finalité vivante établis, nous pouvons aborder l'étude de celle-ci à la naissance de l'être, dans le germe fécondé; dans la croissance et dans la conservation de l'être, c'est-à-dire dans l'organisme en évolution et en conflit permanent avec le monde extérieur; et, enfin, dans la période de déclin de l'être et au moment suprême de la mort, période et moment qui semblent être la négation même de la finalité de l'être, en tant que vivant.

III

Le plus merveilleux spectacle que l'observation scienti-fique puisse poursuivre est celui du germe fécondé, et des transformations rapides et successives à la suite desquelles ce germe tourne en un être complet, plus ou moins élevé dans la hiérarchie vivante. Ce spectacle contient en lui, pour qui sait le comprendre, toutes les vérités fondamentales de la biologie; et, en particulier, il offre la plus frappante image d'une finalité, règle toute-puissante de l'être à tous ses degrés d'évolution.

Qu'est, en effet, le germe fécondé ? Une matière proto-plasmatique, sous forme cellulaire à peine ébauchée et perceptible, mais tout imprégnée d'une force qui va la transformer. « Un esprit d'ordre anime en secret le monde », a dit Voltaire; un esprit pareil anime le germe, et va en faire sortir un monde vivant. Tous les germes animés sont comparables, ou, pour mieux dire, semblables dans leur forme visible. Rien ne distingue en apparence les germes d'où vont surgir les êtres les plus dissemblables. Le naturaliste le plus exercé aura beau soumettre à tous les moyens d'analyse, aux grossissements les plus puissants du microscope, un germe déterminé, il ne saurait dire ce que renferme en puissance ce germe, quelle sorte d'esprit s'est incarné en lui, et va le conduire, à tel ou tel développe-ment, à l'acquisition de telle ou telle forme. Tout dé-pend de l'idée directrice et finale réalisée en ce germe, et cette idée ne tombe pas sous nos sens; elle appartient à ce monde des principes, des substances invisibles qui émet-tent, soutiennent, gouvernent les substances visibles. La physique et la chimie ne peuvent ni fournir, ni caractériser cette idée directrice; elles lui obéissent, au contraire, et sont dirigées par elle, mais sans lutte, et sans déroger à aucune des lois qui les régissent, et de façon à établir l'être organisé vivant dans sa substance extérieure, dans son composé cellulaire et moléculaire. « Quand un poulet, dit M. Cl. Bernard, se développe dans un œuf, ce n'est point la formation du corps animal, en tant que groupement d'éléments chimiques, qui caractérise essentiellement la fonction vitale. Ce groupement ne se fait que par suite des lois qui régissent les propriétés physico-chimiques de la matière. Mais ce qui est essentiellement du domaine de la vie, et ce qui n'appartient ni à la chimie, ni à la physique, ni à rien autre chose, c'est l'idée directrice de cette évolution vitale. Dans tout germe vivant, il y a une idée directrice qui se développe et se manifeste par l'organisation. »

Ailleurs encore, et dans une publication récente, M. Cl. Bernard rappelle les mêmes vérités : « C'est cette puissance ou propriété évolutive que nous nous bornons à énoncer ici, qui seule constituerait le *quid proprium* de la vie; car il est clair que cette propriété évolutive de l'ovule, qui produira un mammifère, un oiseau ou un poisson, n'est ni de la physique, ni de la chimie. » Le mot de propriété est pris ici comme synonyme de puissance ou de force; et pareillement l'idée directrice ou créatrice, M. Cl. Bernard emploie les deux expressions, doit se rapporter à un agent, puissance ou force, dont elle exprime l'action; car une idée n'existe, ne dirige et ne crée rien par elle-même; une idée doit émaner toujours d'un principe actif qui la possède comme attribut et se manifeste par elle.

Voilà donc, condensée dans le germe, la première et la plus éclatante image de la direction et de la finalité dans la vie. Dans ce protoplasme cellulaire est incarnée une idée finale, si puissante et si active qu'elle va en tirer tout un être vivant, avec l'ensemble de ses fonctions, avec la forme typique dont il ne pourra sortir durant tout le cours de son existence. L'idée spécifique de l'être éclate au moment de la fécondation de l'ovule, et, à ce moment, individualise cet ovule, le sépare de ses ascendants, en fait un être indépendant, doué de toutes les qualités et fonctions qui vont successivement apparaître en lui. En ce sens, l'idée spécifique et finale précède et fait l'être vivant; avant elle, l'être n'est pas; après elle, il est tout entier, quoique aucune apparence ne puisse le trahir encore. Si, de l'être lui-même, nous passons à ces diverses fonctions, on peut dire pareillement que l'idée fonctionnelle précède l'organe, que la fonction fait l'organe, suivant une énergique expression. Toutes les fonctions, en effet, qui doivent concourir à la vie de l'être, sont annoncées, et comme exprimées par un premier trait, avant que la fonction réelle soit établie; et ces apparitions fonctionnelles rudimentaires s'opèrent successivement, suivant un ordre établi par l'importance même de la fonction. C'est ainsi que la circulation future se fait deviner, avant tout appareil circulatoire, à l'apparition de quelques globules sanguins; de même pour le système nerveux, dont les rudiments apparaissent épars çà et là, avant d'être reliés en ce tout puissant qui bientôt va dominer et régler toutes les actions de l'économie. Partout l'idée finale et fonctionnelle se manifeste la première, avant que le fonctionnement la réalise, la rende sensible au physiologiste.

Le père Gratry, qui est souvent un grand voyant et comme un illuminé de la science, a exprimé ces vérités en termes saisissants : « La vie veut vivre et elle vivra. Elle arrive où elle tend. Et comment pourrais-je en douter? Ne suis-je point arrivé déjà? Il fut un temps où, dans un monde obscur, mes yeux ne voyaient pas, mais se formaient pour voir; dans ce monde clos, mes poumons ne respiraient pas, mais se formaient pour respirer; mes membres dans ce monde immobile ne pouvaient remuer, mais s'articulaient peu à peu pour arriver au mouvement; dans ce monde implicite, inconscient, mon cerveau ne pouvait penser, mais se développait pour la pensée. Tout cela c'était des tendances. Toutes ces tendances ont abouti. Toutes celles qui restent aboutiront. » Ces tendances qui restent, et dont le père Gratry pressent l'accomplissement, sont celles qui s'élèvent du monde visible vers le monde infini. Sur ce seuil, la science s'arrête, non sans tenter de pénétrer d'un regard le mystère de ces régions éternelles dont notre existence d'un jour sent et invoque les réalités. « Aujourd'hui, continue l'éloquent oratorien, mes regards et mes aspirations, mes mouvements, ma pensée, tout cela n'est-ce point encore un faisceau de tendances? Ma frêle pensée, pauvre, chercheuse, inquiète et dispersée, tend à se rassembler et à se posséder, et à posséder son objet. Pourquoi donc cette tendance n'aboutirait-elle pas? La soif de la justice n'est-ce pas une tendance aussi? Pourquoi donc serait-elle frustrée? L'amour, le désir, l'espérance, toute la vie de mon cœur, n'est-ce pas la tendance essentielle de mon être? Comment n'aboutirait-elle pas (1)? »

Les fonctions confuses précèdent donc les fonctions achevées; la fonction ne résulte pas de l'organe; elle crée, au contraire, son organe, son instrument approprié. La fonction fait en cela comme la vie, laquelle ne résulte pas de l'organisation, mais crée son organisme, se réalise et se développe en lui et par lui. Certaines conditions extérieures sont nécessaires à l'œuvre créatrice de la fonction

(1) Le P. Gratry, *Logique*, Introduction.

immanente; si les conditions extérieures sont favorables, la réalisation organique de la fonction sera régulière, conforme au plan préconçu; si elles sont hostiles, l'œuvre voulue déviera ou avortera : l'idée finale sera troublée dans son action évolutive. C'est ainsi qu'en modifiant autour du germe les conditions normales qui doivent aider à son développement, on peut conduire le germe à des formes monstrueuses, faire avorter certains organes, en altérer d'autres plus ou moins profondément. Il y a même aujourd'hui toute une science de la production expérimentale des monstruosités, science dont M. le professeur Dareste est l'ingénieux créateur.

Cette science et les déviations monstrueuses de la finalité ne sont nullement contraires à la réalité de l'idée directrice; elles accusent uniquement l'influence des conditions ambiantes. Ces conditions modifient, troublent l'évolution typique du germe, comme plus tard elles troubleront l'activité normale de l'organisme. Les monstruosités sont une affection déterminée du germe, comme la maladie est une affection spéciale de l'organisme. La maladie est une sorte de monstruosité temporaire ou permanente de l'organisme achevé. Les conditions extérieures provoquent ces monstruosités, mais seulement alors qu'elles ont vaincu les résistances saines de l'économie, la finalité physiologique inhérente à chaque molécule vivante. La lutte et la défaite affirment ainsi la finalité au lieu d'y contredire. Si les conditions hostiles limitent leur action en un point, c'est sur ce point qu'apparaîtra la déviation de l'idée finale; le reste de l'organisme que l'occasion hostile n'a pas touché, poursuivra son développement régulier. Cela tient, comme nous l'avons vu, à ce que chaque cellule vivante possède en propre son idée directrice particulière et locale, reflet de l'idée directrice générale, de la finalité supérieure du tout. La monstruosité, pas plus que la maladie, n'est donc l'erreur ni la négation de la finalité générale de l'être ; elle demeure le simple témoignage d'un entraînement partiel, accidentel et funeste, sous l'empire de conditions mauvaises. L'être vivant ne saurait être indifférent aux milieux physiques qui lui fournissent ses moyens d'existence ; il succombe ou dévie, si tout, autour de lui, ne l'aide et ne le soutient.

Quelques naturalistes, se refusant à l'évidence, nient la finalité, l'idée directrice et créatrice, en prétendant, tout au rebours, que c'est l'organe qui précède et fait la fonction. Il n'y a jamais de fonction sans organe, disent-ils ; la fonction résulte donc de l'organe, concluent-ils, lui est toute soumise, ne saurait se concevoir en dehors de lui. Il ne faut pas dire, selon eux, que l'oiseau a des ailes pour voler, que l'homme a ses membres organisés pour se tenir debout, des yeux pour voir et des oreilles pour entendre ; mais que l'oiseau vole parce qu'il a des ailes, que l'homme marche debout, voit, entend et pense, parce qu'il a ses membres, ses sens, son cerveau disposés de façon à ce qu'il en soit ainsi. L'observation répond le contraire. Nous avons vu dans la vie fœtale des organes apparaître avant que la fonction qui leur est attachée pût s'exécuter. Pourquoi cela ? Pourquoi ces poumons alors que l'être ne peut respirer, ces yeux et ces oreilles alors qu'il ne peut ni voir ni entendre ? C'est que tout se prépare et s'organise pour ces fonctions qui doivent surgir à un moment donné : l'idée prédéterminée crée peu à peu l'instrument qui lui permettra de réaliser son œuvre.

Quant à cela que la fonction s'accomplit parce qu'un organe approprié en rend l'accomplissement possible, il n'y a rien là de contradictoire avec l'idée de fin. L'oiseau a des ailes pour voler, en même temps qu'il vole parce qu'il a

des ailes; l'homme a un cerveau fait pour la pensée, tout
comme la pensée jaillit mystérieusement de son cerveau.
Le moyen est approprié au but, voilà tout ce que cela
prouve. Que serait l'idée finale, si elle n'engendrait son
instrument vivant? Elle se perdrait dans une stérile contemplation d'elle-même, elle avorterait dans l'indéfini. Le
but étant que l'oiseau volât et que l'homme pût penser,
il fallait que l'oiseau eût ses ailes et que l'homme possédât
un *sensorium commun*, centre cérébral où aboutit toute
sensation, d'où émanent toute pensée et toute volonté.

IV

« Quand on observe, dit M. Cl. Bernard, l'évolution ou
la création d'un être vivant dans l'œuf, on voit clairement
que son organisation est la conséquence d'une loi organogénique qui préexiste d'après une idée préconçue et qui
s'est transmise par tradition organique d'un être à l'autre(1). »
Cette loi préexistante et formatrice a soulevé des négations
qui ont obtenu et obtiennent un crédit dont il y a lieu de
s'étonner en un temps où la science recherche les enseignements expérimentaux et positifs, et repousse les hypothèses
démenties par les faits. Une idée directrice, une loi organique préexistante, pour expliquer la forme et l'évolution
vivantes! A quoi bon, au dire d'une audacieuse science?
La chimie suffit à expliquer ces formes typiques et cette
évolution de l'être. Au monde inorganique, la chimie
simple; au monde organique, une chimie plus compliquée;
tout le mystère est là. « Dès que la substance, dit M. Moleschott, a atteint un degré déterminé de composition, on voit
se produire avec la forme organisée, la forme de la vie. »
Rostan, qui n'était pas un grand chimiste, mais qui croyait

(1) Cl. Bernard, *Problème de la physiologie générale.*

la chimie capable de tout, avait déjà écrit : « Les lois physiques qui président aux corps inorganiques diffèrent immensément des prétendues propriétés vitales qui président
aux corps organisés; cela tient uniquement à la différence
de composition qui sépare ces corps les uns des autres.
Si les lois physiques sont plus simples que les lois vitales,
c'est que les êtres organiques étant d'une composition plus
simple, doivent produire des phénomènes moins compliqués. »

Ainsi donc, un peu plus ou un peu moins de complexité
dans la matière, il n'en faut pas davantage pour produire
des phénomènes un peu plus ou un peu moins compliqués,
c'est-à-dire des phénomènes vitaux ou non ! un phénomène
vital, un être vivant, ne sont qu'un phénomène ou un corps
plus compliqué qu'un phénomène physique, qu'un simple
composé chimique ! naître, sentir, vouloir, raisonner, engendrer, ne sont que des phénomènes physiques plus
compliqués que la pesanteur, l'attraction ou l'affinité ! Que
tout cela est simple et beau, et surtout conforme aux faits
d'observation ! C'est la réalisation des prédictions faites par
un autre chimiste, M. Lehmann : « Tous les phénomènes
propres aux êtres vivants doivent pouvoir s'expliquer par
les lois de la physique et de la chimie ; ces lois nous donneront la clef des phénomènes de la vie : aussi, dans un avenir
peu éloigné, la physiologie animale sera-t-elle entièrement
réduite aux seuls principes de la physique et de la chimie. »
Je ne me sens pas le courage de réfuter à cette heure de telles
assertions; je me borne à les exposer, et je les répudierai
sous la forme synthétique et dernière que leur a donnée
un des pontifes de la science allemande : « L'atome, dit
M. Büchner, ou la plus petite partie indivisible et fondamentale de la matière, est le Dieu auquel toute existence, la
plus infime et la plus relevée, est redevable de l'être. » En

invoquant ce Dieu inconnu, et en établissant cette genèse des choses et des êtres, M. Büchner a voulu être profond et éloquent ; c'est un inspiré de la science qui se déclare positive !

Revenons cependant à l'observation : elle cadre mal avec toutes ces assertions tranchantes. Quelle que soit la complexité des éléments accumulés, la matière organisée ne naîtra jamais au milieu de ces éléments, si ceux-ci sont inorganiques. Je n'ai pas à rappeler ici la longue suite d'expériences par lesquelles M. Pasteur a prouvé au monde scientifique que la génération spontanée n'existait pas. Il n'y a plus, pour s'attacher à ce dogme ruiné, que ceux qui le soutiennent de parti pris, pour les besoins d'un faux système, et contre tous les enseignements sérieux de la science. Jusqu'ici, d'ailleurs, la génération dite spontanée a toujours exigé, comme condition nécessaire, l'existence préalable de matières albuminoïdes. Or tout composé de ce genre suppose l'existence préalable d'êtres organisés. Ceux-ci sont, jusqu'à présent, les seuls générateurs connus des matières albuminoïdes ; ces substances, encore mal définies, jouissent peut-être d'une organisation rudimentaire, car elles sont riches en granulations amorphes ; là serait la raison probable qui fait que la chimie demeure impuissante à les reproduire. La génération spontanée ne surgirait ainsi qu'au sein de matières ayant possédé ou possédant la vie ; elle supposerait la vie comme condition antérieure ; elle ne saurait donc expliquer la vie première.

A cela, les ardents ou plutôt les irréfléchis de la science répondent que, si la génération spontanée n'est pas encore dans le domaine des réalités démontrées, il est des faits acquis, autrefois repoussés comme impossibles, qui se rapprochent singulièrement des faits de génération spontanée : telle est la production chimique des produits orga-

niques, des principes immédiats de la matière organisée.
On a longtemps considéré ces principes immédiats comme
l'œuvre exclusive de l'activité vivante ; on admettait pour
eux une chimie vivante, suivant l'expression de Broussais,
chimie supérieure à celle de nos laboratoires, et que la
main de l'homme ne pouvait imiter. Aujourd'hui cette
prétendue chimie vivante est devenue la chimie ordinaire ;
et la synthèse chimique, méthode qui a pour initiateur un
de nos plus éminents savants, M. Berthelot, crée à volonté,
dans les creusets et les cornues, la plupart des principes
immédiats que la matière organisée renferme : aldéhydes,
éthers, corps gras, taurine, urée, glycocolle, acides organiques, et tant d'autres que l'on sait produire ou que l'on
apprendra à produire.

Ces conquêtes de la science sont loin d'avoir la signification qu'on voudrait leur attribuer ; elles ne gagnent en rien
sur le terrain de la vie ; car les principes immédiats sont de
purs produits chimiques et ne possèdent aucun des attributs
caractéristiques de la vie. Ils ne sont ni organisés ni orga-
nisables, ne trahissent aucune forme organique ; ceux qui
ont une forme déterminée sont uniquement cristallisables.
Ces principes, même contenus dans l'organisme, n'y sont
vivants à aucun degré. Ce sont des produits d'altération,
d'oxydation, de décomposition, de restitution de la matière
organisée ; ce n'est pas la matière organisée elle-même.
Lorsque celle-ci est peu à peu usée, qu'elle prépare son
retour au monde inorganique, elle abandonne la forme organisée, quoique, pour un temps encore, elle soit enveloppée
de tissus et d'humeurs vivants ; elle est l'inorganique contenu
et voilé momentanément dans l'organique, mais destiné à
une séparation prochaine et définitive. Par conséquent, ce
n'est plus là de la matière organisée, et sa production par
les seules forces chimiques n'est nullement congénère ou

voisine d'une génération vivante, si infime que soit celle-ci. Il n'y a pas à conclure de l'une à l'autre, pas plus qu'il n'y a à conclure de l'ordre physico-chimique à l'ordre vivant. Un principe immédiat n'est ni un organe, ni un rudiment d'organe, ni un être, ni un élément de l'être; il ne possède aucune forme vivante, et, dans la vie, la forme qui reste est plus essentielle que la matière qui passe. C'est ce que reconnaît l'auteur de la *Synthèse chimique;* il ne se laisse pas entraîner à ce passage de la matière à la forme, à cette substitution de la chimie à la vie : « Jamais chimiste, dit M. Berthelot, ne prétendra former dans son laboratoire une feuille, un fruit, un muscle, un organe. Ce sont là des questions qui relèvent de la physiologie. Mais la chimie a le droit de prétendre à former les principes immédiats. »

Ce dernier droit, il faut le céder sans réserve; le physiologiste n'a rien à en retenir. Si la chimie n'est pas destinée à reproduire le liquide alimentaire de toute matière organisée, l'albumine et l'albuminose, c'est, comme nous le disions, parce que ce liquide offre déjà une organisation rudimentaire, ainsi que le font présumer les granulations qu'il renferme, et qui semblent une de ses parties constituantes. Si, au contraire, l'albumine n'est à aucun degré organisée, si elle est un simple liquide composé, un principe immédiat vrai, il n'y a pas à douter qu'un jour la chimie ne la crée de toutes pièces, et qu'elle ne puisse ainsi offrir à l'organisme cet élément premier que le règne vivant peut seul jusqu'ici produire. Si ce jour arrive, la chimie deviendra la grande nourricière de tout le règne animal, et les conditions de la vie commune seront transformées.

Toutefois la science ne semble pas marcher dans cette voie; de plus en plus elle tend à concéder aux matières albuminoïdes une obscure organisation; dans ce cas, la chimie demeurerait impuissante, et l'homme continuerait, pour se nourrir, à cultiver des végétaux et à élever du bétail.

V

Les enseignements les plus décisifs des faits ne pouvaient réussir, auprès de ceux qui ne veulent dans la vie ni cause ni but propres, à leur faire abandonner la pensée de rapporter aux seules forces physiques l'apparition de la vie au sein de la nature inorganique. C'est une nécessité pour les ennemis de tout l'ordre organique. S'ils délaissent ce point de départ, s'ils ne s'y attachent pas invinciblement, tout croule autour d'eux, et l'ordre vivant surgit dans son autonomie et dans sa finalité.

Aussi toute l'école transformiste affirme-t-elle que les apparitions premières de la vie se sont faites spontanément, au sein des flots, dans les profondeurs de la mer, sous la forme indécise de masses protoplasmatiques sans nucléus; là aucun ancêtre, aucune matière organique préexistante; rien que l'eau minéralisée, et les forces physiques, l'affinité, l'électricité, la chaleur. A un moment indéterminé se manifeste l'action lente et incommensurable du temps, tout comme si le temps était un agent d'action et possédait une puissance propre et créatrice. Sous son action incompréhensible, le temps féconde la profondeur des flots, et donne à l'affinité chimique ou à la chaleur une vertu inconnue et qu'elles ne devaient plus retrouver. Alors s'engendrent ces protoplasmes informes; et cette génération n'est pas un fait médiocre et indifférent : c'est d'elle que va sortir l'infinie variété des êtres vivants. La succession de ces êtres, sortis du temps et de la matière protoplasmatique, conduira du plus humble végétal jusqu'à celui que l'on appelait le roi de la création, jusqu'à l'homme, forme dernière et probablement momentanée, obtenue par transformation graduelle des formes primitives, confuses, produits aveugles, ne reflétant aucun dessein supérieur, aucun but idéal et prédéterminé.

Ces protoplasmes sans noyaux, origine prétendue des êtres, ont reçu de la science moderne qui les a imaginés le nom de *monères*. Quand un nom spécial est donné à un fait imaginaire, le fait acquiert une apparente réalité, et les esprits habiles ou bien disposés l'imposent ou le subissent. Ces monères sont supposées ensuite acquérir un épaississement central, un nucléus ; on leur donne un nom nouveau, *amœbes ;* ces monères à noyaux font un pas de plus vers l'animalité, elles se segmentent et s'agglomèrent, et on les appelle *synamœbes ;* celles-ci se creusent d'une cavité unique avec une seule ouverture, on leur trouve le nom de *gastrœades ;* ensuite, deux ouvertures apparaissent, anus et bouche ; puis des sexes différents ; puis une masse nerveuse ; et ainsi l'on arrive à constituer une image fictive de l'animalité inférieure, qui conduit aux types inférieurs de l'animalité supérieure ; ceux-ci atteints, on arrive sans gêne aux représentants élevés de l'animalité, et d'eux enfin à l'homme.

Veut-on voir avec quelle aisance tout cet édifice se bâtit ? Il n'y a qu'à lire ce passage de Darwin :

« L'homme, dit-il, descend d'un quadrupède velu, ayant une queue et des oreilles pointues, vraisemblablement grimpeur en ses habitudes, et appartenant au vieux continent. Cette créature, si un naturaliste avait pu en examiner la structure, eût été classée parmi les quadrumanes, aussi sûrement que l'aurait été l'ancêtre commun, et encore plus ancien, des singes du vieux et du nouveau monde. Les quadrumanes et tous les mammifères supérieurs dérivent probablement d'un marsupial ancien, et celui-ci, par une longue filière de formes variées, soit d'une espèce de reptile, soit d'un animal amphibie, lequel à son tour a pour souche un poisson. Dans les brumes du passé, nous pouvons voir distinctement (*distinctement!*) que l'ancêtre de tous les vertébrés a dû être un animal aquatique, à branchies, réunissant les deux sexes dans le même individu, et chez lequel les organes principaux, tels que le cerveau et le cœur, n'étaient développés que d'une manière imparfaite. Cet animal a dû, semble-t-il, se rapprocher des larves de nos ascidiacés marins plus que de toute autre forme connue (1). »

Je n'ai pas le dessein de reprendre la réfutation si souvent et si bien faite du transformisme. A quoi bon, d'ailleurs, et pourquoi cet effort inutile? Cette réfutation, on ne veut pas l'entendre. Aujourd'hui on est transformiste quand même : on l'est par nécessité, parce qu'il faut une conception de l'ordre vivant qui supprime toute idée de création, de direction, de finalité. Lamarck et Darwin répondent à ces nécessités doctrinales, et c'est ce qui fait leur fortune. Je signalerai, cependant, ce que la première assertion, fondement de toute cette genèse organique, offre de vain et de contraire aux enseignements de la science. Cette première assertion n'est pas une hypothèse que rien ne prouve; c'est pire que cela; c'est une contre-vérité absolue. Rien, en effet, n'autorise à considérer comme possible la génération spontanée d'une masse protoplasmatique; et celle-ci complaisamment admise, rien ne permet d'imaginer sa transformation ultérieure.

Reportons-nous, en effet, à ces époques où nul être vivant n'avait encore paru, où nul germe ne flottait dans l'air, où nulle matière organique, nul débris d'organisation

______

(1) Darwin, *the Descent of man, and selection in relation to sex.*

détruite, n'étaient disséminés sur la surface du globe, ou perdus dans les profondeurs de la mer ou du sol. Partout la matière inorganique pure, et, pour l'animer, les seules forces physico-chimiques, la pesanteur et l'affinité, la lumière et l'électricité, la chaleur et le mouvement. Ces conditions étaient simples, et ces milieux, où tous les éléments de la vie manquaient, étaient inaltérables. Sous quelle incitation, sous quelle puissance nouvelle de tels milieux auraient-ils enfanté une matière organisée, et jouissant de toutes les facultés et propriétés de la vie? Les forces physiques sont immuables; ce qu'elles étaient il y a quelques milliers de siècles, elles le sont aujourd'hui, et elles le seront après d'autres milliers de siècles : scientifiquement, elles ont l'infini derrière elles et devant elles, et cet infini les laisse identiques à elles-mêmes, ne perdant et n'acquérant rien. Comment imaginer que, dans cet ordre physique ainsi constitué, puisse surgir, sans cause nouvelle, l'ordre vivant? On invoque l'action lente du temps; ce n'est là qu'un vain assemblage de mots; car les actions lentes, comme les actions rapides, supposent un agent, et le temps n'est pas un agent. Cette action lente est donc une chimère; et une dissolution saline, si elle demeure à l'abri de tout germe organique, restera dissolution pure, et n'engendrera aucun protoplasme, quelle que soit la durée des temps.

Mais, dit-on, à ces époques antérieures à toute vie, les conditions de notre globe étaient différentes de celles que nous observons. La chaleur et l'électricité le pénétraient avec une intensité que nous ne connaissons plus, et l'affinité chimique avait une énergie créatrice qu'elle a perdue. Ce sont là encore des mots vides de toute réalité; car, précisément, la vie ne peut apparaître que dans des conditions moyennes de chaleur et d'électricité, telles que celles qui règnent aujourd'hui ou que nous pouvons reproduire dans nos laboratoires. Les chaleurs intenses et les surcharges électriques détruisent la matière organisée; et quant aux affinités chimiques, leur action d'hier est celle d'aujourd'hui; elles sont immuables, et nous pouvons par l'expérimentation faire appel à toute leur énergie; or celle-ci n'a jamais créé le plus infime organisme. La science moderne est riche en moyens expérimentaux; elle a réalisé les températures les plus élevées, les courants électriques les plus formidables; à leur aide elle a fabriqué, par synthèse, les pierres précieuses, les roches, les cristallisations que seule notre terre en feu avait pu jusqu'ici produire; mais une forme vitale quelconque demeure au-dessus de toutes nos entreprises.

Les protoplasmes originels, si commodément admis comme point de départ du monde organique, demeurent donc une vision antiscientifique : et pourtant, tout ce qu'on en a immédiatement déduit est encore moins sérieux et me paraît comme une longue suite de futilités, car ce sont des hypothèses auxquelles je cherche en vain une raison expérimentale ou théorique quelconque. Sur quoi, en effet, appuyer ces transformations successives des monères : celles-ci acquérant un noyau central, celles-là se segmentant et s'agglomérant, celles-ci gagnant une cavité et une ouverture, les autres deux ouvertures? Comment expliquer l'apparition des sexes, celle d'une circulation active, celle du système nerveux, celle des sens, celle enfin de toutes les fonctions et de tous les organes de l'animal achevé? Dans ce peuple primitif de monères, habitant le fond des mers, il n'y a ni habitude, ni besoin, ni concurrence vitale, ni sélection naturelle ou sexuelle, ni transmission héréditaire pour expliquer, même par les artifices les plus impuissants, toutes les transformations

qui ont conduit la monère, de son obtuse et informe existence, à une existence perfectionnée. Cette monère n'a rien
à faire avec tous ces mots, qui ne sauraient trouver d'application que dans l'animalité supérieure. La concurrence
vitale et la sélection ne feront jamais qu'une monère ac-
quière une cavité qui lui manque, s'enrichisse de deux
ouvertures, d'un canal contractile où les humeurs circu-
lent, d'un système nerveux qui lui permette de sentir. La
monère est condamnée à rester dans sa forme rudimentaire ;
elle est privée de toute impulsion ou sensation qui puisse
aboutir à une modification de structure, à une acquisition
d'organe. Que l'on essaye de concevoir comment un être
vivant a pu acquérir l'organe et le sens de la vision, même
à l'état le plus rudimentaire, alors qu'avant cet être aucun
être n'avait vu, et que la lumière et la vision étaient inconnues dans tout le monde organique. On dit que l'œil
est venu par transformation successive opérée au bout
d'un nerf qui, placé sous l'épiderme, s'est trouvé, un beau
jour, doué de quelque obscure sensibilité à la lumière.
Cette sensibilité spéciale s'est transmise par hérédité, toujours sur ce même bout nerveux, s'est perfectionnée ; l'épiderme au-devant du nerf s'est éclairci ; les couches optiques
se sont dessinées dans l'encéphale ; peu à peu l'œil est né.
Et ainsi s'est constitué l'organe le plus délicat, le plus sa-
vamment construit, le plus idéalement géométrique que
l'on puisse contempler ! Point d'idée finale dans cette construction, point de plan préconçu ; une suite de transformations qui, quoique toutes fatales, ont cependant abouti
à ce dessein achevé, à cet instrument admirable, et si infiniment varié, suivant les diverses espèces animales ! Et
tout cela est accepté comme vraisemblable et conforme à
l'expérience ! Ah ! combien la simple parole de Newton,
sur ce sujet, repose l'esprit et le soulage de toutes ces

fictions grossières : « Celui qui a fait l'œil a-t-il pu ne pas connaître les lois de l'optique? »

Tel est donc le point de départ du transformisme : un enchaînement d'impossibilités; génération impossible d'un protoplasme primitif, au sein d'une nature tout entière inorganique; transformation impossible de ces protoplasmes, à supposer qu'il leur eût été permis de naître. Et c'est au nom de ces impossibilités qu'une science qui se prétend tout expérimentale et positive, veut imposer une genèse complète des êtres organisés, et supprimer de cette genèse toute idée directrice et finale!

VI

Quelques savants affectent une logique plus rigoureuse que celle du transformisme, et un attachement plus réel aux dogmes de la philosophie positive. Ils déclarent abandonner toute théorie de l'origine des êtres organisés, et se bornent à étudier la genèse de l'être vivant dans les conditions où elle s'accomplit actuellement. Le mystère qu'ils ont devant eux n'est pas diminué par l'abstention qu'ils professent. Déterminés à repousser toute idée directrice et finale, il leur faut expliquer comment le germe va se développer en un organisme complet; comment des germes en tout comparables, vont néanmoins fournir, selon les parents qui les émettent, des organismes dissemblables.

Pour expliquer ces faits, les physiologistes du positivisme ont admis une propriété spéciale de la matière organique, propriété dite de naissance, ou natalité. Cette propriété entre en jeu dans le germe, et donne naissance au développement embryonnaire. N'est-ce pas là se payer de mots, et déguiser les difficultés d'un problème insoluble sous une locution qui me paraît dépourvue de tout sens?

Que peut signifier, en effet, une *propriété de naissance?* Un vieil adage le dit : *proprietas sequitur esse.* Il faut que l'être soit avant qu'il jouisse d'aucune propriété. Comment donc imaginer une propriété pour naître, puisqu'il faut que l'être soit né avant toute propriété? Si le germe possède une prétendue propriété de naître, c'est qu'il est déjà né; il faut exister pour avoir une propriété quelconque, et nulle propriété ne donne l'être. Une propriété de naissance est donc une pure logomachie, et la donner pour une explication, ce n'est guère respecter les esprits auxquels on s'adresse.

Quant à la question de savoir pourquoi un germe fécond ou fécondé, qui est tout un être en puissance, va se développer ici de telle façon et là de telle autre, fournir telle ou telle espèce animale, quoique rien ne distingue physiquement ces germes les uns des autres, la réponse est livrée, dit-on, par l'action des milieux, par les réactions chimiques qui se succèdent. Ces réactions chimiques, dont les éléments sont empruntés aux milieux ambiants, se commandent les unes les autres, de manière à ce que de leur travail successif résulte l'organisation progressive de l'être. La division et la multiplication de la cellule germinative, l'apparition des noyaux, les traces rudimentaires des grands systèmes organiques, l'institution graduelle des appareils fonctionnels, la forme typique de l'être, tout cela se suit, se commande, est l'effet direct d'une longue suite d'opérations chimiques, d'échanges moléculaires. Toutes ces cellules et tous les tissus qu'elles forment jouissent, par leur organisation même, de propriétés spéciales dites vitales; et c'est sous l'influence de ces propriétés et des dispositions qu'elles impriment à la matière, que s'établit la direction spéciale de tous les actes chimiques en voie d'accomplissement. Il n'est nul besoin d'invoquer, pour expliquer les résultats obtenus, une idée directrice et finale. Il n'est pas nécessaire de sortir du monde et des forces physiques; la matière suffit à tout. Ces explications se distinguent à peine des assertions du chimisme exclusif que nous avons déjà exposées.

Si l'on veut se convaincre par une seule série de faits, combien la direction du développement idiosyncrasique et spécifique de l'être vivant se soustrait à la direction pure de la chimie, quoique l'action chimique intervienne nécessairement dans toute constitution organique, il n'y a qu'à considérer l'ensemble des phénomènes héréditaires. Je ne sache pas qu'il existe de démonstration plus saisissante que celle que fournit l'hérédité relativement à la prédétermination dans les êtres vivants. N'est-elle pas, en effet, la preuve vivante d'une incarnation causale dans le germe, et telle que la cause directrice et finale y possède, dès l'origine, tous les attributs essentiels, toutes les particularités typiques sous lesquels elle se développera durant toute la durée de l'être? Ces attributs et ces particularités se rattachent souvent si étroitement à la vie des ascendants directs et indirects, qu'ils semblent se transmettre comme se transmettrait une idée, une tradition, dont le souvenir serait variable suivant les cas, ou toujours présent, ou reparaissant à intervalles parfois très-éloignés.

Comment imaginer la transmission des caractères propres, organiques et intellectuels de l'individu, si l'on n'admet que les conditions physiques et chimiques comme causes de cette transmission? Voilà, par exemple, une famille dont les enfants reproduisent, les uns la physionomie et le caractère moral de la mère, les autres la physionomie et le caractère moral du père; d'autres, enfin, s'éloigneront des types maternel et paternel, et auront une physionomie propre, un ensemble de qualités personnelles qui ne seront pas un reflet, une transmission des qualités des ascendants. Comment expliquer ces faits et ces variétés? Les conditions de terrain ont été identiques, les résultats sont profondément dissemblables. Tout demeure inexplicable et presque contradictoire si l'on ne veut invoquer que les échanges moléculaires de la matière organique. Pourquoi et comment cet enfant, vivant du sang de sa mère durant neuf mois, acquérant dans le sein maternel tout son développement organique, va-t-il reproduire les traits et le tempérament de son père, dont le sang lui est en réalité étranger, dont il n'a reçu qu'une animation fugitive, se traduisant par l'intussusception d'une cellule microscopique? Qu'a à faire la chimie dans ce merveilleux phénomène? Et la même mère enfantera de même d'autres enfants dont les caractères seront tout autres et peut-être étrangers à tous ceux qui appartiennent au père comme à elle-même; et néanmoins tous ces enfants ont vécu du même sang, se sont constitués des mêmes principes immédiats, ont trouvé dans leur vie première les mêmes conditions organiques!

Mais il y a à invoquer des faits plus surprenants, et bien propres à confondre l'esprit si on les médite. Ces enfants, qui semblent ne retenir aucun des caractères de leurs ascendants directs, qui semblent étrangers à leur père et à leur mère, rappelleront parfois, et d'une manière frappante, leurs ascendants éloignés ou leurs collatéraux, et ces ressemblances, néanmoins, leur sont transmises par leurs générateurs, lesquels ne les possèdent pas eux-mêmes. Ainsi on peut transmettre des qualités que l'on n'a pas, qui du moins ne se trahissent en vous par aucun signe visible, mais qui sont latentes en vous, que vous possédez en puissance, qui sommeillent sous vos qualités propres; vous ne transmettrez pas celles-ci qui ont leur représentation organique et matérielle, et vous transmettrez celles-là que nulle disposition saisissable ne représente. Quels mystères! et, quoique mystères, combien ils éclairent la genèse de l'être, combien ils montrent que tout se produit sous l'influence d'une idée directrice et finale, qui se transmet comme se transmettent les agents immatériels, l'unité pure et active, qui, à un moment donné, se réalise et engendre sa représentation vivante !

Il n'y a pas que les faits d'hérédité directe et d'atavisme physiologiques : il y a la série non moins féconde de l'hérédité et de l'atavisme pathologiques. Que dire de ces maladies diathésiques que le père ou la mère transmettent à leurs enfants, et qui souvent n'éclatent qu'à une époque avancée de la vie de l'individu, alors que depuis longtemps la vie individuelle est distincte de celle des parents, et qu'une longue suite de transformations chimiques a complétement effacé et renouvelé toute la substance organique que l'enfant avait pu recevoir d'eux. Voilà un homme qui arrive sur le déclin de la vie; il a passé par les fortunes et les situations les plus diverses, et souvent celles-ci ont été à l'opposé de celles de ses parents; et cependant, à un moment donné, et souvent au même âge, il tombera affecté du même mal, de la même lésion que son père ou que sa mère. Et néanmoins que retient-il d'eux? Que garde-t-il de son père, par exemple? Plus rien certainement, rien de matériel, mais quelque chose d'invisible et de puissant, qui opère avec une activité invincible, qui provoque avec une assurance fatale cette lésion redoutable; ce quelque chose, c'est toujours la cause directrice et finale incarnée dans le germe. Et souvent ce n'est même pas la maladie du père et de la mère que le fils reproduit. Non, ceux-ci sont sains; ils ont prolongé leur vie sans rien trahir de la maladie qui doit affecter leur enfant; celui-ci reproduit la maladie qui a affecté les aïeux ou simplement quelques collatéraux. On transmet donc à sa descendance des maladies que l'on n'a pas; les parents inscrivent dans les germes qu'ils émettent et fécondent, des idées et comme des souvenirs pathologiques qui se feront jour chez les petits-fils ou arrière-petits-fils.

Dans cet ordre de faits, il faut encore noter celui-ci comme l'un des plus surprenants : de toutes ces maladies, qu'elles proviennent des ascendants directs, ou qu'ayant touché les générations antérieures, elles soient transmises par une génération saine, celles qui passeront le plus sûrement, le plus fatalement aux enfants ou petits-enfants, ce sont précisément les maladies dites sans matière, celles où l'altération organique est insaisissable, celles qui par leur forme intermittente, leur mode d'apparition, l'intégrité apparente de la substance, sembleraient devoir se dérober plus aisément que d'autres à de telles transmissions, et se perdre à travers toutes les transformations de la matière organique. Telles sont les maladies connues sous le nom de névroses, et, en particulier, l'hystérie, l'épilepsie, la folie sous toutes ses formes. Ici la transmission est presque fatale; et, au contraire, les maladies à lésions, les affections tuberculeuses et cancéreuses, par exemple, s'éteignent souvent dans les familles et se perdent dans le renouvellement des organismes que les générations successives amènent. Que peut dire la chimie en face de ces faits, et ne semblent-ils pas témoigner que plus l'élément matériel s'efface dans ces transmissions, plus l'idée directrice et finale y prédomine, et plus enfin elles sont assurées?

Je ne puis songer à fouiller jusqu'au fond ce champ des hérédités, si fertile en démonstrations de grandes vérités biologiques : je ne le quitterai pas sans rappeler un dernier trait encore plus étrange que les autres, et qui nous montrera jusqu'où peut pénétrer l'idée directrice et finale imprimée dans le germe.

Qui ne sait que, chez les animaux domestiques, la première imprégnation et la première portée laissent dans l'organisme maternel une impression qui fait que ce n'est plus seulement la mère qui transmet à son petit ses qualités de race et de caractère, mais que aussi le petit communique à sa mère les qualités et le caractère de race qu'il a reçus du père? La mère est ainsi modifiée par son produit, et cette modification ne s'effacera plus, mais se transmettra aux produits ultérieurs, alors même que ces produits reconnaîtront une paternité différente. L'action du premier père, à travers et par la mère, influe sur l'action du second père. Les exemples ne manquent pas : une jument saillie par un âne et engendrant un métis, plus tard, saillie par un cheval pur sang, donnera naissance à un poulin abâtardi, dont les oreilles pourront rappeler celles de l'âne qui avait approché d'abord la jument. De même si la jument a été fécondée par un zèbre, de la fécondation de cette même jument par un cheval pourra naître un produit zébré. Une chienne de race, accouplée avec un chien de race différente, ne donnera plus des produits purs, si elle est unie ensuite avec un chien de même race qu'elle ; les petits seront abâtardis et rappelleront souvent le premier père.

De tels faits s'observent dans l'espèce humaine. Une veuve qui a eu des enfants d'un premier mari, pourra avoir d'un second mariage des enfants qui rappelleront les traits, la physionomie, les qualités morales du mari défunt. Cette imprégnation peut aller plus loin encore : elle peut transmettre à la femme les maladies dont est atteint le mari ; et cette transmission se fait non par contagion, par inoculation directe du mari à la femme, mais par la conception d'un enfant qui reçoit du père une impression pathologique, et qui transmet ensuite à sa mère cette impression reçue.

Que tous ces faits sont profonds! Et comment invoquer, vis-à-vis d'eux, les simples propriétés physiques de la matière, l'action des affinités chimiques et des échanges moléculaires? Comment cette jument ou cette chienne reçoivent-elles cette imprégnation première qui ne les abandonnera plus, et qui se transmettra à un second produit, lequel se rattachera au premier père sans cependant en avoir rien reçu? Chimiquement, moléculairement, la mère est restée la même; elle est toujours de sa race, et elle ne garde matériellement rien du premier générateur qui l'a approchée; et elle donnera des traits et des qualités qui lui étaient étrangers, et que rien de visible ne traduit en elle! C'est que cette transmission n'a rien de matériel, rien qui tombe sous nos sens; c'est la transmission d'une idée directrice, et celle-ci pénètre dans les profondeurs de l'organisation, peut s'y associer à une idée antérieure et étrangère, sans que nul indice vienne trahir cette association, cette modification de l'idée directrice première par l'idée directrice seconde. Voilà le fait vrai, la réalité toute nue. Irons-nous repousser cette réalité sous le prétexte qu'elle est idéale, qu'elle est inaccessible à nos moyens d'investigation physique, qu'elle échappe à nos analyses les plus délicates de la matière? Mais qui nous donne le droit de limiter les réalités aux seules réalités physiques? Et pourquoi, lorsque l'observation nous met en regard de phénomènes et de causes autres que les phénomènes et causes physiques et chimiques, ne nous rendons-nous pas à ses enseignements? Qui nous autorise à repousser l'observation, et à refuser les causes dont nous voyons les effets? Voyons-nous mieux les causes physiques, l'affinité, l'attraction, la chaleur, que nous ne voyons la cause vivante et ses modes essentiels, l'unité, la spontanéité, la finalité vivante?

VII

L'idée directrice et finale, réalisée dans le germe fécondé, y conduit une œuvre suprême, bien digne de fixer un instant notre attention, et qui offre comme le résumé et la conclusion de tous les modes de l'activité vivante. Cette œuvre, nous pouvons l'exprimer d'un mot : l'acquisition nécessaire de la forme typique et spécifique léguée par les ancêtres. Le germe fécondé, en effet, n'incarne pas en lui une idée directrice vague, incertaine, variable dans ses déterminations essentielles, mais une idée fixe, précise, qui conduira l'être vivant à une forme prédéterminée, celle des ancêtres, qui sera aussi celle des descendants. A chacune de ces idées fixes correspond donc une longue suite, un vaste ensemble d'êtres vivants, tous semblables entre eux quant à leurs caractères fondamentaux et permanents, variables seulement quant à leurs qualités accessoires et transitoires, et chacun de ces ensembles forme ce que l'on a appelé, dans l'ordre vivant, une espèce. L'espèce embrasse et relie en un tout une succession illimitée d'individus; elle est un véritable être synthétique, et sa puissance domine en souveraine dans les régions de la vie. « Les espèces sont les seuls êtres de la nature », dit Buffon : « Les individus sont les ombres dont l'espèce est le corps », dit encore ce grand naturaliste. Et Cuvier, s'exprimant en un langage moins élevé, mais plus précis, dit que « l'espèce est la réunion des individus descendus l'un de l'autre ou de parents communs, et de ceux qui leur ressemblent autant qu'ils se ressemblent entre eux ».

Telle est donc l'une des fonctions majeures de l'idée directrice et finale : elle crée non-seulement des organes et un organisme, mais un organisme doué d'un type propre, dont il ne peut dévier que dans de très-étroites limites, et auquel il est invariablement ramené, lorsque la déviation s'est accrue dans les proportions extrêmes qu'elle peut acquérir, et que les conditions sous lesquelles elle a été obtenue viennent à s'affaiblir ou à disparaître. Les types même les plus voisins ne se fondent pas les uns dans les autres, ne s'unissent pas pour créer un type intermédiaire et durable. On peut créer des variétés, c'est-à-dire des races; on ne crée pas un type vrai, c'est-à-dire une espèce. C'est là, je le répète, la fonction majeure et synthétique de l'idée finale, c'est aussi l'une des plus fortes preuves de sa réalité. Si chaque être vivant a son type marqué et invariable dans un germe qui lui-même n'offre aucun type spécial appréciable, si tous ces types de l'être sont irréductibles, s'ils ne peuvent découler les uns des autres et dériver d'une forme première et commune sous la seule influence des agents et des milieux physiques, c'est que ces types, et l'idée créatrice qui les détermine, expriment vraiment la loi souveraine de l'être, loi voulue par une puissance immanente et dont les desseins infinis nous accablent.

C'est le sentiment de ces vérités qui a suscité, depuis Darwin, la guerre, aussi étrange qu'acharnée, entreprise par les partisans des doctrines transformistes contre la notion de l'espèce. On a accumulé les critiques contre la définition de l'espèce, et cela avec d'autant plus d'aisance et de succès apparent que l'espèce, comme toutes les notions fondamentales et simples, est malaisée à définir rigoureusement. Mais si la définition est difficile, la chose est si claire que tout le monde la comprend, comme tout le monde entend ce que c'est que la vie et la maladie, quoique l'une et l'autre soient non moins difficiles à définir scientifiquement. « Nulle définition de l'espèce, dit M. Émile Blanchard, n'a pu satisfaire tous les naturalistes, répète M. Darwin. Rien n'est plus réel, seulement il convient d'ajouter que sur aucun sujet l'entente ne s'établit d'une manière aussi complète entre les auteurs. Personne sans doute ne sait dire à quels signes généraux on distingue les espèces, et néanmoins, instruit par l'observation et l'expérience, le classificateur demeure convaincu avec Linné, que « le semblable engendre toujours son semblable », — avec Cuvier, que l'espèce est représentée par les êtres « nés les uns des autres ou de parents communs, et de ceux qui leur ressemblent autant qu'ils se ressemblent entre eux », — avec la plupart des investigateurs, que l'espèce est assurée par la fécondité qui se perpétue, enfin qu'elle est une forme organique primitive. Depuis beaucoup plus d'un siècle, des centaines de zoologistes et de botanistes, disséminés dans toutes les villes du monde où la science est plus ou moins en honneur, travaillent à cet édifice colossal qu'on a nommé l'inventaire de la nature : sans exception, ils se conforment au plan que Linné a tracé. Par un phénomène dont l'explication nous manque, des partisans de l'idée de transformations illimitées, pris du goût de faire connaître de nouveaux types, les décrivent absolument comme les autres naturalistes; dans la circonstance, l'idée est mise en réserve. Ceux qui s'en tiennent à des formules peuvent croire que tout est vague; au contraire, ceux qui s'instruisent par une pratique indispensable sont également saisis par l'évidence des faits; un pareil concert ne s'établit pas sans fondement solide (1). »

Ces remarques de l'éminent naturaliste reflètent un bon sens et des clartés que nulle subtilité sophistique ne saurait

(1) Em. Blanchard, *l'Origine des êtres.*

CHAUFFARD.   23

obscurcir. Les vérités majeures ont cette invincible éloquence qui fait qu'elles dominent ceux-là même qui croient
les repousser. On élève la voix pour nier, et les derniers
retentissements de cette voix ont à peine cessé que l'on agit
et que l'on parle comme si l'on avait affirmé le fait nié.
Qui pourrait traiter de l'ensemble des êtres vivants sans les
distinguer et les classer en genres, en familles, en espèces ?
Qui ne raisonne à leur sujet tout comme si la permanence
et la fixité des espèces avérées étaient des faits incontestables? Il en est ainsi, que l'on relève de Cuvier ou que l'on
suive Darwin. Si la notion d'espèce disparaissait, la plus
inextricable confusion se substituerait à l'une des plus
admirables constructions de l'esprit et du travail de
l'homme.

La création des variétés et des races par l'action des
milieux et par tous les procédés de sélection artificielle,
est devenue le point de départ d'un système absolu de transformisme, fondé sur la négation même de l'espèce. Nous
avons dit, dans un travail sur les *Luttes actuelles de la philosophie et de la science*, ce qu'était la variabilité des espèces,
et comment elle restait soumise à l'unité et à la fixité du
type spécifique. Cette variabilité se réduit à des modifications dans la taille, la couleur des téguments et des poils,
l'accroissement ou le raccourcissement exagérés de certaines
parties du squelette, l'acquisition de certaines dégénérations, de véritables monstruosités soigneusement entretenues par les conditions du régime, la sélection artificielle et
la transmission héréditaire par sélection sexuelle. Les races
sont, suivant la parole de Buffon, comme des touches accessoires de l'espèce, propagées par la génération et maintenues constantes dans des conditions déterminées. Les
races ne sont donc rien par elles-mêmes; elles ne sont pas
un type primitif, un exemplaire vrai et durable d'une idée

directrice et finale, particulière et comme éternelle; elles sont des accidents, et comme l'accident elles passent. Aussi, dès que les conditions exceptionnelles de milieu et de sélection qui ont engendré la race s'effacent, la race disparaît; abandonnée à elle-même, au type primitif de l'espèce, de l'idée prédéterminée et spécifique.

Ce retour des types déviés au type des ancêtres est une des lois les plus saisissantes de la biologie; elle joue un grand rôle dans le maintien des espèces, et je montrerai son importance dans la biologie et la pathologie humaines. Sans cette loi souveraine, l'humanité aurait probablement disparu, étouffée sous les transmissions morbides et les monstruosités. Mais le pouvoir inaliénable de l'idée finale, créatrice de l'espèce, subsiste à travers toutes les altérations, toutes les dégénérations; elle arrive à réintégrer l'espèce, ou à maintenir ses caractères inaltérables à travers les variations les plus étendues. On peut donc appliquer aux races ces fortes paroles de Buffon : « Elles ne sont que des possessions usurpées pour un temps sur la nature, mais qu'elle a chargé la main sûre des siècles de lui rendre. » Cette main sûre des siècles est conduite par la loi du retour au type primitif; et ce sont ces usurpations d'un jour, au profit e au moyen desquelles on prétendrait détruire l'œuvre la plus éminente et l'ordonnance majestueuse de la nature ! La science s'étonnera, un jour, de la faveur conquise au milieu de nos générations par les conceptions aventureuses de Darwin, et toute la science de détail de ce célèbre naturaliste ne sauvera pas du naufrage l'accumulation d'hypothèses auxquelles son nom restera attaché. Mais, si la justice de l'avenir est sûre, les entraînements du présent sont grands, et nous ne dissimulons pas que ce roman de la nature ne domine aujourd'hui bien des intelligences, et n'y altère le goût et le sens du vrai. Nous serions trop orgueilleux de

notre siècle, s'il ne subissait ainsi certains et profonds égarements.

La tendance irrésistible à une forme spécifique et prédéterminée est-elle un fait qui n'appartienne qu'à l'ordre vivant, le seul où apparaissent des germes, et a-t-elle la signification que nous lui attribuons, témoigne-t-elle d'une idée
directrice et finale réalisée dans l'ovule fécondé? N'y a-t-il
pas des faits empruntés à l'ordre inorganique, dépourvus
par conséquent de toute finalité spéciale, et qui dénotent
une tendance invincible de la matière à une forme spécifique et invariable, tout comme les êtres organisés sortis de
l'évolution du germe? Les phénomènes de cristallisation ont
paru fournir une réponse affirmative à ces interrogations
inattendues. M. le professeur Gavarret (1) pose la question
en ces termes : « Cette tendance à la réalisation d'une forme
déterminée a-t-elle bien toute l'importance que lui attribue
l'école vitaliste ; ne se manifeste-t-elle pas même dans certains phénomènes du monde inorganique? Nous savons que
dans une dissolution saline placée dans des conditions
convenables de repos et d'évaporation lente et régulière,
les molécules d'un même sel s'agrégent suivant un plan
déterminé, de façon à reproduire fatalement un cristal de
forme parfaitement définie et toujours la même. Nous ne
voulons pas insister sur ces faits, ni sur les phénomènes si
nombreux d'affinité élective ; mais nous pensons qu'ils sont
de nature à faire réfléchir. » Ces lignes indiquent une disposition marquée à considérer les phénomènes de cristallisation comme analogues à l'acquisition de la forme typique
chez les êtres vivants. Toutefois l'auteur garde une certaine
réserve à l'égard d'une assimilation positive et entière. Ces
réserves sont mises de côté par ceux dont l'éducation scien-

____

(1) Gavarret. *les Phénomènes physiques de la vie.*

tifique est moins sévère, et l'esprit plus aventureux et plus
ardent.

Ceux-là, décidés à lever toute barrière qui sépare le monde
organique de l'inorganique, déclarent que les phénomènes
de cristallisation trahissent déjà les effets d'une sorte d'affinité vitale; ils insistent particulièrement sur les faits de
réparation des cristaux altérés dans leurs formes, et qui,
plongés dans une dissolution de même nature, réparent
d'abord les lésions qu'ils ont subies, et se multiplient ensuite en proportion des éléments contenus dans la dissolution. N'y a-t-il pas, disent-ils, une similitude vraie entre
ces réparations et celles que l'on observe à la suite des
lésions subies par un organisme vivant; et de même la fixité
de la forme des cristaux n'est-elle pas exactement comparable à la fixité de forme des espèces, toutes les deux surgissant au sein d'une matière amorphe, ici une dissolution
saline, là une matière albuminoïde? N'y a-t-il pas une naissance pour le cristal comme pour l'être organisé, de même
que pour tous les deux il y a forme prédéterminée et réparation spontanée? Le cristal serait donc la première forme
de la vie; le protoplasme et les organismes qui en dérivent
ne sont qu'une forme vitale plus compliquée et en voie de
perfectionnement. Le cristal acquiert sa forme sans l'intervention d'une idée finale pénétrant la dissolution saline au
fond de laquelle il se dépose; il est un pur produit des
forces physico-chimiques de la matière. Pourquoi l'être
vivant n'acquerrait-il pas sa forme sous l'action de ces
mêmes forces, et aurait-il besoin d'incarner en lui un principe directeur et final? Accorder au cristal, comme à l'être
vivant, un principe spécial, directeur et formateur, serait
se payer de mots. On n'en anéantirait pas moins ainsi la
finalité propre de l'être; car il est évident qu'il n'y a pas de
finalité vraie dans le cristal, qui n'est ni un être ni un in-

dividu ; que rien en lui ne dépasse les lois de la matière, et ne conduit à une causalité supérieure et distincte de celle qui régit l'ordre inorganique.

Exposer de telles opinions, c'est, à mon sens, une façon presque suffisante de les réfuter. Est-il, en effet, besoin de beaucoup insister pour montrer sur quelles analogies superficielles et chancelantes reposent toutes ces assertions, que je suis surpris de voir soutenir par des savants d'un mérite distingué ? Je sais cependant, et depuis longtemps, avec quelle facilité on se laisse aller aux plus vaines hypothèses, alors qu'elles semblent favoriser certaines idées systématiques qui visent à l'ensemble des choses, et devant lesquelles il faut que plient tous les faits particuliers. Oui, l'acquisition de la forme chez le cristal n'est en rien comparable à l'acquisition de la forme dans l'être organisé. Dans le premier cas, et ce point est capital, il n'y a pas évolution, acquisition graduelle, création progressive de la forme typique définitive : non ; cette forme existe complète, parfaite, dès l'origine, dès la première apparition du cristal, alors qu'il est microscopique et encore invisible à l'œil. Cette forme peut croître par juxtaposition de cristaux, mais quelque accrue qu'elle soit, elle demeure absolument semblable à elle-même dans tout le cours de son accroissement. Les types ne relèvent aucunement d'autres types préexistants dans les corps simples dont est formé le composé cristallisable. Chaque composé, chaque sel a sa forme cristalline propre, qui ne rappelle pas les formes cristallines des corps simples formateurs du composé. Rien ne rappelle ici l'action des ascendants et les lois de l'héritage ; chaque type est aussi indépendant qu'invariable. Le cristal en partie brisé se répare, mais de la même façon qu'il s'est formé ; les cristaux subsistants servent d'appel, de centre de cristallisation ; de sorte que la partie détruite se rétablit par

juxtaposition, comme se formerait un nouveau dépôt cris-
tallin. La réparation du cristal n'amène donc pas, comme
celle de l'être vivant, une modification plus ou moins notable de forme et de structure; elle n'est jamais imparfaite et relative; elle est jetée dans le moule absolu du cristal primitif. Certes tous ces phénomènes sont admirables;
ils peuvent nous faire supposer que des lois géométriques
gouvernent tout le monde physique, les atomes de la matière, les vibrations de l'éther, comme la marche des astres.
Mais cette géométrie sublime, qu'a-t-elle à faire avec l'acquisition de la forme spécifique de l'être vivant? Il semble
même que celui-ci soit institué pour être la négation, ou
pour mieux dire, pour être en dehors de cette infinie géométrie, pour limiter en quelque sorte cette infinité, et montrer qu'elle n'est pas tout.

Rien, en effet, ne procède géométriquement dans le
germe, ne s'y opère comme dans le cristal apparaissant.
Dans le germe, il n'y a pas visiblement, matériellement
réalisée, la forme spécifique et future de l'être. Rien dans
cette matière amorphe et granuleuse, rien dans ces premières cellules, rien même dans les premiers rudiments
d'organes ne décèle la forme qui doit devenir le revête-
ment visible et la caractéristique de l'être vivant. Il y a donc
là une création progressive de la forme spécifique, et c'est
cette création qui est la vie, qui fait l'être, qui révèle l'idée
créatrice et finale. Voilà le fait vrai, et il est tout à l'opposé
de ce qui se passe dans la cristallisation. Pour que l'organisation et la cristallisation fussent grossièrement comparables, il faudrait en revenir à la vieille hypothèse de l'em-
boîtement des germes, et des organismes préformés. L'organisme serait, en petit, tout contenu dans le germe; si
notre vue était assez puissante, nous devrions trouver dans
l'ovule fécondé l'organisme complet, pourvu de tous ses

appareils et organes, et de sa forme définitive. Cet organisme en miniature n'aurait plus qu'à grandir de façon à paraître avec tous ses contours et son type spécifique. Le microscope a anéanti ces idées chimériques. Il nous a fait assister d'instant en instant à la génération de l'instrumentation organique et de la forme typique de l'être ; il nous a montré par quelle succession de formes inférieures l'organisme s'élevait aux formes supérieures, à son type complet et définitif : et ce spectacle est à lui seul une réfutation vivante et magistrale des procédés de cristallisation appliqués à la formation de l'être.

Cette réfutation, tout la développe et la complète. Dans le cristal, l'accroissement se fait par juxtaposition, par mouvement extérieur ; dans l'être vivant, par intussusception, par mouvement interne ; la réparation s'opère de même, ici par le dehors, là par le dedans. Le cristal ne dévie jamais ; dès que le corps dissous ou en fusion se cristallise, l'opération se fait invariable et mathématique : les conditions extérieures peuvent empêcher une cristallisation ; elles ne feront pas qu'un cristal change, sur un point, ses arêtes géométriques. Il en est tout autrement pour l'être vivant ; celui-ci est susceptible de dévier. Il a d'abord ses déviations naturelles qui sont ses variétés, et qui peuvent aller jusqu'à la formation des races ; il a, en outre, ses déviations pathologiques qui peuvent aller jusqu'à la monstruosité. Il n'y a pas de cristallisation monstrueuse, comme il y a des générations vivantes monstrueuses. La déviation du but implique le but lui-même ; ne jamais dévier implique l'absence d'une spontanéité vraie et d'un but poursuivi, ou la présence d'un être infini et parfait qui jamais n'hésite, ne se trouble, et marche à son but avec sa toute-puissance.

Enfin le cristal, tant que les conditions de milieu ne viennent pas détruire l'agrégation matérielle qui le consti-

tue, demeure immobile et comme éternel dans sa forme ;
il est l'image de l'inaltérable et du fixe. L'être vivant, em-
porté dans un mouvement incessant de composition et de
décomposition, croît, arrive à son apogée ; décline et se
dissout, impuissant à conserver l'état acquis, à demeurer,
l'instant d'après ce qu'il était l'instant d'avant. Sa forme,
qui est cependant la partie essentielle et la plus durable
de son être, se modifie durant tout le temps qu'elle dure ;
elle change, passe et disparaît ; et c'est la génération laborieuse et changeante d'une telle forme que l'on voudrait
comparer à l'acquisition tranquille et permanente de la
forme cristallisée ! N'est-ce pas le comble de l'abus en fait
de comparaisons, et peut-on contester que ce ne soit là une
tentative indigne de la science sérieuse ?

En fin de compte, tous ces efforts contre la vérité n'aboutissent qu'à un résultat, celui de mettre en un relief plus
saisissant la réalité d'une tendance finale attachée à toute
vie. Nous venons de la voir dans le germe ; il nous reste à
la poursuivre dans l'être achevé, dans l'être malade, et
jusque dans ce domaine où elle ne semble pas attendue, la
mort.

VIII

Je ne sais par quelle aberration quelques physiologistes,
ayant consenti à admettre une idée directrice et finale dans
le germe, ont déclaré l'œuvre directrice accomplie aussitôt que le germe est devenu un organisme achevé, et ont
refusé à l'organisme cette finalité qu'ils avaient acceptée
avant qu'il eût acquis sa forme définitive. L'être vivant
s'organiserait, en quelque sorte, sous d'autres forces et avec
un autre but que les forces et le but assignés à son maintien
et à sa conservation ; ou, pour mieux dire, les forces et le

but qui ont donné l'impulsion première à la vie s'évanouiraient aussitôt que la vie serait organiquement constituée, et l'idée directrice, effacée au sein des profondeurs vivantes qu'elle animait, ne présiderait plus aux échanges moléculaires, au mouvement de composition et de décomposition qui forment le tourbillon incessant et mobile de la vie. Ces physiologistes comparent volontiers l'organisme à une horloge montée, à une machine savante que l'on met en mouvement par une impulsion première, et qui fournit son cours jusqu'à épuisement de l'impulsion reçue. « L'horloger qui fait une montre, disait Trousseau dans l'un de ses discours à l'Académie de médecine (1), le mécanicien qui fabrique une locomotive, donnent des organes à la matière brute; ils l'animent ensuite par un ressort ou par la vapeur. Sous l'influence de ces forces, les organes entrent en jeu, et une fois la machine montée et la locomotive chauffée, ces instruments peuvent marcher sans l'intervention de l'intelligence qui les a organisés. Et de même pour les êtres organisés, l'intelligence suprême qui les a créés a combiné les organes de manière à leur donner des fonctions téléologiques; cette intelligence n'a besoin d'intervenir que par l'agencement et l'adaptation de ces organes; ceux-ci, une fois adaptés convenablement, fonctionnent en vertu même de leur arrangement et d'une manière en quelque sorte fatale; il n'est plus besoin alors de l'intervention d'une intelligence supérieure et créatrice qui les guide. Leur mouvement, leur vie, sont la conséquence forcée de leur mode d'organisation. » Tout cela se résume en ces mots : l'organisation, au début de la vie, se fait sous une action créatrice et directrice, laquelle disparaît lorsque l'organisation est instituée. La vie est d'abord un principe, elle

(1) Trousseau, *Discussion sur le perchlorure de fer*, *Bull. de l'Acad. de méd.* (1859-60, t. XXV, p. 743.)

devient ensuite un résultat; comme si l'organisation ne s'engendrait pas d'heure en heure, d'instant en instant, était jamais une œuvre achevée, et non une œuvre toujours renaissante!

Avant Trousseau, Rostan, qui affectionnait ces notions superficielles et mécacinistes de la vie, et qui croyait avoir inventé une doctrine médicale sous le nom d'*organicisme*, Rostan s'exprimait ainsi : « Dès le premier instant de la conception, l'embryon reçoit, avec son organisation, la nécessité de son évolution ultérieure. L'horloge, une fois montée, parcourt ses phases pendant un temps déterminé, huit, quinze jours, un mois, suivant sa disposition organique, c'est-à-dire suivant l'arrangement de ses ressorts. Il n'est pas besoin d'admettre un *nisus formativus*, une *vis insita*. Le Tout-Puissant, en créant l'homme, lui a donné l'impulsion. C'est l'horloger qui a construit l'horloge, et en le montant lui a donné le pouvoir de parcourir des phases successives, pendant un temps plus ou moins long. Mais ce pouvoir n'est autre que celui du mécanisme. Ce n'est pas une propriété à part, une qualité surajoutée, c'est la machine montée. » Quelle physiologie! Elle serait peut-être bonne à enseigner dans les écoles primaires, mais dans une faculté de médecine!

En regard de cette vie assimilée à une horloge montée par un horloger qui s'enfuit aussitôt après, je placerai la vie telle que la conçoit M. Cl. Bernard, vie qui reste, durant tout son cours, l'expression visible d'une même force créatrice, d'une même idée finale : « Pendant toute sa durée, dit cet éminent physiologiste, l'être vivant reste sous l'influence de cette même force vitale créatrice, et la mort arrive lorsqu'elle ne peut plus se réaliser. Ici, comme partout, tout dérive de l'idée qu'elle seule crée et dirige; les moyens de manifestation physico-chimiques sont communs à tous les phénomènes de la nature, et restent confondus pêle-mêle, comme les caractères de l'alphabet, dans une boîte où une force va les chercher pour exprimer les pensées ou les mécanismes les plus divers. C'est toujours cette même idée vitale qui conserve l'être, en reconstituant les parties vivantes désorganisées par l'exercice ou détruites par les accidents et par les maladies (1). »

J'aime à citer M. Cl. Bernard lorsqu'il est fidèle à ces principes de vraie et vivante physiologie. « Cette puissance créatrice ou organisatrice, dit-il ailleurs (2), n'existe pas seulement au début de la vie dans l'œuf, l'embryon ou le fœtus; elle poursuit son œuvre chez l'adulte, en présidant aux manifestations des phénomènes vitaux, car c'est elle qui entretient par la nutrition et renouvelle d'une manière incessante la matière et les propriétés des éléments organiques de la matière vivante. La nutrition n'est donc rien autre chose que cette puissance génératrice continuée et s'affaiblissant de plus en plus. » La vie est une génération continue : cette notion est autrement profonde et réelle que celle qui la compare à une horloge si bien montée qu'on la suppose. La vie est la réalisation incessante d'une idée directrice et finale permanente; elle dure par la même action qui la fait naître.

La finalité vivante s'offre sous un autre aspect qui n'est pas moins fécond en enseignements, car il sert de fondement au plus noble des arts, l'art de guérir. Elle ne se montre pas seulement, en effet, comme force créatrice directrice et conservatrice de l'espèce et de l'organisme, mais encore comme force réparatrice et médicatrice. C'est ce que les anciens ont appelé la nature médicatrice; et par là ils n'entendaient pas admettre une nouvelle nature ou

(1) Bernard, *Introduction à l'étude de la médecine expérimentale.* Paris, 1865.
(2) Bernard, *le Problème de la physiologie générale.*

force entrant avec la maladie dans l'organisme, pour lutter contre celle-ci ; non, ils voulaient dire que la même nature gouverne l'organisme dans l'état de santé comme dans l'état de maladie. Si dans l'état de santé elle conserve et résiste aux influences nuisibles, dans l'état de maladie elle lutte contre le mal ; elle répare et guérit. C'est ce que Chomel, fidèle aux grandes traditions médicales, reconnaissait en ces termes : « Il existe dans l'homme une force intérieure qui préside à tous les phénomènes de la vie, dans ses périodes successives, lutte sans cesse contre les lois physiques et chimiques, reçoit l'impression des agents délétères, réagit contre eux, développe par conséquent les symptômes des maladies, en détermine la marche et en opère la solution par un mécanisme également incompréhensible. »

Je n'ai pas à montrer ici l'importance et l'étendue du dogme de la nature médicatrice dans la science de l'homme malade ; je dirai seulement que formulé par Hippocrate (1) en termes nets et concis, « la nature est le médecin des maladies », ce dogme reste comme l'un des fondements de la médecine et de l'art. La médecine naturiste est la médecine traditionnelle ; tous les grands observateurs et tous les grands praticiens se sont inclinés devant elle, en ont eu le culte et la ferveur. Je plains le médecin qui, à mesure qu'il observe et qu'il médite, ne sent pas croître en son esprit l'intelligence de la finalité médicatrice, ne saisit pas plus distinctement son influence et sa part dans la solution heureuse des maladies, n'a pas appris à la solliciter, à provoquer ses œuvres, à aider à ses efforts. La médecine des arcanes et des spécifiques s'efface de jour en jour ; mieux comprise, elle rentre dans les médications naturelles, dans celles qui

____

(1) Hippocrate, *Œuvres complètes*, trad. E. Littré.

s'appuient sur la nature médicatrice. Et ce naturisme n'est en rien la déchéance et l'abandon de l'art; il en est la lumière; il ne l'affaiblit pas, il le fortifie et le guide.

Cependant la force médicatrice a rencontré ses détracteurs. Ceux qui refusent dans la vie toute idée directrice et finale ne pouvaient accepter, dans la maladie, cette même idée, sous le nom de force médicatrice. La logique les contraignait à une négation nouvelle. Cette négation ils l'ont produite, et pour la justifier, ils ont invoqué tous les faits où la nature semble employer son activité à se détruire, à se nuire à elle-même du moins. Je ne puis trouver un meilleur exposé de ces objections que celui qu'a tracé M. Littré, qui, au nom du positivisme, nie la force médicatrice ainsi que toute idée finale de l'être :

« A côté de l'horreur pour le vide, dit cet éminent écrivain, il faut mettre (car je veux me tenir dans le domaine de la biologie) la force médicatrice attribuée à l'économie vivante. C'est un autre exemple de cette erreur qui fait outrepasser à l'esprit les données de l'expérience. Admettre que les lésions pathologiques sont réparées intentionnellement, c'est changer le caractère de l'observation pure. Quelques mots vont le démontrer. Ce qui favorisa l'illusion et l'entretint dans ces derniers temps, c'est qu'en effet il s'exécute dans le corps malade des travaux de réparation compliqués. Un os est rompu; bientôt un liquide s'épanche, se solidifie peu à peu, et réunit les deux fragments, un canal médullaire se creuse dans la substance de nouvelle formation, et à la longue la soudure est complète.

» Maintenant, tournons la médaille et voyons-en le revers. Un serpent à venin subtil enfonce ses crochets dans la chair; comme il n'y a de danger que si la substance malfaisante et absorbée et entre dans la circulation, que faut-il faire? Détruire le venin dans la partie blessée, et pour cela, nous qui n'avons que des ressources bornées, nous y portons le feu ou un caustique chimique. Au contraire, que fait la nature? Elle se hâte de pomper le poison comme elle pomperait une matière salutaire et bientôt éclatent les accidents redoutables qui amènent la mort. Quand du fluide de petite vérole est inoculé, au lieu de le circonscrire et de l'éliminer, elle l'introduit dans l'économie, et, comme un de ces animaux ombrageux, qui, effarouchés, se lancent au hasard dans toutes les directions pour échapper aux apparences du péril, elle s'agite sous l'impression de l'agent délétère, bouleverse l'économie et compromet la peau, les intestins, les voies aériennes, le cerveau, en proie qu'elle est à un ennemi qu'elle n'aurait pas dû recevoir... En présence de ces faits tellement palpables, il a fallu une singulière préoccupation d'esprit pour laisser dans l'ombre tout un côté de la question, et ne pas voir, avec la nature bienfaisante, la nature malfaisante, c'est-à-dire uniquement des propriétés en action (1). »

La réfutation détaillée de toutes les erreurs contenues dans ces lignes dépasserait la mesure et nous entraînerait sur le champ de la médecine pure que nous ne pouvons guère aborder ici; il nous suffira de les combattre dans leurs principes. Les objections au nom desquelles M. Littré repousse la notion de force médicatrice, se résument dans ce fait que cette force posséderait une action intentionnelle; suivant les expressions de M. Littré, les lésions pathologiques sont réparées intentionnellement, et c'est une pareille intention qu'il ne saurait accepter. Nous avons montré précédemment que l'idée directrice et finale de la vie n'offrait nullement ce caractère intentionnel, ni celui de prévoyance, ni celui d'intelligence. L'idée directrice et finale, particulièrement empreinte dans la vie végéta-

_____

(1) Littré, *la Science au point de vue philosophique.*

tive et commune, à l'état physiologique comme à l'état pathologique, a pour caractère la fatalité. Toutes les actions réparatrices et médicatrices, lesquelles sont plus spécialement dévolues à la vie commune, conservent cette marque qui est à l'opposé d'une prétendue intelligence que la clinique repousse. Et cependant, nous l'avons aussi démontré, finalité et fatalité n'impliquent nullement des faits contradictoires. Car le fait, en apparence fatal, est dominé par l'idée qui l'emploie et le dirige. Nous avons vu comment l'absorption qui est la fonction mère, la fonction conservatrice par excellence, celle qui fournit à la vie les moyens de marcher à ses fins, peut donner accès aux agents nuisibles dans le sein de l'organisme; elle ne perd pas pour cela le caractère conservateur; ce n'est pas elle qui est nuisible, ce sont les milieux dans lesquels elle est transportée, et qui au lieu d'être l'un des milieux favorables en vue desquels elle a été instituée, et en dehors desquels l'être ne saurait vivre, sont devenus des milieux hostiles. Il n'y a pas plus à accuser l'absorption d'accueillir un venin funeste, qu'il n'y a à accuser nos tissus de ce que la chute d'un corps les écrase, ou que l'instrument tranchant les divise. L'absorption, au lieu de les repousser, absorbe les produits délétères qui s'offrent à elle, comme nos tissus cèdent sous les agents vulnérants, au lieu de leur résister victorieusement. Toutes nos fonctions organiques sont instituées pour un fonctionnement prévu mais fatal; elles ne peuvent pas ne pas agir dans le sens fonctionnel qui leur est dévolu; sans cela elles n'atteindraient pas à leur but, et l'organisme péricliterait. Dans quels cas l'absorption peut-elle être mise impunément en regard de poisons ou d'autres agents nuisibles? Dans les cas seulement où elle a perdu son activité, ses pouvoirs toujours en éveil; et ces cas surviennent alors que l'organisme est frappé jusque dans ses profondeurs vivantes, atteint jusqu'à la racine même de la vie. Quand l'absorption se refuse à agir, l'organisme touche à la mort.

Toutefois, quelle preuve de la finalité conservatrice persistante après que l'absorption a donné entrée aux venins et aux virus, que celle que fournissent les réactions médicatrices qui vont surgir! Le virus varioleux dont parle M. Littré, qui a pénétré dans l'organisme, et y a suscité l'effrayante prolifération, marque des agents virulents qui ont trouvé un terrain propice, ce virus varioleux bouleverse l'économie; mais en même temps il devient l'occasion d'un mouvement médicateur, régulier, méthodique, qui aboutit à l'élimination du virus reçu ou engendré, et la guérison est obtenue. Qu'est-ce qui détermine cette guérison? Ce ne sont pas nos remèdes, nos spécifiques, nous n'en possédons pas, et je ne crains pas de le dire, nous n'en posséderons jamais; c'est la nature médicatrice seule qui opère; nous ne pouvons que la seconder. Parfois elle est impuissante, et le malade succombe dans les efforts qui l'épuisent; ces cas malheureux ne sauraient enlever le caractère médicateur de la réaction éliminatrice du virus, ni affaiblir le sens qu'emportent les guérisons naturelles de la variole. Et une nouvelle preuve inattendue de la finalité conservatrice, preuve apportée par la plupart des maladies contagieuses, et par la variole en particulier, c'est qu'une fois que l'organisme a subi l'une de ces maladies, il devient indemne vis-à-vis d'elle pour l'avenir. L'absorption pourra impunément introduire le virus varioleux, l'économie résistera à l'impression que produit ce virus, et une tolérance heureuse s'en suivra. Le virus introduit sera silencieusement éliminé, sans ces bouleversements qu'il avait une première fois provoqués. L'économie se souvient en ses obscures profondeurs de l'impression morbide déjà ressentie; si elle l'oublie, ce qui arrive parfois, la maladie contagieuse peut réciJiver, la variole reparaître une seconde, une troisième fois. Mais ces cas sont exceptionnels; le souvenir et la résistance conservatrice qui le suit sont la règle.

M. Littré veut que l'on voie « avec la nature bienfaisante, la nature malfaisante, c'est-à-dire uniquement des propriétés en action »; ces mots sont encore plus erronés que vagues. Il y a une nature vivante qui tend à une fin, et douée des moyens d'y atteindre; faut-il l'appeler pour cela une nature bienfaisante? Non, car ce mot suppose un fait intentionnel qui manque absolument ici. Cette nature va à sa fin par les lois qui l'ont instituée, et dont elle est l'incarnation presque aveugle; il n'y a rien là de bienfaisant; il y a un principe qui se réalise, se développe et ne se tourne pas contre lui-même. Quant à la nature malfaisante, c'est ici un mot vide de sens, ou contraire à la vérité des choses; il n'y a pas de nature malfaisante, c'est-à-dire instituée contre sa fin. La nature peut rencontrer des conditions hostiles, se trouver plongée dans un milieu mauvais pour elle; ces conditions et ce milieu peuvent l'affecter d'une façon défavorable, et la faire dévier du chemin où elle doit marcher; cela ne constitue pas une nature malfaisante, mais une nature troublée, affectée; et l'affection suscite bientôt un mouvement en sens inverse, une réaction qui tend à ramener la nature aux voies salutaires qu'elle a quittées.

Il n'y a donc pas uniquement des propriétés en action. Une propriété ne marche pas à une fin; à bien dire, une propriété n'agit pas, ne possède pas en elle un principe propre d'action. Une propriété n'est pas une force, ne saurait constituer ni un être, ni une substance; et l'être et la substance existent. Une propriété est un mode passif de l'être, que tel ou tel mouvement, telle ou telle circonstance, mettent en évidence, mais en dehors de laquelle l'être peut être conçu dans son principe et dans sa fin. Si l'on réduisait la vie à l'idée étroite et fausse de propriété de la matière, on ne saurait rien ni de son activité propre et constituante, ni de son évolution et de sa fin. On ne connaîtrait de la vie qu'une phénoménalité incomplète, mal interprétée, et qu'aucune cause ou substance ne soutiendrait. On n'obtiendrait pas même ainsi une image fugitive de la vie; on aboutirait tout au plus à une collection de faits épars, de phénomènes disséminés ou juxtaposés sans règle, qu'aucun lien, qu'aucune réalité ne relieraient en un tout substantiel.

IX

Les maladies aiguës, celles que l'on contracte accidentellement, qui nous viennent le plus ordinairement du dehors, qui apparaissent brusquement, évoluent rapidement, et disparaissent sans rien laisser d'elles-mêmes, ces maladies offrent une si saisissante image de la force médicatrice que les sophismes n'ont guère pu l'observer. Tous les médecins doués de quelque génie d'observation ont systématisé la théorie de ces maladies sur ce grand fait de leur guérison naturelle. Mais, dans les maladies chroniques, le spectacle est bien différent. Les maladies chroniques nous viennent de nous : transmises le plus souvent par l'hérédité, ou lentement acquises, elles font partie de notre constitution; elles sont héréditaires et constitutionnelles; elles ont des moments de silence apparent, ou se manifestent par poussées plus ou moins intenses, mais entrées en nous, elles ne nous quittent plus; elles ne tendent pas d'elles-mêmes à la guérison, et celle-ci n'est jamais entière; le germe de la maladie chronique subsiste toujours en ceux qu'elle a pénétrés. Dans ces cas, où trouver le caractère de finalité que tout organisme vivant possède, et qu'il doit manifester par une tendance médicatrice ou réparatrice, chaque fois que la maladie vient le troubler? Dans la maladie chronique l'affection, c'est-à-dire le mal absolu, semble régner en maître; la réaction, c'est-à-dire la lutte contre le mal, est tardive, faible et impuissante; parfois même elle semble faire absolument défaut. Que devient la finalité conservatrice à travers ces désordres que l'organisme semble développer spontanément, qu'il tire de son propre sein et sans provocation manifeste, et au milieu desquels il succombe épuisé? La nature ici n'est-elle pas malfaisante, comme le voulait M. Littré?

L'objection, ainsi présentée, se trouve limitée à ce côté de la pathologie où se concentrent les espèces chroniques, les diathèses sous leurs formes si variées; mais ce côté est large, le plus large de tous, le plus menaçant et le plus mystérieux, et l'objection porte profondément. On y répond mal en montrant que, jusque dans les maladies chroniques, la réaction médicatrice tente son œuvre et trouve ses moments. Ces tentatives sont vaines, et parfois même plus nuisibles qu'utiles : à quoi sert la réaction qui tourmente et épuise un tuberculeux? Elles peuvent manquer : où sont les tentatives de réaction chez le malade affecté de cancer? Nulle part, en vérité; la conquête du mal est lente, silencieuse, mais sûre. Dans l'ensemble des maladies chroniques la destruction progressive est fatale, et engendrée par l'organisme lui-même; c'est vraiment lui qui se détruit, qui entre et court dans les voies funestes où il va périr.

Ces contradictions cliniques, si fréquentes, si faciles à opposer au dogme nécessaire de la nature médicatrice, et auxquelles aucune réponse satisfaisante n'a été jusqu'ici donnée, m'ont longtemps troublé, sinon ébranlé. Je me sentais mal assuré sur ce point spécial de la science de l'homme, quoique non incertain sur la vérité générale dont ces faits particuliers semblaient offrir la négation. La contradiction cependant n'est qu'apparente, et aujourd'hui je me crois à même de la résoudre sans hésitation. La réponse est dans ce fait que la maladie chronique n'est pas, comme la maladie aiguë, une maladie purement individuelle; elle ne s'épuise pas sur la personne qu'elle frappe; pour l'observer en plein et la juger, il faut la suivre dans les générations successives qu'elle atteint, et à travers lesquelles elle se transmet et se transforme. C'est là qu'il faut chercher son évolution, et non sur le théâtre organique qu'elle occupe momentanément, sur l'individu isolé et déchu. Sur la vaste scène où se déroulent les maladies chroniques, les tendances médicatrices et réparatrices de la nature retrouvent leur éclat obscurci dans la vie individuelle. Mais il faut savoir lire d'un feuillet à l'autre de ce livre qu'écrivent les générations successives qui passent, chacune liée à celle qui précède et à celle qui suit, chacune cependant ayant ses tendances propres, possédant des germes d'affranchissement, réalisant parfois une pleine indépendance.

Or, si nous interrogeons la longue suite des générations vivantes, nous reconnaîtrons aisément que tour à tour elles portent une empreinte de déchéance; la maladie chronique les atteint, les pénètre successivement. Quelle est la famille dont l'histoire pathologique, si elle était bien connue dans la chaîne de ses aïeux, ne trahirait à un moment donné une tare diathésique, la dégénération de telle ou telle branche ascendante? Et comme la maladie chronique se transmet par l'hérédité, comme les alliances entre familles plus ou moins atteintes doivent doubler l'activité du mal, il en suit que, depuis de longs siècles, le fléau des maladies chroniques aurait dû flétrir l'humanité, la conduire de dégradation en dégradation, l'éteindre dans l'impuissance et la stérilité. D'où pourrait revenir aux familles issues de familles déjà touchées et comme imprégnées de mal, la vigueur saine qui peut engendrer un être sain? Comment un homme subsiste-t-il encore, réalisant le type de l'humanité valide, le *mens sana in corpore sano?*

Cependant l'humanité est incessamment sauvée de cette décadence qui semblait inévitable, et l'homme sain et vigoureux sort souvent de familles où des maux divers s'unissent en une alliance qui devrait être funeste. Ce salut, l'humanité le doit à cette loi qui est la grande loi de la vie, à l'idée directrice et finale qui assure à toute vie, surgissant dans un milieu favorable, son développement régulier, qui veille à sa conservation, et, si elle est lésée, suscite en elle des opérations réparatrices. La maladie aiguë soulève une réaction médicatrice dans l'individu; celui-ci se libère ainsi de l'affection accidentelle qui l'avait atteint, et ressaisit son intégrité physiologique. La maladie chronique soulève, à travers les générations vivantes, des réactions cachées, mais non moins puissantes. Les fécondations successives qui enfantent la suite des familles tendent, par des efforts latents, à restituer à celles-ci l'intégrité saine, le type primitif et inaltéré. Les familles se régénèrent en vertu de cette loi supérieure qui veut que l'humanité subsiste, se reconstitue d'âge en âge, de famille en famille. Au lieu de finir dans une lente mais inexorable décomposition, l'humanité saine surgit d'une humanité corrompue; le mal est vaincu par l'énergie salutaire et réparatrice que tout homme porte en lui, que tout malade recèle en son sein dévasté. Voilà la vraie réaction médicatrice dans les maladies chroniques, réaction obscure, sans symptômes apparents, qui s'opère non dans l'individu, mais dans la succession des familles à travers lesquelles la maladie chronique accomplit son évolution. Tantôt la maladie chronique triomphe, la réaction échoue dans son œuvre restauratrice, la famille

dégénérée s'éteint; tantôt la maladie chronique est vaincue
la réaction ranime et réintègre la famille menacée. Et ces
cas heureux dominent les cas malheureux; l'idée conservatrice et finale conserve la haute direction des transformations vivantes, restaure incessamment et maintient l'espèce
humaine.

Ce tableau que peut contempler tout médecin qui sait
dépasser les horizons étroits de l'observation de l'individu,
le naturaliste le découvre à tous les degrés de l'animalité,
et il est intéressant de montrer que la vie sous toutes ses
formes, les inférieures comme les plus perfectionnées, reconnaît les mêmes lois générales.

Qu'observe-t-on, en effet, soit dans le règne végétal,
soit dans le règne animal, lorsque les circonstances et surtout lorsque la main de l'homme ont créé une variété ou
une race? Cette variété ou cette race n'est pas due seulement aux conditions de milieu, où à la seule sélection intelligente et attentive; elle se transmet et se constitue par
l'hérédité. Sans l'hérédité, l'œuvre serait constamment à
reprendre et constamment interrompue; la race manque-
rait de la stabilité relative qui lui est un caractère essentiel; elle s'évanouirait après chacune de ses apparitions
éphémères. Cependant, qu'arrive-t-il si la tendance héréditaire agit toute seule, si la sélection artificielle s'efface,
si l'action des milieux s'affaiblit, si la race créée est abandonnée à elle-même? Race et variété retournent au type
primitif; elles disparaissent, quoique l'hérédité semble devoir assurer leur perpétuité. C'est que le type primitif est
le type régulier, le type sain. La variété et la race, que sont-
elles au fond? Une sorte de monstruosité que constituent
surtout les anomalies de couleur, de taille, de proportion
relative des organes; elles forment comme une façon de
maladie chronique lentement acquise, et que la transmis-

sion héréditaire confirme et propage. Eh bien! cette maladie chronique, cette monstruosité du végétal et de l'animal s'effacent sous cette force latente qui réagit contre toutes les déchéances vivantes, et qui ramène les générations dégénérées à leur type primitif. C'est encore et toujours l'œuvre, et la démonstration de l'idée directrice et finale, qui se fait jour aussi bien dans l'acquisition individuelle du type de l'espèce, que dans la permanence de ce type à travers les innombrables familles réunies dans l'espèce, et dans le retour victorieux du type, lorsqu'en une suite de familles, il a été plus ou moins altéré sous des influences hostiles. L'humanité que les maladies héréditaires auraient dû dès longtemps détruire, remonte à son type régulier et sain sous les mêmes impulsions qui ramènent à leur type primitif les variétés accidentelles du règne végétal, les races animales obtenues par sélection. La loi est la même, l'effort est le même, le résultat est le même. Un esprit d'ordre et de conservation gouverne en secret toute la nature vivante.

X

Cependant la mort demeure le terme de toute existence; c'est le fait inexorable. Tout être qui connaît qu'il vit, connaît aussi qu'il doit mourir. Cette certitude suprême de la mort n'est-elle donc pas la négation des enseignements qui veulent que toute vie ait pour idée directrice et pour fin son développement et sa conservation? Nous ne devrions mourir que par cause accidentelle et violente, laquelle nous surprendrait toujours et nous écraserait en pleine prospérité vitale. Il n'en est rien; nous ne mourons pas debout et comme frappés de la foudre. Nous mourons courbés par la maladie ou par l'âge, après une déchéance générale et progressive, après avoir perdu, chaque jour, l'une de nos relations avec ce monde extérieur que nous dominions, mais qui peu à peu nous subjugue et nous conquiert. Cette mort, qu'en dit la science, et comment, en restant sur le terrain biologique, en associer l'idée avec celle de nos destinées vivantes?

Ce problème mystérieux n'est pas nouveau. « Le phénomène de la mort, avoue M. Littré, a beaucoup préoccupé les physiologistes; je dis de la mort naturelle… Il y a certainement des morts naturelles, c'est-à-dire par simple épuisement; témoin Fontenelle, qui, mourant à quatre-vingt-dix-neuf ans, et interrogé sur ce qu'il éprouvait, répondit : Une difficulté d'être. Puis même dans les morts par accident, chez les vieilles gens, tout annonce la décadence, l'usure et la fin prochaine… La mort naturelle est donc un fait certain, conséquence inévitable de l'affaiblissement sénile. Mais par quelle cause, passé un certain moment de la vie, cet épuisement progressif commence-t-il, pour se terminer en une totale extinction? »

L'interprétation de la déchéance sénile et de la mort naturelle devait recevoir des réponses diverses suivant la notion générale de la vie, adoptée par le physiologiste devant qui elle se posait. La plupart aujourd'hui, organiciens et positivistes, ne voient rien au-delà de l'usure matérielle des organes, parce que la plupart considèrent la vie comme un résultat de l'organisation matérielle. Mais pourquoi ces organes s'usent-ils, pourquoi leur fonctionnement et leur structure ne se maintiennent-ils pas indéfiniment en leur état physique de validité? M. Littré a essayé de résoudre ce dernier problème de la vie au nom des doctrines positivistes, et son exposé est, dans ce sens, le plus complet et le plus lucide que nous puissions citer :

« Il faut d'abord montrer, dit-il, par laquelle de ses activités la cause de la vie, de quelque nom qu'on la nomme, s'use peu à peu et fait défaut. Elle a trois activités principales : celle de composition et de décomposition, dite nutrition; celle par laquelle le corps vivant se meut en partie ou en totalité, dite motricité, et celle par laquelle il reçoit les impressions du dehors, pense et veut, dite sensibilité. La question est immédiatement tranchée par ce fait, qu'un très-grand nombre d'êtres vivants, les végétaux par exemple, n'ont ni motricité ni sensibilité, et n'en meurent pas moins naturellement. Le phénomène de la mort naturelle est donc exclusivement attaché au phénomène de composition et de décomposition.

» Comme dit Muller (1), dans le germe la force d'évolution est à sa plus grande puissance. Il suffit de comparer quelques périodes pour s'en convaincre. L'ovule fécondé, à peu près microscopique, devient en neuf mois (l'homme est un aussi bon exemple qu'un autre) un corps bien des fois plus gros qu'il n'était. Hors du sein de la mère l'évolution est encore rapide, mais bien moins; elle l'est encore moins de l'enfance à la puberté; enfin à l'état adulte, elle s'arrête, et ne fait plus que compenser les pertes; enfin, elle cesse de les compenser, la dégradation organique commence, jusqu'à l'impossibilité d'être, suivant la philosophique expression de Fontenelle. Ainsi cette évolution pourrait très-bien être représentée par la courbe d'un projectile dont le mouvement est le plus énergique au moment du départ, se ralentit graduellement et finit par s'arrêter tout à fait.

» C'est un axiome de physique que tout mouvement, une fois communiqué, durerait sans fin, s'il n'était pas peu à peu détruit par les résistances qu'il rencontre. Il n'en est pas, il n'en peut pas être autrement de cette force que nous

(1) Muller, *Manuel de physiologie*, 2ᵉ édition. Paris, 1851.

nommons la vie; elle aussi durerait indéfiniment, si elle n'était pas détruite par le milieu résistant qu'elle traverse. Et ce milieu, c'est celui des molécules, que, par son essence, elle est destinée à échanger incessamment l'une pour l'autre. Ainsi la cause de la mort naturelle est la résistance du milieu moléculaire.

» Qu'on ne croie pas pourtant que j'assimile la force de vie à une force de projection, et le germe à un projectile. Une différence essentielle les sépare; c'est que tandis que la force de projection a l'espace pour domaine, et que le projectile est chargé d'arriver à un certain lieu, la force de vie a le temps pour domaine et le germe est chargé d'arriver à un certain terme dans la durée. Se mouvoir dans l'espace ou se mouvoir dans le temps, constitue deux modes distincts des forces cosmiques (1). »

Déclarons-le d'abord, il nous est impossible de concevoir cette notion ambiguë à laquelle est conduit M. Littré pour éviter l'assimilation de la vie à une simple force de projection, et du germe à un projectile. Nous ne saurions nous faire une idée de cette prétendue distinction dans les forces cosmiques, dont les unes ont pour propriété de se mouvoir dans l'espace, et les autres de se mouvoir dans le temps. Tout mouvement accompli dans l'espace exige une certaine durée, il s'accomplit donc aussi dans le temps; et tout mouvement accompli dans le temps s'accomplit aussi dans l'espace, car l'espace est nécessaire au mouvement. Le mouvement ne peut s'opérer que dans l'espace; conçu en dehors de lui, il n'est pas seulement une chimère, il est un non-sens. Laissant donc cette phraséologie vide ou contradictoire, nous pouvons résumer la doctrine de M. Littré dans cette phrase capitale de son exposé : « La cause de la mort naturelle est la résistance du milieu mo-

____

(1) Littré, *la Science au point de vue philosophique.*

léculaire. » La cause de la mort est donc assimilée à celle qui amène la cessation de tout mouvement, à savoir, la résistance du milieu que traverse le corps en mouvement. La vie, c'est un mouvement à travers des milieux résistants ; la mort, c'est l'extinction graduelle du mouvement, lequel s'est transmis et répandu dans le milieu ; dans les deux cas tout est d'ordre physique.

Ne suffit-il pas, pour saisir l'inanité de cette explication de la mort, de montrer à quelle notion de la vie elle correspond ? Non, la mort n'est pas plus une cessation de mouvement, que la vie n'est elle-même un simple mouvement. Se nourrir, sentir et vouloir, sont des facultés qui relèvent d'une cause propre ; naître, vieillir et mourir sont des attributs qui appartiennent à cette même cause : c'est donc à cette cause qu'il faut demander la raison de la mort naturelle. D'ailleurs, pourquoi et comment la résistance du milieu moléculaire arrêterait-elle la vie, en expliquerait-elle le déclin ? Cette résistance se mesure, sans doute, au nombre des molécules déplacées, à celles que le mouvement de composition introduit dans l'organisme, comme à celles que le mouvement de décomposition en fait sortir. Or, à quelle époque de la vie ces mouvements provoqués sont-ils plus actifs, opposent-ils, par conséquent, plus de résistance, entraînent-ils une plus grande perte de mouvement vital ? Est-ce dans les commencements de la vie, ou dans ses périodes dernières ? La réponse n'est pas douteuse. Les commencements de la vie sont les moments de la plus grande activité des échanges moléculaires ; la période de déclin est celle où les échanges se ralentissent, où les déperditions de mouvement s'amoindrissent. Et cependant c'est dans les premiers temps de la vie que le mouvement conserve toute sa puissance ; non-seulement il ne s'épuise pas à travers les résistances multipliées du milieu moléculaire qu'il met en branle; au contraire, le mouvement s'accroît, la vie se fortifie durant toute cette longue période de la jeunesse, de l'adolescence, de l'âge adulte et viril. On voit ce fait étrange et contradictoire avec tous les enseignements de la physique, d'un mouvement initial qui va croissant en proportion de l'intensité des résistances qu'il rencontre et soulève; et quand les résistances diminuent, le mouvement décline, et le déclin est en proportion de l'affaiblissement des résistances. Comment arranger tous ces faits, et tant d'autres que je pourrais signaler, avec une explication purement physique de la mort naturelle? Comment attribuer aux seules résistances moléculaires la cause qui entraîne tout homme à la mort? Qui ne connaît ces vies frêles pauvres de facultés motrices, et qui néanmoins vont de l'avant et se prolongent sans s'user; tandis que des vies en apparence vigoureuses, douées d'une grande énergie motrice, succombent avant l'heure dans ces milieux physiques au sein desquels elles semblaient se jouer librement et à l'aise? C'est que la vie ne s'use, ni ne se perd dans la matière; c'est dans la cause vivante, et non dans les milieux au-dessus desquels plane la vie, plutôt qu'elle ne les traverse, qu'il faut chercher la raison de la déchéance sénile et de la mort. C'est la cause vivante qui consume son énergie génératrice, qui s'épuise et s'arrête. Mais alors, cet épuisement et cet arrêt, comment les comprendre pour qu'ils ne se tournent pas en négation de l'idée directrice et finale, règle de toute la vie?

Oui, le problème de la mort est obscur, et tellement que de très-célèbres médecins et philosophes l'ont déclaré impénétrable. Le fondateur de l'animisme, Stahl, ne pouvait comprendre comment l'âme ne maintenait pas une vie éternelle du corps. M. Littré dans le travail que nous venons de citer, résume les opinions et expose les perplexités de Stahl à ce sujet : « Stahl (1) a consacré à cette question un chapitre dont on voit l'idée par le titre : qu'il ne peut être rendu raison de la nécessité naturelle de la mort. » Tout le fondement de son argumentation est dans ce passage : « Aucune raison physique prise soit à la matière, soit aux mouvements de la matière, n'explique non-seulement pourquoi ces mouvements cessent dans un espace de temps limité, mais même pourquoi ils cessent jamais. Non-seulement le mouvement lui-même, mais encore la disposition des parties aussi bien dans leur substance que pour ces mouvements vitaux, dépendent manifestement de ce même principe qui s'oppose simplement à la corruptibilité matérielle du corps. C'est donc un fait certain que tout ce qui pourrait se perdre de cette disposition matérielle nécessaire à un mouvement perpétuel, pourrait et devrait être restauré par cet agent moteur ; agent moteur qui non-seulement est capable d'opérer cette restauration, mais encore qui a coutume d'y pourvoir pendant un long temps. Si donc cette œuvre de conservation et de constitution finit par s'arrêter, la faute en est, non à aucun vice matériel, mais à cet agent qui opère avec une énergie décroissante et qui abandonne même complétement son office. » — « L'anatomie pathologique montre que la mort naturelle est le résultat d'une foule d'altérations qui, rendant les fonctions impossibles, mettent ainsi fin à la vie. Il faut se garder de prendre la cause pour l'effet : ces dégénérescences ne surviennent que parce que la vie, s'affaiblissant, n'est plus en état de restaurer les molécules qui s'en vont par des molécules d'égale valeur. Mais au point de vue des matériaux de cette composition et décomposition qui est la nutrition, Stahl ne

____

(1) Stahl, *Theoria medica vera curavit L. Choulant. Lipsiæ*, 1831-1838.

voit pas comment il se fait que la restauration vivante ne soit pas indéfinie. »

Aussi pour expliquer cette déchéance et cet arrêt de la restauration vivante, Stahl en est-il réduit à invoquer les erreurs, les distractions, la fatigue et l'ennui de l'âme chargée de s'opposer à la corruption de la matière organique : nous mourons par la faute de notre principe animateur dont la vigilance languit, que l'habitude assoupit et plonge dans une inertie funeste. Telle est l'explication stahlienne de la mort, directement opposée à celle qui invoque la seule action des forces physiques. L'animisme n'est plus qu'un souvenir de l'histoire philosophique ; après lui, les doctrines vitalistes se sont peu préoccupées du problème de la mort. Depuis Bichat, elles se bornent à énoncer le fait, et à dire que la force vitale s'use, ne possède qu'une existence limitée ; qu'elle naît, s'accroît, atteint à son apogée, décline, et s'éteint ; et l'on met en opposition de cette durée éphémère et de ce déclin rapide et fatal, l'éternelle jeunesse du monde inorganique, où nulle force ne se perd, où tout devient immuable. Que valent ces distinctions et ce parallèle, où la force vivante qui est plus succombe devant la force physique, force inférieure qui cependant devient prépondérante et conquiert la force supérieure qui la dominait. Qu'est-ce qu'une force qui s'use? Comment un principe d'action vient-il à disparaître? L'être vivant a une fin, qui est son accroissement et sa conservation ; et l'être et la fin paraissent sombrer ensemble dans un abîme où tout se précipite sans retour.

La science n'offre pas de telles contradictions. Tout ne nous a pas prouvé l'existence d'une fin dans l'évolution vivante, pour que cet ensemble de preuves vînt misérablement échouer devant la conclusion même de la vie. Il nous est permis de retirer l'être vivant du néant où il semble s'engloutir. La mort n'est pas la fin de l'être qui naît, croît, atteint à son développement légitime. Entre la mort et la naissance, il y a toute la grande période de la vie génératrice, qui assure la perpétuité de la vie, et fait que la mort n'est qu'une illusion dans la vie de l'être. La mort n'est pas l'aboutissant réel de la vie; la vie n'a d'autre aboutissant que la vie, la vie agrandie et multipliée. L'être vivant naît pour engendrer. La génération est le but de la vie organique : tout tend vers elle; la croissance de l'être n'a d'autre fin que de le conduire à cette fonction suprême. Cela est si vrai que, pour nombre d'êtres vivants, le moment de la reproduction devient presque le moment de la mort; aussitôt la reproduction accomplie, ces êtres semblent avoir rempli leur mission; leur existence inutile finit sans secousses, par une extinction naturelle et prompte. Dans d'autres cas, l'être se maintient à sa période d'état pendant un temps plus ou moins long; c'est la période de maturité de l'être, et elle est toute destinée à assurer la reproduction de l'être. Le déclin succède à cette virilité plus ou moins durable; la vie décline, car son but est atteint. Ce lent déclin semble lui fournir un surcroît d'existence; mais cette existence, diminuée et désormais stérile, n'est qu'une marche vers la mort.

Ainsi envisagée, la mort n'est plus la fin de la vie; car cette fin c'est la génération, et par la génération la vie se perpétue, ou mieux s'accroît indéfiniment. La vie individuelle disparaît parce qu'elle s'est transmise et propagée en d'autres vies. La vie considérée isolément est un spectacle incomplet et comme chimérique; la vie, en deçà comme au-delà d'elle, tient à d'autres vies; elle est la continuation de vies antérieures et la souche de vies ultérieures. C'est dans cet enchaînement continu qu'il faut la contempler; seulement ainsi on en saisit l'intelligence, on en découvre la raison et la fin. Nous ne mourons donc pas, nous représentons nos ancêtres et même nos descendants; les uns et les autres vivent et se continuent en nous. « Où sont les morts? s'écrie Schopenhauer : en nous-mêmes; malgré la mort et la putréfaction nous sommes encore tous ensemble. » La vie s'accroît ainsi de génération en génération, et sa force d'accroissement est telle que l'on peut prétendre qu'elle ne reconnaît de limites que celles que lui imposent les conditions de milieu. Tant que ces conditions lui sont favorables, la vie est en expansion continue. Une seule souche d'êtres vivants a pu couvrir le monde. Croissez et multipliez, c'est la loi vivante (1).

(1) Lors de la publication de ce travail dans le *Correspondant*, l'un des agrégés les plus distingués de la Faculté de médecine de Montpellier, M. le docteur Grasset, voulut bien le résumer pour les lecteurs du *Montpellier médical*, et en faire une courtoise critique au nom des anciennes doctrines de cette Faculté.

M. Grasset reconnaît que la vie a une fin; mais cette fin, qui est la croissance ou tout au moins la conservation, s'abîme dans la mort, terminaison inévitable de la vie. Il faut distinguer, suivant cet écrivain, entre la fin qui est un but, et la fin qui termine et anéantit tout. « Je veux bien, dit M. Grasset, que la mort ne soit pas le but de la vie; mais dire qu'elle n'en est pas l'aboutissant, c'est un peu fort. La génération peut bien être la *fin* de la vie dans le sens de *but*; mais la mort seule en est la *fin*, dans le sens de *terminaison*. Et de ce que le même mot exprime les deux choses, cela ne veut pas dire qu'il faille confondre les deux idées. » Et plus loin : « La guérison de l'espèce ne prouve pas la réaction salutaire chez l'individu, et la vie permanente de l'espèce n'empêche pas la mort naturelle de l'individu. »

Notre honorable contradicteur ne se rend pas compte que considérer l'individu en dehors de l'espèce amène nécessairement à une vue fausse. C'est l'espèce qui est la réalité, c'est elle qui contient et soutient l'individu; l'idée d'individu doit être subordonnée à l'idée d'espèce; sans cela, l'idée d'individu traduit le plus étroit et le plus fictif ontologisme. Répétons le mot de Buffon : « Les espèces sont les seuls êtres de la nature... Les individus sont les ombres dont l'espèce est le corps. » Cessons de poursuivre des ombres, et allons aux réalités; ce conseil devrait être écouté à Montpellier. La mort n'est pas le but de la vie, accorde M. Grasset; cela suffit pour dire qu'elle n'en est pas l'aboutissant vrai; car toute espèce vivante a pour aboutissant le but qui lui est assigné et qu'elle doit atteindre. Le but c'est la fin véritable, et il n'y a pas d'autre fin. La fin qui serait une simple terminaison, et une terminaison contraire au but, c'est-à-dire, à la fin véritable, est une

CHAUFFARD.   25

Nous voilà aussi loin de la résistance du milieu moléculaire invoquée par M. Littré, que du défaut de vigilance de l'âme de Stahl. Ces deux hypothèses demandent la raison de la mort à la vie individuelle; en cela elles pêchent également. La raison de la mort est adéquate à la continuité et à l'accroissement de la vie par la génération. Les conditions physiques de la mort n'en livrent pas la raison; et la résistance du milieu moléculaire ne fournirait d'ailleurs qu'une idée bien incomplète et fausse de ces conditions.

XI

Ce n'est pas seulement dans l'espèce et dans l'individu

idée contradictoire. Il faut remonter à une synthèse supérieure qui efface la contradiction. La fin réelle de la vie, même dans le sens de terminaison de la vie, c'est encore et toujours la génération. C'est là que la vie aboutit, c'est là, par conséquent, qu'elle se termine, parce que c'est là qu'elle atteint son but. Tantôt la vie cesse brusquement au moment même où la génération s'accomplit; tantôt la vie possède toute une période génératrice, et au lieu de cesser brusquement, s'éteint peu à peu après cette période. Qu'importe le mode d'extinction? que comptent quelques années de plus ou de moins, données à l'extinction graduelle de l'existence qui a accompli sa destinée?

La vie permanente de l'espèce n'empêche pas la mort naturelle de l'individu, observe M. Grasset; c'est vrai, mais elle l'explique, et la met en harmonie avec cette grande loi qui est la raison même de la vie, et en affirme la permanence et la croissance indéfinie dans l'espèce. Et de même la guérison dans l'espèce, le retour au type normal et sain, domine et explique la maladie chronique, et limite ses envahissements progressifs, et destructeurs de l'humanité. On ne peut donc supprimer jamais la vie de l'espèce, pour ne contempler que la vie de l'individu. On ne supprime pas le général, pour tout réduire au particulier; c'est le général et le nécessaire qui contiennent et gouvernent le contingent et le relatif; ceux-ci ne sont rien en dehors des autres qui sont les premiers et les réels. Pour savoir ce qu'est la vie et ce qu'est la mort, il ne faut pas seulement considérer l'individu qui n'est qu'un moment et qu'une partie, mais l'espèce qui dure et qui est le tout.

Ce langage et ces notions pourront étonner un sensualiste exclusif, un physiologiste expérimentateur, et uniquement attaché à l'analyse des fonctions particulières de l'individu : devraient-ils étonner pareillement un médecin qui comprend les notions synthétiques de la science, et qui sait combien elles dépassent et l'expérimentation pure, et les témoignages de la sensation?

que l'étude de la vie révèle une idée directrice et finale. Cette idée surgit sous une autre forme, et avec non moins d'éclat, lorsque l'on contemple la prodigieuse série des êtres animés. Que signifient les innombrables formes de la vie, à partir de la forme rudimentaire des êtres protoplasmatiques jusqu'aux formes supérieures qui inaugurent le règne des vertébrés; et dans ce dernier règne, quelle échelle infinie de formes avant d'atteindre à l'exemplaire suprême, au type achevé, à l'homme! Toutes ces ébauches vivantes, toutes ces images successives de l'organisation, sont-elles le produit d'une force sans règle, d'une sorte de fantaisie infiniment puissante, semant au hasard ses conceptions et ses rêves? N'y a-t-il pas un plan, une pensée qui gouverne la multitude des créatures? Cette foule immense des êtres ne témoigne-t-elle pas d'un but, vers lequel elle monte lentement, et qu'elle semble chercher avec une infaillible sûreté?

Nous répondrons à ces hautes questions en rappelant le magnifique tableau tracé par Aristote : « Tout tend à l'homme dans la nature; l'humanité est la fin de la nature entière; toutes les formes inférieures sont comme des degrés par où la nature s'élève jusqu'à cette forme excellente. Non-seulement l'homme les résume toutes en lui, mais il en représente la suite dans la succession de ses actes divers. Dans le sein qui l'a conçu, il vit d'une vie toute végétative; une fois venu à la lumière, il respire, il sent, il se meut. Mais d'abord ses membres ne peuvent le porter, et il s'élève à peine au-dessus des fonctions purement animales de la sensibilité. Bientôt la jeunesse le relève; il a l'agilité et la beauté; de sa tête intelligente il domine l'horizon. Sans avoir rien perdu des facultés de son enfance, végétant comme la plante, sensible comme l'animal, il est devenu homme, il est libre, il pense. » Quelle simplicité et quelle hardiesse dans cette interprétation du monde animé et de l'œuvre divine !

Y a-t-il une unité de plan dominant tout ce qui vit; ou plutôt, au lieu d'un seul plan, ne convient-il pas d'admettre quelques plans primitifs, rares, mais répondant à des desseins différents, et d'après lesquels auraient été constituées les grandes classes dans lesquelles se partagent l'ensemble des êtres? Étienne Geoffroy-Saint-Hilaire, en mettant en évidence l'unité qui préside à la constitution des vertébrés, a formulé l'une des lois primordiales de la nature vivante; il a continué l'œuvre d'Aristote, et il est devenu après ce premier et grand naturaliste, l'un des fondateurs de la doctrine de l'évolution. Tel est, en effet, le nom qu'il convient de donner à cette doctrine qui établit, à travers la série des êtres, une pensée mère qui les relie et les ordonne en règnes, en classes, en ordres, en familles, en espèces. Cette pensée toute puissante a dirigé les êtres en une longue et merveilleuse évolution, de façon à ce que de l'être aux plus bas degrés de l'animalité on passât, par des transitions insensibles, par des transformations graduées, à l'être qui résume en lui et domine tous les êtres, à l'homme. Et cependant, malgré ces transitions insensibles, l'artiste infiniment grand qui a suscité le monde a su placer entre chacun des ordres fondamentaux de l'animalité un arrêt formel, un hiatus qui interrompt le passage d'un ordre à l'autre; comme s'il avait voulu affirmer que sa pensée prenait, dans cet ordre, une forme nouvelle et irréductible à toute autre. C'est ainsi que l'ordre des vertébrés, où l'unité de plan est si manifeste, ne saurait se rattacher à aucun des autres ordres, il est autonome, en quelque sorte; et tous les efforts déployés pour arriver à lui des ordres inférieurs, demeurent impuissants devant tout esprit qui ne se rend qu'aux démonstrations positives. Entre le plus élevé des vertébrés et l'homme se place un arrêt qui fait de l'homme un être à part, constituant à lui seul tout un ordre, ou plutôt formant un règne distinct; tant la pensée humaine, et la faculté d'abstraction qui la caractérise, établissent une distance infinie entre l'homme et les autres créatures.

Cependant ces transitions graduées d'une espèce à l'autre ont reçu une tout autre interprétation que celle que fournit l'unité de plan dans les diverses classes vivantes; elles ont suscité l'idée que toutes les espèces, dérivant les unes des autres, remonteraient de proche en proche à une matière organisée primitive, à une masse protoplasmatique informe, laquelle aurait surgi spontanément sous la seule action des forces physiques. L'unité de plan a donc conduit à la négation de tout plan, de toute idée directrice et finale. Les séparations profondes des ordres fournissent la réfutation pratique et visible de telles doctrines. L'hiatus infranchissable d'un ordre à l'autre suffit à montrer que tout ne descend pas d'une forme unique et primitive. Une science systématique et téméraire prétend supprimer tout gouvernement dans la série des êtres; j'ai la confiance que l'idée de plans primitifs ressortira, de jour en jour, plus affirmée par la science sérieuse, et ramènera le savant en face de la pensée qui a créé toutes choses. Dès aujourd'hui, les voix les plus autorisées de la science française proclament hautement ces vérités. Je ne résiste pas au plaisir de citer une page éloquente écrite en l'honneur de l'un de nos plus grands naturalistes par l'un des plus illustres représentants d'une science toute moderne, et qui approche des régions vivantes, la chimie organique :

« Loin de considérer, dit M. Dumas, l'unité de plan comme mettant une entrave à la liberté du Créateur ou comme imposant une gêne à sa puissance, l'illustre anatomiste (Et. Geoffroy-Saint-Hilaire) voyait dans la découverte de ce principe nouveau, au profit de la pensée humaine, un pas de plus vers la connaissance de Dieu.

» Son fils rappelle avec raison, à ce propos, que Newton, si profondément religieux, après avoir admiré l'unité de plan qui règne dans les cieux ; après l'avoir signalée comme démontrant l'intervention de la sagesse et de l'intelligence de l'Être toujours vivant, en reconnaît une nouvelle preuve dans cette autre unité de plan et d'exécution, signe caractéristique de toute beauté, qui s'observe chez les animaux.

» Isidore Geoffroy, s'éloignant de quelques naturalistes qui avaient appartenu à l'école de son père, démontre de plus, dans cet ouvrage, que celui-ci n'a jamais mis l'unité de l'homme en doute et qu'il n'a pas considéré le genre humain comme formé de plusieurs espèces qui auraient paru sur la terre en des temps et des lieux différents. Il va plus loin même, à ce sujet, comme s'il prévoyait que les doctrines de sa famille seraient un jour travesties, et comme s'il voulait protester d'avance contre cette humiliation et cette douleur. Il s'était déjà séparé, dès sa jeunesse, de ces savants qui classent l'homme dans le règne animal, en considération de sa nature physique, sans tenir compte de sa nature morale. Dans ses derniers écrits notre confrère veut même qu'on fasse de l'homme un seul règne, le *règne humain*, le soustrayant ainsi à cette étude brutale, qui, ne prenant dans l'homme que ce qui n'est pas l'homme, sa chair périssable et mortelle, ne sait plus comment le distinguer des animaux.

» Haller, le premier et presque le seul de son temps, avait compris la faute involontaire commise par Linné, qui, tout en appelant l'homme le sage par excellence, *homo sapiens*, ne le plaçait pas moins à la tête du règne des animaux et parmi eux. Il n'ose pas, s'écriait Haller, indigné de cet abus de classification, il n'ose pas affirmer que l'homme n'est pas un singe et que le singe n'est pas un homme ! Notre confrère se fût mis du côté de Haller et non de celui de Linné, et il n'eût pas accepté pour l'homme cette origine bestiale destinée à le conduire vers une fin bestiale encore dont il convient de laisser la gloire et le profit moral à l'Allemagne qui l'a inventée. »

Voilà donc la vraie, et j'ajouterai la vieille doctrine de l'évolution, dénaturée par les transformistes contemporains. L'évolution c'est l'ascension régulière et prédéterminée des êtres en vue d'un type supérieur à atteindre ; c'est l'ascension progressive de l'animalité vers l'humanité ; elle est la loi préexistante de l'ordre vivant. Ce n'est pas la succession fortuite des êtres à travers l'étendue et l'espace qui crée à la longue cette loi : c'est cette loi qui crée la succession des êtres. Un but est marqué par l'intelligence et la volonté suprêmes ; la marche vers ce but constitue l'évolution. Toute évolution reconnaît une loi et l'exprime.

L'évolution ainsi comprise ne suppose pas seulement une idée et une volonté directrices ; elle suppose encore une puissance créatrice et une création à l'origine des êtres. Ce mot de création révolte la science systématique ; il la dépasse ; elle ne peut le comprendre, et ne le comprendra jamais ; et, par cela, elle le repousse. La science, en effet, n'a jamais vu apparaître l'être vivant que d'autres êtres vivants, que d'ancêtres ; elle ne peut donc expliquer la création qu'elle n'a jamais rencontrée, qui est même opposée à tout ce qu'il lui est donné d'observer. Ce mot imprévu ne saurait représenter, en science, une idée claire et précise ; et cependant, ce mot s'impose, et nul autre ne peut lui être substitué. Il signifie qu'à l'origine les êtres vivants n'ont pas été le produit des seules forces physiques ; car, à l'origine, les forces physiques étaient ce qu'elles sont, et nul être vivant n'en saurait aujourd'hui sortir. La création implique l'idée et l'intervention d'un principe supérieur, créateur, qui a tiré des profondeurs de sa volonté puissante la succession des êtres; la science ne va pas au delà. Elle s'arrête au seuil de ce grand fait primordial qui lui cachera pour toujours ses insondables mystères. Le déterminisme créateur nous échappera éternellement; s'en étonner, ou le chercher, ou nier la création, par cela que son déterminisme échappe, montre que l'on ne comprend ni ce problème, ni les problèmes derniers de toute science. Tous ceux-ci nous sont pareillement inaccessibles; arrivés aux extrémités des choses, nous tombons en éblouissement, suivant l'expression de Montaigne. Qui donc connaît le déterminisme d'action de la pesanteur, de l'affinité chimique, du mouvement? Si nous ignorons ainsi le comment secret qui se poursuit incessamment sous nos yeux, comment pourrions-nous comprendre le comment créateur d'où sont sortis les êtres animés?

Soit, nous dit-on; ce qui s'accomplit devant nous, nous l'admettons, bien que l'explication nous en soit souvent dérobée; mais nous ne voulons rien accepter au-delà de ces accomplissements. Nous rejetons tout le reste. Ce qui se fait aujourd'hui, c'est ce qui s'est fait éternellement; il n'y a jamais eu que ce qui est; nulle autre force que les forces actuelles n'a gouverné le monde. Que d'affirmations gratuites! Où trouver la garantie et la raison de si audacieuses assertions? La science ne livre-t-elle pas d'invincibles démentis à ces opinions étroites et systématiques? Ne savons-nous pas que la terre a été, pendant une longue suite de siècles, un globe incandescent, stérile et inanimé; puis la vie lui a été surajoutée : la terre d'avant la vie était-elle la terre d'après la vie, et peut-on dire qne la première possédait toutes les forces qui animent la seconde? Mais

alors, pourquoi la vie ne succède-t-elle qu'à la vie, pourquoi cette force n'émerge-t-elle que de forces semblables
à elles, et non des forces physiques qui régnaient sur la
terre inhabitée?

Une saine doctrine de l'évolution reconnaît donc deux
fondements essentiels, une idée directrice et finale qui détermine l'évolution et lui assigne le but auquel elle doit
tendre, une puissance créatrice qui donne pour point de
départ à l'évolution des êtres une création première. Ce
double fondement, le matérialisme contemporain s'est
efforcé de le miner; il nie et création et toute idée directrice et finale. Cependant, il retient le mot d'évolution, et
il l'attribue à la nouvelle genèse du monde, telle qu'il la
conçoit; il oppose ainsi la doctrine de l'évolution à la doctrine de la création, nom qu'il impose à la genèse traditionnelle. C'est là un abus de langage. On ne saurait appeler évolution une doctrine qui fait sortir la vie de l'unique
jeu des forces physiques, et qui prétend ensuite expliquer
la formation et la succession des espèces vivantes par le
jeu de forces et de combinaisons brutales qu'aucune idée
directrice et finale ne gouverne. La lutte pour l'existence,
les sélections, l'hérédité, livrées à elles-mêmes, ne sont
que des conflits sans règle, et ne sauraient fournir un ensemble harmonique et ordonné. Peut-on imaginer que de
telles luttes, dominées et circonscrites par les seules forces
physiques, puissent enfanter ces classes naturelles, ces
cadres méthodiques, dans lesquels l'animalité se partage?
Quoi! ces embranchements et ces divisions zoologiques qui
forment des tableaux si merveilleux et si achevés seraient
le produit de forces aveugles, de sélections inconscientes,
et qui s'opéreraient sans agent sélecteur suprême! Tout
traduirait une idée directrice, et il n'y aurait de direction
en rien et jamais! Le spectacle du monde serait donc un

mensonge perpétuel, et la raison qui semble y éclater partout n'y serait nulle part!

Telle serait, cependant, la signification réelle de la doctrine du monde que, sous le nom de transformisme, la science matérialiste moderne prétend imposer. L'apparition et la transformation d'un protoplasme primitif, toutes deux s'effectuant sous les jeux impitoyables de forces aveugles, telle est la cosmogonie que l'on prêche, avec une intolérante ardeur au nom de la science. Et cette cosmogonie on la décore du nom de doctrine de l'évolution! C'est là, répétons-le, une usurpation de titre. Une évolution sans idée directrice est contradictoire. Ce n'est plus une évolution; c'est une marche au hasard, une impulsion dans le chaos, une transformation sans règle et dont les aboutissants ne sauraient être prévus. Dès que les seules forces physiques gouvernent le monde et la vie, il n'y a plus ni marche ascendante et régulière, ni classement méthodique des existences, ni distinction réelle des espèces, ni raison supérieure et permanente des choses et des êtres. L'humanité devient une forme accidentelle de l'animalité; elle n'a pas d'autre origine que les jeux de la force, d'autre mission et d'autre devoir que de céder à ces forces qui la soutiennent, la poussent et la dominent.

C'est là le fond de la philosophie allemande, de celle du moins qui règne en maîtresse dans les Universités de ce pays. Cette philosophie proclame le culte exclusif de la force; les Allemands ramènent tout à des conflits ou à des compromis de forces, tout, même la notion idéale du droit et de la justice, qui jusqu'ici planait dans ces sphères supérieures, où la raison et le devoir rayonnaient bien audessus de la matière et de ses forces. Dans l'interprétation actuelle de la nature, tout est mouvement transformé; tout part du mouvement, tout y revient; le droit aussi, au sens germanique, n'est qu'une transformation du mouvement, de l'unique force cosmique. C'est une illusion que de le croire indépendant et supérieur. Plus de vaine idéologie ! Il n'y a, en réalité, d'autre droit que le droit de la force ; le succès, l'action forte et triomphante donne le droit. C'est la loi universelle, régissant le monde moral aussi bien que le monde physique. C'est la loi de la vie ; il n'y a pas plus de droit relevant d'une notion morale préexistante et supérieure, qu'il n'y a de vie relevant d'une cause supraphysique, d'une idée directrice et finale. La force demeure en tout le vrai souverain et le vrai guide. C'est le Dieu moderne que l'Allemagne substitue au monde ancien. Elle s'exalte dans ce culte, et s'enivre des beautés qu'elle y découvre. Pour lui donner un nom philosophique, elle en fait le culte de l'évolution, en prenant ce mot contre son sens légitime. Les religions, car c'en est une, font les peuples ; il n'y a d'avenir et de grandeur que pour les peuples voués à ce culte anti-métaphysique ; tous ceux qui résistent sont marqués du sceau de la décadence.

Et qu'on ne croie pas que nous exagérons ces ivresses d'outre-Rhin, ou que ce triomphe de l'Allemagne moderne soit glorifié dans d'obscurs enseignements. Voyez en quels termes, M. Haeckel, l'un des plus célèbres naturalistes allemands, termine son *Histoire naturelle de la création* : « La race indo-germanique, dit-il, est celle qui s'est le plus éloignée de la forme originelle des hommes-singes. Des deux branches de cette race, c'est la branche romaine (gréco-italo-celtique) dont la civilisation a été prédominante pendant l'antiquité classique et le moyen âge ; tandis qu'aujourd'hui c'est la branche germanique. A la tête se placent les Anglais et les Allemands qui, par la découverte et le développement de la théorie de l'évolution, viennent de poser les bases d'une nouvelle période de haute culture intellectuelle. La disposition de l'esprit à adopter cette théorie, et la tendance à la philosophie moniste (panthéiste) qui s'y rattache, fournissent la meilleure mesure du degré de développement intellectuel de l'homme. »

Au dire donc de la science allemande, la France qui, fidèle à son noble génie, résiste encore à ces importations et à ces abaissements, et qui croit que la force n'est pas l'unique et souveraine maîtresse du monde, la France n'appartiendrait plus aux nations de haute culture intellectuelle! Ne nous révoltons pas contre de tels jugements. Les nations s'agitent et Dieu les mène. Cherchons et défendons le vrai. Les vérités les plus méprisées sont souvent les plus élevées. Il est de mode, en une certaine science, de railler de haut en bas toute notion de finalité; on en fait un lambeau dédaigné du passé, sous le nom ridicule de théorie des causes finales. Sachons-le pourtant : le naturaliste, le médecin et le philosophe ne sauraient se proposer une plus haute et plus féconde étude que celle qui cherche et découvre la fin dans toutes les manifestations du monde vivant. La fin est la raison dernière des choses.

10 juillet 1877.

DE LA PUISSANCE GÉNÉRATRICE

DANS L'AME ET DANS LA VIE

I

Les progrès sont parfois des retours; surtout lorsque, revenant à des vérités délaissées, on les revoit sous un jour plus vrai, sous des formes agrandies et plus vivantes. A ce titre, la métaphysique contemporaine réalise un progrès en revenant aux enseignements de Platon et d'Aristote sur la fonction vitale de l'âme. Depuis Descartes, la philosophie française était portée à ne voir dans l'âme que la pensée, et refusait toute causalité propre à la vie, ou lui accordait une causalité inférieure et indépendante de l'âme. L'automatisme cartésien et l'hypothèse d'un principe vital représentaient plus particulièrement ces deux notions de la vie. L'âme planait, substance simple et noble, au-dessus de l'organisme vivant, auquel l'associaient des liens fragiles et bientôt brisés; elle n'était plus le principe et le fond de la vie; elle paraissait une conjointe, impatiente du joug auquel elle était condamnée.

Nous ne redirons pas tout ce que cette conception a entraîné d'erreurs et d'illusions : doctrines philosophiques, doctrines biologiques et médicales, ont toutes été profondément atteintes par cette séparation arbitraire de l'âme et de la vie. Comprendre l'âme dans la vie, et la vie dans l'âme, restituer l'unité au sommet de toute existence vivante, telle était la réforme philosophique provoquée par les développements mêmes des études biologiques. Cette réforme est en voie de s'accomplir; elle pénètre peu à peu dans les esprits et dans la science. Certainement, les négations de l'âme et de toute causalité vivante sont devenues plus audacieuses que jamais : elles exercent un empire funeste sur des foules abusées, sur ceux aussi dont l'incontestable science est cependant plus ignorante que l'ignorance même. Mais ceux qui élèvent la vue au-dessus du monde des phénomènes, jusqu'aux vérités premières de la science, ceux qui comprennent quelle distance sépare la causalité physique de la causalité vivante, ceux-là reviennent à l'âme qui engendre et contient en elle la vie. Ce mouvement philosophique, contre-poids de l'abaissement parallèle et trop réel dont le positivisme est le symbole, ce mouvement, lorsqu'il se sera emparé de tous les faits biologiques, se montrera vraiment régénérateur et fécond. Les physiologistes résistent et ne marchent que contraints vers un but qui semble étranger aux préoccupations de leur science; mais ce but est celui où tendent la plupart des représentants autorisés de la philosophie contemporaine. Nous avons déjà signalé quelques-uns des principaux ouvrages qui concouraient à ce renouvellement des plus hautes questions doctrinales, et nous avons cité en particulier, *la Vie dans l'homme*, de M. Tissot, et *le Principe vital et l'Ame pensante*, de M. Francisque Bouillier. Ce dernier auteur a publié une seconde édition de son livre (1) : ce nous est une occasion de revenir sur un sujet dont l'importance me semble croître, et les données se transformer, à mesure que les travaux de la biologie expérimentale nous font plus profondément pénétrer les caractères généraux de l'être vivant, le génie propre de la vie. Il faut arriver à

____

(1) Bouillier, *le Principe vital et l'âme pensante*. 2ᵉ édition.

déterminer le terrain commun sur lequel doivent se rencontrer et s'unir la philosophie et la physiologie, toutes les sciences qui ont pour objet l'être qui pense et qui vit.

Le retour doctrinal auquel nous applaudissons n'est point exempt de danger. Pour être réel et fécond, tout retour doit devenir une renaissance, et, pour cela, il faut rappeler de la tombe le fond vivant et non ses enveloppes décomposées. Gardons-nous de réveiller les formes incomplètes et systématiques de l'ancien animisme. L'animisme stahlien est éteint; ce n'est plus qu'une ombre, un souvenir du passé; il ne saurait retrouver un avenir durable. Je ne renouvellerai pas contre lui les critiques que j'ai développées maintes fois, et qui se résument toutes à ce qu'a d'artificiel l'union de l'âme et du corps, telle qu'il l'enseigne; l'âme, dans cette union, étant conçue en dehors du corps dont on la rapproche, et le corps institué en dehors de l'âme qui doit le gouverner. Il y a, dans cette double conception, un caractère fictif qui éloigne le philosophe, et surtout le physiologiste, des réalités pratiques et vivantes, et conduit en face d'une double ontologie mal assise, d'une âme dépouillée de son expansion légitime et de sa faculté première, d'un organisme privé de son principe créateur, organisé sans force organisante, constitué sans cause constituante et propre.

Je n'accuse pas M. Bouillier de nous ramener délibérément à ces images effacées et que rien ne peut ranimer. Toutefois je trouve qu'il ne les répudie pas assez hautement. Je crains même que certaines des conceptions qu'il nous propose, et qu'avec lui défendent nombre d'éminents philosophes, ne se rattachent à cet animisme vieilli, et ne demeurent, comme lui, vides ou viciées, entachées du faux esprit de système. Je voudrais développer les craintes que je conçois à cet égard, et sonder la notion fondamentale à l'aide de laquelle M. Bouillier et beaucoup de spiritualistes prétendent embrasser, comme en un sein commun, l'âme et la vie. Je voudrais examiner librement si cette notion s'adapte, soit aux facultés essentielles de l'âme, soit aux nécessités de la vie envisagées dans leur plénitude; de telle façon qu'on ne puisse voir l'âme et la vie qu'en cette prétendue notion souveraine; et qu'à son tour, en celle-ci, on ne puisse découvrir que l'âme et que la vie, tout le reste lui demeurant à jamais et nécessairement étranger.

L'âme n'appartient pas à l'homme seul, puisque l'homme n'est pas seul à vivre : quel est le souverain attribut de l'âme qui lui vaut d'être l'universelle cause vivante, « d'apporter la vie partout où elle entre, » comme dit Platon; et qu'est-ce que cette vie qui devient la manifestation la plus générale de l'âme, son œuvre essentielle et première? La notion vraie de l'âme et de la vie est au bout de la réponse à cette unique et fondamentale question. Cette notion doit comprendre l'âme tout entière, et traduire toutes ses facultés primordiales, aussi bien la faculté qui la fait penser que celle qui lui vaut de manifester la vie. Entre la pensée et la vie, ramenées à une même origine il ne saurait exister d'infranchissables abîmes; il faut que l'une et l'autre répondent à une même énergie substantielle, à une même activité productrice; et il faut qu'entre les produits de cette activité, ici la pensée et là la vie, il y ait des liens, des analogies, des rapports de nature qui montrent que ces produits procèdent d'une même source, d'un principe identique.

M. Bouillier livre-t-il de cette activité suprême de l'âme une connaissance suffisante? les enseignements auxquels il aboutit, et qu'il puise dans les traditions spiritualistes de ses devanciers, reposent-ils sur des fondements assurés, en complet rapport avec les énergies essentielles de l'être? En-

core une fois, nous ne le pensons pas, et nous nous proposons, dans ce travail, de démontrer le caractère illusoire
et décevant des doctrines courantes. Nous essayerons ensuite de substituer à ces notions insuffisantes ou erronées
une conception qui traduise plus pleinement les réalités primordiales de l'âme et de la vie. La tâche est difficile, et
nous ne la remplirons qu'imparfaitement; mais nous aurons, du moins, posé le problème, et peut-être indiqué la
solution.

II

Il convient d'abord d'exposer, dans tout leur jour, les
enseignements dont nous nous séparons. Nous en emprun-
terons le texte au livre de M. Bouillier, qui résume et développe avec clarté les traditions de l'ancienne philosophie
sur ce sujet.

M. Bouillier cite d'abord et commente ces paroles de
Maine de Biran : Le sens intime est le sens de l'effort immanent. « Oui, dit M. Bouillier, c'est l'effort révélé par le sens
intime qui est le fond même de notre être; c'est lui qui est
présent dans toutes les manifestations de la conscience, et
sans lequel nulle ne se produirait, depuis les plus humbles
jusqu'aux plus élevées. Mais l'effort ne se produit pas dans
le vide; il n'a lieu qu'à la condition de quelque chose qui
résiste, sinon immédiatement il s'évanouirait. Effort et résistance sont des termes absolument corrélatifs... Tout de
même que nous avons la connaissance de cet effort, dans
lequel on se convaincra de plus en plus que notre être réside, tout de même nous avons une connaissance, une
perception immédiate du terme, de l'élément résistant sur
lequel il ne cesse d'agir, c'est-à-dire du corps avec chacun de ses organes...

» Nous nous savons certainement en une action continuelle sur l'organisme, nous sentons une énergie qui l'anime, qui le presse dans toutes ses parties. Cette énergie motrice ne s'exerce pas seulement de temps à autre, en certaines occasions, par exemple, dans les mouvements volontaires visibles au dehors, comme quand je fais un geste, quand je lève le bras ou la jambe, quand je me couche ou je me lève; mais d'une manière plus ou moins saillante ou obscure, elle ne cesse pas un seul instant d'agir, par la contraction musculaire, par l'activité nerveuse, sur tous les organes même les plus cachés, sur les mouvements internes comme sur les mouvements externes...

» L'effort permanent, l'*énergie motrice* qui soutient et vivifie le corps, qui met en jeu tous les ressorts de notre machine, qui non-seulement l'anime, mais l'organise, comme nous le dirons plus tard, voilà donc ce qu'il y a *de premier et de fondamental* dans l'âme, voilà ce qui n'aurait pas échappé sans doute aux philosophes empiriques, sans le parti pris de n'admettre que des phénomènes, au dedans comme au dehors, ni aux philosophes spiritualistes, s'ils s'étaient préoccupés davantage des rapports de l'âme et du corps...

» L'*énergie motrice de l'âme* ne se sent pas seulement dans les mouvements volontaires et spontanés, dans les fonctions organiques, mais même *dans le pur exercice de la pensée*, exercice qui lui-même n'a pas lieu, d'après notre sentiment intime, sans quelque action de l'âme, sans quelque effort sur le cerveau. Ce déploiement de force motrice est surtout manifeste dans la réflexion et le calcul, et dans toutes les opérations intellectuelles volontaires. Travail, contention, tension de l'esprit, ne sont point des métaphores, et marquent bien réellement la contention, la tension, l'effort de l'âme pour agir sur les organes du cerveau. Chacun sait par sa propre expérience qu'une fatigue, qu'un mal de tête est la suite de cet effort quand il a été trop grand ou trop prolongé.

» Toute la nature de l'âme est activité, tous ses modes sont des modes d'action; en un mot, *l'âme est une force.* Étant une force, l'âme est nécessairement une cause, cause sans cesse agissante, c'est-à-dire *sans cesse mouvante.* Quels que soient, en effet, les attributs supérieurs dont la force est revêtue, *son caractère essentiel est de produire du mouvement,* telle ou telle série, tel ou tel système de mouvements. Si nous concevons ainsi les forces de la nature, c'est parce que nous les concevons toutes d'après la force que nous sommes.

» Si chacune des manifestations particulières de la force exige un sujet, et ne saurait se suffire à elle-même, il n'en est pas ainsi de la force elle-même qui produit toutes ces manifestations. Attribuer à la force je ne sais quel support immobile, la faire reposer sur une sorte de piédestal, c'est ressembler à ces Indiens naïfs qui mettaient le monde sur un éléphant, et l'éléphant sur une tortue. La force est son substratum à elle-même, et sert à son tour de substratum à tous les phénomènes de l'univers. Elle supporte tout, et n'est elle-même supportée par rien; elle se suffit à elle-même, ou rien ne se suffit; elle épuise la notion du sujet. En résumé, l'être fort n'est pas autre chose que la force elle-même...

» Le pouvoir de produire le mouvement par soi-même *motus ab intrinseco,* comme disaient les scolastiques, d'après Aristote, est, aux yeux de tous, des ignorants comme des savants, le signe infaillible de l'existence d'une âme dans un être quelconque, quelle que soit sa forme, et quelque distance qui le sépare des êtres supérieurs...

» Pour ne pas se laisser tromper à ce signe et ne pas

placer une âme où il n'y en a pas, il s'agit seulement de ne pas confondre le mouvement *ab intrinseco* avec celui qui est communiqué et qui a sa cause en dehors de l'être lui-même. Je vois rouler une boule sur le sable, je cherche le bras qui l'a lancée ; de la branche agitée je vais au vent qui souffle, du vent lui-même à sa cause, et ainsi de suite. Je ne suis pas dupe du mouvement plus savant et plus compliqué d'un automate ou d'une montre. J'en découvre les ressorts, je remonte à la main habile qui les a construits et ajustés, à la force étrangère qui les a tendus. Mais l'enfant qui ne sait pas encore faire cette distinction, croit fermement qu'il y a une petite bête dans la montre, et que l'automate est un être vivant...

» A quel signe donc prétendons-nous reconnaître, au dedans de nous, la présence et l'efficace de la cause de la vie ? A nul autre qu'à cette action continue, à cet effort sans relâche de l'âme sur les organes, que déjà nous avons signalé comme inhérent à son essence même. L'âme, avons-nous dit, ne nous est connue que comme principe d'activité, ou, ce qui revient au même, comme *force*. Puis recherchant, parmi les modes divers de son activité, quel est celui dont elle ne se sépare pas, quel est celui qui commence et qui finit avec elle, nous l'avons trouvé dans *l'énergie motrice*. La tension de l'âme contre les organes, l'effort immanent, voilà, avec la perception intime du corps, ce qui est toujours présent à la conscience, voilà le sentiment fondamental de notre être. Or là, suivant nous, est l'action vitale, la puissance vivifiante de l'âme.

» Mais s'il est incontestable que nous avons conscience *d'un effort moteur, d'une force motrice*, il n'est pas démontré, nous a-t-on objecté, que cet effort moteur soit un effort vital, que cette force motrice soit la vie. Qu'on les mette en parallèle l'une avec l'autre, et on ne pourra s'empêcher de croire à leur identité. Rappelons-nous donc ce qu'est la vie, d'après les phénomènes par lesquels elle se manifeste, et d'après les principales définitions des physiologistes. La vie est une cause, une force agissant sans cesse sur toutes les molécules du corps pour les disposer d'après un certain plan, pour les maintenir dans les conditions convenables aux fonctions vitales, pour les soustraire à l'action dissolvante des lois de la nature morte, lutte continuelle dont l'acte suprême est l'agonie ou le dernier combat contre la mort. La vie est un principe original d'activité, d'effort, de mouvement, une faculté propre de mouvement et de changement intime, suivant la définition de M. Martin (de Rennes) regardée par Isidore Saint-Hilaire comme la meilleure dans l'état actuel de la science : « La vie, dit ce savant naturaliste, est un mouvement de tous les instants, sur tous les points de notre corps, mouvement moléculaire entretenu lui-même par des mouvements d'ensemble, dont n'est exempt, sans parler de l'appareil locomoteur, aucun de nos organes et surtout de nos viscères, mouvement péristaltique et antipéristaltique, d'inspiration et d'expiration, systole et diastole, excrétion des glandes, circulation des fluides, soulèvement et abaissement alternatifs du cerveau, et autres phénomènes du même genre. »

Ces longues citations nous étaient nécessaires pour montrer sous tous ses aspects la doctrine que nous voulons discuter. Cette doctrine peut se résumer en ces mots : L'âme est une force motrice, en action continue contre les organes ; cette force s'attache à la matière organique, lui imprime des mouvements, une direction particulière, et ainsi détermine la vie. L'énergie motrice de l'âme fait la vie.

Nous ne prétendons pas que cette notion de l'âme et de

la vie soit absolument erronée. Nous reconnaissons volontiers qu'elle répond à une certaine réalité, en attribuant à l'âme et à la vie le caractère d'activité continue sans laquelle âme et vie s'évanouiraient sans retour. Mais ce qu'elle contient de vérité est couvert d'une couche d'erreur qui masque ou altère la part même de vérité reconnue. Car cette activité incessante et nécessaire est mal définie, ou plutôt elle est définie contrairement à son œuvre même et à son essence. A bien dire, cette définition erronée est une entière méconnaissance de l'activité propre de l'âme et de la vie.

III

Qu'y a-t-il, en effet, au fond de ces mots : « L'âme et la vie sont une force, une énergie motrice » ? Il y a la négation même de l'âme et de la vie, et leur absorption fatale dans les énergies universelles, dans l'ample sein des forces physiques et chimiques. L'irrésistible enchaînement des choses le veut ainsi. Un rapide parallèle entre les forces physiques et l'activité vivante va nous montrer à quelles sûres conditions cette dernière se maintient indépendante et distincte, au milieu des forces physiques qui l'enveloppent et la pressent. Ces conditions, l'âme, si elle est énergie motrice, les renverse.

Les forces physiques ne se divisent plus en essences multiples et distinctes. L'unité a pénétré dans le monde inorganique, et l'admirable théorie de la transformation des forces réduit au mouvement toutes les anciennes forces de la nature. Le mouvement se convertit en chaleur, celle-ci en lumière, en affinité chimique, en électricité; la pesanteur, l'attraction, la gravitation universelle, ne sont que le mouvement lui-même considéré dans des conditions d'exercice diverses. Le mouvement régit le monde physique tout entier. C'est l'unique cause de toutes les manifestations de ce monde, si innombrables et variées qu'elles soient.

D'autre part, l'observation traditionnelle affirme la séparation absolue du monde organisé et vivant d'avec le monde physique. L'être vivant naît, grandit, dépérit et meurt. Jeunesse, maturité, vieillesse, sont sans signification vraie dans l'éternelle et uniforme vigueur des forces physiques. L'être vivant se nourrit, sent, se contracte, et à sa plus haute expression il veut et se meut, il pense; il provient d'êtres semblables à lui et il se reproduit. Les forces physiques ne donnent à la matière ni alimentation, ni sensibilité, ni contractilité, ni mouvement volontaire, ni pensée. Enfin l'être vivant est une unité, un individu, et ces individus ne sont pas en nombre régulier et constant : ce nombre peut croître et décroître dans des proportions infiniment variables. Si chaque être vivant représente une force, l'ensemble des forces vivantes n'est point stable et uniforme : il s'élève ou s'abaisse suivant les circonstances; il peut couvrir la surface du monde; il peut en disparaître et s'éteindre sans retour. Tout est à l'opposé dans l'ensemble des forces physiques; rien ne s'y perd, rien ne s'y ajoute. La distribution apparente peut changer; le flux et le reflux des choses y amène une mobilité de surface sous laquelle le fond demeure invariable. Pas un atome ne s'égare ou ne disparaît de la matière; pas un atome nouveau ne se crée; et le mouvement qui pousse tous ces atomes est pareillement inaltérable; il ne s'affaiblit d'un côté que pour s'accroître de l'autre. Les mouvements particuliers se modifient et se transforment; le total demeure constant, fixe, éternel.

En face de cette opposition saisissante entre les êtres

vivants et le monde physique, la science traditionnelle a prononcé la distinction des causes. Elle a fait du monde organisé un ordre nouveau, naissant au-dessus de l'ordre ancien. *Novus rerum nascitur ordo.* A cet ordre elle a assigné une causalité propre; et à cette cause nouvelle, Aristote a donné le nom d'âme. Tout ce qui vit a une âme.

Ce n'est pas que la causalité nouvelle soit sans rapports avec la causalité physique. Non; celle-ci s'offre et reste comme la causalité antérieure, nécessaire à l'apparition de la causalité supérieure qui entrait dans le monde. Ce premier et simple rapport devient l'origine de tous les rapports ultérieurs que nous verrons unir les deux mondes, physique et vivant. Mais, quels que soient ces rapports, la cause vivante, l'âme, n'en demeure pas moins absolument distincte des forces physiques; elle doit contenir et livrer tout ce qui est caractéristique et essentiel dans l'ordre vivant. Comme cause, elle demeure étrangère à tout ce qui appartient à l'ordre physique, lequel entretient des rapports, mais ne possède aucune communauté causale avec l'ordre vivant. C'est l'âme qui, à tous les degrés de l'échelle animale, ordonne l'évolution vivante, depuis la naissance jusqu'à la mort; qui assure la suprême et obscure fonction de la reproduction; qui sent, s'émeut, se montre dans l'instinct, dans l'intelligence, dans la volonté des animaux supérieurs; qui, dans l'homme, atteint à la raison et à la liberté. Tout cela, de la vie végétative et animale à la vie humaine, c'est la vie, manifestation de l'âme et traduction de sa puissance. Nous aurons à déterminer si ces actes et ces facultés diverses de l'âme et de la vie répondent à une activité mère, à une faculté suprême et primordiale, et quelle est cette faculté. Pour le moment, nous nous bornons à cette affirmation, c'est que cette puissance de l'âme lui appartient en propre, et que rien de ce qui appartient au monde physique n'en peut fournir l'idée. Sinon, ce monde physique n'entretiendrait pas seulement des rapports continus et nécessaires avec le monde vivant, mais se confondrait à un certain point avec ce dernier, de telle sorte que la vie et les forces physiques se pénétreraient, s'uniraient comme causes, et, par conséquent, devraient être considérées comme s'identifiant dans une cause supérieure. Ou plutôt la vie apparaîtrait comme une application nouvelle du théorème de la transformation des forces. Le mouvement se transforme en chaleur, en lumière, en affinité chimique; le mouvement se transformerait aussi en vie. Dès lors, la vie deviendrait une nouvelle manifestation de la force universelle, et la biologie formerait une simple division des sciences physico-chimiques.

Telle est donc la nécessité qui s'impose à qui accepte la distinction de l'ordre physique et de l'ordre vivant : c'est que la cause vivante ne traduise en rien la cause physique; il faut qu'elle soit d'une autre essence, que rien de l'ordre physique ne lui soit comparable. Il faut que, dominant l'ordre physique et associé à lui, le nouvel ordre vivant soit constitué par des phénomènes tels que rien dans les choses physiques ne les représente, et qu'on ne puisse, d'aucun d'eux, livrer une raison d'être qui pourrait s'appliquer à ces dernières.

Ces nécessités avérées trouvent-elles une satisfaction réelle dans la notion générale qui nous enseigne que l'âme est une force, une énergie motrice, et que c'est comme telle que l'âme institue la vie et régit toutes les fonctions organiques? Loin de là; j'estime, au contraire, qu'il n'est pas de notion plus profondément étrangère à la vie et à l'âme que celle de force et d'énergie motrice.

La force, en effet, dans les sciences physiques, c'est le mouvement; telle est l'unique cause de tous les phénomènes inorganiques ; toutes les autres forces se ramènent à celle-là par simple transformation. Dire que l'âme et la vie sont une *force*, et ajouter qu'elles sont une force, une énergie motrices, c'est reconnaître que l'âme et la vie ne sont, elles aussi, que mouvement ; c'est les rejeter dans la causalité physique, qui devient l'universelle causalité. Dire de l'âme qu'elle est une force, c'est méconnaître, en outre, son plus absolu caractère, celui d'être une substance individualisée, une unité. Ce seul caractère l'empêche d'être submergée et confondue dans un océan d'âmes indistinctes, comme le sont les forces physiques, dont on étudie les effets à un moment et sur un point donnés, sur un assemblage déterminé d'atomes, mais que rien n'individualise, que rien n'isole dans l'infini et invariable milieu des forces de la nature. L'être vivant est un individu ; c'est le premier fait que la notion de l'être doit mettre en relief ; et il est individu, nous le verrons, parce qu'il est autre chose qu'une force, une énergie motrice, une pure cause de mouvement. Une force motrice ne saurait s'individualiser ; elle est toujours reçue et transmise. Une substance simple a seule l'existence individuelle, et cela parce que cette substance simple a de tout autres attributs que la force et que le mouvement. Une force n'est pas un être fort, comme le prétend M. Bouillier. Les forces, dans le monde physique, ne relèvent pas d'un être fort ; car il n'y a pas d'êtres dans ce monde où il n'y a pas d'individus, et où cependant il y a des forces, ou du moins une force.

On le voit, l'âme et la vie sombrent du premier coup dans cette notion de force et d'énergie motrice par laquelle on prétend les représenter. Néanmoins, cette énergie motrice, M. Bouillier croit la retrouver « non-seulement dans les mouvements volontaires et spontanés, dans les fonctions organiques, mais même dans le pur exercice de la pensée, exercice qui lui-même n'a pas lieu, d'après notre sentiment intime, sans quelque action de l'âme, sans quelque effort sur le cerveau... Ce déploiement de force motrice, ajoute M. Bouillier, est surtout manifeste dans la réflexion et le calcul, et dans toutes les opérations intellectuelles volontaires. » La pensée elle-même, que Descartes avait voulu séparer absolument de la vie, afin de l'enlever à tout ce qui est mouvement, au tourbillon de la matière ; la pensée, dis-je, en cet ordre d'idées, deviendrait donc un déploiement de force motrice contre la substance cérébrale ! Et ainsi M. Bouillier donne, sans le vouloir, la main à ceux qui font de la pensée une simple vibration d'une ou de plusieurs cellules cérébrales. La séparation entre un tel spiritualisme et les affirmations matérialistes devient bien incertaine et fugitive ; il y a entre l'un et les autres de tels rapprochements et de telles pénétrations, que la fusion de ces doctrines opposées semble, sinon accomplie, du moins inévitable et prochaine.

Je sens que ces inductions révoltent M. Bouillier, si énergiquement spiritualiste, et je l'entends protester. En soutenant que l'âme est une force, une énergie motrice, me dira-t-il, il ne prétend pas contester qu'elle ne soit une unité, et que l'être vivant ne soit un individu. Il faut bien distinguer, ajoutera-t-il, entre un mouvement transmis, communiqué, et un mouvement qui vient de soi. L'âme est une énergie motrice ; mais le mouvement qu'elle provoque a sa cause en elle, et non en dehors d'elle : elle produit le mouvement *ab intrinseco*. Dans le monde physique, le mouvement est toujours reçu du dehors, communiqué ; il ne provient pas d'une force individualisée. La tradition, depuis Aristote, a consacré cette fondamentale distinction ; elle dissipe toutes les confusions, toutes les fausses assimilations.

Je ne méconnais pas la bonne intention qui dicte ces raisons, et leur apparente valeur; mais, au fond, elles ne modifient guère les notions causales imposées à l'âme et à la vie, dès que l'on emprunte ces notions au mouvement. Comment comprendre, en effet, l'individualisation d'une force motrice? Cette individualisation n'est-elle pas impossible en soi et contradictoire? Nous savons ce qu'est le mouvement; nous en observons toutes les conditions dans le monde physique; partout nous le voyons reçu, communiqué. Peut-on à cette conception opposer celle d'un mouvement cause de lui-même? Les termes de cette proposition ne se repoussent-ils pas? Un mouvement cause de lui-même, s'il peut exister, n'est plus un mouvement; c'est un je ne sais quoi incompréhensible. Ce deviendrait une substance qui ne se trahirait par aucun effet propre, qui emprunterait toutes ses manifestations à une cause inférieure et étrangère; ce serait une cause créée pour produire tout un ordre de phénomènes et d'effets qui peuvent exister sans elle; en un mot, ce serait une cause vide d'activité spéciale, une cause sans raison d'être et inutile. Une force motrice ramenée à l'unité, et devenant individuelle, constituerait donc une existence irrationnelle; il n'y a là que fiction. C'est par la pente de fausses analogies que nous nous laissons aller à cette ontologie imaginaire. Nous avons en nous le sentiment irrésistible de l'unité, de l'individualité; d'autre part, nous voyons dans le monde physique le mouvement et la force régner en souverain maître; par suite, dès que nous voulons donner un pouvoir souverain à cette unité dont nous avons conscience, nous lui accordons le pouvoir moteur, la force. Nous imaginons ainsi une association contre nature; nous donnons l'unité à ce qui ne peut la recevoir, à la force motrice, parce que nous n'avons pas pénétré assez avant dans la nature même de l'unité, dans l'intelligence du pouvoir qui lui est dévolu et lui appartient en propre; pouvoir qui est sans analogie avec les puissances qui remplissent le monde inorganique, avec le mouvement qui résume toute ces puissances.

D'ailleurs, qu'importe qu'on transforme en unité une énergie motrice? Qu'importe que, par abus ou faiblesse d'esprit, on individualise une force? Transformée en unité, individualisée, la force motrice changera-t-elle de nature? produira-t-elle autre chose que du mouvement? Non, évidemment. Dès lors, cela change-t-il les conséquences auxquelles conduit une notion de l'âme et de la vie équivalente à l'énergie motrice? Cela empêche-t-il la causalité vivante d'être adéquate à la causalité physique? Qu'importe que le mouvement vienne *ab intrinseco* ou *ab extrinseco*, qu'il soit transmis du dehors ou qu'il procède du dedans? Qu'importe? Le mouvement produit d'une ou d'autre façon ne reste-t-il pas identique à lui-même? n'est-il pas toujours mouvement, et comme tel ne conduit-il pas la nature entière, l'animée comme l'inanimée? ne demeure-t-il pas cause suprême de tous les phénomènes vitaux et de tous les phénomènes physiques? N'aboutit-on pas ainsi à l'identification de l'âme vivante et du mouvement, dogme du matérialisme le plus avancé? Si l'on individualise la force pour en faire un être vivant, ne peut-on, à plus forte raison, l'individualiser pour faire de notre monde terrestre et de chaque astre un être animé et vivant, comme le voulait Képler? Et cette façon de comprendre l'unité vivante n'ouvre-t-elle pas la porte à toutes ces imaginations du panthéisme sous lesquelles se déguise à peine un matérialisme de fantaisie?

L'aboutissant demeure donc fatal : concevoir l'âme et la vie comme force motrice, comme mouvement même *ab intrinseco*, c'est toujours donner le mouvement comme cause du monde vivant; c'est anéantir toute causalité vivante propre au profit de la seule causalité physique. Veut-on en avoir la preuve directe et pratique? Je la trouve aussitôt dans la définition de la vie proposée par M. Martin (de Rennes), regardée comme la meilleure par M. Isidore Geoffroy Saint-Hilaire, et acceptée sous réserve par M. Bouillier; je la transcris de nouveau :

« La vie est un mouvement de tous les instants, sur tous les points de notre corps, mouvement moléculaire entretenu lui-même par des mouvements d'ensemble dont n'est exempt, sans parler de l'appareil locomoteur, aucun de nos organes et surtout de nos viscères, mouvement péristaltique et antipéristaltique, d'inspiration et d'expiration, systole et diastole, excrétion des glandes, circulation des fluides, soulèvement et abaissement alternatifs du cerveau et autres phénomènes du même genre. »

Quelle définition, et que voilà bien où conduit l'idée de vie conçue comme force et énergie motrice! Qu'y a-t-il, dans cette définition, que ne puisse accepter un matérialiste décidé à ne faire aucune concession? Ce mouvement moléculaire de tous les instants et sur tous les points du corps, ce monotone tourbillon de matière dont on fait la vie, ne fournit-il pas une idéale profession de foi pour le physicien et le chimiste qui, dans la physiologie, ne voudraient voir que physique et chimie? Cette définition est si au-dessous de la réalité à définir, qu'il est peu de positivistes, aujourd'hui, qui la trouvassent suffisante. Ceux-ci ont beau mutiler l'idée de vie, et la réduire à de simples propriétés vitales, ils atteignent cependant à une conception plus large, moins mécaniciste, plus vitaliste, en un mot, que celle que l'on nous offre tout enfermée dans le mouvement. La sensibilité, à elle seule, propriété irréductible de la matière, suivant la physiologie positiviste, brise le moule de cette pauvre formule. Ce qu'il y a de plus absent dans ces paroles vides, c'est l'idée de vie qu'elles croient définir.

Un homme de simple bon sens, étranger à toute prétention scientifique, et qui dirait que l'être vivant est celui qui se nourrit, qui sent, qui a eu un père et une mère, et qui, à son tour, a des petits, celui-là donnerait de la vie une bien autre définition que celle de M. Martin (de Rennes), toute patronnée qu'elle soit par de savants naturalistes. L'énergie motrice n'en est pas encore à nous faire deviner et comprendre qu'un être vivant peut sentir et engendrer. L'effort immanent contre nos organes qui résistent, *cet effort* qui est, nous dit-on, *le fond même de notre être*, nous en enseigne bien moins sur la vie que le bon sens du vulgaire que nous venons de faire parler. Si nous ne connaissions du fond de notre être que l'effort immanent dont il s'agit, cette connaissance, à quelque extrémité qu'on la poussât, nous laisserait dans l'ignorance des plus apparentes et des plus essentielles réalités.

IV

Mais, objectera-t-on, cette énergie motrice que nous voudrions bannir de la vie, l'expérience ne la montre-t-elle pas dans la plupart des actes vitaux, et même dans tous ces actes? Ne sommes-nous pas trop exclusifs en soutenant que la cause vivante doit essentiellement et toujours se montrer d'un autre ordre que la cause physique? Est-il conforme aux réalités observées de prétendre que les phénomènes vitaux ne sauraient jamais reconnaître une raison commune avec les phénomènes physiques? Ces propositions absolues ne sont-elles pas incessamment démenties par l'incessante succession d'actes organiques dans lesquels intervient le mouvement, et dont la raison nécessaire est une force motrice?

Ces objections semblent plausibles; elles tombent à un examen approfondi. Elles reposent sur la confusion qui s'établit si communément, dans les sciences biologiques, entre les conditions et les causes des phénomènes. Oui, le mouvement est une condition nécessaire de tous les actes vitaux : évident ou obscur, il est le support inférieur de toute fonction vivante. On le retrouve au-dessous même de la pensée, qui ne peut se manifester avec intensité et continuité, sans que la substance cérébrale ne s'oxyde et ne brûle en proportion. L'activité chimique est une forme du mouvement : or l'activité chimique s'accroît en chacune des cellules cérébrales par le travail intellectuel. Ce travail entraîne même, dans les mouvements de décomposition organique, une activité supérieure à celle qui accompagne le travail musculaire. Ainsi, d'après les analyses de M. le docteur Byasson, un homme au repos rend, en moyenne, par vingt-quatre heures, 20^{gr},46 d'urée, qui représentent l'activité de ses combustions organiques; si, dans ce même laps de temps, le même homme, se nourrissant de même, se livre à un travail musculaire énergique, l'excrétion de l'urée s'élèvera à 22^{gr},90; si, enfin, cet homme s'adonne à un travail cérébral intense et supprime tout exercice musculaire, il rendra en moyenne, dans le même temps, 23^{gr},88 d'urée. Le travail cérébral aura donc exigé une activité chimique plus considérable que le travail musculaire, et cette supériorité sera représentée par un gramme environ d'urée; il aura exigé, sur le repos général qui ne laisse subsister que le travail nutritif de l'organisme, un surcroît d'activité chimique représenté environ par 3 grammes d'urée. Ce n'est certes pas trop que de payer au prix de 3 grammes d'urée les productions du travail cérébral, surtout si la découverte de vérités utiles, la création d'une belle œuvre d'art, une page éloquente ou poétique, sortent puissantes ou inspirées, à la suite de ce travail chimique. Je ne demanderai pas si le produit est ici en rapport de nature avec la dépense, ni pourquoi une même dépense se traduit en produits si variables et si inégaux. Je me borne à constater ce fait que dans toute fonction organique, et même dans tout acte intellectuel, il y a mouvement, activité chimique, énergie motrice.

Cette énergie, ce mouvement chimique, sont-ils la cause de l'acte organique qu'ils accompagnent, de la pensée qui ne s'élève pas sans eux? Voilà le problème qui se pose; et qui oserait répondre par l'affirmative, qui oserait soutenir que ces trois grammes d'urée excrétés en plus, durant une journée de travail intellectuel, représentent la cause directe et effective de la pensée humaine, celui-là produirait une affirmation matérialiste tellement nue et grossière, qu'elle révolterait certainement la plupart de ceux qui donnent aux arrangements de la matière les plus larges pouvoirs. M. Bouillier est bien loin, sans doute, de faire de ce mouvement chimique, de « ce déploiement de force motrice dans la réflexion et le calcul et dans toutes les opérations intellectuelles volontaires », la cause même de ces opérations; il a beau reconnaître « qu'une fatigue, qu'un mal de tête est la suite de cet effort quand il a été trop grand ou trop prolongé », il n'arrivera jamais à conclure que la suractivité de la circulation cérébrale, qui amène cette fatigue et ce mal de tête, soit la cause vraie de la réflexion, du calcul, ou de toute autre œuvre de l'esprit. Loin de croire que le fond de la pensée est là, il affirmera que ce n'en sont que les conditions organiques; que la cause domine et met en jeu les conditions qui lui sont nécessaires pour son œuvre propre, mais que ces conditions ne sauraient se réaliser par elles-mêmes et en dehors de toute intervention causale; et que si, par impossible, de telles conditions obtenaient à elles seules la réalisation qui les fuit, si elles devenaient cause vraie, elles aboutiraient à un simple fait chimique, mais jamais elles n'enfanteraient une opération intellectuelle. Celle-ci les dépasse, est d'un autre ordre qu'elles; elle relève de l'âme : là en est le principe substantiel et effectif.

Ce que nous venons de dire de la pensée, il faut le dire de toutes les fonctions organiques et vitales, de celles même dans lesquelles le mouvement, l'énergie physique et chimique sont le plus manifestes, et semblent remplir le rôle le plus important. L'appareil de la vision réalise les plus admirables conditions physiques; l'optique la plus savante ne saurait produire d'œuvre plus parfaite. Mais ces conditions physiques, ces milieux que la lumière traverse, ces lentilles qui font converger sur un point déterminé tous les rayons lumineux, tout cela ne fait pas la vision. Celle-ci n'est pas une œuvre de mouvement; elle est œuvre de sensation et de perception. Sentir et percevoir peuvent nécessiter des conditions préparatoires et concomitantes de mouvement, mais ne résultent pas de ces conditions. C'est l'organe vivant qui sent et perçoit; c'est l'âme et la vie qui sont la cause réelle de toute sensation et de toute perception. Il en est ainsi, je le répète, partout et toujours. Les mouvements d'inspiration et d'expiration que M. Bouillier allègue pour prouver que l'énergie motrice de la vie ne se repose jamais, même pendant le sommeil, ne sont aussi que de simples conditions de la fonction respiratoire; les échanges de gaz au sein des poumons ne sont également que des conditions de cette fonction. Les échanges nutritifs ne sont parcillement que les conditions de la nutrition. Mais respiration et nutrition relèvent d'autres causes que de ces conditions; ces conditions sont d'ordre physico-chimique; la cause de ces grandes fonctions est d'ordre vital, c'est-à-dire est absolument distincte de tout ce qui est mouvement, étrangère et supérieure à tout ce qui relève des forces physiques; elle est d'un ordre nouveau.

C'est qu'en effet le monde vivant est superposé au monde physique, et ne saurait exister sans lui. Le monde physique offre au vivant, non la cause animatrice, mais la condition qui permettra à celle-ci de se manifester et d'agir. Sans monde physique préexistant, nulle manifestation possible de la vie. La vie trouve donc dans le monde physique ses conditions d'existence; et, par suite, ces conditions se réflètent dans chaque acte organique, dans chaque opération vivante. Ces conditions sont souvent prises pour la cause même de l'acte vital; c'est la plus grave et la plus commune erreur commise en biologie. C'est sur cette erreur que reposent tous les systèmes qui refusent à la vie, au monde organique, une causalité propre et distincte. L'unique procédé de ces systèmes est de substituer à la cause de l'acte organique les conditions de cet acte. Reconnaître cette erreur partout où elle surgit, en physiologie comme en pathologie, est la plus sûre marque d'un esprit pénétré, vivifié, assaini par les vérités doctrinales.

Il est une autre erreur à éviter, et qui a trop longtemps régné au sein des écoles vitalistes : c'est de considérer la cause vivante comme étant en hostilité, en lutte permanente avec les forces physiques; de telle sorte que la vie ne serait que le triomphe de la cause interne, de l'âme vivante contre les incessants assauts du monde extérieur. C'est la doctrine que Bichat développe dans ses belles considérations sur les *Différences des forces vitales d'avec les lois physiques.* Telle est aussi la doctrine que semble accepter M. Bouillier, quand il dit que la vie est une cause, une force agissant sans cesse sur toutes les molécules du corps « pour les soustraire à l'action dissolvante des lois de la nature morte, lutte continuelle dont l'acte suprême est l'agonie ou le dernier combat contre la mort ». Ces doctrines ont fait leur temps; les progrès de l'analyse physiologique ont effacé cette prétendue hostilité; la maintenir inutilement, c'est fournir aux adversaires une arme qui pénétrera aisément à travers ce large défaut de la cuirasse. La vie est superposée au monde physique, mais c'est pour en user, et non pour le combattre. L'ordre vivant n'a paru qu'après l'ordre physique; il n'est pas venu pour enfanter le chaos, pour lutter contre ce qui existait avant lui, pour apporter une sorte de négation des lois éternelles de la matière. Ces lois sont scientifiquement immuables; elles ne sauraient être combattues, ni se transformer dans l'organisme vivant. La matière n'est rien sans elles. Organique ou inorganique, la matière demeure identique à elle-même, soumise aux mêmes forces, subissant des lois pareilles. Il est donc contraire à la nature des choses de dire que les lois de la matière cèdent, et n'obtiennent pas leur entier accomplissement en regard de l'action opposée des forces vitales. Que seraient des forces physiques qui perdraient de leur pouvoir, qui seraient combattues, affaiblies ou vaincues par une autre force? Que deviendrait l'immuabilité de ces forces physiques dont rien ne se perd, qui jamais ne s'accroissent? La science a dissipé toutes ces conceptions vaines. Loin d'être hostile aux forces physiques et de s'élever contre elles, la cause vivante trouve, dans ces forces, les conditions nécessaires de son action. Elle s'établit au-dessus de ces forces, en use à son profit, les dirige sans jamais les violenter, de façon qu'à leur aide elle se crée et se conserve l'appareil de ses manifestations. Au-dessus de la matière s'organise et se déroule l'évolution vi-

vante. Cette évolution, c'est l'organisme évoluant. Celui-ci
dirige en lui la circulation continue des matériaux organiques, et leur emprunte sa réalisation extérieure perpétuellement changeante, quoique lui-même conserve son invincible unité.

Nous pouvons résumer ainsi cette longue discussion :
Le mouvement fournit les conditions générales de toute
existence vivante; mais la vie, comme cause, est distincte du
mouvement. Conditions et cause, mouvement et vie entretiennent entre eux des rapports nécessaires et harmoniques
dont le déterminisme se cache à des profondeurs infinies.
Ces rapports ne sauraient aboutir jamais à créer une mutuelle pénétration ou une impossible identité. Le fond de
notre être ne saurait se trouver dans les conditions de son
existence; il est tout entier dans le principe même de cette
existence. L'énergie motrice n'est donc pas notre fond vivant, ni le caractère essentiel de l'âme et de la vie. La force
régit le monde physique; elle n'institue pas l'être vivant.
Celui-ci relève d'une autre cause, d'une cause une, individuelle, sans analogie avec la causalité physique, avec la
force motrice universelle.

V

Cette cause une, individuelle, dont l'énergie motrice ne
saurait nous donner une idée, quelle est-elle? quel caractère assigner à l'âme et à la vie qui nous en traduise le fond
commun, et les sépare du monde physique? Tel est le grand
problème qu'à notre tour nous allons agiter, et sur lequel
la science moderne jette, croyons-nous, des lueurs nouvelles. Ce problème, affirmant à nouveau l'unité causale de
l'être, touche à l'âme et à la vie. Il plane à la fois sur les
sommets de la psychologie et de la physiologie, et doit four-

nir un invincible trait d'union entre ces deux parts, trop séparées jusqu'ici, de la science d'un même être; il doit livrer une même et suprême règle à la pensée d'un côté, au fonctionnement de nos organes de l'autre.

M. Cl. Bernard a écrit les lignes suivantes, souvent citées et commentées, trop souvent mal comprises : « S'il fallait définir la vie d'un seul mot qui, en exprimant bien ma pensée, mît en relief le seul caractère qui, suivant moi, distingue nettement la science biologique, je dirais : La vie, c'est la création. » Plus loin, cette création, M. Cl. Bernard l'appelle idée ou force créatrice : « Dans tout germe vivant, il y a une idée créatrice qui se développe et se manifeste par l'organisation. Pendant toute sa durée, l'être vivant reste sous l'influence de cette même force vitale créatrice, et la mort arrive lorsqu'elle ne peut plus se réaliser. » Parfois, l'éminent physiologiste, affaiblissant l'expression de sa pensée, appelle directrice cette idée créatrice; mais ces deux expressions sont, pour lui, synonymes; l'idée seule crée et dirige, ajoute-t-il.

La vie, c'est la création. Cette pensée a révolté tous les savants qui veulent maintenir la vie dans la causalité physique, qui croient que le fond de notre être est dans l'énergie motrice, et qui, par suite, prétendent appliquer à l'être vivant cette grande loi des forces physiques : Rien ne se perd, rien ne se crée, tout demeure immuable à travers les apparences changeantes. L'être vivant, ainsi conçu, ne crée rien; il est une forme transitoire dans l'éternel mouvement de la matière. Dire, au contraire, de la vie qu'elle est une création, et une création continue, c'est affirmer qu'elle se passe en dehors de ce monde physique où toute création est impossible. Aussi cette idée de la vie n'a-t-elle pas pris le rang qui lui est dû dans les conceptions scientifiques du jour; elle a passé pour une image plutôt que pour une réalité. M. Cl. Bernard lui-même n'en a peut-être pas perçu toute la portée ; il n'a pas vu les nécessités logiques qu'elle emportait avec elle ; il lui demeure rarement fidèle, et, dans le cours de ses déductions, il la contredit plus qu'il ne l'appuie ; elle semble l'étonner, et il n'ose pas la produire sans la renier presque aussitôt. Cependant il n'est pas de conception de la vie plus juste et plus profonde ; c'est elle qu'il convient de substituer à cette conception de force et d'énergie motrice que nous avons dû repousser.

Or que signifie ce mot de création appliqué à la vie? La réponse est aisée : L'être vivant seul crée et est créé ; il est créé parce qu'il est engendré, il crée parce qu'il engendre. La création, dans la vie, c'est la génération. Sous ces mots vulgaires et sous ces faits d'observation banale se cachent les plus hauts enseignements. Création et génération sont des termes équivalents. La vie, c'est la génération, fournit même une formule plus précise, plus physiologique, plus générale dans ses applications que celle que M. Cl. Bernard a émise. Le fond de notre être, le caractère suprême et permanent de la vie, c'est donc d'être une puissance génératrice. La fonction première et dernière de l'être vivant, celle qui ne s'arrête qu'avec la vie, hors de laquelle toute activité vitale s'éteint, cette fonction qui contient et soutient toutes les autres, c'est la génération. L'âme est une puissance génératrice en travail immanent, la vie une génération continue : toute la philosophie de l'âme et de la vie est dans ces mots. J'espère mettre en lumière ces vérités fondamentales.

Si nous voulons juger du rôle et du fonctionnement de la génération dans la vie, il faut se reporter à sa première œuvre, remonter à l'apparition de l'être vivant. Voyez cet ovule avant la fécondation : c'est une espèce de cellule plasmatique indifférente, qui, après une durée éphémère, s'éteindra dans un travail de régression rapide ou lente, suivant les circonstances. Qu'un agent fécondant pénètre cette cellule : aussitôt une fonction nouvelle s'en empare, la transforme et l'élève à la puissance de l'être. Cette fonction qui fait un être, c'est la génération. La cellule fécondée entre en un travail harmonique et réglé de prolifération, de génération organique et fonctionnelle. Successivement elle va engendrer en elle une suite et un enchaînement de cellules, de tissus et d'organes. Cette génération s'opère sur un plan déterminé, préconçu, où se décèlent une unité et un but; elle poursuit une forme typique dont rien ne la fera dévier, à moins que des circonstances hostiles ne provoquent des anomalies monstrueuses; mais jamais le type ne dévie vers un autre type, même de l'espèce la plus voisine. Il n'y a pas d'autre fonction dans ce germe fécondé; il n'y a encore ni cerveau, ni sang, ni nerfs, ni vaisseaux; rien ne traduit en actes les grandes facultés futures de l'être. Celles-ci existent en puissances, sans doute, et bientôt elles engendreront leurs propres organes et se manifesteront dans leur activité; mais, à l'origine, il n'y a qu'une fonction qui contient toutes les fonctions à venir, la fonction génératrice. Cet ovule est en travail d'enfantement perpétuel; il engendre l'être qui doit sortir de lui; il le crée, si l'on veut parler comme M. Cl. Bernard.

La vie donc, dans son œuvre première, c'est la génération; c'est l'unique faculté de l'âme qui se révèle dans le germe. C'est l'âme, c'est la vie tout entière; car cette faculté, qui d'abord existe seule, qui suscite et engendre toutes les autres, qui les contient toutes, ne peut s'effacer et disparaître, pour être remplacée par les facultés qui proviennent d'elle, et qui ne sont que son propre développement,

que son expansion en fonctions particulières et spéciales.
Y a-t-il une plus haute fonction que celle qui produit un
être? Le germe aurait-il une fonction supérieure à toutes
celles que l'on pourrait attribuer à l'être accru et complet?
Tel serait le résultat, si l'être développé manquait de la
fonction qui a présidé à son développement. Non, il ne saurait en être ainsi, et la fonction génératrice demeure la
fonction permanente et supérieure de l'être. L'être ne vit
que par elle et en elle; il décline et meurt avec elle.

Étudions, en effet, les fonctions diverses de l'être; nous
verrons qu'elles sont, à bien dire, de simples modalités de
la grande fonction originelle, la génération. Celle-ci est le
fond de toutes les opérations vivantes, des intellectuelles
comme des autres. Voici d'abord la fonction commune et
permanente de tout organisme, la nutrition. Qu'est la nutrition, sinon la fonction génératrice continuée, la création
perpétuelle de l'organisme? Nous avons déjà cité quelques
paroles de M. Cl. Bernard, affirmant la perpétuité d'action
de la force créatrice pendant toute la durée de l'être vivant;
nous allons lui emprunter, sur ce sujet, un témoignage
encore plus explicite : « Cette puissance créatrice ou organisatrice, dit l'illustre physiologiste, n'existe pas seulement
au début de la vie dans l'œuf, l'embryon ou le fœtus; elle
poursuit son œuvre chez l'adulte, en présidant aux manifestations des phénomènes vitaux; car c'est elle qui entretient par la nutrition, et renouvelle d'une manière incessante la matière et les propriétés des éléments organiques
de la matière vivante. La nutrition n'est donc rien autre
chose que cette puissance génératrice continuée et s'affaiblissant de plus en plus. »

Le développement primordial de l'être n'est, à le bien
considérer, qu'une opération nutritive. La cellule fécondée
se nourrit, emprunte aux milieux qui l'entourent des élé-

ments destinés à faire partie d'elle-même, à pourvoir à son œuvre génératrice, et ainsi la nutrition forme peu à peu et achève l'être. Cette nutrition se poursuit durant toute l'évolution vivante. Chaque cellule puise dans les milieux qui l'entourent des éléments de renouvellement continu ; chacune, par un travail sans relâche, cède au monde extérieur une partie d'elle-même, et incessamment aussi lui demande de nouveaux éléments par l'intermédiaire des milieux internes de l'organisme, des humeurs destinées à recevoir d'abord les matériaux empruntés au dehors.

Toutefois nous donnerions une idée bien imparfaite de la fonction génératrice, loi souveraine de l'organisme, si nous nous bornions à la présenter comme un simple échange moléculaire, comme un pur mouvement de composition et de décomposition destiné à l'accroissement et à l'entretien des éléments organiques. Non ; l'échange moléculaire, le mouvement de composition et de décomposition traduit la condition de la fonction génératrice, mais nullement sa nature et sa cause. Nous retrouvons ici la distinction entre la condition de l'acte organique et sa cause que nous avons si souvent signalée, et qu'il importe de ne jamais perdre de vue, afin de ne pas reporter à la vie ce qui appartient à la force physico-chimique universelle. Toute génération suppose la fécondation de l'élément qui doit engendrer, la conception au sein de l'élément fécondé, la génération, enfin, œuvre dernière de l'élément fécondé et qui a conçu. Ces trois moments de la fonction apparaissent dans tout leur éclat, dans la fécondation et dans la génération originelles; ils existent pareillement dans la nutrition, dans toute fonction organique, forme et continuation cachées de l'activité génératrice première. La cellule qui se nourrit est incessamment impressionnée par le milieu humoral et vivant dans lequel elle baigne; elle ressent ce milieu; et cette impression ressentie, favorable ou non, est sa fécondation. Si l'impression est favorable, la fécondation est saine et la cellule prospère; si elle est défavorable, la cellule dépérit, entraînée par une fécondation malsaine. Cette fécondation amène une conception vitale au sein de la cellule. C'est la conception même de sa vie propre, de son mode nutritif spécial, de son fonctionnement organique particulier. Cette conception devient la raison vivante de l'œuvre génératrice, c'est-à-dire du développement et de l'entretien de la cellule, de sa nutrition, et enfin de la fonction qui lui revient, et par laquelle elle concourt à l'harmonie finale du tout, au fonctionnement général, à l'évolution typique de l'être (1).

Telle est, en quelques traits, l'image vraie de la vie nutritive. On voit que les échanges moléculaires, que les

(1) Qu'il me soit permis d'opposer la notion de génération à la conception des fonctions de nutrition et des autres grandes fonctions organiques, émise par M. Virchow, et acceptée par M. Cl. Bernard. La nutrition, d'après ces physiologistes, serait l'œuvre d'une propriété commune et essentielle de tous les éléments anatomiques, l'*irritabilité nutritive*; les autres grandes fonctions se rapporteraient à une *irritabilité fonctionnelle*. L'irritabilité serait l'expression fondamentale de la vie. Je ne puis incidemment examiner à fond la valeur de ces pauvres conceptions, auxquelles je regrette de voir M. Cl. Bernard accorder l'autorité de son nom. La doctrine des propriétés vitales représente en physiologie la doctrine de la sensation en philosophie. L'irritation se change en nutrition ou en fonction organique, comme la sensation se transforme en pensée. La notion de la vie qui en découle est aussi étroite et fausse que la notion correspondante de l'entendement. M. Cl. Bernard abandonne pour cette irritabilité son idée élevée, la vie, c'est la création, et la nutrition, c'est la génération continuée. La vie devient pour lui l'irritabilité. Nous voilà ramenés à Haller et à Broussais. Considérée dans son œuvre première, la vie n'est plus la création, c'est-à-dire la fécondation d'un germe, la conception d'un être nouveau au sein du germe fécondé, la génération enfin de l'être, œuvre du germe qui a conçu; non, la vie, c'est l'irritation d'un germe, et cette irritation enfante tout un être, une unité vivante! Vraiment, comme l'esprit de système a de la puissance pour tout amoindrir! qui pourrait croire qu'il peut enfermer la vie dans une propriété d'irritabilité, et réduire à l'irritation toutes les opérations vivantes!

mouvements chimiques de composition et de décomposition ne sauraient rendre un compte réel de la nutrition vivante. Ils en fournissent uniquement les conditions. Placez une cellule morte dans les mêmes milieux qui fécondaient la cellule vivante, les échanges moléculaires ne seront plus dirigés dans le sens vivant; la fécondation et la conception cellulaires auront pour toujours disparu; la cellule, non régénérée par une génération continue, périra sans retour. Aussi les mouvements de composition et de décomposition, alors qu'ils s'opèrent au sein de la cellule vivante, perdent-ils leur nom chimique pour contracter un nom nouveau, celui d'assimilation et de désassimilation organiques; nom qui témoigne que la molécule entre dans un monde nouveau, dans le monde vivant auquel elle est assimilée, dont elle devient partie intégrante, jusqu'à ce qu'elle en sorte par désassimilation, pour rentrer dans l'ordre physique d'où elle provenait. On exprime encore la même vérité en disant des corps vivants qu'ils se nourrissent et s'accroissent par intussusception, à l'inverse des corps inorganiques qui croissent de volume par juxtaposition. Assimilation, intussusception, représentent l'œuvre de la génération nutritive. C'est, sous une autre formule, la loi suprême de notre être; c'est le fond même des opérations de l'âme et de la vie.

Quelle que soit, en effet, l'infinie variété des fonctions organiques, toutes sont régies par la même loi vitale, toutes sont des générations. Il en est ainsi, non pas uniquement parce que toutes reposent sur la nutrition comme sur une base commune, et que la génération nutritive est, par conséquent, leur substratum nécessaire, mais encore en les considérant chacune dans l'attribution fonctionnelle spéciale qui est leur fin et pour laquelle elles sont instituées.

Prenons, par exemple, les fonctions les plus éloignées de la vie nutritive, et directement afférentes au système nerveux de la vie de relation, celles, entre autres, qui appartiennent aux organes des sens, la vue, l'ouïe, le toucher. La loi de ces fonctions demeure toujours la loi uniforme de la génération. L'impression, l'excitation vient du milieu extérieur; et ces impressions et excitations sont l'acte fécondant et premier de la fonction sensorielle; elles remplissent ici l'office du milieu plasmatique et humoral qui impressionne et excite la cellule. Le monde vivant seul offre ces faits merveilleux d'impression et d'excitation; rien d'analogue n'apparaît dans le monde physique, où tout est mouvement transmis et reçu. L'excitation sensorielle fécondante provoque, à son tour, la conception d'une image, d'un son ou de toute autre sensation déterminée; et la vision d'un objet, l'audition d'un son ou d'une parole humaine, la perception d'un corps, deviennent la génération fonctionnelle de chacun de ces sens. Si l'image frappe une rétine inattentive, le son une ouïe distraite, si le corps extérieur nous touche sans que le toucher s'éveille, il n'y aura pas d'excitation fécondante, pas de conception sensorielle, partant pas de génération fonctionnelle. Tout demeurera dans une stérile immobilité; l'impression aura avorté. Ici, comme toujours, le mouvement, la force motrice n'apparaissent que comme conditions de la fonction. Et même, à mesure que la fonction s'élève, qu'elle appartient plus exclusivement au système nerveux, qu'elle devient fonction pure de relation, c'est-à-dire fonction de luxe et apanage de l'animalité supérieure; à mesure, dis-je, les conditions physiques et motrices s'abaissent, s'enveloppent de voiles, de façon à paraître de plus en plus secondaires et effacées dans l'acte fonctionnel. Celui-ci semble de plus en plus s'affranchir des liens qui l'attachent au monde physique; cependant, jamais l'affranchissement définitif n'arrive; le mouvement demeure la condition parfois obscure, mais toujours nécessaire de toute fonction, et cela jusque dans la pensée, l'acte le plus indépendant, ou du moins le plus disproportionné d'avec toutes les conditions physico-chimiques qui s'y associent.

VI

Les exemples qui précèdent suffisent à montrer comment, au fond de toute fonction vitale, se trouve la génération, forme invariable de l'activité vivante. Mais je ne veux pas me confiner sur le seul terrain de la vie organique; je veux arriver à l'âme, dont l'organisme n'est que la manifestation et l'œuvre visible. Les fonctions vitales, sans doute, reconnaissent dans l'âme leur cause génératrice; toutefois la pensée lui semble plus étroitement dévolue, et même, pour quelques spiritualistes, la pensée traduit toute l'âme. L'âme et sa fonction pensante se séparent ainsi de l'organisme, ou du moins ne lui sont rattachées que par des liens éphémères. C'est là l'interprétation excessive et erronée d'un fait qui a frappé tous les esprits, à savoir, que la pensée est une fonction, sur bien des points importants, distincte de toute autre, et qui transporte l'observation en des régions nouvelles où l'expérience sensible s'arrête, où nos sens n'ont pas de prise. C'est la pensée qu'à son tour nous voulons interroger, pour savoir d'elle si elle répond à cette loi génératrice qui gouverne la vie, et pour chercher dans la réponse une confirmation nouvelle de cette grande vérité que l'âme fait la vie, et qu'une même puissance régit l'homme, dans son intelligence comme dans toutes ses autres énergies fonctionnelles.

Ici, je ne crains pas de le dire, la démonstration va être saisissante. M. Bouillier, pour trouver un fond commun à l'âme et à la vie, s'est adressé à l'énergie motrice, dont il a cherché le témoignage dans le sens intime, et qu'il croyait prouver en rappelant la fatigue et la tension cérébrale qui suivent un travail intellectuel prolongé. Mais cette énergie motrice, il lui était interdit de la chercher directement dans l'opération vraie de l'âme intellectuelle, dans la pensée elle-même ; tellement la pensée demeure profondément étrangère au mouvement, à la force motrice en tant que cause. En sorte que ce savant philosophe en arrive à attribuer à l'âme, comme fondamental, un caractère dont on ne retrouve nulle trace dans la plus haute fonction de l'âme ; l'essence prétendue de l'âme n'entrerait pour rien dans son œuvre essentielle, la pensée. Nous allons voir ces étranges contradictions disparaître dans l'âme génératrice, et l'harmonie divine entre l'âme et la vie éclater en ce fait éminent que la pensée est une génération véritable, comparable à toutes les générations fonctionnelles de l'organisme.

La pensée s'engendre en l'âme ; elle ne nous saurait, en effet, venir du monde extérieur. Celui-ci fournit à la pensée une occasion d'être, une condition de son développement, mais il ne nous livre pas la pensée toute faite : c'est notre âme qui la fait, sous l'excitation fécondante du dehors. Rien n'est plus faux que cette maxime de J.-J. Rousseau, si sottement applaudie, et qui met la vérité dans les choses et non dans l'esprit qui les juge. La vérité est toujours un jugement, et, par conséquent, toujours œuvre de l'esprit. Tout jugement, toute pensée sortent de l'âme par génération, et cette génération devient l'activité essentielle de l'âme intelligente. Si l'on veut surprendre, dans tout son essor, cette puissance créatrice de l'âme, il n'y a qu'à étudier la formation des idées générales connues en métaphysique sous le nom d'idées innées. Quelle souveraine démonstration de la fécondité de l'âme !

Les idées innées peuvent se caractériser d'un mot : ce sont les idées nécessaires, absolues, générales. Ces idées se retrouvent au fond de tout jugement, assises immuables de la raison humaine. Telles sont les idées de cause, d'unité, d'universalité, d'infini. Ces idées soutiennent toute pensée, comme la nutrition soutient toute fonction vitale ; elles forment, si je puis m'exprimer ainsi, la vie nutritive de l'intelligence. On les appelle innées parce qu'elles naissent en nous, parce qu'elles surgissent de l'activité même de notre entendement, qu'elles sont engendrées en lui. Rien du dehors ne peut les susciter directement, les apporter toutes constituées et accomplies à notre esprit. D'où nous viendrait l'idée de cause ? Qui nous permettrait cette affirmation : Tout phénomène reconnaît une cause ? Nous aurons beau voir tel phénomène succéder à tel autre, qui nous amènera de cette succession à l'idée de cause ? qui nous donnera ce jugement que le phénomène premier a causé le second ? Quelle action du dehors pourra tourner en une idée de puissance et de cause la succession dans les faits ? C'est en nous que s'engendre cette idée, fondement de toute raison. La vue des faits extérieurs excite en nous cette puissance de la raison, la féconde, et l'idée de cause naît en notre esprit, pour ne plus se perdre et vivifier toutes nos conceptions.

Il en est de même des idées d'unité, d'universalité, d'infini. Nulle part le monde extérieur ne nous offre l'un, ni l'universel. Tout ce que nous touchons et voyons est divisible ; nous n'avons sous nos yeux qu'un écoulement continu de phénomènes et de nombres ; tout est pluralité dans les flots mouvants du monde physique ; tout y est également particulier et fini. Si loin que nous reculions nos horizons, ils ne sauraient enfermer en eux un infini ; celui-ci les déborde infiniment. Et pourtant les idées d'unité, d'universel, d'infini, sont, comme l'idée de cause, des idées nécessaires ; à bien dire, elles ne sont que cette même idée de cause, entrevue sous ses aspects et ses rapports divers. C'est du monde physique que part l'excitation féconde qui pousse notre esprit à ces notions suprêmes des choses ; c'est du fini que notre intelligence observe, que, par degrés, elle atteint à l'idée d'infini. Mais cet ensemble des idées générales, notre raison le conçoit en sa propre fécondité ; c'est son enfantement et sa création dans l'ordre intelligible.

Veut-on voir par quelle lente et croissante imprégnation, par quelles générations successives la raison humaine enfante la sublime filiation des idées nécessaires ? Il n'y a qu'à se reporter à l'entrée chancelante de l'être dans les vastes milieux de ce monde qu'il est appelé à dominer. La lumière et le bruit éveillent à peine ses sens naissants. Bientôt cette lumière l'attire, il la cherche des yeux ; les sons, indistincts d'abord, se particularisent peu à peu, il entend, et enfin il écoute. Il entre ainsi, par degrés, en communication plus intime avec la foule des phénomènes qui le pressent et l'entourent ; il les étudie d'une étude latente et presque inconsciente, et le travail intérieur de son esprit finit par faire sortir, d'une succession muette, des rapports d'obscure causalité. Ces premiers germes de la notion de cause ne demeurent pas incertains et stériles ; ils s'accroissent et s'élèvent de jour en jour. Limitée d'abord à des phénomènes infimes ou grossiers, cette notion de cause conquiert peu à peu toutes les régions de l'existence, et la raison affermie arrive à chercher la cause de tout ce que les sens atteignent. Elle aspire à juger ainsi tout le monde visible. Bientôt celui-ci ne lui suffit plus ; le monde invisible et idéal, qui se reflète en elle, l'attire ; et alors, se contemplant elle-même, la raison fortifiée finit par trouver sa propre cause dans l'âme ; elle se sent appartenir à une activité libre, spontanée, personnelle ; le moi est constitué. De ce moi, l'âme inquiète et en perpétuelle génération de cause, remonte enfin à la cause suprême, cause première de tout ce qui est, et cause absolue de soi. Elle se voit ainsi conduite en face de l'infini ; elle entrevoit Dieu et aspire à lui ; c'est l'inaccessible terme de tous ses efforts ; elle y reste comme abîmée, se sentant impuissante à contenir la plénitude de cette conception souveraine qui la dépasse et l'écrase. A cette génération intérieure et grandissante de causes, l'âme associe les idées de bien, de beau, de mal, de liberté, de droit, de devoir, de patrie, tout l'ensemble, en un mot, des modalités causales, qui sont les conceptions successives et les nobles accroissements de la vie morale.

Ainsi se forme l'âme humaine, ainsi s'agrandit-elle en science et en beauté morale. En cet accroissement, rien ne lui est donné du dehors, du milieu physique ou social dans lequel elle plonge. En ce milieu, elle ne trouve que des occasions d'impressions et d'excitations variées et souvent contraires. Les impressions effectuées et les excitations reçues ne la frappent pas comme par un choc, ou ne la marquent pas d'une empreinte, comme celle que recevrait une cire molle ; non, impressions et excitations n'agissent qu'en étant transformées dans l'âme, et par l'âme, en ces conceptions spontanées, en ces générations lentement accrues, de plus en plus affranchies des sujétions physiques, et d'où rayonnent enfin les idées générales, produit et lumière impérissable de la raison pure. Que pourrait, dans cette œuvre, une énergie motrice ? où serait le rôle possible du mouvement ? Tout n'y est-il pas création, génération nécessaire? L'âme, comme la vie, crée et engendre; et la définition de la vie de M. Claude Bernard traduit encore mieux la puissance et l'œuvre de l'âme raisonnable, que la puissance et l'œuvre de la vie physiologique.

Les traditions du langage se sont toutes inspirées de ces vérités, tant celles-ci étaient naturelles et se faisaient jour d'une manière souvent inconsciente. Que de locutions dont la banalité apparente recouvre les plus profondes réalités: Ces simples mots, « conceptions de l'âme et de l'esprit », ne traduisent-ils pas franchement la faculté génératrice, puissance essentielle de l'âme; et qu'avons-nous fait sinon fournir la raison d'une expression vulgaire? Ne dit-on pas encore, aliment de l'âme, aliment de la parole, pain de l'esprit? C'est qu'en effet, comme le corps, l'âme se nourrit; et pour elle, comme pour le corps, se nourrir, c'est engendrer. La parole, écoutée ou lue, est le véritable pain de l'esprit, l'aliment premier de toute intelligence. Il est des âmes, pleines de vie et de fécondité, pour lesquelles le fruit de la parole ne tombe pas en vain, et dans lesquelles toute semence jetée fructifie; d'autres inertes, froides et stériles, que rien ne féconde ni ne nourrit; elles n'engendrent rien et toutes les semences périssent en elles. Tout ce langage emprunté, en apparence, à la physiologie, demeure, tant l'âme et la vie sont de même nature, le plus spiritualiste des langages, celui dont la hardiesse cachée traduit le mieux cette activité vivante et productrice de l'âme, que nulle force physique ne saurait ni mesurer ni peser.

Toutefois tout ne reste pas identique et comparable entre ces deux grandes formes d'une même activité. Les générations, en effet, qui appartiennent à l'âme, et celles qui relèvent de la vie, offrent entre elles une haute et radicale différence, qui, à elle seule, indique quelle distance sépare l'âme, maîtresse de la pensée, de la même âme, maîtresse de la vie. Dans la vie, tout ce qui est engendré meurt. L'activité génératrice de la cellule vivante, qui élève incessamment à la vie des matériaux empruntés au monde extérieur, a pour contre-poids un mouvement parallèle de désassimilation organique, non moins incessant que le premier. A une génération continue correspond, dans l'être vivant, une mort continue. Peu à peu la puissance génératrice décline, languit, s'affaisse ; la mort, toujours en travail, ne s'arrête pas ; son œuvre devient prépondérante, et enfin elle éteint pour toujours les générations nutritives, si pressantes au début de l'être. Les horizons de l'âme sont tout autres. Ce qui est engendré dans la pensée subsiste et grandit sans fin. Au mouvement d'accroissement ne s'oppose pas, comme dans la vie, une mort parallèle, lente et inévitable. L'âme n'abandonne nécessairement rien de ce qu'elle engendre. Sa nutrition, l'assimilation qu'elle opère en elle de vérités vivifiantes ne s'accompagne pas d'une désassimilation destinée à l'arrêter dans son développement, et même bientôt à l'amoindrir. Non ; à mesure qu'elle croît en vérités perçues, en beautés comprises, en idées morales de devoir et de sacrifice, l'âme s'affermit. Loin de rien perdre de sa substance saine et vraie, elle se dépouille des erreurs et des vices, germes hostiles propres à faire obstacle à son accroissement véritable, à ses conceptions les plus fortes et les plus généreuses. Sa puissance génératrice augmente par son œuvre même, *vires acquirit eundo ;* en sorte que plus l'âme croît, plus elle est prête à croître, et plus elle croîtra dans l'avenir. C'est une génération ascendante et non interrompue dans les régions éternelles du vrai et du beau ; rien n'arrête cette glorieuse ascension, tant que les conditions physiques de la vie permettent à l'organe de la pensée le fonctionnement nécessaire à celle-ci. Et même, fait remarquable, voit-on souvent

cette dernière grande fonction se maintenir intègre, alors
que toutes les autres fonctions organiques sont depuis longtemps en déchéance ; et l'on observe des hommes dont l'organisme n'offre que ruines, et dont la pensée vit dans sa
plénitude et dans sa force. Par contre, il est vrai, dans certains cas, le cerveau faiblit et succombe avant les autres
organes ; mais c'est alors un fait pathologique et contraire
à l'évolution organique normale. Dans la vie régulière, la
pensée est la fonction qui, entre toutes, subsiste le plus
longtemps dans sa force et dans son accroissement. La vieillesse affaiblit déjà nos tissus, que l'intelligence conserve
tout son éclat, et souvent acquiert sa plus souveraine élévation. Aussi « les restes d'une voix qui tombe et d'une ardeur qui s'éteint » ont-ils fait entendre les plus sublimes
accents de l'éloquence humaine !

N'est-ce pas là un spectacle saisissant, et ne nous ap-
porte-t-il pas, si on sait bien le voir, des lumières inattendues
sur les destinées immortelles de l'âme humaine? Si tout ce
qui s'engendre dans notre âme, si tout ce qu'elle acquiert
et s'assimile, subsiste et fait partie de sa propre substance,
si elle ne perd rien et toujours grandit et s'élève, alors que,
d'autre part, le cours de la vie a pour pendant nécessaire
le cours incessant d'une mort cachée, alors que les fonctions
purement vitales se dégradent irrésistiblement et ne sauraient conserver l'apogée auquel elles atteignent graduellement, n'y a-t-il pas, dans cette opposition des choses,
comme un témoignage direct que l'âme, à travers l'évolution humaine, loin de faiblir et de s'épuiser, a pour destinée de se fortifier, de s'épurer, de s'étendre dans le domaine des choses intelligibles, et cela tant que l'organe ne
refuse pas son concours à la pensée? De cette croissance
indéfinie qui est sa loi et sa fin, n'y a-t-il pas à conclure
que la mort est étrangère à l'âme ; que cette portion de

nous échappe à la destruction qui est la loi de l'autre portion ; que l'âme intelligente ne perdant rien et s'accroissant toujours, à travers son œuvre terrestre, est destinée à survivre à cette œuvre ? Dans l'ordre vivant, rien ne meurt d'un seul coup ; tout meurt, au contraire, d'une action lente et continue, qui commence à la naissance, se poursuit avec une intensité variable durant toute la vie, pour finir par une extinction dernière, par une ruine définitive. Si cette mort continue, progressive et fatale, n'atteint pas l'âme qui pense, n'est-ce pas parce que cette âme ne meurt pas et ne saurait mourir, et que, à l'opposé du corps qu'elle anime, elle est vouée à l'immortalité ? La physiologie, ou la science de ce qui naît et de ce qui meurt, fournit ainsi son appui à la science de ce qui ne meurt pas, et apporte à un dogme, espoir et gloire de la nature humaine, une preuve qui n'est peut-être pas sans valeur, quoiqu'elle ait été laissée dans l'ombre. L'étude de la vie est donc loin de conduire par elle-même à des négations dégradantes. Elle affermit plutôt les plus hautes croyances. La science de l'âme intellectuelle et celle de l'âme vivante se soutiennent et se fortifient en entretenant un mutuel et intime commerce. « Plût au ciel, écrivait Leibnitz à l'Hôpital, qu'on pût faire que les médecins philosophassent, ou que les philosophes médicinassent (1) ! » Quelle profondeur dans le souhait de Leibnitz ! Malheureusement, jusqu'ici, il s'est peu ou mal réalisé. Les médecins, philosophant, ont trop souvent très-mal philosophé ; et les philosophes n'ont guère médiciné qu'en ignorant la médecine.

VII

A quelle pleine connaissance de l'être, de ses besoins et

(1) J'emprunte cette citation de Leibnitz au livre de M. Bouillier.

de ses passions nécessaires, de ses joies et de ses douleurs
profondes et liées à son essence même, conduit la possession de ce caractère fondamental de l'âme et de la vie, la
puissance génératrice! Nous allons essayer d'en esquisser
les traits principaux.

M. Bouillier s'efforce de mettre en relief et d'expliquer
cette parole de Maine de Biran : « Le sens intime est le
sens de l'effort immanent. » Pour prouver la réalité de cet
effort immanent, même dans la pensée, il invoque non-seulement un effort de l'âme qui met en jeu le cerveau, et ce
jeu, c'est un mouvement provoqué par l'effort, mais encore
un autre ordre de mouvements organiques que l'on ne devrait pas s'attendre à voir intervenir dans cette affaire. On
ne peut penser sans des signes, sans un langage intérieur.
« Or, dit M. Bouillier, ce langage intérieur que se parle à
lui-même celui qui pense, n'a pas lieu, comme on l'a démontré, sans quelques mouvements internes dans l'organe
de la voix. » Ailleurs, M. Bouillier, toujours voulant établir
la réalité permanente de cet effort, examine si dans le sommeil tout effort est suspendu; et il appelle à son aide les
mouvements d'inspiration et d'expiration pour prouver
que l'énergie motrice veille toujours, que l'effort de mouvement est immanent. Que de faiblesses en de pareils témoignages! Je ne veux pas savoir s'il est réellement démontré que la parole intérieure s'accompagne de mouvements
laryngés, comme la parole articulée; il n'importe; car un
tel ordre de preuves est trop au-dessous des vérités qu'elles
prétendent établir. Ramener l'effort immanent du sens
intime à l'effort respiratoire ou à une vibration sourde des
cordes vocales, me semble un jeu dérisoire, d'autant plus
qu'il repose encore sur la substitution trompeuse des conditions à la cause réelle des phénomènes. Reportons cette
question à sa hauteur véritable, et jugeons-la selon le carac-

tère général et élevé qui lui appartient, et hors duquel elle s'évanouit misérablement.

Oui, dirons-nous, comme Maine de Biran, le sens intime est le sens de l'effort immanent; mais à une condition, c'est que l'effort immanent soit un effort générateur. Et ici, ce mot d'effort doit être pris, non dans le sens d'un mouvement transmis ou reçu, mais dans un sens vivant et supérieur à tout ordre physique. En ce sens, toute génération est en elle-même un effort. Si elle a ses joies et d'intimes satisfactions, elle a aussi ses douleurs, ses peines, le sentiment d'une activité suprême qui se dépense et s'use. Il y a, entre les temps divers de l'acte générateur, des rapports logiques qui nous révèlent la nature même de l'effort propre qui le traduit. Si, en effet, l'activité génératrice s'emploie à la propagation de l'espèce, l'effort sera intense, et, en même temps, profonde la joie ressentie de cet accomplissement fonctionnel, fin dernière de l'animalité. L'effort générateur peut, dans certaines espèces animales, être tel qu'il épuise la vie avec lui, et provoque, à sa suite, la mort même de l'animal. En dehors de ces cas extrêmes, il est toujours tel qu'il entraîne momentanément l'épuisement vital de l'être qui l'accomplit.

Malgré les apparences dissemblables, la même loi régit, au fond, l'activité génératrice qui s'emploie à la création continue de l'être, et qui demeure sa fonction essentielle et permanente, la raison même de sa vie nutritive. Ici, l'effort est lent, obscur, mais continu. Une foule de centres nerveux viscéraux sentent cette génération incessante de nos organes; tels sont les centres nerveux du sympathique, dont le nom est si expressif et si vrai. Il existe comme une conscience interne et voilée du sympathique; là se réalise le sentiment intime de l'effort immanent de la vie viscérale. Tant que cette génération, qui fait et assure le cours de la vie, se poursuit dans ses conditions régulières, elle passe silencieuse, à peine ressentie par la vie consciente, amortie par l'habitude, par son cours ininterrompu. Le sentiment qu'elle laisse d'elle-même est celui de la satisfaction que procure un bien-être intime et général. C'est là sa joie propre, paisible mais profonde, joie de tous les instants, et qui couvre et masque l'effort permanent d'où elle découle. Ce bonheur d'exister éclate surtout dans la jeunesse, à ce moment de la vie où l'activité génératrice de la nutrition se déploie dans la plénitude de sa force. Et c'est là la vraie joie de cet âge heureux, la source de son intarissable gaieté; la jeunesse se sent vivre et croître sans peine, elle s'épanouit comme une fleur. Mais que cette activité génératrice s'accomplisse dans d'autres conditions : que la nutrition de l'être devienne difficile et languissante; que l'âge, l'état maladif, de mauvaises conditions de tempérament ou de régime, viennent à troubler la génération continue de la vie, et alors l'effort générateur se fera sentir. Il ne se cachera plus sous l'ineffable sentiment de bienêtre qui suit l'accomplissement heureux de la fonction; il se décélera par un état de malaise intérieur, par une sorte de difficulté à vivre, par des angoisses vagues et renouvelées, par un alanguissement, souvent pénible et douloureux, de toutes les fonctions. Et ainsi se trouvent succéder, aux joies intimes de l'activité génératrice satisfaite, les peines ou les souffrances obscures d'une génération imparfaite qui n'a d'autre terme que la mort. De la sorte s'accomplissent les invariables destinées de l'être vivant.

Tel est, dans la vie, le sens de l'effort immanent. On voit, sans insister, que la continuité est son caractère premier, et que durant le sommeil il demeure aussi actif que dans l'état de veille. Il n'est pas nécessaire d'invoquer, à cette fin, la persistance de tel ou tel mouvement fonc-

tionnel ; il suffit de savoir que rien n'interrompt la nutrition, cette génération continue de l'être vivant. Toutes les
cellules vivantes se sentent vivre dans le sommeil ; nulle
n'interrompt son œuvre, et toutes en ont une sorte de conscience organique et latente. Aussi, dès que la vie nutritive
se trouble par quelque accident subit, le réveil se fait aussitôt, et si les troubles de nutrition s'établissent peu à peu
ou persistent, le sommeil sera imparfait, inquiet, ou en
vain attendu. Le sens intime de l'organisme ne s'endort
jamais, pas plus que la vie organique ; la vie de relation
seule se repose, lorsque la vie organique est satisfaite ;
seuls nos sens externes fatigués s'assoupissent, suspendent
leur action, et ont permis de dire que le sommeil est l'image de la mort : image toute superficielle, au-dessous de
laquelle se poursuit le travail de la vie.

L'action génératrice de l'âme trahit dans la pensée,
comme dans la vie, un effort immanent, et le sens intime a
pareillement conscience de cet effort. Cette conscience est
peut-être même plus distincte que celle qui appartient à la
vie nutritive et commune. Qui n'a éprouvé, en effet, le travail sourd et générateur de l'âme, qui s'opère incessamment sur toutes les impressions que le monde extérieur
nous envoie, sur les idées qui font le sujet de nos préoccupations habituelles, sur les créations d'art que nous poursuivons à travers les images imparfaites qui nous entourent,
sur le bien que nous aspirons à réaliser, sur les désirs ambitieux qui nous dévorent ? Cette génération intellectuelle,
l'âme n'a besoin pour l'accomplir d'aucune sollicitation
extérieure, ni même d'aucun effort volontaire. Elle possède en elle des richesses accumulées que la mémoire lui
offre spontanément, et sur lesquelles son activité opère
d'une façon plus ou moins consciente. Le monde de la
pensée est institué de telle sorte qu'il trouve en lui des

aliments placés comme en réserve, et dont l'âme se nourrit en silence. Ce travail est immanent, et le sommeil lui-même ne semble pas l'interrompre. Qui ne sait combien le sommeil est favorable aux œuvres de l'esprit? Elles mûrissent, et se pénètrent de lumière, dans le silence et l'obscurcissement de la vie de relation. La pensée, ébauchée la veille, se retrouve agrandie et précisée dans sa forme, au réveil du lendemain. Les agitations inconscientes du sommeil sont donc souvent fécondes, et ne se consument pas toutes en rêves. Le rêve, d'ailleurs, qu'est-il, sinon une génération désordonnée de l'âme, et ne témoigne-t-il pas, par cela même, et malgré son allure déréglée, d'une activité génératrice réelle? Or peut-on affirmer que le sommeil se passe jamais sans rêve? Celui qui dort ne retrouve pas, au réveil, les images et les pensées qui ont traversé sa nuit; il ne se rend pas compte du travail obscur que son âme a poursuivi; mais ce défaut de souvenir et de conscience ne saurait prouver l'immobilité de l'âme. Celle-ci veille dans la vie, et sans doute dans la pensée.

L'activité génératrice de l'âme connaît aussi ses joies et ses peines. La génération des œuvres intellectuelles ne s'accomplit pas sans efforts et sans fatigues. Elle apporte même d'incomparables anxiétés et des déchirements douloureux; elle épuise l'être, comme toute œuvre de génération productrice. Elle amène, en retour, des joies sans pareilles. Nous sentons, ou nous croyons, qu'en ces générations nous avons mis le meilleur de nous-même, et nous chérissons ces créations de notre esprit aussi profondément que l'œuvre de notre chair et de notre sang. Si l'œuvre d'esprit, ainsi créée, est trouvée belle et séduit ceux qui la contemplent, on en éprouve un contentement qui trop souvent dégénère et va jusqu'à la vanité. Aussi n'est-ce pas une métaphore lorsqu'un homme dit de telles créations que ce sont ses enfants; lorsqu'il ajoute que l'enfantement en a été facile ou laborieux, la gestation courte et heureuse ou longue et pénible; lorsqu'il conclut enfin que sa fécondité lui semble inépuisable, ou qu'il n'a plus ni séve, ni ardeur de conception pour produire de nouvelles œuvres : toutes ces formules, empruntées à la vie organique, conviennent pareillement à la vie de l'âme pensante, tant ces deux vies sont semblables, procèdent du même fond générateur!

Ce n'est pas tout : quand on poursuit l'étude générale de l'être vivant, quand on en recherche le caractère fondamental, il faut savoir que cet être n'est pas jeté immobile dans les milieux extérieurs. Il représente au sein de la nature l'évolution; et, par conséquent, s'il a un principe, une causalité propre, il a aussi une fin, et cette fin doit se rapporter au principe même de l'être, se trouver contenue en lui, en sortir comme par un écoulement nécessaire. Notre vieil Hippocrate avait déjà vu et exprimé avec une énergique concision cette grande vérité : « Le principe de tout est le même, avait-il dit (1). Il n'y a aussi qu'une fin, et la fin et le principe sont uns. » Aujourd'hui, M. Claude Bernard, sans percevoir les rapports élevés qui existent entre le principe et la fin, n'en reconnaît pas moins une fin inscrite au fond de toute évolution vivante : » Le physiologiste et le médecin, écrit-il, ne doivent donc jamais oublier que l'être vivant forme un organisme et une individualité... De là il résulte que le physiologiste est porté à admettre une finalité harmonique et préétablie dans le corps organisé dont toutes les actions partielles sont solidaires et génératrices les unes des autres. »

Il faut donc chercher dans la cause vivante elle-même, dans sa nature propre et son essence; la règle de son évolution, et la fin à laquelle elle tend. Si le principe admis ne

(1) Hippocrate, *Œuvres complètes*, trad. E. Littré. Paris, 1840.

rend pas compte de la fin, s'il y a divergence entre les deux, c'est que le principe est faux, et que la fin demeure arbitraire. Or peut-on rencontrer dans le caractère essentiel attribué à l'âme et à la vie par M. Bouillier, dans l'énergie motrice tenue pour fond permanent de l'être vivant, une notion, même éloignée, du but nécessaire où tend toute évolution vitale? Reconnaîtra-t-on ici, entre la nature du principe et la fin, cette dépendance et cette harmonie qui permettent de dire que la fin et le principe sont uns? Évidemment non; le mouvement, la force motrice, conçus comme principe de l'âme et de la vie, ne traduisent en rien la fin en vue de laquelle l'âme et la vie évoluent. Quel serait le but de ce mouvement, la règle de cette énergie motrice? Il faudrait chercher la réponse en dehors même de la notion de mouvement et de force. Cela seul ne suffit-il pas à montrer que ce caractère prétendu primordial est étranger à l'âme et à la vie, et à le condamner comme illusoire?

Que l'on interroge, au contraire, à ce même point de vue, l'âme et la vie conçues comme activité génératrice, et l'on verra aussitôt que l'on ne peut séparer la notion d'âme génératrice de sa fin naturelle, et pour laquelle elle est instituée. Toute génération a un but unique, en effet, l'accroissement de l'être. La fin, l'appétit et la règle de toute existence une et destinée à évoluer, c'est de se développer, de grandir, de s'étendre sur le monde extérieur, et cela tant que le monde lui offre des conditions favorables de développement. Pour atteindre à ce but, l'être vivant crée, renouvelle, engendre sans cesse sa matière organique. Cette création, bien entendu, n'est pas celle de molécules nouvelles; non, cette création se passe tout entière dans l'organisation de la matière empruntée. Dans l'ordre vivant, organiser, c'est créer; telle est la véritable œuvre génératrice de la vie, celle que la nutrition opère sans s'interrompre jamais.

La vie a donc pour caractère invincible de croître : c'est sa fin, manifestée par son principe même. Comment concilier cette fin nécessaire avec la mort qui attend tout être vivant? l'accroissement de l'être n'est-il pas brisé à ce moment fatal, et même ne cesse-t-il pas avant ce moment, et la vieillesse n'est-elle pas une déchéance de l'organisme? Eh bien, non; rien ne vient arrêter l'essor croissant de la vie, et la mort, comme image de l'arrêt ou de la déchéance vitale n'est qu'une illusion. La génération est toujours là qui donne à la vie sa marque et sa fin réelles. Considérée dans sa forme la plus éminente, dans sa fonction de reproduction de l'espèce, la génération assure non-seulement la perpétuité, mais l'accroissement indéfini de la vie. Cette fonction a pour elle toute la période d'énergie de l'évolution de l'être vivant, ses temps de virilité et de maturité; elle est le but de l'évolution vivante. Qu'importe que la vie individuelle décline et s'éteigne, si cette vie s'est directement et pleinement transmise en d'autres individus qui représentent la vie d'où ils procèdent, et qui la multiplient, l'étendent sur le monde inorganique, et cela suivant une progression illimitée, sans autres bornes que celles qu'apportent les conditions physiques dont le concours leur est nécessaire?

Telle est donc la fin essentielle de la vie, croître; fin en rapport avec son principe, engendrer. C'est aussi la fin, l'unique fin de l'âme pensante. La vie intellectuelle et morale ne reconnaît pas d'autre loi finale que la vie nutritive et organique; car l'une et l'autre reconnaissent le même principe causal. L'âme n'a d'autre fin que de croître; et pour elle, croître, c'est s'élever dans les régions du vrai, du beau et du bien. Dans ces régions, l'essor de l'âme a devant lui l'infini, et cela dans toutes les directions. Jamais l'âme n'épuise une notion quelconque en science, jamais elle n'atteint à la pleine vue du beau, jamais elle ne se rassasie de justice. La loi de l'âme est donc de tendre, de s'engendrer à une perfection idéale, et de ne jamais se reposer dans cette œuvre de génération suprême. *Dilatamini*, élargissons nos esprits, disait Fénelon à ses amis les ducs de Chevreuse et de Beauvilliers; *dilatamini*, grandissons, toute la loi vivante est dans ce cri.

Ce développement harmonique de l'âme et de la vie, les hommes le réalisent-ils communément? obtiennent-ils cette fin légitime de leur existence? à travers les agitations qui dévorent leurs jours, atteignent-ils au but en vue duquel ils sont institués? Il en est loin, car, pour que cette loi de développement s'accomplisse, il faut des âmes et des organismes bien portants. Il y a dans l'homme une double santé, celle de la vie et celle de l'âme; la notion de la santé, si difficile à déterminer pour qui ne sait s'élever au-dessus des faits contingents, des phénomènes mobiles, se peut déduire aisément du caractère essentiel et de la fin adéquate de l'âme et de la vie. Pour l'une comme pour l'autre, la santé serait un état stable et durable de conception et de génération régulières, c'est-à-dire en rapport avec la fin qui leur est dévolue, et qui est la raison de leur existence. Quel don rare que celui de la santé complète, et quel don plus précieux! Qui ne porte en soi ses germes de mal, ses atteintes cachées à la vie de l'âme comme à la vie du corps? « *Homo totus ex nativitate morbosus,* » disait van Helmont. Cette triste vérité s'applique à l'homme moral aussi bien qu'à l'homme vivant.

Un dernier trait, enfin, le plus large et le plus expressif: toute génération n'est pas seulement un effort, accompagné de joies et de peines; elle n'a pas seulement un but, loi finale de toute existence; elle reconnaît aussi un mobile passionnel qui pousse l'être à l'accomplissement de la fonction. Dans l'âme comme dans la vie, le mobile de toute génération est l'amour. C'est la passion ineffable déposée au sein de toute vie, au sein de toute âme intellectuelle et morale; elle contient en elle le principe et la fin de tout ce qui respire, de tout ce qu'anime une flamme vivante. C'est elle qui entraîne la vie à une génération immanente, car la vie s'aime elle-même, d'un amour caché et profond, comme dans la vie nutritive, ou d'un amour tumultueux et violent qui éclate dans la fonction génératrice suprême, celle qui engendre un être à la fois nouveau et destiné à perpétuer la vie des ancêtres. La même passion soulève l'âme. Si la chair s'aime ardemment, l'âme s'aime aussi, et d'un amour immense, car l'immensité est devant lui. Si l'âme est saine et vigoureuse, si l'amour qui l'agite marche dans le sens de ses destinées, l'âme par toutes ses aspirations tendra aux éternels accroissements que lui promettent les splendeurs du vrai et du beau, les féconds embrassements du bien. Ses ardeurs seront insatiables; et ces amours, sans assouvissement et sans fin, la jetteront dans l'amour d'où procède tout amour, et qui a été le mobile générateur de tout ce qui existe, dans l'amour divin, dans l'amour souverain de Dieu. L'amour et Dieu sont ainsi le terme dernier de la biologie et de la métaphysique. Toute la raison des choses est là.

Il est temps de clore ce trop long exposé. Je puis le résumer en quelques mots : l'âme et la vie répondent à une seule et même cause, et les lois qui les régissent, relevant d'une même cause, sont identiques, malgré des apparences différentes. Ces apparences tiennent aux puissances diverses dont est douée cette cause commune, la pensée et la vie proprement dite. Cette cause demeure absolument distincte de la causalité physique; elle est l'unique raison de l'autonomie vivante. Il faut donc se garder d'attribuer comme caractère essentiel, comme fond commun à l'âme et à la vie, une puissance qui, ainsi que le mouvement et la force motrice, forme le caractère essentiel de l'ordre physique. Ce serait assigner une causalité commune à l'ordre vivant et à l'ordre inorganique. Il est nécessaire de réformer sur ce point les enseignements animistes du passé, repris aujourd'hui par les philosophes spiritualistes les plus autorisés. Le mouvement et l'énergie motrice ne sauraient fournir le caractère fondamental de l'âme et de la vie. A ce caractère il faut substituer celui de l'activité génératrice. Cette activité est inconnue dans l'ordre physique; elle appartient exclusivement à l'ordre vivant; elle le crée incessamment. Tout est génération dans l'âme et dans la vie. C'est là que l'âme vivante trouve son principe, sa loi d'évolution, sa fin, la passion suprême qui l'anime, la pousse à l'accomplissement de ses destinées, et l'entraîne jusqu'en regard même de l'infini.

25 octobre 1873.

LA SCIENCE ET L'ORDRE SOCIAL

On dit, on affirme tous les jours qu'à la science appartiennent désormais les destinées des sociétés modernes. La science préparerait la puissance et la grandeur des nations; elle réglerait leur avenir. Je ne contesterai pas ce qu'il y a de vrai dans ce lieu commun, malgré l'abus qu'en font tant d'écrivains et d'orateurs, qui aiment à glorifier la science d'autant plus bruyamment qu'ils ont vécu loin d'elle et ne la connaissent que de nom. Je n'opposerai pas à la science ces vertus nécessaires, ces hautes qualités morales, fondements de la vie des nations comme de celle des individus; je ne chercherai pas à montrer l'impuissance, le vide même de la science qui s'isolerait de ce qui soutient et relève toute institution humaine, l'amour du bien, la foi en une fin supérieure aux lois physiques du monde. Je ne le ferai pas, car je suis convaincu que la science dépérit fatalement dans les milieux d'où les forces morales sont absentes, et qu'une nation qui a perdu le culte de l'idéal, le sentiment du devoir, le respect des traditions, la discipline des volontés, l'entraînement vers les grands sacrifices, a par cela même perdu les grandes initiatives de l'esprit, les forces créatrices, les facultés fécondes qui conduisent à la découverte des vérités scientifiques. Le vrai dans l'ordre intellectuel et le vrai dans l'ordre moral sont solidaires; ils se fortifient l'un l'autre et se pervertissent ensemble. Toutes les grandeurs, comme tous les abaissements, s'entre-tiennent.

Ne contestons donc pas ce fait évident : les ambitions de la science grandissent. Elles ne sont pas toutes légitimes, et souvent même, nous le verrons, elles reposent sur de fausses et malsaines conceptions. Mais, fondées ou non, ces ambitions nous envahissent, et la science acquiert une action sociale que les temps antérieurs ne connaissaient pas. Elle agite tous les problèmes liés à l'existence de ce monde et des mondes; elle présente à l'homme une origine de son être et une fin de ses destinées qui ébranlent et ruinent les enseignements respectés jusqu'à ce jour; de là elle aspire à régir l'ordre moral, et prétend le transformer, et avec lui toutes les vieilles institutions du passé. Sur cet ordre moral transformé, elle demande enfin à édifier un ordre économique et un ordre politique nouveaux.

Nous voudrions examiner comment s'est peu à peu établie cette situation nouvelle des choses, quelles conditions l'ont favorisée, quels périls elle nous réserve, quelles résistances nous avons à lui opposer. Graves et pressantes questions qui, entre tant d'autres, nous sollicitent et s'imposent à nos méditations, en ces temps où toutes les traditions chancellent, où les appuis qui passaient pour inébranlables tombent en poussière, où les consciences désemparées vont à la dérive, incertaines du bien et du mal, du sophisme et de la vérité (1).

Ce rôle grandissant, et je dirai presque menaçant, n'ap-

(1) Cet article a été écrit en 1872, au lendemain des plus sinistres événements de notre histoire. Il porte l'empreinte de tous les sentiments qui agitaient alors les esprits. Ces sentiments se sont affaiblis; on oublie si vite en France! Néanmoins, je n'ai pas cru devoir effacer cette empreinte, alors même qu'elle s'accusait en traits plus vigoureux que ceux que j'aurais tracés à cette heure. La pensée qui a inspiré ce travail me paraît toujours si juste, si pleine d'enseignements pressants, que j'aurais craint de l'amoindrir, en modifiant l'expression que les événements lui avaient donnée.

partient pas à toutes les sciences. Les sciences mathématiques, géométriques, physiques et chimiques, celles qui
s'occupent des nombres, de l'étendue, de toutes les manifestations variées du mouvement, celles-là, quand elles se
maintiennent dans leurs domaines naturels, ne touchent aux
sociétés humaines qu'en leur soumettant les forces et la
matière du monde physique, en effaçant les distances, en
accélérant les mouvements, en facilitant les échanges, en
transformant les conditions de milieu, en supprimant les
hostilités extérieures, en donnant à l'homme des moyens de
bien-être et d'action qui en font le maître réel de la création. Seules, ces sciences du nombre et du mouvement ne
sauraient remuer et troubler les profondeurs cachées des
sociétés humaines. Une telle puissance revient aux sciences
qui traitent de la vie, de l'existence et de la condition propre des êtres organisés, et en particulier de l'homme, qui
résume en lui tous les autres êtres. Nul ne peut méconnaître
la domination ascendante des sciences biologiques. C'est
l'un des caractères de ce temps. La science de la vie aspire
à se soumettre et à régler tout ce qui rentre dans l'ordre
vivant, tout ce qui en émane, tout ce qui s'y relie. Elle n'accepte plus que rien de l'être vivant lui soit dérobé, elle prétend posséder et juger l'homme tout entier. Elle sent qu'en
s'emparant de la vie et de l'homme organique, elle s'empare
du monde vivant des intelligences, de celui des sociétés humaines, et qu'elle devient le régulateur suprême de toute
pensée comme de toute action.

Les temps sont passés où une philosophie, confiante en
de souveraines abstractions, pouvait passer à côté des problèmes physiologiques et dédaigner les études expérimentales qui portent sur l'être animé. La vie de l'homme et son
âme s'unissent en une étreinte de plus en plus invincible.
L'idée première que l'on accepte de l'une commande celle

que l'on se fait de l'autre. Si la vie est l'impassible résultat des forces physiques de la matière, l'âme s'évanouit, et ses éminentes fonctions rentrent dans le mouvement universel, seule force de la nature. La distinction cartésienne, absolue, infinie, a disparu pour toujours; elle n'est plus qu'un souvenir dans l'évolution de la pensée métaphysique. L'âme et la vie partagent aujourd'hui les mêmes destinées philosophiques : ou relevant d'une force propre et unique, et s'offrant comme les deux aspects, comme les deux grandes fonctions qui traduisent cette force; ou sombrant dans les manifestations pures de la matière, et ne se distinguant tout au plus que comme une dernière transformation de la force inorganique suprême. Le mouvement deviendrait âme et vie, comme il devient chaleur et lumière, électricité et affinité chimique.

La physiologie générale se pose donc sans hésiter en face des problèmes de l'âme et de la vie; elle prétend les résoudre ensemble, et elle ne craint pas d'appeler l'expérimentation sur de tels sujets. Elle interroge la vie dans toute la série animale, elle expérimente, elle dissèque et analyse, dissocie et compare les fonctions organiques, réduit l'animalité à ses formes élémentaires; et remontant ensuite la série qu'elle a descendue, passant d'une espèce vivante à l'autre, montrant que de la plus simple à la plus composée, tout se suit et s'enchaîne sans interruption, arrivant enfin à l'homme, elle affirme que les conclusions portées sur les êtres qui sont au-dessous de lui s'appliquent à lui-même, et que rien ne légitime une absolue séparation entre le premier et le dernier des êtres vivants. La nature de l'homme perd ce caractère transcendantal qui l'élevait au-dessus de toute comparaison; elle est supérieure, mais demeure analogue à la nature de l'animal. L'âme humaine n'est qu'une fonction cérébrale, voisine des fonctions de l'animal pourvu d'un cerveau. Si la vie, dans son ensemble, n'est que mouvement transmis du dehors, s'il n'y a pas en elle un principe nouveau d'action, si elle n'est pas unité et spontanéité propres, l'âme de l'homme ne trouve plus sa raison d'être, et la pensée n'est que le résultat de ce même mouvement transmis et modifié à travers un organe spécial.

Si de telles conclusions sont tenues pour scientifiquement démontrées, qui ne comprend que toutes les bases sur lesquelles jusqu'ici reposent les institutions humaines sont par cela même renversées? Suivant que l'homme appartient tout entier à la matière, ou que, s'élevant au-dessus d'elle, il se rattache au monde invisible de la spiritualité, ses devoirs, ses aspirations, sa responsabilité morale, tout change. Si l'homme est tel ou tel, la société doit être telle ou telle. Tout cet ensemble idéal qui a été la foi de nos pères, que les générations, avant et depuis le christianisme, entouraient d'un immuable respect, s'écroule. Foi et respect s'effacent comme les rêves d'un monde enfant devant les progrès de l'humanité adulte. L'ordre social attardé, fondé sur les doctrines spiritualistes, doit se reconstruire à nouveau et s'édifier sur les révélations du matérialisme scientifique. La civilisation du passé, devenue peu à peu étrangère à nos mœurs, inintelligible à notre pensée, cèdera devant une civilisation dont nous ne pouvons pas encore deviner les appétits ni le but, dont nous ne voyons pas distinctement les formes futures, mais dans laquelle, nous pouvons l'affirmer, la notion du droit sera sans place, toute liberté opprimée, et où la force brutale et changeante prendra le rôle souverain et constituant.

On le voit, les études biologiques, dont le développement a été si considérable depuis une vingtaine d'années, ne restent pas confinées dans leurs limites apparentes. Par d'irrésistibles entraînements elles débordent sur le terrain social ; elles le pénètrent et le remuent jusqu'en ses couches dernières. Une fatale logique le veut ainsi, et il n'y a pas à s'opposer à ces invasions sociales de la science.

A le bien prendre d'ailleurs, ces invasions ne sont pas mauvaises de soi ; elles peuvent devenir, au contraire, salutaires et fécondes. Mais pour qu'il en soit ainsi, il ne faut pas laisser usurper ce beau nom de science à un ensemble funeste d'erreurs, de sophismes et de préjugés ; il ne faut pas laisser se substituer à l'action bienfaisante du vrai, l'action sourdement délétère et dissolvante du faux.

La science, en effet, ne porte en elle que le bien, et ne peut que l'enfanter autour d'elle. Elle est l'*alma mater*, et l'une des plus puissantes consolatrices en ces temps chargés de ténèbres, de troubles et de douleurs. Mais la science de l'homme n'est pas de celles où la vérité apparaisse aisément ; et où la vérité, apparue, attire à elle tous les assentiments et toutes les convictions. Dans les sciences mathématiques, physiques et chimiques, la vérité est simple, elle s'impose ; nul ne peut la refuser, lorsqu'elle est exposée à tous les regards. Qui contestera, avec quelque apparence de sens, un théorème algébrique ou géométrique, même de ceux dont l'abord semble hérissé des plus abruptes difficultés ? Certaines théories physiques et chimiques ont pu même s'introduire dans la science, à titre d'hypothèses momentanées, puis être reconnues fausses, et céder la place à des théories plus exactes, sans que la constitution de la science en ait été atteinte, sans que les faits antérieurement constatés aient perdu leur autorité, sans que la somme des vérités acquises ait été menacée. La transformation des forces a inauguré comme une ère nouvelle dans les sciences physiques ; elle y a été le promoteur de la plus profonde révolution ; elle n'a cependant renversé ni la physique, ni la chimie antérieurement enseignées. Celles-ci ont subsisté, recevant des clartés inattendues de la loi qui surgissait, et qui domine aujourd'hui toute l'histoire des forces. L'étude du mouvement et de l'attraction, celle de la chaleur et de la lumière, de l'électricité et de l'affinité chimique, n'ont pas sombré, parce que ces principes de mouvement ont été ramenés à l'unité. La vérité, dans l'ordre des sciences exactes, exerce donc un empire incontesté; elle règne, perpétuellement visible à tous et maîtresse de l'opinion. Non-seulement l'erreur ne saurait prévaloir contre elle; elle ne peut même engager une lutte réelle. L'erreur ne saurait y être jamais que particulière, bornée, accidentelle, transitoire, impuissante à altérer dans son majestueux ensemble l'édifice scientifique. C'est là l'une des raisons des progrès continus, assurés, je dirai presque faciles, des sciences physiques. Leur marche est une ascension que rien n'arrête, que l'œil humain doit admirer sans réserve, et suivre sans contrainte.

Il est loin d'en être ainsi pour les sciences qui touchent à l'homme. Ici la lutte est incessante; la vérité pure n'y connaît pas de triomphe définitif; l'erreur reste toujours levée en face d'elle; et cela, qu'il s'agisse de l'homme considéré dans sa vie physiologique, dans les facultés de son âme, la pensée et la volonté, dans les sociétés qu'il fonde laborieusement à travers les siècles sous le nom de nations, dans les lois qu'il donne pour règle à ces sociétés, dans les droits qu'il se reconnaît, dans les devoirs qu'il s'impose, dans le but qu'il poursuit, dans la fin dernière à laquelle il aspire. Partout règne la contradiction, partout s'élève la dispute. Rien qui ne soit affirmé d'un côté, et nié de l'autre; et les affirmations, qui sont le vrai, ne subjuguent pas l'esprit avec cette irrésistible autorité que possèdent les vérités géométriques ou physiques; et les négations, qui sont le faux, ne soulèvent pas contre elles ces révoltes de la logique et du sens commun qui rendent impossibles le maintien et la défense de l'erreur dans les sciences exactes.

Les sciences, donc, qui traitent de l'homme, de sa vie physiologique et morale, ont ce triste privilége, et aussi cette marque de grandeur, d'être contestées jusque dans leurs vérités fondamentales. La contradiction y prend même souvent un caractère passionné, qu'elle ne retrouve plus dans l'atmosphère calme des sciences exactes. La situation offre ainsi ces périls singuliers, que les sciences qui exercent sur l'ordre social une action directe et toute-puissante, qui enferment en elles la paix et les harmonies de ce monde, comme tous les bouleversements, ces sciences sont le théâtre où se déploient toutes les incertitudes de l'esprit humain.

Ce n'est pas que ces incertitudes soient invincibles, et que nous ne puissions discerner des vérités assurées dans l'étude de l'homme. Non, la vérité n'a nulle part une action plus pénétrante; le sens intime, dont la droiture n'est pas altérée, la perçoit par une vive et directe intuition; la tradition la montre, à travers les temps, sous les plus nobles formes qu'ait jamais revêtues la pensée humaine; l'observation et l'analyse la confirment tous les jours, pour qui connaît les conditions de ces méthodes dans l'ordre vivant. Il n'importe; cet éclat du vrai ne saurait vaincre les contradictions. Celles-ci trouveront toujours deux sources inépuisables : l'une dans la nature intérieure et double de la science de l'homme; l'autre dans les hauts intérêts engagés dans cette science.

L'homme est double, en effet : il est âme et vie, mais il est aussi force et matière brutes. Il est un centre d'action et de spontanéité, de liberté et d'indépendance vis-à-vis du monde physique; mais il vit au sein de ce monde; les milieux extérieurs et même les milieux intérieurs de son organisme, qui sont physiques et chimiques, l'enveloppent et le pressent de toutes parts, et lui sont nécessaires; il est avec eux en échange continuel; il se réalise et s'extériorise par la matière et les forces de ces milieux, et c'est sur ce substratum qu'il élève et développe les harmonies vivantes de sa propre nature. Cette union profonde est le secret de la vie; elle cache, par cela même, des difficultés et des piéges que la science ne sait pas toujours éviter. Cette subordination, ou mieux cette hiérarchie d'où sort l'organisation des êtres animés, on la méconnaît; ces conditions nécessaires, ce milieu physique au sein desquels se meut la vie, et dont la vie s'enveloppe, on les prend pour les causes propres de la vie, on en fait la vie elle-même. Les conditions sont substituées au principe des choses.

Cette substitution attire d'autant plus qu'elle semble mettre la vie tout entière à la portée de l'expérimentation et de l'analyse physique. Elle semble éloigner les essences et les principes invisibles, que l'observation peut deviner à travers les formes et les phénomènes qu'ils suscitent, mais que l'expérimentation ne peut atteindre, parce que jamais elle n'atteint aux causes, et qu'elle demeure toujours dans les effets. Le positivisme imaginé par la science moderne trouve là toutes ses satisfactions; il n'est lui-même que la systématisation de cette idée : que la science ne vit que par l'analyse, et qu'elle ne doit s'occuper que de ce qui se voit, se touche, se pèse et se mesure. Les merveilleux progrès accomplis par les sciences physiques aident à ces aspirations, et entraînent les esprits dans les voies de l'analyse pure. En pénétrant jusqu'aux éléments premiers de la structure des tissus et des organes, la science a cru pénétrer au fond des choses, et trouver la raison même de leur existence. Les plus entières illusions ont accompagné chacun de ces progrès de l'analyse; et la foule qui, en science comme ailleurs, juge sur de futiles apparences, qui s'abandonne aux enthousiasmes irréfléchis, et croît aux conquêtes impossibles, la foule applaudit à ces savants qui lui disent en un langage à la fois orgueilleux et obscur : Nous connaissons tout ce qui est accessible; rien ne peut se dérober à nos recherches; en dehors de ce que nous pouvons atteindre, il n'y a que le rêve et le néant; nous inaugurons le positivisme, c'est-à-dire la pleine possession des réalités, et le rejet de tous les agents ou principes immatériels ou surnaturels; car il n'y a que ce qui est visible et tangible qui appartienne à la nature; le reste est du surnaturel et flotte dans les conceptions chimériques.

De telles paroles et de tels enseignements réduisent la science de l'homme à des conceptions diminuées, que toutes les intelligences abordent sans efforts. Plus d'obscurités métaphysiques; rien qui force la pensée à dépasser le cercle des formes visibles, rien qui la conduise, à travers les effets accessibles, aux causes insaisissables, rien qui soumette la multiplicité des phénomènes à une unité souveraine que l'esprit comprend, que les sens ne perçoivent pas. Quel est celui dont l'intelligence énervée et vacillante ne saisira pas distinctement cette grossière affirmation que l'homme n'est qu'un agrégat complexe, une machine éminente par la multiplicité et la délicatesse de ses parties constituantes? Supprimez l'esprit, l'unité, la cause, ne conservez que la matière et les faits tangibles, et vous séduirez non-seulement les masses ignorantes au niveau desquelles vous serez descendus, mais vous flatterez encore les instincts, la pensée secrète de bien des savants à qui le monde des causes est fermé, et qui croient servir la science en la décapitant. Il en est cependant qui sentent obscurément que le fait sensible n'est pas tout, et qui comprennent, par moments, que les conditions d'un phénomène demeurent distinctes des causes qui les suscitent et les créent; même parmi ceux-là qui entrevoient les austères réalités des choses, plusieurs se lassent, et une inconsciente faiblesse les amène à substituer à la cause les conditions et les effets, et à fausser, dans ses nécessités premières, la science de l'homme et de la vie. Il faut une rare vigueur philosophique, et comme une éducation soutenue, pour discerner dans les faits vitaux tous les éléments qui les constituent. Ces éléments y sont tellement entremêlés et divers, les causes et les effets tellement enlacés et multiples, que, pour lire dans cette hiérarchie vivante, et découvrir la cause première et réelle qui commande et crée incessamment cette succession et cette multiplicité, il faut acquérir une inébranlable fermeté de jugement. Cette fermeté ne s'acquerra jamais dans les pratiques de l'expérimentation pure. Celui qui aborde les phénomènes vitaux sans s'être nourri de l'aliment des vérités premières, devient l'inévitable jouet d'illusions incessantes; et lorsque des faits particuliers il voudra passer aux faits biologiques généraux, il n'aboutira qu'à des conceptions incomplètes, chancelantes, erronées.

Il en sera à plus forte raison ainsi si l'expérimentateur a le dédain préconçu des notions métaphysiques, et s'il a cette croyance vulgaire que les vérités générales sont vouées à d'éternelles contestations, et supposent la négation des études expérimentales; s'il croit, par contre, que l'expérimentation peut marcher seule et conduire à des vérités définitives, destinées à remplacer celles que l'on appelle métaphysiques. Or ce facile dédain est comme le dogme de la science expérimentale; celle-ci prétend condamner sans réserve toute science dite *a priori*, toute connaissance qui ne relève pas uniquement de l'analyse et du fait. L'expérimentation s'est ainsi soumise, souvent sans le savoir, au matérialisme scientifique; les idées générales dans lesquelles elle se meut relèvent toutes de cet ensemble de négations qui sont l'une des forces du matérialisme. Par ces négations, la science expérimentale confirme toutes les affirmations directes du matérialisme, sans se douter combien ces affirmations, malgré l'épithète de positives qu'elles s'attribuent, contiennent de ces *a priori* condamnés, d'assertions hypothétiques ou contradictoires, arbitraires ou vaines.

Les sciences biologiques ont donc leurs dangers, dangers inhérents aux méthodes qu'elles emploient, aux difficultés du sujet qu'elles abordent, aux préjugés philosophiques dont sont imbus les esprits qui les cultivent. Ainsi déviées, elles conduisent à des doctrines générales dont l'application subversive devient la ruine d'une civilisation tout imprégnée de spiritualisme.

II

Entre les doctrines générales de la science de l'homme vivant et leurs conséquences sociales, s'établit un enchaînement qui tend à se resserrer chaque jour. Toutefois cet enchaînement ne se présente pas toujours dans son ordre rationnel. A l'inverse de ce que semblerait vouloir la logique pure, ce ne sont pas, le plus souvent, les doctrines qui entraînent aux conséquences; ce sont celles-ci, c'est leur caractère social et révolutionnaire qui amènent et attachent aux doctrines nombre d'adeptes. La science est moins maîtresse, et le savant moins indépendant qu'ils ne paraissent l'être. Ce sont les convictions politiques, religieuses et philosophiques qui, trop souvent, inspirent et façonnent les convictions scientifiques. Les impressions premières et les directions du début ont, dans la vie scientifique, une influence prolongée et souvent décisive, que celui qui les subit ne saisit pas lui-même. Ce jeune homme, qui demain se croira un savant, quitte les bancs du lycée avec une somme de croyances, d'idées générales, d'affirmations et de négations, qui ont déjà imprimé à son intelligence une allure dont elle ne se départira plus. Il croit ou ne croit plus à l'âme et aux causes métaphysiques dont l'idée de Dieu est la représentation suprême. Imagine-t-on qu'en abordant la science de l'homme vivant, ce jeune esprit soit libre, et qu'avant de se prononcer sur les plus hautes questions, il attendra d'avoir interrogé sérieusement la science qui doit répondre, qu'il comparera et méditera les diverses solutions proposées par les grands esprits des siècles passés ou de son temps? Non; cet élève qui débute est déjà enchaîné par les préjugés qui, avant sa maturité, ont altéré son jugement. Il épousera sans hésiter, les solutions qui concordent avec ses passions naissantes. Peser ces solutions est une pensée qui ne lui vient même pas; ce serait douter des croyances qu'il affiche déjà, et auxquelles il tient d'autant plus qu'elles sont moins réfléchies, qu'elles lui appartiennent moins et viennent de tous les mauvais vents qui soufflent à son entour. Il ira droit ainsi à ceux qui représentent et défendent les idées auxquelles il est voué par avance. C'est un disciple tout acquis qui ne peut choisir les maîtres de sa vie scientifique. Ces maîtres sont ceux qui vont fortifier les sentiments dont il est l'esclave inconscient.

C'est ainsi que tout se tient dans les choses humaines. L'esprit de révolte et d'indiscipline, les négations de l'athéisme, la soif des jouissances matérielles, le mépris des croyances spiritualistes, le dédain du passé, l'orgueil du présent, engendrent une science où tous ces sentiments se reflètent. Les indolents se déclarent satisfaits dans ces milieux où rien ne les gêne; ils s'écoulent dans ces ténèbres, croyant marcher dans la lumière. D'autres ont des passions plus fortes; ils sentent que la science qu'ils rêvent est encore à venir; ils l'attendent du travail des générations modernes, et cette pensée exalte leur activité et leur expansion laborieuse. La voie dans laquelle ils sont engagés est, pour eux, la voie de vérité; et ils mettent à la fouiller en tout sens une ardeur qui souvent semble féconde. Car, dans cette analyse sans fin de la matière, ils rencontrent des faits nouveaux, dont ils dénaturent le sens et la portée scientifique, mais qui n'en sont pas moins destinés à accroître nos connaissances, alors que la vraie science s'en sera emparée. Ce travail et les fruits, même avortés, qu'il produit, entretiennent les illusions de ceux qui l'accomplissent, et de ceux qui le suivent d'un regard complaisant et infatué. Ces derniers surtout, qui sont la foule, y voient le triomphe des doctrines qui leur sont chères. Ce ne sont pas seulement les faits découverts qu'ils acclament; ce sont, surtout les interprétations abusives, les conséquences exagérées, le grossissement hors de toute proportion des choses. Celui qui cherche et qui trouve a, dans le travail même, un modérateur salutaire qui, d'ordinaire, le retient, et l'empêche de passer aux extrêmes. Rien ne tempère le peuple des spectateurs. Ce que veulent ceux-ci, c'est une démonstration qui embrasse tout, et qui soit la justification définitive des passions qu'ils prétendent abriter sous le manteau scientifique. Il faut que tout fait nouveau fournisse cette démonstration. Ils ne comptent d'ailleurs pas les déceptions. Le triomphe du jour leur suffit; s'il s'efface et disparaît comme l'inconsistante nuée, c'est pour faire place au triomphe du lendemain. Ils changent ainsi leurs fragiles idoles, et se réjouissent à chaque changement; ils ne connaissent rien des vérités éternelles, ni du calme réparateur et fécond qu'elles apportent à l'esprit.

Les passions révolutionnaires et les préjugés antispiritualistes vouent donc au matérialisme scientifique une bonne part des générations qui se consacrent aux études libérales. La science qui s'élève, sous les efforts et aux applaudissements de ces générations, vient, à son tour, imprimer aux idées de révolution sociale un élan nouveau. Ces idées ne se tiennent plus pour des aspirations vagues, pour des passions instinctives ou brutales; elles se prétendent scientifiques, c'est-à-dire inébranlables, comme la science, et devant dominer le monde, comme la vérité. La révolution répond ainsi aux résistances et aux répulsions qu'elle rencontre. Lui résister, c'est s'opposer à l'avénement du vrai; les répulsions sont le dernier fruit d'une éducation rétrograde; l'éducation nouvelle qui doit être exclusivement scientifique les vaincra. Ne plus croire qu'à la science, tel est le dogme qui transformera le monde moderne. C'est ainsi que le matérialisme se présente pour gouverner ce monde; il ne demande plus à être toléré comme système scientifique; il réclame son intervention directe et une influence prépondérante dans notre éducation publique et dans nos destinées nationales. Le matérialisme, c'est le progrès.

Cette marche envahissante était à prévoir. Nulle force, en effet, ne pouvait retenir le matérialisme, et l'immobiliser dans les classes éclairées, plus ou moins vouées au culte de la science. En France, nos révolutions successives ont effacé toute hiérarchie, tout isolement privilégié. Les impressions du moment, les modes de penser du jour, se répandent dans toutes les couches sociales avec une rapidité et une uniformité singulières. Le suffrage universel, auquel nous recourons si fréquemment depuis vingt ans, est venu imprimer aux idées, qui jouissent d'un règne éphémère, un mouvement de pénétration et une intimité de mélange, dont les résultats politiques éclatent aux yeux de tous les observateurs. Le même tourbillon nous emporte; à peine quelques-uns, plus solides dans leur foi, résistent-ils à ces entraînements. C'est le caractère de notre race d'être communicative, claire et vive dans son langage, ardente pour le triomphe d'idées épousées d'hier; elle va toujours en avant, curieuse du nouveau, oublieuse du passé; les audaces lui sont familières, et les plus extrêmes sont celles qui la séduisent et la conquièrent; nous aimons et amassons les orages; et puis lorsqu'ils éclatent, un effroi tardif nous prend; nous ne savons plus opposer au torrent, que nous avons regardé grossir, qu'une résistance passive, où rien n'est concerté, où l'élan manque, et qui peu à peu s'affaisse sous les assauts répétés des forces assaillantes. Aujourd'hui la science est le drapeau de tous ceux qui s'allient pour une œuvre de ruine; et comme la science matérialiste est accessible, dans ses affirmations, aux plus vulgaires esprits, le public a promptement saisi ce signe et ce mot de ralliement. C'est donc au nom de la science que les foules ignorantes livrent un combat plein d'angoisses à une société qui ne sait plus se défendre. Allez dire à cette foule ameutée que le matérialisme c'est la honte et la mort; que le spiritualisme donne seul aux sociétés la grandeur et la force; elle répondra par un impie mépris. Ces populations perverties ont perdu le sens de tout bien et de tout vrai; le mal les possède sans partage, et les conduira à tous les assouvissements comme à tous les désordres.

Un autre caractère de notre race, c'est d'être prompte et décidée pour aller de l'idée à l'acte. Ce qu'elle a bien ou mal conçu, elle tend à le réaliser sans délai, avec une précipitation fébrile et souvent par les moyens les plus coupables. Les hommes d'action sont ceux qu'elle acclame de préférence; elle les aime jusque dans les violences qu'ils exercent sur elle. La lenteur du progrès régulier et légal lui répugne. La révolte est dans ses instincts, l'insurrection son arme favorite. C'est ainsi qu'elle a prétendu conquérir ce qu'elle appelle les grands progrès et les conséquences légitimes de la révolution. C'est ainsi qu'au nom de la réforme nous avons été dotés, en vingt-quatre heures, du suffrage universel dans sa forme la plus brutale et la plus dangereuse; c'est ainsi qu'emportés par une action aveugle, nous changeons en moins d'une journée la forme de notre gouvernement, passant alternativement de la monarchie libérale à une république imprévue, de celle-ci au césarisme despotique, de celui-ci enfin à une république nouvelle, dont nous ne connaissons pas, dont nous n'osons peut-être prévoir le lendemain. Les hommes d'action n'ont pas désarmé devant tous ces bouleversements; rien de ce qu'ils ont obtenu ne les a arrêtés; rien de ce qu'ils obtiendront ne les arrêtera. Hier ils agitaient le pays au nom de la réforme ou des libertés publiques; aujourd'hui ils exigent au nom de la science l'instruction obligatoire et laïque, c'est-à-dire, sous une forme déguisée, l'abolition de tout culte, de celui en particulier qui est le culte national; et si les moyens légaux ne leur donnent promptement les satisfactions qu'ils réclament, ils sont prêts à les imposer, s'ils le peuvent, par la violence, leur arme habituelle et préférée.

Supprimer tout culte, toute expression du sentiment religieux, tel est le but prochain et avoué du matérialisme scientifique. Déjà il peut enregistrer de sombres succès. Un journal de province, dévoué à cette cause, annonçait avec joie que dans une petite commune de dix-sept cents âmes du département de Vaucluse, commune que je ne nommerai pas, riche, fertile, où chacun possède sa part de terrain, il y a eu durant ces deux années 1870 et 1871, vingt enterrements civils, d'hommes et de femmes; nulle intervention de culte en face de la mort; celle-ci n'est que la dissociation d'une machine usée. Pareillement les enfants, dans ces familles, entrent en ce monde sans qu'aucune cérémonie religieuse vienne témoigner que c'est une âme qui naît, et que l'âme de l'homme porte un reflet divin qui lui vaut des devoirs que l'animalité ne connaît pas. Ces paysans libres penseurs s'estiment en progrès, et moins ignorants qu'autrefois. Ne sont-ils pas, en effet, les adeptes de la science nouvelle, celle qui ne reconnaît ni âme, ni Dieu; ne sont-ils pas supérieurs à tous ceux qui ont la niaiserie de croire encore à de vieux fantômes pour lesquels mouraient leurs pères? Vaut-il pas mieux vivre dégagés de tous ces préjugés inventés pour imposer au peuple des devoirs pénibles, des sacrifices dont il ne veut plus, des respects qu'il prétend secouer? La vivacité de l'esprit méridional se précipite dans cette voie; les populations plus lentes à concevoir et à agir les suivront à leur tour; ce n'est qu'affaire de temps; l'exemple leur est donné, elles le comprendront. Ce n'est pas en vain que ces populations entendent crier vive l'athéisme, vive le matérialisme! Ce n'est pas en vain que, devant elles, on exalte, en termes logiques, l'affranchissement de la science moderne, les libres et nouvelles conceptions de l'homme, de son origine et de sa fin. Ces idées jetées en des têtes vides les remplissent inévitablement d'appétits et de bouillonnements qui se résolvent ensuite en des tentatives néfastes. La Commune de 1871 n'est pas un effet sans cause.

Les affirmations matérialistes de la science ne sont donc

plus destinées à demeurer ensevelies dans le domaine de la spéculation. Les physiologistes qui soutiennent que l'homme est une pure machine régie par les seules forces de la matière, que le cerveau est le substratum, ou la substance et la cause réelle de l'âme, que celle-ci est un simple effet de l'organisation cérébrale, que la pensée est une fonction du cerveau au même titre que la digestion est une fonction de l'estomac, ces physiologistes n'ont plus seulement pour auditoire les savants qui peuvent les juger; ils parlent à l'immense foule qui prétend s'instruire à leur voix; ils servent des passions et des appétits qui voudront s'assouvir. La science n'est plus libre de se considérer comme isolée et comme désintéressée des agitations qui s'emparent des sociétés humaines. Elle a sa part suprême en ces agitations, elle les affranchit et les légitime dans leur cause, et leur désigne le but.

Toutefois, ce n'est pas en un jour, et par sa seule puissance, que la science de l'homme a conquis cette influence redoutable de propagande et d'action. La science matérialiste, pour être écoutée, avait besoin de trouver devant elle une population ayant déjà perdu toute croyance, tout respect, tout sentiment du devoir; il lui fallait un terrain préparé et sur lequel ses enseignements pussent germer. Le XVIIIe siècle avait commencé l'œuvre pour les classes supérieures; la révolution l'a continuée pour les classes inférieures. La succession des tempêtes qui ont labouré notre sol ont peu à peu déraciné tout ce qui résistait d'idée de devoir, de notion du juste, de respect des lois divines et humaines. Il a fallu ces longs ébranlements pour que les voix qui prêchaient l'athéisme pénétrassent jusqu'au cœur du peuple. La France chancelante est devenue une proie sans défense, offerte aux utopies d'une biologie savante, et d'un socialisme vide et menteur. La France est affolée d'expérimentation; elle en fait comme sa religion nouvelle; elle l'accepte comme la règle et la voie de toute science; elle s'y livre dans sa vie sociale; elle lui soumet tout, même son existence comme nation; c'est la théorie de l'*essai loyal*. Demander à l'expérimentation tout jugement des choses, expérimenter sur elle-même, sur sa propre vitalité, sur ses entrailles saignantes, s'abandonner à un expérimentateur d'aventure, honnête ou charlatan, sceptique ou convaincu, ignorant ou habile de paroles et riche de connaissances sur toute matière, voilà où la noble France s'est de chute en chute abaissée. Elle verra si la science expérimentale ainsi appliquée, devenant l'unique foi et l'unique lumière, pourra la relever de ses ruines; ou plutôt, elle ira sans voir jamais les abîmes où elle jette peu à peu sa dépouille vivante, parce que pour les voir, il lui faudrait ces clartés supérieures que l'expérimentation ne livre pas, et qu'elle a peut-être perdues sans retour.

L'Allemagne demeure jusqu'à nouvel ordre préservée des dangers qui nous menacent. Les savants allemands n'ont pas peu contribué sans doute à donner à la science de l'homme vivant le caractère matérialiste qu'elle tend à acquérir. Eux aussi, si l'on presse leurs doctrines, aboutissent à la négation de l'âme et à l'athéisme; ils ont montré à la science française la forme nouvelle que les thèses matérialistes devaient revêtir pour s'adapter aux résultats livrés par l'expérimentation biologique. Et néanmoins, l'enseignement matérialiste demeure, en Allemagne, confiné dans les classes savantes; il ne déborde pas au dehors et ne conquiert pas les classes ouvrières; il ne devient pas une sorte de dogme populaire, et, dans tout le pays allemand, on ne trouverait pas une commune donnant un spectacle pareil à celui de la petite commune vauclusienne dont nous parlions plus haut. Tout Allemand sait lire et même lit beaucoup ; il a donc, plus que nos paysans, les moyens de connaître ces livres corrupteurs qui vulgarisent les mensonges d'une science égarée. Et cependant, l'Allemand, l'homme du peuple allemand, jusqu'à présent du moins, n'est ébranlé, ni dans sa foi, ni dans son culte, ni dans ses sentiments de discipline et de respect. Quelles causes viennent ainsi annuler des influences si funestes chez nous?

La principale de ces causes est dans le caractère de l'éducation nationale. Les souverains allemands pouvaient afficher dans leur cour le scepticisme que le xviiie siècle français avait mis à la mode en Europe. Le grand Frédéric pouvait admettre Voltaire dans son intimité, et affecter pour ce génie de la raillerie, une admiration que celui-ci était tenu de lui rendre en adulations empressées. Mais dans son œuvre d'organisation nationale, le souverain prussien n'était plus le disciple de Voltaire ; il redevenait l'homme pratique et politique qui sait que les sentiments de discipline et de respect doivent être inculqués à l'enfant de bonne heure, et sous des formes sévères ; et que la religion seule peut donner à ces sentiments nécessaires la consécration morale qui les assure et garantit leur durée. Aussi, en même temps que l'école prussienne devenait obligatoire, elle demeurait soumise au ministre protestant, ou au prêtre catholique ; et loin de rêver, comme nos démagogues du jour, une instruction laïque, l'instruction était, de par la loi, essentiellement religieuse. Avec le respect et l'amour des choses divines, l'école inculquait le respect et l'amour du souverain. Dieu et le roi rayonnaient au fond de tous les enseignements par lesquels la Prusse créait sa puissance.

Cet état de choses, institué par le roi fondateur, Frédéric II, n'a pas été altéré par les révolutions et les guerres dont la France a donné le signal, à la fin du dernier siècle

et au commencement de celui-ci. La France, en promenant
ses armées à travers l'Europe, a cru promener l'idée révolutionnaire et l'implanter sur le sol qu'elle foulait aux
pieds. Illusion de notre prodigieuse vanité ! Nous n'avons
en rien entamé ce génie germain, discipliné, laborieux,
patient, opiniâtre, plein de rancunes silencieuses, d'orgueil farouche et calculateur. Nous n'avons en rien modifié cette éducation de l'école allemande qui a fait la nation.
Cette éducation subsiste entière, et la Prusse d'aujourd'hui
est la vraie descendante de la Prusse du XVIIIe siècle. Que
peut, contre des générations ainsi formées, l'évolution
matérialiste de la science? La science va de son côté, parlant au public restreint des savants, lesquels se complaisent à un matérialisme platonique (associer ces deux mots !),
et se gardent de provoquer l'application sociale des principes sur lesquels ils dissertent. La nation marche ferme et
cohérente de son côté, acclamant son souverain, et gardant
la foi de ses pères, fidèlement transmise par l'école nationale. Le soldat allemand porte dans son sac de cam-
pagne, non un recueil de chansons obscènes, mais la
Bible. Tant que ces sentiments vivront au cœur de l'Allemand, la science allemande peut tout réduire à la matière ; le peuple ne l'entendra pas.

Ce n'est pas tout ; la science allemande rencontre en
elle-même des conditions qui font obstacle à la vulgari-
sation des sophismes dont elle se nourrit, à l'expansion du
mal qu'elle produit. Elle est diffuse et longue dans son
mode d'exposition ; elle parle un langage obscur, pénible,
sans aucune de ces grâces suprêmes du style où se marient
la force, la clarté, la chaleur. Le discours allemand s'enveloppe de réticences et de voiles, de telle sorte que l'on
n'atteint à sa pensée vraie que par des retours incessants
et un aride travail. L'esprit français répugne à ces formes

enténébrées. Il veut avant tout être compris, et compris
vite; il éloigne de lui les brouillards et les ombres; il pare
volontiers ce qu'il pense; il aime à séduire la foule, malgré
ce qu'il y a de peu enviable en de telles séductions. Il
cherche en toutes choses le point central et lumineux, et il
sait le mettre en un si vif relief que tous les regards le
saisissent d'emblée. Aussi, rien n'égale ses facultés de
propagande, surtout dans un milieu où tous les rangs sociaux se confondent, où toutes les individualités se mêlent
et se touchent, où l'art et le besoin des communications
sont devenus une habitude impérieuse. Il y a là une raison
nouvelle et puissante pour que la science qui nie tous les
devoirs difficiles, et pousse à toutes les cupidités, se fasse
écouter. Nos dons de nature tournent aussi contre nous-
mêmes; ils deviennent les agents de notre propre corruption. On en viendrait à souhaiter la perte de tant de qualités brillantes et généreuses qui ont porté si haut le renom
de l'esprit français.

Si la science allemande use de sa pleine liberté vis-à-vis
des grandes questions qui touchent à l'homme, à son origine, à sa fin, à sa nature, si, énervée par l'expérimentation
pure, elle incline à un athéisme plus ou moins avoué, elle
a du moins profondément respecté les pouvoirs humains,
et, parmi ceux-ci, le gouvernement royal qui devait faire
de la Prusse l'empire allemand. De Humboldt se faisait un
humble courtisan du souverain prussien, tandis que Arago,
son ami, était l'adversaire haineux du souverain français.
Le premier enseignait par son exemple, à la nation,
l'amour et le respect de son roi, le second sollicitait les
masses au renversement d'un gouvernement prospère et
libéral; il cherchait à éteindre ce qui restait, en ce malheureux pays, de respect et de fidélité envers la personne
royale. Et ces traditions opposées se sont continuées jus-

qu'à ce jour. Chez nous, les savants se mettent volontiers au service des passions révolutionnaires, même alors qu'ils les méprisent. L'action de la science, loin d'être conservatrice, a miné ce qui résistait de nos veilles traditions; et elle n'a plus laissé debout, en France, d'un côté qu'une force matérielle affaiblie, hésitante, parfois défaillante, de l'autre que des appétits sauvages et des utopies malsaines. Les forces morales, affaissées, ne prennent plus qu'une part incertaine à des luttes où elles se sentent vaincues d'avance.

La science allemande n'a pas imité la science française. Elle s'est faite gouvernementale. Les universités allemandes sont devenues l'ardent foyer où ont couvé les profonds desseins de la politique prussienne. Les savants naturalistes, ainsi que s'appellent en ce pays ceux qui s'occupent des sciences biologiques, ont été les agents préférés du Chancelier allemand; et quand il a osé dire ou donné à entendre que la force prime le droit, il a été compris et applaudi par des savants qui ne reconnaissent, en science, que le fait, et qui, de la science de l'homme et du monde, ont effacé tout ce qui pouvait établir le droit contre la force. Sur quoi se fonderait le droit, si l'homme n'est que machine, et le monde vivant ou organique une matière éternelle, incréée, ayant rencontré des lois qui ne trahissent aucun plan supérieur et voulu? Avec une telle science, comment établir la prééminence du bien et du vrai sur la puissance matérielle? Celle-ci, c'est-à-dire la force brutale, n'est-elle pas l'*ultima ratio* des choses, et les protestations de la conscience humaine ne sont-elles pas une de ces formules dérisoires que la science et la politique allemandes, marchant de concert, apprennent à bafouer pour la plus grande gloire de l'Empire?

Qu'on ne prétende pas que nous exagérons le rôle accepté par la science allemande. Nous n'avons pas à en appeler, pour justifier nos appréciations, aux écrivains allemands qui s'occupent d'histoire, de morale publique, de philosophie religieuse : qui ne connaît les écrits récents des Mommsen et des Strauss? Non, les savants naturalistes eux-mêmes se sont institués les agents serviles de la politique oppressive et hypocrite du gouvernement prussien. Il suffit, pour s'en convaincre, de lire les discours d'apparat prononcés dans les universités allemandes, celui, entre autres, de M. Du Bois-Reymond, professeur et doyen de l'université de Berlin, et récemment le discours du professeur Virchow au dernier congrès annuel des naturalistes et médecins allemands (1). M. Virchow n'a eu d'autre but, dans cette grande réunion, que d'exciter la science allemande contre toutes les résistances, religieuses ou autres, que rencontrent les desseins cachés et les sourdes convoitises du chef politique de l'empire allemand; il appelle l'oppression et les secours de la force contre toutes les dissidences, même celles qui cherchent un dernier refuge dans l'indépendance des consciences. Il aspire à les voir briser, comme l'homme d'État qu'il sert a déjà brisé les obstacles que rencontrait la Prusse conquérante. M. Virchow, sans le dire, porte évidemment la parole au nom de son maître redouté, M. de Bismark. Je n'élève pas un blâme contre ces savants qui se dévouent ainsi au gouvernement de leur pays; je blâme seulement la politique brutale qu'ils servent, et qui prend pour unique règle et premier symbole, la force; et je repousse la science qui glorifie une telle politique. Je ferai toutefois remarquer qu'une science, ainsi soumise et respectueuse envers le

____

(1) Voyez Virchow, *les Sciences dans la nouvelle vie nationale de l'Allemagne. Congrès des naturalistes et médecins allemands. (Revue des cours scientifiques* du 16 mars 1872.)

pouvoir, ne saurait troubler l'ordre social d'un pays. En tout pays, le respect du souverain est l'une des plus hautes garanties sociales; car ce respect implique toujours le respect supérieur des grandes lois morales, et celui de Dieu qui les fonde.

III

C'est donc une situation particulière à la France que la science de l'homme y devienne, par les égarements où elle tombe, une cause grave de perturbation sociale; c'est en notre pays seulement que les hommes utiles entre tous, les savants, s'allient, involontairement ou non, aux hommes de désordre et de ruine, et leur fournissent le mot d'ordre et de ralliement. C'est le fruit empoisonné de nos révolutions qui nous rendent dangereuses toutes les libertés, même la plus bienfaisante de toutes, la liberté de la science. Tant il est vrai que partout l'ordre et la liberté sont solidaires, et s'engendrent l'un l'autre.

Pour parer à ces maux inattendus, faut-il frapper la liberté scientifique, et l'État peut-il dire aux savants, à ceux en particulier qui, par leurs fonctions, dépendent de lui : vous cacherez votre pensée, vous ne professerez pas ouvertement telle doctrine scientifique, parce que, dans ses conséquences plus ou moins prochaines, elle est en hostilité avec l'ordre social que je dois protéger? Non; un tel langage et de tels ordres seraient inutiles d'abord; ils compromettraient la dignité et l'autorité du savant; et, enfin, s'ils pouvaient être obéis, ils porteraient à la science elle-même une atteinte funeste, l'immobiliseraient dans une contrainte stérile et déshonorée, éteindraient pour toujours l'activité qui fait sa vie, et la fécondité qui en est le témoignage.

La force, en effet, d'où qu'elle vienne et quelque forme

qu'elle revête, ne peut avoir aucune prise sur l'idée scientifique. La vérité seule peut lutter contre l'erreur, non la
violence, alors même que celle-ci se mettrait au service de
la vérité. Le savant auquel on imposerait la coupable dissimulation de ses convictions scientifiques, n'y perdrait pas
seulement tout droit au respect de ceux qui l'écoutent;
il poursuivrait, sans l'atteindre, un but de mensonge et de
fraude. Il se renierait en vain ; sa pensée cachée se trahirait
d'elle-même; les conséquences qu'il voudrait dérober aux
autres seraient traînées au grand jour avec plus d'éclat que
par lui-même. Aux pieds de cette chaire d'où tomberaient
des enseignements volontairement mutilés, se trouveraient
de libres auditeurs qui mettraient en lumière les déductions qui répondent aux principes émis, ou les principes
qui répondent aux assertions particulières produites. Le
savant dont la pensée serait ainsi complétée par d'autres,
ou garderait un silence qui équivaudrait à un aveu, ou
serait réduit à d'inutiles protestations. La liberté est mille
fois préférable à une situation aussi fausse. Il est bon que
le professeur demeure maître de produire sa pensée tout
entière, et qu'il porte la pleine responsabilité de son enseignement. Ses affirmations en deviendront plus réfléchies,
et les disciples sauront quel est l'aboutissant des doctrines
exposées devant eux.

De plus hauts intérêts encore sont engagés dans la liberté
de la science : ce sont les intérêts de la science elle-même.
Le progrès scientifique ne s'accomplit pas toujours par la
voie large et droite de la vérité directement poursuivie et
atteinte. Il se réalise, souvent, par des voies détournées,
où le vrai n'est surpris que par accident, et comme enveloppé d'erreurs. Il faut même que certaines recherches
soient entreprises dans un esprit d'erreur, et avec la conviction qu'elles livreront la solution de problèmes qui les

dépassent; sinon, la lassitude et l'indifférence surviennent. C'est souvent un stimulant nécessaire en science que de s'exagérer l'importance de son travail, et de croire qu'il finira par laisser, entre des mains opiniâtres, la démonstration des utopies dont on s'est nourri. L'ardeur du savant vit à la fois d'illusions et d'orgueil. Si l'on avait toujours la notion exacte de la portée de ses œuvres, on les abandonnerait découragé. Aussi l'activité dans l'erreur surpasse-t-elle beaucoup l'activité dans le vrai; celle-ci ne possède ni l'esprit de révolution, ni l'esprit de conquête. *Oportet hæreses esse.*

Il faut des hérétiques; il en faut surtout dans la science de l'homme et de la vie. Fouiller péniblement la structure des organes; analyser les tissus organiques jusque dans leurs éléments microscopiques et primitifs; poursuivre l'évolution de l'être, de la première cellule où il s'incarne à l'organisme complet; soumettre les animaux vivants à de cruelles et longues expérimentations : cette œuvre laborieuse sera plus vivement et plus obstinément poussée si l'on pense trouver au bout, non les conditions instrumentales d'une fonction, mais le secret et la cause même de la fonction, le secret et la cause même de la vie. Une telle ambition doublera l'animation et les forces de l'analyste. C'est ainsi qu'autrefois nos pères préludaient à l'ère et à l'expérimentation scientifiques, en cherchant la pierre philosophale. Que de découvertes réelles dues aux rêves de l'alchimie! Les idées chimériques sont toutes de feu. Le matérialisme a son rôle et comme sa fonction dans la marche des sciences biologiques : s'il y domine, il les dégrade et les ruine; s'il n'y est qu'un flot mouvant qui les traverse entraînant quelques égarés, s'il est la loi et la passion d'une petite école perdue au sein de la grande école traditionnelle et vivante, il devient une force de production, une source de vérités analytiques.

A côté de cette fonction directement utile, le matérialisme possède une autre action non moins heureuse, quoique indirecte. Ses affirmations audacieuses et ses négations redoutables cherchent un point d'appui constamment renouvelé dans les faits particuliers, dans les théories et dans les systèmes qui, en ces faits, retrouvent une forme nouvelle. Ainsi naissent d'ardentes et nécessaires contradictions, d'où les anciennes vérités sortent plus vigoureuses et plus saines, retrempées dans un nouveau contact avec la matière et les faits, embrassant de plus larges espaces du monde visible. La lutte fortifie la vérité; il faut que l'erreur surgisse et alarme, pour que s'élèvent ces luttes salutaires et fécondes. Gardons-nous de rien faire qui puisse leur être un obstacle. Que l'erreur ait ses franchises; que la vérité soit condamnée au combat; la vie et les progrès de la science sont à ce prix.

Laissons donc au matérialisme la parole parmi nous; son oppression nuirait à la science elle-même. Devons-nous cependant assister impassibles à l'influence désastreuse qu'il a conquise sur l'ordre social en ce pays? Devons-nous attendre que le flot montant que ses prédications soulèvent, engloutisse ce que nous conservons encore d'aspirations spiritualistes, nos dernières croyances à l'unité, à la spontanéité, à la finalité de l'être vivant, à la responsabilité humaine, à l'âme, et à Dieu, au bien et au devoir? Non, il faut soutenir ce combat devenu menaçant, et, pour cela, vaincre d'abord cette inertie qui est le grand mal du jour. Moins que jamais le monde moderne est au repos : le bien aujourd'hui, c'est l'activité contre le mal. Nous savons comment et pourquoi le matérialisme a acquis son actuelle puissance; dressons, d'une main assurée, les obstacles qui doivent l'arrêter.

Nous avons avant tout à refaire l'éducation morale de ce peuple. Mesurons tout ce que comporte une telle obligation; écartons les jugements superficiels et les séparations arbitraires des choses. Répandons l'instruction, oui ; mais sachons bien que l'instruction est seulement le moyen d'atteindre au but, et que ce but, c'est le perfectionnement moral. L'instruction qui n'aboutit pas à cette fin suprême est mauvaise; elle nuit, elle démoralise, elle tue. Que l'instruction que nous donnerons, obligatoire ou gratuite, soit donc tout imprégnée d'idées morales, c'est-à-dire, toute pleine de l'idée de Dieu. Que tout parte de cette idée et que tout y retourne; que toutes les connaissances dont nous allons nourrir une âme qui s'ouvre à la vie, y entrent comme un reflet de l'ordre divin. Loin de vouloir une instruction laïque, c'est-à-dire athée, demandons plus que jamais, et quelles que soient les passions politiques qui nous divisent, demandons l'éducation religieuse par l'instruction. Ne chassons pas le prêtre de l'école; qu'il y vienne à toute heure, et qu'il y soit accueilli comme l'image vivante de l'amour du bien et du sacrifice. N'oublions pas l'exemple que, depuis un siècle, nous donne la Prusse; comprenons le sens et la portée de l'instruction qu'elle oblige son peuple à recevoir. Si nous avons subi les hontes et les amertumes de la défaite, sachons que nous les devons à l'esprit de discipline et de respect qui fait la force des armées allemandes, tout autant qu'à l'instruction des chefs qui les commandent.

Ces larges devoirs qui associent comme inséparables l'instruction et l'éducation, nous sont d'autant plus impérieux à remplir, que l'enfant du peuple rencontre plus d'excitations malsaines, et cela souvent jusque dans sa propre famille. Que sont aujourd'hui les familles pauvres dans nos grandes villes? Le plus souvent une école de vices, de débauches et de mal. Menons-le donc à une école où il apprenne le bien en même temps que les connaissances élémentaires qui lui sont nécessaires ; et de là qu'il entre dans cette autre grande école qui sera l'armée, où il apprendra, en homme, l'obéissance au devoir, la discipline et le respect. De telle sorte que, libres citoyens et abandonnés à eux-mêmes, ils ne puissent entendre les prédications funestes de l'athéisme et du matérialisme, sans que leurs sentiments intimes en soient révoltés. Les voix du maître d'école, du prêtre et du chef militaire, dont le souvenir vivra en eux, leur seront un soutien et une force contre toutes les suggestions du mal, quelque forme scientifique que celui-ci revête.

Et ce n'est pas seulement l'enfant du peuple qu'il faut élever ainsi ; c'est encore et surtout, celui des classes qui jouissent de l'aisance, et qui devraient mériter le nom d'éclairées qu'on leur accorde. Ces classes ont trop abandonné les austères devoirs qui leur incombent. Elles ont trop rarement la pleine intelligence de ce qui fait la force des familles, la dignité de l'homme, la sûreté de l'État. Elles ne savent pas vouloir et obtenir les réformes nécessaires et morales, celles surtout de notre éducation nationale. Elles ne comprennent pas assez combien les idées d'autorité, de devoir, de désintéressement, de discipline, sont les seules propres à fonder l'influence qu'elles doivent exercer ; elles reculent devant la pratique de ces mâles vertus, et préfèrent une imbécile torpeur, ou donnent elles-mêmes l'exemple de la révolte contre les choses éternelles. Ce sont les classes éclairées qui se sont soulevées contre le respect, ignorant que le jour où ce sentiment aura disparu du cœur de la nation, toutes les convoitises se dresseront contre elles, contre tout ce bien-être dont elles jouissent lâchement. Qu'elles raniment donc en elles

le foyer refroidi des croyances spiritualistes ; qu'elles veuillent
pour les jeunes générations une éducation virile et géné-
reuse ; elles jetteront ainsi dans les carrières libérales de
vaillantes recrues qui ne seront pas gagnées d'avance aux
abaissements d'une science matérialiste. Relevées par la
pensée et par le caractère, ces générations nouvelles sen-
tiront d'instinct le vide des études dont l'horizon est borné
à la matière, aux phénomènes, aux faits de l'expérimentation brute. Elles retrouveront ces méthodes où rayonnent
toutes les facultés de l'entendement humain, et qui ont
suscité toutes les époques créatrices, tous les grands mouvements scientifiques ; elles feront ainsi la part de l'esprit
et de son activité féconde, sans diminuer la part qui revient
à l'observation patiente et à l'expérimentation, laquelle
n'est qu'une observation dirigée, voulue, et limitée.

Mais ceci est l'œuvre de l'avenir, celle des générations
futures. Dans le présent, il n'est ni illibéral, ni excessif,
de demander à ceux qui parlent au nom de la science, et
ne veulent pas se transformer en agents de destruction
sociale, une réserve et une prudence qui rendent l'exposition de leurs doctrines moins téméraire, moins directement périlleuse. Les matérialistes conséquents avec leurs
principes ne devraient jamais porter de condamnation
absolue contre les doctrines opposées. Pour eux, tout devrait demeurer relatif et contingent. Ils déclarent souvent
(que de fois ne l'ai-je pas entendu !) que pour être spiritualiste, il faut avoir un cerveau d'une conformation toute
spéciale. Croire que l'idée de cause est une idée première,
et que les sens ne suffisent pas à la livrer, croire à l'âme et
à Dieu en tant que cause, défendre toutes les grandes
notions qui se rattachent à celles-là, c'est, d'après eux,
affaires de circonvolutions cérébrales. Avoir ces circonvolutions plus ou moins développées, anfractueuses et pro-

fondes, constituées par des cellules plus rares ou plus nombreuses, ou résistantes, ou faciles à ébranler, telle est l'origine de certaines idées métaphysiques. Une conformation ou une qualité différentes de l'organe cérébral font que l'on repousse, comme absurde, tout un ordre d'idées que les autres admettent comme le fondement même de la raison humaine. Broussais avait été plus loin en disant, *de l'irritation et de la folie,* que les métaphysiciens spiritualistes avaient le cerveau irrité, et que cette irritation morbide était le principe de leur philosophie. Aujourd'hui, on les accepte comme bien portants, mais comme mal conformés dans leur cerveau. La différence est médiocre. De telles conceptions sur l'origine de la vérité et de l'erreur n'imposent-elles pas une extrême circonspection à ceux qui les professent? Entre ces deux conformations cérébrales, celle qui fait un spiritualiste et celle qui rend matérialiste, qui assure que la dernière est la supérieure? qui prouve que ce n'est pas la première qui implique un développement plus avancé de l'organe? Dira-t-on que le matérialisme est seul en conformité avec tous les progrès de la science moderne? Mais qui constate et assure cette conformité, qui la conteste et la nie? toujours ceux qui possèdent telle ou telle conformation cérébrale. Dans ces conditions, peut-on et doit-on donner à sa pensée un caractère général? Chaque individu peut-il répondre pour un autre que pour lui? Ne doit-on pas demeurer modeste en des affirmations dont on n'est pas plus l'auteur responsable, que l'on n'est l'organisateur de son propre cerveau?

Parlons plus sérieusement. Devant les sinistres événements qui ont montré quelles conséquences pratiques certains logiciens prétendaient tirer de certains principes et de certaine science, il est permis de demander que ces principes et que cette science, nullement sûrs d'eux-mêmes, ne s'affirment pas bruyamment, et ne s'exposent pas sans de publiques et formelles réserves. La Commune de Paris s'est installée et a gouverné aux cris de vive l'athéisme, vive le matérialisme! Ces mots en ont pris comme une souillure odieuse, même dans l'esprit de ceux qui ne les acceptent que comme idée scientifique. Peut-on désormais les prononcer, sans avoir la conscience des horreurs qu'ils recèlent en eux, et que l'inexorable logique des événements a dévoilées aux yeux des moins clairvoyants?

L'État est puissant en France; cette excessive puissance et notre habitude de race de l'invoquer à tout propos et de la subir sur tout sujet, comptent pour beaucoup dans l'histoire et dans les causes de nos malheurs. L'exemple donné par l'État n'a pas été étranger à l'abaissement du sens religieux parmi nous. On a voulu et on a fait la loi et l'État athées. On a cru servir la liberté de conscience, en rayant l'idée de Dieu de tous les actes publics, ou en ne l'y conservant que comme une formule vide et dérisoire. On l'a effacée ainsi de la conscience du pays, et l'on y a indirectement fomenté l'ardeur des jouissances matérielles. Quelle différence entre les répugnances que nous inspire la confession publique et sincère d'un souverain Maître des choses, et l'accent pénétré et religieux avec lequel la plupart des nations chrétiennes l'invoquent dans toutes les circonstances graves de leur histoire! La plus libre, la plus jeune, la plus prospère des nations modernes nous fournit à cet égard d'éloquents exemples. L'histoire politique des État-Unis est empreinte d'un ineffaçable caractère religieux; celle même de ces dernières années a conservé cette noble marque. Qui ne se rappelle le message de Lincoln, demandant des prières publiques pour

obtenir la protection du ciel dans la guerre de séces-
sion? Qui pourrait relire sans émotion la proclamation
d'émancipation des esclaves que ce courageux et simple
croyant publiait, suivant les dates inscrites par lui-même,
en la 1863ᵉ année du Seigneur et la 87ᵉ de l'indépendance,
et qui invoquait la faveur de Dieu sur ce grand acte de
justice? Quel esprit chrétien, enfin, dans son dernier
message d'inauguration, lors de sa réélection à la prési-
dence des États-Unis! « Le Tout-Puissant a ses voies, disait
Lincoln en un langage presque apostolique; malheur au
monde à cause des scandales; il faut qu'il y ait des scandales, mais malheur à ceux par qui vient le scandale. » Ces
proclamations présidentielles n'étonnent pas ce peuple
vivant et créateur, qui, partout où il fonde un centre
nouveau de civilisation, implante d'abord, sur le sol vierge,
une école et un temple, témoignant par là qu'il ne comprend
et ne veut que l'instruction religieuse, et que Dieu doit
être la lumière de toutes les connaissances humaines !

L'Angleterre aime à faire entendre ces accents de foi et
de piété; et dernièrement, lors de la maladie qui menaçait
les jours du prince héritier, la nation entière a été invitée
à prier pour son futur souverain. Pourquoi, enfin, ne
citerions-nous pas l'Allemagne, pourquoi ne rappellerions-
nous pas ces dépêches douloureuses par lesquelles notre
implacable ennemi annonçait ses prodigieux succès, et qui
toutes se terminaient en rendant grâce à Dieu qui l'avait
protégé? Odieuse hypocrisie, dira-t-on, qui, derrière le
nom de Dieu, cachait les plus révoltants excès de la force
triomphante! Qu'importe? En face de son pays enivré,
l'empereur d'Allemagne rappelait qu'il est un Dieu qui
dispense la victoire : tout est là; l'Allemagne écoutait, et
bien des âmes, en ce pays, remerciaient Dieu, qui n'étaient
point âmes hypocrites, mais sincères et croyantes. En

France, un pareil langage surprend et souvent révolte.
Quand l'Assemblée nationale décréta, l'année dernière, des
prières publiques pendant l'horrible insurrection de Paris,
les esprits forts sourirent; Dieu ne compte pas en science,
et les prières n'étaient pas des armes qui pussent assurer
la victoire; les partis avancés crièrent, comme toujours, à
l'invasion du cléricalisme; la masse de la nation demeura
indifférente. Qui ne connaît avec quelle rigueur, dans tous
les pays anglo-saxons, est observée la loi du dimanche; nul
n'y enfreindrait publiquement cette loi religieuse dont la
méconnaissance, absolue parmi nous, est, aux yeux de
l'étranger, un signe irrécusable de notre décadence.
Comment relever le sens moral en un pays où la notion
de l'État athée a corrompu les esprits, où rappeler Dieu
semble un attentat contre la liberté de la conscience et de
la pensée?

Il appartiendrait à des hommes d'État qui comprendraient
les causes du mal qui nous ronge, de réagir contre ces
préjugés d'une politique vieillie et déshonorée, et de provoquer un retour à la notion des choses divines. Un tel
retour ne serait en rien un retour redouté à la domination
civile d'un clergé quelconque. Non, le clergé, quel qu'il
soit, romain, calviniste, luthérien, israélite, doit demeurer
étranger à toute action et agitation politique; il a pour
devoir de ne pas entrer dans les luttes de partis qui nous
déchirent; il doit se limiter à sa mission d'instruction et
de moralisation; mais là, il mérite d'être soutenu par tous
les gouvernements. C'est avec lui qu'il faut poursuivre la
restitution nécessaire de l'idée religieuse, au lieu de céder
à l'aveugle prétention de donner à des enfants une instruction dépouillée de l'idée de Dieu, et de les soumettre à
une discipline qui ne remonterait pas à une discipline
divine. De tels sentiments ne devraient pas être unique-

ment le partage des hommes qui ont une foi religieuse, mais de tous ceux qui appartiennent à la philosophie et à la science spiritualistes. Ceux-là, aussi, reconnaissent une cause toute-puissante et souveraine; ils savent que, au-delà des phénomènes contingents, il y a l'activité créatrice et infinie, source de toutes les existences, seul appui de toute morale, de toute notion du bien, de toute justice. Cela suffit pour qu'ils ne repoussent aucun de ces enseignements qui conduisent l'enfant à la possession de ces grandes idées qui seront la lumière de sa vie. N'est-ce pas là le plus sûr moyen de faire des hommes, des citoyens mesurant toute l'étendue de leurs devoirs, et sachant aller jusqu'au sacrifice? Ne relèverait-on pas en même temps, et ainsi, cette autre grande idée qui s'en va, l'idée de patrie? Que peut être une patrie sans Dieu, et sans le courage du sacrifice? Quel plus beau cri et plus profond, que celui de nos pères : Dieu et le roi! qui à travers nos révolutions, deviendrait aujourd'hui celui-ci : Dieu et la France!

Une nécessité ressort enfin des efforts considérables que fait la science athée et matérialiste. Elle travaille, écrit beaucoup, vulgarise ses affirmations; elle se dépense avec une rare activité. Elle se sent dans une période de conquête, elle aspire à détruire les derniers obstacles qui lui résistent. A de tels efforts nous devons opposer une égale énergie d'action. Il faut que ceux qui repoussent une science fausse et malsaine prennent confiance dans l'action de la vérité, et qu'ils ne craignent pas de se mettre en avant pour elle. Le camp de la science vraie et spiritualiste est encore le plus nombreux; il ne compte pas seulement les esprits sages, il compte encore les plus distingués, ceux qu'une forte instruction a mis au-dessus de tous les sophismes usés et mal rajeunis du sensualisme moderne. Ce camp ne doit plus rester une retraite calme et honnête, il doit fournir une milice de combattants, et demeurer toujours ouvert sur l'arène des grandes luttes scientifiques. Il faut reprendre tous les grands problèmes de l'homme, ceux de l'homme physiologique, ceux aussi de l'homme intellectuel, moral et social; il faut rajeunir tous ces problèmes, et montrer en biologie par exemple, que l'expérimentation, loin de renverser les grandes vérités traditionnelles, les affermit au contraire, et les pousse à une vie et à une fécondité nouvelles. Sachons apprécier tout ce que vaut l'analyse sûre, fine et pénétrante de ce temps; mais au-dessus de cette analyse, et s'en emparant à son profit, plaçons la synthèse vraie, les notions primordiales et souveraines sans lesquelles l'analyse s'égare, demeure phénoménale, enfante l'erreur fatalement attachée au règne systématique de la sensation et du phénomène.

Il y a là de nobles et utiles travaux à poursuivre, qui serviront non-seulement à la science, mais à l'ordre social lui-même. Que tous ceux qui sont aptes à cette œuvre s'y consacrent par l'enseignement et par le livre; que ceux qui reculent devant les difficultés de l'entreprise, soutiennent, du moins de la voix et du geste, ceux qui les affrontent. Il y va de l'intérêt de la science et de leur intérêt propre. Qu'ils ne craignent pas de se compromettre; qu'ils en aient le courage. Aujourd'hui, par l'esprit d'intolérance et de violence qui a pénétré jusque dans les milieux scientifiques, il faut souvent du courage pour dire tout haut que l'on repousse de la science de l'homme le caractère athée et matérialiste qui la dégrade. Que ceux qui servent la vérité prennent un peu de l'ardeur que montrent ceux qui luttent contre elle. La mollesse et l'indifférence nous tuent à tous les degrés de l'ordre scientifique et social. Cet amollissement ne nous est plus permis, si nous ne voulons pas succomber, et la France avec nous. Nous ne pouvons plus subir de nouvelles défaites, celles-ci seraient les dernières. L'énergie du vrai et du bien peut nous valoir, au contraire une ère nouvelle de grandeur et de prospérité. C'est là la vie de la France, car ce pays est·tel, qu'il ne peut vivre que grand et prospère; il est impropre à une existence obscure, médiocre, pauvre; il est de ceux qui sont condamnés à dire : Tout ou rien!

On nous oppose l'éclat de la science allemande. Cet éclat nous trompe; il ne nous paraît réel que parce que notre vue intellectuelle s'est affaiblie, et que nous croyons sur parole les intéressés qui nous chantent l'hosannah allemand. Ce faux éclat s'éteindra de lui-même, et les temps ne sont pas loin où l'on sera étonné du peu qui restera de tout ce faux prestige. Le lourd travail de l'Allemagne, celui surtout qui concerne la biologie, peut se résumer en ces mots : beaucoup de faits de détail, la plupart mal vus et mal définis; beaucoup de théories vaines se détruisant les unes les autres; très-peu de vérités réelles acquises, aucune de ces larges vues qui conquièrent à l'observation de riches et vastes domaines; pas un Harvey, pas un Bichat, pas un Laënnec. La science française s'est montrée, se montre encore aujourd'hui autrement féconde. Elle est destinée à reprendre sa vieille suprématie dans le monde, si elle sait reprendre les traditions spiritualistes, et vivifier ainsi l'immense travail accumulé par l'analyse moderne. C'est là une œuvre glorieuse à poursuivre. Elle ne ranimera pas seulement la science, elle sera bienfaisante au point de vue social, et elle fournira ainsi une preuve nouvelle que toutes les vérités se touchent, se pénètrent, sont en un échange perpétuel et nécessaire.

Juin 1872.

La pensée qui a dicté les considérations précédentes, et qui se résume en ces mots : pleine liberté de la science pour tout ce qui est démontré et démontrable, pleine liberté de recherches, mais réserve absolue en tout ce qui reste simple supposition, alors surtout que ces suppositions renversent tous les enseignements fondamentaux et traditionnels, cette pensée se fait jour même en Allemagne.

Des savants, connus par leur esprit novateur et indépendant, commencent à s'inquiéter, en ce pays, de certaines hardiesses, et s'essayent à réagir contre des enseignements qui donnent pour vérités scientifiques des hypothèses que tous les faits observés démentent. Ils signalent surtout le péril qu'il y a à faire pénétrer de telles idées jusque dans les écoles ouvertes aux enfants et aux adolescents, et à donner aux jeunes générations une instruction aussi compromettante et subversive. Inspirer à ces générations le mépris des traditions les plus autorisées, construire le monde à sa fantaisie, décider sur l'origine et les destinées de l'homme d'après des conceptions sans preuve, dédaigner tous les faits contradictoires, si évidents qu'ils soient, si innombrables qu'ils s'élèvent, ces audaces ne sont pas sans peser à beaucoup de ceux qui ont aimé et cultivé une science sévère. Ils osent enfin le faire entendre, non sans quelque timidité ; mais c'est déjà beaucoup que d'émettre une protestation, même timide, étant donnés le milieu et les hommes allemands.

Le spectacle instructif de ces hardiesses sans frein et de ces protestations contenues dans leur expression, mais très-nettes au fond, nous a été offert au cinquantième congrès des naturalistes allemands, tenu récemment à Munich. M. Nœgeli et surtout M. Haeckel ont prêché au nom de

la science une cosmogonie et une religion dites scientifiques, qu'il faut enseigner dès l'école primaire ; l'instituteur, suivant M. Haeckel, doit devenir le propagateur attitré
de la foi nouvelle, rejeter devant l'enfant toutes les anciennes notions sur les destinées de l'homme, et ne plus
admettre que les enseignements fournis par l'histoire naturelle du règne animal, et par la connaissance des lois de
la chimie et de la physique, dont l'animal et l'homme ne
sont que le produit. M. Virchow n'assistait pas à la séance
où les discours de MM. Nœgeli et Haeckel furent prononcés ; il les lut, et il prit alors la résolution de parler, non
comme il devait le faire, sur les plus récentes acquisitions
des sciences physiologiques, mais sur les questions générales soulevées par les orateurs précédents. M. Virchow
n'est certes pas un esprit rétrograde, et il n'est pas pour
diminuer l'autorité de la science ; ses protestations n'en
acquièrent que plus de valeur ; elles lui sont arrachées par
les désordres scientifiques auxquels il assiste.

Il me semble utile de faire connaître avec quelque détail ce débat si nouveau et si plein de révélations, sur les
directions diverses de l'esprit allemand ; ce sera la confirmation de l'étude que l'on vient de lire. J'emprunterai d'a-
bord une suite de citations au discours prononcé par
M. Haeckel à ce cinquantième congrès des naturalistes allemands. On connaît la témérité sans bornes et l'intolérante
ardeur des opinions de ce naturaliste systématique qui est,
en Allemagne, le représentant remuant et populaire de la
doctrine du transformisme le plus avancé ; il a complété
les affirmations parfois hésitantes du darwinisme, et en a
fait une théorie absolue qui prononce sans réserve sur les
origines et la nature de tous les êtres vivants. Puis nous
entendrons M. Virchow, et la conclusion sera facile à tirer.

M. Haeckel commence par se féliciter du chemin qu'a

fait dans le monde la doctrine de l'évolution : « Depuis plus de dix ans, il n'y a point de doctrine qui se soit plus fortement emparée de l'attention générale, qui ait plus fortement remué nos convictions les plus intimes, que la théorie restaurée à nouveau de l'évolution, et que la philosophie monistique qui s'y rattache. C'est seulement par elle que peut se résoudre la question des questions, celle de la place de l'homme dans la nature. L'homme étant la mesure de toutes choses, les fondements derniers, les principes les plus élevés de toute science dépendent naturellement de la place que nos progrès dans la connaissance du monde assignent à l'homme dans la nature...

» Nous n'avons plus besoin aujourd'hui, comme cela nous est arrivé il y a quatorze ans, au congrès des naturalistes, à Stettin, de rassembler les preuves de la nouvelle théorie de l'évolution fondée par Darwin. Depuis lors, la connaissance de cette vérité a fait son chemin de la façon la plus satisfaisante. Dans le champ de recherches autour duquel gravitent mes propres travaux, dans la vaste étude des formes organiques, ou morphologie, elle est déjà partout reconnue comme la base la plus importante de cette science. »

Mais la doctrine de la descendance n'exerce une action si profonde que parce qu'elle englobe l'homme, se soumet cette fière créature qui se croyait d'un ordre supérieur, et par suite transforme et renouvelle toutes les lois sociales. M. Haeckel affirme hautement ces conséquences : « Quelque prix, dit-il, que nous attachions à cet immense progrès de la morphologie, il ne suffit pas tout seul à expliquer l'action extraordinaire de la doctrine actuelle de l'évolution sur la science générale, ou philosophie naturelle. Cette influence dépend bien plus des conséquences spéciales de la théorie de la descendance appliquée à l'homme. La question séculaire de la provenance de notre propre espèce se trouve pour la première fois résolue dans un sens scientifique. Si la doctrine de l'évolution est vraie en général, s'il y a réellement une généalogie naturelle et historique des êtres, l'homme aussi, le roi de la création, est issu de l'embranchement des vertébrés, de la classe des mammifères, de la sous-classe des placentaires, de l'ordre des singes. Déjà Linné, en 1735, réunissait l'homme avec les singes et les chauves-souris dans l'ordre des primates. Aucun des zoologistes postérieurs n'a pu le séparer des mammifères. Conclusion : cette place qu'on lui a unanimement assignée en classification ne signifie philogénétiquement, qu'une chose : c'est qu'il est un rameau de cette classe d'animaux.

» En vain a-t-on fait tous ses efforts pour ébranler cette conséquence si significative de la doctrine de l'évolution; en vain a-t-on cherché à créer une exception en faveur de l'homme, afin de le sauver; en vain a-t-on construit pour lui une lignée ancestrale séparée de l'arbre généalogique des vertébrés. Les documents philogénétiques de l'anatomie comparée, de l'ontogénie et de la paléontologie parlent trop clairement en faveur d'une dérivation unique de tous les animaux vertébrés, issus d'une seule souche commune, pour que nous puissions en douter encore... Tous les morphologistes sont fortement pénétrés, convaincus de cette idée que tous les vertébrés, de l'*Amphioxus* à l'homme inclusivement, que tous les poissons, amphibiens, reptiles, oiseaux et mammifères, descendent d'un seul vertébré primitif. On ne peut supposer, en effet, que les conditions vitales, si diverses, si complexes, qui, par une longue série de processus évolutifs, ont conduit à la création du vertébré type, se soient produites plus d'une fois dans le cours de l'histoire de la terre. »

Quelles sont donc ces conditions vitales qui ont été

capables de créer le vertébré type, et qui ont disparu depuis lors? Peut-il y avoir des conditions vitales créatrices distinctes des conditions vitales qui permettent et favorisent l'existence, qui assurent la conservation et la propagation de l'être? Toutes ces assertions ne constituent-elles pas la phraséologie la plus vide, la plus chargée de fictions et de contradictions qu'on puisse imaginer?

Mais nous n'avons pas à réfuter en ce moment M. Haeckel; nous ne lui demandons que l'exposé de ses opinions, quelles qu'elles soient. Après avoir ainsi livré la descendance de l'homme organique, il se demande quelle conception de ses fonctions intellectuelles en découle, ce qu'est cette âme prétendue immortelle, dont on a dit qu'elle faisait seule l'essence, la dignité et la grandeur de l'homme. Écoutons sur ce point M. Haeckel :

« Cette grande question de l'*âme* nous apparaît aujourd'hui sous un tout autre jour qu'il y a vingt ans, et même dix ans. De quelque façon qu'on se représente l'union de l'âme et du corps, de l'esprit et de la matière, il n'en ressort pas moins clairement de la théorie de l'évolution qu'au moins toute la matière organique, sinon toute la matière en général, est, dans un certain sens, pourvue de propriétés intellectuelles. Les progrès des recherches microscopiques nous ont appris que les parties anatomiques élémentaires des organes, les cellules, possèdent en général une vie individuelle psychique...

» Cette manière de voir s'appuie sur l'étude des infusoires, amœbes, et autres organismes unicellulaires. Ici nous retrouvons chez des cellules uniques, vivant isolées, les mêmes manifestations de la vie psychique, sensation et perception, volonté et mouvement, que chez les animaux supérieurs constitués par de nombreuses cellules. Aussi bien dans les cellules sociales que dans les cellules solitaires, la vie psychique réside dans une même substance de la plus haute importance, le protoplasma. Les monères et autres organismes des plus rudimentaires, simples parcelles de protoplasma détachées, possèdent également sensation et mouvement, comme la cellule entière. Nous devons, d'après cela, admettre que l'âme cellulaire, base de la psychologie scientifique, n'est-elle même qu'un composé, c'est-à-dire la somme des propriétés psychiques des molécules protoplasmatiques, nommées aussi *plastidules*. L'âme de la plastidule serait de la sorte le dernier facteur auquel se réduirait la vie psychique des êtres vivants. »

Voilà donc l'âme humaine transformée en un composé d'âmes cellulaires ; celles-ci elles-mêmes ne sont qu'un composé d'âmes de plastidules, d'âmes de molécules protoplasmatiques. Est-ce tout, et la notion d'âme est-elle suffisamment submergée? Non ; il faut encore réduire l'âme de la plastidule, et arriver à l'âme de l'atome, et en particulier à l'âme du carbone. Écoutons encore M. Haeckel :

« La doctrine de l'évolution a-t-elle par là épuisé son analyse psychologique? Nullement. La nouvelle chimie organique nous enseigne que ce sont les propriétés physiques et chimiques d'un certain élément, du carbone, qui, grâce à ses combinaisons complexes avec d'autres, engendrent les propriétés psychologiques spéciales des corps organiques, et avant tout du protoplasma. Les monères, consistant uniquement en protoplasma, forment ici une sorte de pont par-dessus le gouffre profond qui sépare la nature organique de la nature inorganique. Elles nous montrent comment les organismes les plus simples ont dû provenir, à l'origine, des combinaisons inorganiques du carbone. Si une certaine quantité d'atomes de carbone s'est combinée au début avec une certaine quantité d'atomes d'hydrogène, d'oxygène, d'azote et de soufre pour créer une unité, une plastidule, nous pouvons considérer l'âme de la plastidule, c'est-à-dire la somme générale de ses propriétés vitales, comme le produit nécessaire des forces de tous ces atomes réunis. Alors, au point de vue monistique, nous pouvons nommer cette somme de forces atomiques *l'âme de l'atome*. De la rencontre fortuite et des combinaisons multiples de ces âmes atomiques toujours constantes et toujours incommutables, naissent les âmes multiples et fort variables des plastidules, qui sont les facteurs moléculaires de la vie organique. »

Telle est donc l'âme vivante et humaine : un produit de la *rencontre fortuite et des combinaisons multiples* d'âmes atomiques, des âmes du carbone, de l'hydrogène, de l'oxygène et de l'azote. Or une telle conception s'éloigne profondément des idées reçues ; et comme la vérité doit partout remplacer le mensonge, il faut substituer aux idées reçues, qui ne sont que mensonges, cette conception qui, suivant M. Haeckel, est une vérité scientifique acquise, comme tout ce qui découle de la doctrine de l'évolution. C'est la conclusion à laquelle aboutit ce naturaliste : réformer l'enseignement, la philosophie naturelle, la religion, l'ordre social, au nom de la théorie de l'évolution ; chasser l'idée d'âme humaine, d'âme personnelle, une, raisonnable et immortelle, au nom des âmes atomiques et des plastidules ; chasser l'idée de Dieu, comme un rêve dissipé par la science ; chasser toutes les vieilles notions de devoir, de justice éternelle et supérieure aux fluctuations de ce monde, de mérite et de démérite, de bien et de mal ; les remplacer désormais par les appétits et les intérêts individuels, car l'amour que l'on veut sauver ne peut avoir d'autres bases, alors que les âmes atomiques deviennent les uniques fondements des choses. Voici, sur tous ces points, les déclarations précises de M. Haeckel :

« La théorie actuelle de l'évolution n'acquiert pas seulement une très-haute signification théorique en se faisant reconnaître comme trait d'union entre les diverses sciences; elle fournit aussi des résultats pratiques. Ni la médecine, envisagée comme science naturelle appliquée, ni l'économie politique, la jurisprudence, la théologie, en tant qu'elles font partie de la philosophie appliquée, ne pourront désormais se soustraire à son influence. Bien plus, je suis convaincu que c'est surtout dans les domaines de ce genre qu'elle apparaîtra comme le plus puissant levier de progrès et de perfectionnement; et puisque le grand objet de ces sciences est l'éducation de la jeunesse, la doctrine de l'évolution, à titre du plus puissant moyen d'éducation, doit faire sentir son influence autorisée jusque dans l'école. Elle ne doit pas y entrer *par tolérance*, mais y *imposer sa domination...*

» Jusqu'à quel point les traits fondamentaux de la doctrine de l'évolution sont-ils à introduire dès maintenant dans les écoles? Dans quel ordre ses principales branches, la cosmogonie, la géologie, la philogénie des animaux et des plantes, l'anthropogénie doivent-elles être enseignées dans les diverses classes? C'est affaire à régler par les professeurs spéciaux. Nous croyons qu'une large réforme de l'instruction dans ce sens est inévitable, et qu'elle sera couronnée des plus beaux succès...

» Bien loin de craindre, sous l'influence de la doctrine de l'évolution sur nos convictions religieuses, un ébranlement de toutes les lois morales existantes et une émancipation funeste de l'égoïsme, nous en espérons, au contraire, l'établissement de mœurs raisonnables, fondées sur la base inévitable des lois naturelles. En nous faisant connaître notre véritable place dans la nature, l'anthropogénie nous démontre la nécessité de nos vieux devoirs sociaux.

» Comme la philosophie naturelle et théorique, la philosophie pratique et la pédagogie tirent dès maintenant leurs premiers principes, non plus de prétendues révélations, mais des conceptions naturelles de la doctrine de l'évolution. Cette victoire du monisme nous ouvre des horizons riches d'espérances sur le progrès infini de notre développement aussi bien moral qu'intellectuel (pourquoi pas organique ?). Dans cette idée, saluons la théorie de l'évolution, fondée à nouveau de nos jours par Darwin, comme le levier le plus puissant de la science générale ou philosophie naturelle pure et appliquée ! (1) »

On remarquera ce rappel inattendu de la nécessité de nos vieux devoirs sociaux. C'est un recul de la science nouvelle et une inconséquence destinée à s'effacer sûrement, si jamais les théories de la descendance obtiennent leurs résultats pratiques et façonnent un ordre social à leur image. Nos vieux devoirs sociaux sont attachés aux anciennes notions sur l'âme et l'humanité; que ces notions disparaissent, ces vieux devoirs disparaîtront avec elles. L'idée même du devoir sombrera. Elle est étrangère aux âmes atomiques et aux plastidules, dont la rencontre fortuite a fait à l'homme un fantôme d'âme sans unité, ni liberté possible.

Quoi qu'il en soit, le discours de M. Haeckel dut effrayer nombre d'esprits indépendants, mais modérés, et comprenant combien étaient subversifs les dogmes réputés scientifiques émis par les partisans des théories transformistes. M. Virchow, dans un discours sur *la liberté de la science dans l'état moderne*, se fit l'interprète des protestations qui étaient sans doute sur bien des lèvres. Il commença

______

(1) Pour toutes les citations précédentes comme pour celles qui vont suivre et qui seront empruntées au discours de M. Virchow, voir la *Revue des cours scientifiques* du 8 décembre 1877.

par se féliciter de la liberté absolue dont jouit la science allemande, et de la faveur que le public lui accorde. Mais cette faveur et cette liberté, il faut craindre de les compromettre :

« A mon sens, et c'est ce que je voudrais voir, dit M. Virchow, nous n'avons plus maintenant rien à demander pour nous; nous sommes plutôt arrivés au point où nous devons surtout nous proposer, *par notre modération, par une certaine abnégation de nos préférences et de nos opinions personnelles*, de faire durer les dispositions favorables que la nation témoigne à notre égard. Suivant moi, ce qui nous met dans un danger réel, c'est l'usage excessif de la liberté que nous donnent les circonstances actuelles, usage qui compromet l'avenir; et je voudrais vous prémunir contre la prolongation de l'arbitraire laissé à la fantaisie personnelle qui étend son influence sur mainte région de la science. »

La liberté de la science, suivant M. Virchow, ou mieux *la liberté de l'enseignement scientifique*, ne saurait être réclamée que pour les vérités nettement démontrées, pour ce qui est prouvé et certain. Ces vérités incontestées ont seules droit à pénétrer dans les écoles; il faut bannir les autres :

« Quand M. Haeckel, dit M. Virchow, déclare que c'est affaire aux pédagogues de déterminer si, dès à présent, la théorie de la descendance doit servir de base à l'enseignement, et l'âme de la plastidule de fondement à toutes les idées sur l'essence de l'esprit; si on doit suivre la philogénie de l'homme jusque dans les classes les plus infimes du règne organique et par delà jusqu'à la génération spontanée, il déplace le problème, au moins à mon avis. Quand la théorie de la descendance aura le caractère de certitude que M. Haeckel lui attribue, alors nous demanderons comme une nécessité qu'elle soit introduite dans l'école. Comment pourrait-on imaginer qu'une théorie d'une importance pareille, qui vient opérer dans chaque conscience une révolution aussi radicale, créer directement une sorte de religion nouvelle, ne rentrât pas tout entière dans le plan d'études? Comment serait-il possible de passer sous silence dans l'école, et de laisser à l'arbitraire du pédagogue, l'enseignement des plus grands, des plus importants progrès qu'aient faits, dans tout un siècle, l'ensemble de nos idées? Oui, ce serait effectivement une abnégation de la nature la plus difficile, et elle serait même impossible à imposer. Chaque maître acquis à cette théorie l'enseignerait même sans le vouloir. Comment pourrait-il faire autrement? Il serait obligé de feindre, de renier tout son savoir propre, pour ne pas avouer qu'il connaît la théorie de la descendance, qu'il la tient pour vraie, qu'il sait comment l'homme est formé, d'où il vient. Bien qu'il ne sache pas où il va, il croirait au moins savoir exactement comment la série des êtres vivants successifs s'est formée dans le cours des siècles. Je dis donc que si nous ne réclamions pas, dans le programme, l'admission de la théorie de la descendance, elle s'y introduirait d'elle-même. »

M. Virchow ne se dissimule pourtant pas les dangers qu'apporte avec elle cette théorie de la descendance. Mais qu'importe? Si elle est vraie, il faut affronter ces dangers :

« Vous vous imaginez ce que devient la théorie de la descendance dans la tête d'un socialiste! Oui, cela peut paraître risible, mais c'est très-sérieux, et je veux espérer que la théorie de la descendance n'apportera pas pour nous tous les sujets de frayeur que des théories du même genre ont effectivement produits dans un pays voisin. Néanmoins, ce système, poussé jusqu'au bout, a un côté extraordinairement dangereux, et vous saisirez facilement ce que le socialisme a pu y gagner. Malgré tout, quel que pût être le danger, quelque inquiétants que pussent être nos alliés, je n'en dirai pas moins ceci : du moment où nous avons acquis la preuve que la théorie de la descendance est parfaitement établie, il n'y a plus d'hésitation possible, il faut l'introduire dans la vie intellectuelle, et l'exposer non-seulement aux esprits cultivés, mais même aux enfants; il faut en faire le principe fondamental de toutes nos conceptions sur le monde, la société, l'État, la base de l'instruction. »

Après cette énergique proclamation des droits imprescriptibles de la vérité, M. Virchow se demande si la théorie de la descendance exposée par M. Haeckel a pour elle ce caractère de vérité qui seul autoriserait son enseignement public dans les universités et dans les écoles. Ici, le savant professeur de l'université de Berlin proteste :

« Il est facile de dire : Une cellule est formée de petites parties qu'on nomme *plastidules ;* les plastidules à leur tour sont formées de charbon, d'hydrogène, d'oxygène et d'azote, et sont animées d'une âme particulière; cette âme est le produit ou la somme des forces que possèdent les atomes chimiques. C'est bien possible ; je ne peux pas me prononcer exactement là-dessus. Je dois dire néanmoins ceci : Avant qu'on ait pu me définir les propriétés du charbon, de l'hydrogène, de l'oxygène et de l'azote, de façon à me faire comprendre comment de leur somme peut naître une âme, je ne puis reconnaître que nous soyons autorisés à introduire l'âme de la plasditule dans l'enseignement, ou même à exiger de tout esprit cultivé qu'il l'admette comme une vérité scientifique, pour en tirer des conclusions, et fonder dessus son concept du monde. Nous ne pouvons réellement pas demander cela. Au contraire, suivant moi, avant d'appliquer à de semblables thèses l'expression de science, avant de dire que c'est là la science moderne, nous devrions opérer toute une série de recherches de longue haleine. *Nous devons donc dire à l'instituteur : N'enseignez pas cela.* C'est là, à mon avis, la réserve que doivent observer ceux qui admettent une solution de ce genre comme le but probable de la recherche scientifique. »

La théorie de la descendance s'appuie sur la génération spontanée. Celle-ci est-elle, à son tour, étayée sur des preuves de quelque valeur? M. Virchow va répondre :

« Avec le darwinisme, la théorie de la génération spontanée est revenue sur l'eau; je ne puis nier qu'il y ait quelque chose de séduisant à couronner ainsi la théorie de la descendance, et, après avoir établi toute la série des formes vitales, depuis les protistes les plus inférieures jusqu'à l'organisme humain, à les rattacher en dernière analyse au monde inorganique. Ceci correspond à la tendance de généralisation qui est tellement humaine que, à toutes les époques, elle a tenu sa place dans les spéculations des peuples. Nous éprouvons incontestablement le besoin de ne pas séparer le monde organique du reste de l'univers, comme une région distincte, mais plutôt d'affirmer le lien qui l'unit au grand Tout. En ce sens il y a quelque chose de satisfaisant à pouvoir admettre que le groupe d'atomes Carbone et Cie — expression peut-être trop abrégée, mais exacte, tant que le charbon joue le principal rôle — se soit à un moment donné séparé du charbon ordinaire, et, dans certaines circonstances, ait donné naissance à la première plastidule; qu'il le fasse même encore aujourd'hui...

» On ne connaît, il est vrai, pas un *seul fait positif* qui établisse qu'une génération spontanée ait jamais eu lieu, qu'une masse inorganique, même de la société Carbone et Cie, se soit jamais spontanément transformée en masse organique. Nonobstant j'avoue que, si l'on se propose de s'imaginer comment le premier être organique a pu prendre naissance, il n'y a pas d'autre moyen que d'en revenir à la génération spontanée. La chose est évidente! Si je ne veux pas admettre une théorie de la création, si je ne veux pas croire qu'il y ait eu un Créateur qui ait pris une motte de terre et l'ait animée d'un souffle vivant, si dans ce chaos je veux me faire un verset, je dois recourir à la génération spontanée. *Tertium non datur...*

» Mais nous devons le reconnaître, la génération spontanée n'est pas encore démontrée. Si une démonstration quelconque venait à surgir, nous nous inclinerions. Il resterait cependant alors à déterminer dans quelles limites la génération spontanée serait admissible. Nous devrions poursuivre tranquillement nos recherches, car il ne viendra à l'idée de personne que la génération spontanée soit applicable à l'ensemble de tous les êtres organiques. Elle ne saurait, au contraire, s'appliquer qu'à un nombre borné d'êtres vivants. Mais je pense que nous avons encore le temps d'attendre cette démonstration. Quand on se souvient de quelle façon regrettable, justement dans ces dernières années, ont échoué toutes les tentatives pour trouver une place à la génération spontanée parmi les formes les plus élémentaires du passage du règne inorganique au règne organique, il doit sembler doublement périlleux d'exiger qu'une théorie si mal élucidée serve de base à toutes les conceptions humaines sur la vie. »

Si les faits n'autorisent pas l'enseignement de la théorie de la descendance dans son intégrité, autorisent-ils l'enseignement de descendances plus limitées? Permettent-ils, par exemple, de donner à l'homme le singe pour ancêtre ? Y a-t-il quelques faits prouvant que l'homme des temps primitifs, l'homme quaternaire ou tertiaire, l'homme fossile, en un mot, soit un homme dégradé et paraissant descendre du singe? Ici encore M. Virchow rétablit la vérité étrangement méconnue par une école de naturalistes qui prennent leurs conceptions systématiques pour la réalité :

« Il y a un peu plus de dix ans, si on trouvait un crâne dans la tourbe, dans les stations lacustres ou dans les anciennes cavernes, on croyait voir en lui des caractères singuliers témoignant d'un état sauvage incomplétement développé. On était sur le point de lui donner l'air singe. Mais tout cela s'est toujours dissipé de plus en plus. Les anciens troglodytes, les habitants des palafittes, les hommes de la tourbe se présentent comme une société tout à fait respectable. Ils ont la tête d'une grosseur telle que beaucoup d'individus, actuellement vivants, s'estimeraient heureux d'en avoir une pareille...

» En somme, nous devons réellement reconnaître qu'aucun des types fossiles ne présente le caractère marqué d'un développement inférieur. Et même, si nous comparons la somme des fossiles humains connus jusqu'ici, avec ce que nous offre l'époque actuelle, nous pouvons hardiment prétendre que, parmi les hommes actuellement vivants, il existe un beaucoup plus grand nombre d'individus relativement inférieurs que parmi les fossiles en question. Je n'ose pas supposer que ce sont les plus grands génies de l'époque quaternaire qui seuls ont eu le bonheur de nous être conservés. Ordinairement, on conclut de la disposition d'un seul individu fossile à celle de la majorité des autres non encore trouvés. Je ne veux pas le faire ici néanmoins. Je ne veux pas prétendre que la race tout entière fût aussi belle que la minorité dont nous avons les crânes. Mais je dois le dire : on n'a encore jamais trouvé un crâne fossile de singe ou d'homme singe qui ait appartenu à un homme quelconque. Chaque progrès matériellement réalisé dans la discussion nous a constamment éloignés de la solution proposée... A nous en tenir aux faits positifs, nous devons reconnaître qu'il subsiste toujours une ligne de démarcation nettement tranchée entre l'homme et le singe. *Nous ne pouvons pas enseigner, nous ne pouvons pas considérer comme un fait acquis à la science que l'homme descend du singe ou de tout autre animal.* »

Toutes les assertions dogmatiques de M. Haeckel sont donc, des petites aux grandes, de pures témérités, des hypothèses qu'aucun fait n'appuie. Elles compromettent la science; elles seraient funestes dans l'enseignement. Substituer aux grandes idées dont l'humanité a vécu jusqu'ici, des théories qui effacent sa liberté comme sa dignité, c'est révolter les âmes les plus élevées, c'est déchaîner l'esprit de système et d'erreur, c'est abaisser sans retour la valeur morale de l'homme, pour ne laisser subsister que la force animale, dernier arbitre des choses. Aussi M. Virchow s'inquiète-t-il de ces tendances et recommande-t-il la réserve et la prudence :

« Modérons-nous, exerçons-nous à la réserve; donnons toujours pour des problèmes les problèmes, même ceux qui nous tiennent le plus à cœur; disons cent fois : Ne tenez pas telle proposition pour une vérité incontestable, attendez-vous à apprendre qu'il en pourrait être autrement; nous avons seulement, à l'heure actuelle, la pensée qu'il en pourrait être ainsi...

» Avec une pareille réserve que nous nous imposerons à nous-mêmes, que nous proclamerons à la face du reste du monde, je suis convaincu que nous serons en état de soutenir victorieusement la lutte contre nos adversaires. Toute tentative pour transformer un problème douteux en proposition certaine, pour prendre nos hypothèses comme bases de l'enseignement, la tentative notamment de déposséder l'Église et de remplacer simplement son dogme par une religion de la descendance, est condamnée à échouer, et son échec entraînerait avec lui les plus grands périls pour la position de la science en général. »

Ces conseils seront-ils entendus? Nous voulons le croire plus que nous ne l'espérons. M. Virchow réclame la liberté de la science et de la recherche; mais il veut la réserve et la sagesse dans l'enseignement. Celui-ci surtout, lorsqu'il s'adresse aux jeunes esprits, ne doit livrer que les faits positifs que l'observation dévoile, que l'expérimentation affirme chaque jour; que les vérités incontestées, celles qui ont pour elles la tradition, ou qui s'offrent comme des déductions précises et, en quelque sorte, mathématiques. Ce sont là les conseils que nous formulons. M. Virchow les renouvelle sous la forme allemande et dans le milieu allemand. Nous avons voulu fortifier nos propres paroles par les siennes. M. Virchow n'est-il pas lui-même un hardi novateur, et n'avait-il pas pris place dans le camp de ceux dont il se sépare aujourd'hui, de ceux qui prêchent des doctrines dont le péril, suivant ses expressions, est extraordinairement grand? N'est-ce pas un spectacle aussi instructif que piquant de l'entendre s'élever contre les entraînements de ceux qui se considèrent aussi comme des rénovateurs scientifiques, et qui ne sont que des systématiques non moins aveuglés que passionnés?

Décembre 1877.

DES VÉRITÉS TRADITIONNELLES EN MÉDECINE

LEÇON D'OUVERTURE DU COURS DE PATHOLOGIE GÉNÉRALE (1)

.... Cependant, messieurs, j'aurais tort de renoncer à vous donner dès aujourd'hui une idée éloignée du génie et de la fonction propres de la pathologie générale. Il n'est pas indispensable d'entreprendre la réfutation directe de tous les sophismes émis contre les vérités primordiales de la médecine pour surprendre l'existence et l'action de ces vérités. Non; il suffit, à cet effet, d'assister au spectacle même de l'institution de notre science surgissant à la lumière de quelques notions synthétiques et souveraines. C'est là une démonstration de fait et pratique qui pénètre peut-être plus aisément dans les esprits que celle que livre un exposé didactique. Voir naître une science fournit toujours un suprême enseignement; et, quoiqu'il dérive du passé, un tel enseignement vise aussi le présent et l'avenir;

(1) Je laisse à ces considérations sur les *Vérités traditionnelles en médecine* la forme de Leçon sous laquelle elles ont été écrites. Je la donne comme une sorte de conclusion des Études précédentes, parce que c'est la primordialité et la permanence des grandes vérités auxquelles elles sont consacrées, l'autonomie, l'unité, la spontanéité, la finalité de l'être vivant, qui ont créé notre tradition scientifique et médicale. C'est là ce qui fait la puissance et l'action de ce mot, tradition, si employé et si peu compris. On le verra, les vérités traditionnelles, bien comprises, sont les vérités primordiales et fondamentales, autour desquelles gravitent toutes les autres. C'est pourquoi être conforme ou contraire à la tradition, c'est, d'ordinaire, être conforme ou contraire à la vérité elle-même.

car les conditions essentielles de la science ne sauraient changer; elles se maintiennent, exigeant toujours les mêmes efforts et répondant aux mêmes méthodes. Essayons donc de saisir le sens historique de nos origines; soulevons les voiles qui les recouvrent; démêlons les forces mises en œuvre à cette création de la médecine; étudions à sa naissance cet épanouissement de hautes vérités qui, plus tard, acquerront le nom de traditionnelles.

A cette fin, demandons à notre longue histoire l'intelligence des mots de tradition et de vérités traditionnelles. Tout est dans l'entendement de ces termes d'un emploi si fréquent et si vague. Que signifient-ils, hors de cette langue énervée et confuse que nos générations irréfléchies s'habituent à parler? La tradition comprend-elle tout ce qui a été anciennement écrit et enseigné, recueil indifférent d'innombrables erreurs et de quelques notions vraies? Une vérité traditionnelle est-elle simplement une vérité quelconque depuis longtemps inscrite dans nos annales, un fait anatomique ou pathologique transmis de génération en génération? N'y a-t-il ici qu'une question de temps; et, s'il en est ainsi, quelle importance peut-on attacher à de telles expressions; et que dire de ceux qui les emploient avec une affectation philosophique destinée à en voiler, sans succès, l'insignifiance et le vide? Si, au contraire, ces expressions recèlent en elles tout un ordre propre d'idées et de notions, quel est celui-ci, et où s'en trouve la raison d'être? Je voudrais essayer, à l'ouverture de ce cours, de répondre à ces questions mal résolues ou à peine posées. Vous saisirez ainsi, dans ses premières manifestations, la domination incontestable de la pathologie générale dans l'établissement et le développement de notre science; et, en même temps, s'ouvriront devant vous les perspectives lointaines des régions que nous devons parcourir ensemble.

L'avénement de la médecine au milieu des arts et des sciences humaines remonte, d'âge en âge, jusqu'à la grande époque grecque, celle de Phidias et de Platon, et trouva alors, dans la collection des livres hippocratiques, sa première expression scientifique. Depuis ce moment que les siècles n'ont pas oublié, la médecine, sauf durant le long silence du moyen âge, a été se développant sans cesse, s'agrandissant et se fortifiant de découverte en découverte, agitée souvent dans des sens contraires, allant d'une direction à l'autre, mais vivant toujours, le lendemain, des œuvres de la veille, ne dépouillant jamais le passé, trouvant au contraire en lui un indispensable soutien et un inséparable conseiller dans les voies nouvelles que le travail ouvrait devant elle. Les temps modernes, si justement fiers de tant de progrès, n'ont pas enfanté la médecine. Ils se sont enrichis de moyens d'analyse autrefois inconnus, aujourd'hui nombreux et puissants; mais ils n'ont pas institué une médecine absolument séparée de celle du passé, et fondée sur de nouveaux principes. Ceux qui prétendent que la vieille médecine n'est qu'empirisme, professent que cet empirisme subsiste encore, et ils ne se déclarent pas prêts à lui substituer un ensemble de connaissances véritablement scientifiques.

Les temps modernes ont vu surgir du chaos la chimie; c'est une création qui leur appartient tout entière, et dont les a dotés notre immortel Lavoisier. Aux clartés de ce génie, l'alchimie, qui était l'empirisme, mourut; et la chimie, qui était la science, naquit. Ce grand homme eut ses précurseurs, car tous les créateurs en ont; mais les précurseurs eux-mêmes ne font que témoigner de l'œuvre vraiment créatrice, et désignent à tous celui auquel elle est due. Nous n'avons pas de Lavoisier en médecine, ou du moins il faut le chercher à deux mille ans en arrière, et surprendre son œuvre à travers les sombres ignorances qui l'enveloppent, et dont elle ne s'est dégagée qu'après de longs siècles d'observation et d'expérience. Nul homme de nos temps n'a tiré la médecine de son génie. Quelques esprits puissants et systématiques ont pu se glorifier d'une telle entreprise, et ont tenté de déchirer notre passé au profit de leurs conceptions; d'autres, séduits et entraînés, ont acclamé ces sectaires de la science; mais l'heure des justes appréciations ne se faisait pas longtemps attendre; elle venait parfois au plus fort même des acclamations, et voyait tomber ces conceptions, prétendues nouvelles. L'erreur elle-même se retrouvait dans ce passé que l'on voulait proscrire; condamnée déjà, elle n'avait plus qu'à subir une condamnation renouvelée, et motivée de même, malgré la différence des temps et malgré tous les progrès accomplis. C'est ainsi que l'erreur de Thémison se rajeunissait, un instant, dans l'idée systématique de Broussais, et que la condamnation de l'une renaissait comme condamnation de l'autre.

Notre science est donc vieille déjà, quoique toujours jeune et progressive; nous nous appuyons sur l'autorité de nos maîtres, comme eux-mêmes sur celle de leurs prédécesseurs, et ainsi de suite en remontant au loin la chaîne des âges. Nous citons les médecins de ce siècle et ceux du siècle passé, et parfois nous retrouvons dans leurs livres des vérités oubliées que nous remettons aujourd'hui en lumière. Nos devanciers s'inspiraient pareillement de la science de leurs pères, et en maintenaient les principes, tout en l'agrandissant dans son ensemble, en la réformant dans les détails.

Je n'ignore pas que, devant cet enchaînement dont aucun anneau ne peut être brisé, de dédaigneux esprits ne craignent pas de soutenir que la médecine n'existe pas comme science dans le passé, qu'elle n'a pas même cette existence dans le présent; ils la réduisent à un simple empirisme, à une pure collection de faits; son élévation à la dignité de science, si elle a jamais lieu, serait réservée à un avenir encore éloigné. Ces préjugés, dont nous avons tant à souffrir, tiennent à ce que les vérités primordiales qui constituent en science l'ensemble des faits pathologiques, et dont nous allons vous montrer l'antique et glorieuse apparition, échappent fatalement à ceux qui ne croient qu'aux faits matériels et sensibles. Ces adeptes du culte exclusif des faits méconnaissent la constitution même de toute science; ils se refusent à comprendre que la science ne se crée et ne se développe qu'à l'apparition et sous l'action d'une unité causale, dont tous les phénomènes perçus ne sont que la traduction extérieure. Si l'unité, si le principe actif et créateur, inaccessible aux sens, est toujours rejeté par ces faux esprits positifs, comment jamais arriveront-ils à la conviction que la médecine qui s'affirme sous leurs yeux, est et demeure une science, malgré leurs négations? Laissons donc là ces objections, qui n'ont d'autre importance que celle que leur vaut la méconnaissance, malheureusement si commune, des conditions philosophiques de la science.

Revenons à nos origines scientifiques, et considérons la pauvreté des connaissances analytiques à ces commencements obscurs. La structure et les fonctions des principaux organes n'étaient perçus qu'à travers de grossières images, et les réalités matérielles de l'être se résolvaient presque toutes en d'informes conceptions. Comment du sein de cette ignorance a-t-il pu surgir une connaissance scientifique de l'homme et de la maladie? Sur quels fondements ont été jetées les premières assises de la médecine, pour que, ainsi fondée, la médecine, traversant les âges se soit perpétuée jusqu'à nos jours? Ces fondements, la constitution de l'homme vivant va nous les livrer.

L'être vivant, en effet, à mesure surtout que l'on s'élève dans l'échelle des êtres et que l'on atteint à l'homme, offre des caractères généraux qui dominent de plus en plus tous ses actes particuliers, traits essentiels de la vitalité qui s'impriment sur toutes les fonctions, sans lesquels l'être et la vie s'évanouissent, pour ne laisser qu'une structure immobile, des fonctions détruites par leur isolement, anéanties dans leur principe comme dans leur fin. Entre ces caractères primordiaux, nous citerons l'autonomie de la vie, l'unité de l'être, sa spontanéité, sa finalité propre. Or, ces caractères de la vie, le génie de l'homme peut les discerner malgré l'ignorance des fonctions particulières de l'organisme, malgré l'ignorance des lésions anatomiques que la maladie amène, quoiqu'il ignore enfin les espèces nosologiques dont se compose la longue histoire de nos souffrances. La vue et l'intelligence générales de l'homme vivant, sain ou malade, sont directement permises à l'observateur qui étudie l'évolution synthétique de la vie, ses ressources et ses défaillances, ses besoins et ses mouvements divers. Cela est si vrai qu'il est possible de transmettre cette intelligence générale de la vie au lettré et au philosophe, en faisant appel à leurs seules habitudes de réflexion et d'étude. Il n'est pas nécessaire de fouiller la structure anatomique des organes, et de déterminer leur fonctionnement spécial, pour percevoir et comprendre le spectacle élevé du mouvement général de la vie, pour le rapporter à sa causalité propre, et en induire une connaissance première et réelle de l'être.

Ce n'est pas, toutefois, que la connaissance analytique de l'être ne serve grandement à cette connaissance première; elle la développe, la précise, et l'affermit, de façon à montrer l'infinie variété de ses aspects, et à réunir en une large et harmonique synthèse toutes les contradictions apparentes. Elle dévoile ainsi, sous l'autonomie vivante, la permanence des lois physiques de la matière ; sous l'unité, la diversité et l'indépendance relative des diverses vies organiques ; elle rattache à la spontanéité l'action provocatrice des causes extérieures, et celle qui résulte des relations de tissus et d'appareils ; elle conçoit, enfin, sous la finalité, le caractère fatal et aveugle du développement organique et des fonctions particulières.

Quoi qu'il en soit des développements ultérieurs de ces vérités générales, celles-ci ont apparu déjà saisissantes, dès que les regards d'un génie pénétrant se sont fixés sur le monde émouvant de la vie individuelle, et avec elles était créée la physiologie générale de l'être. Bien plus saisissantes encore apparaissaient ces vérités sur le monde mobile et changeant de la pathologie, que l'observation étudiait depuis longtemps. Les vérités premières de la connaissance générale de l'être s'y sont transformées d'elles-mêmes en vérités de pathologie générale ; car les caractères majeurs de la vie sont aussi les caractères majeurs de la maladie. Relisez les enseignements hippocratiques : « Le principe de tout est le même. Il n'y a aussi qu'une fin, et la fin et le principe sont uns..... Dans l'intérieur est un agent inconnu qui travaille pour le tout et pour les parties, quelquefois pour certaines et non pour d'autres.... Il n'y a qu'un but, qu'un effort. Tout le corps participe aux mêmes affections ; c'est une sympathie universelle. Tout est subordonné à tout le corps, tout l'est aussi à chaque partie. Chaque partie concourt à l'action de chacune des autres..... La nature est le premier médecin des maladies, et ce n'est qu'en favorisant ses efforts que nous obtenons quelques succès.... La même nature suffit à tout, dans l'état de santé comme dans l'état

de maladie. » Et cette maxime, enfin, si connue et si éternellement vraie qu'elle semble présider au travail le plus
caractéristique et le plus fécond de notre époque, à toute
l'application expérimentale de la physiologie à la pathologie ; je la cite en latin, ne pouvant vous donner une traduction qui égale la concision du vieil aphorisme : *quæ
faciunt, in homine sano, actiones sanas, eadem, in ægroto
morbosas.* Qui n'admirerait la noble simplicité de ce langage ! Le *consensus unus,* la doctrine des crises spontanées,
celle de la nature médicatrice, ne sont que la conversion
et l'aspect en pathologie de doctrines correspondantes de
physiologie générale.

La médecine grecque, fondée sur ces vérités, ouvrit l'ère
de la science, et se dégagea de l'empirisme par l'observation et l'intelligence de l'état général du malade. La diag-
nose et la prognose surgirent à l'étude de cet état général,
et bientôt y acquirent une ampleur, une physionomie, une
empreinte des réalités vivantes qui, encore aujourd'hui,
commandent notre admiration.

En vous ramenant, Messieurs, à ces lueurs premières de
la science, je n'ai point perdu de vue mon dessein, car nous
voilà conduits en face des vérités à qui l'avenir réservait le
nom de traditionnelles. Cette pathologie générale naissante,
c'est aussi la tradition naissante. Rien en dehors ne mérite
ce nom que les siècles vont créer ; tout ce qui s'y rattache
mérite, par contre, de le recevoir. En effet, ces vérités
premières et constitutives, une fois entrées dans la science
ne devaient plus en disparaître. Elles devenaient l'âme de
tous les faits particuliers ; elles guidaient et soutenaient
l'analyse naissante aussi, et dont le travail persévérant
avait à poursuivre sur le monde matériel une œuvre prodigieuse d'envahissement. Quel que fût le fait physiologique

ou pathologique découvert, il ne pouvait se soustraire à ces lois nécessaires de la vie, sans lesquelles la vie s'anéantit et rentre dans le sein des existences inorganiques. Par conséquent, d'âge en âge, à travers tous les développements de la science, et par cela seul que la science se maintenait et se développait, ces vérités, les premières vues parce qu'elles sont les premières en éclat et en puissance, ces vérités demeuraient immuables en quelque sorte, reparaissant avec une intensité croissante, s'élevant au-dessus de toutes les contestations, de toutes les notions dues au travail du jour, recevant une autorité souveraine par l'assentiment unanime, transmis de maître en maître, et d'enseignement en enseignement. Cette autorité devint ainsi le signe même de la tradition, et les vérités qu'elle consacre durent s'appeler pour toujours les vérités traditionnelles.

Le tableau que je viens de retracer à vos yeux se présente-t-il dans l'histoire avec la simplicité et la clarté que j'ai dû mettre en ce premier exposé? Cette marche continue, sous le rayonnement des vérités principes, ne s'est-elle jamais interrompue, n'a-t-elle jamais obéi à des impulsions contraires? Hélas! et qui ne le sait? notre histoire est pleine de troubles, de déviations, de négations : ils y occupent une telle place, et s'y entremêlent en tant de sortes et sous tant de figures, que, pour bien des esprits, rien, dans cette confusion des choses et dans ce choc des opinions, ne distingue ce qui dure de ce qui passe, ce qui est tradition de ce qui est éphémère; pour eux, la tradition recueille en elle la vérité comme l'erreur, et n'offre aucun caractère positif qui la signale. Notre évolution scientifique semble une tourmente sans frein ni règle; et il en est ainsi de toutes les sciences qui touchent à l'homme, de celles qui ont pour objet sa nature vivante, comme de celles qui se rapportent à sa nature intellectuelle et morale. Les unes et les autres reconnaissent une autorité traditionnelle, et c'est même en ces seules sciences, celles de l'homme, qu'existe une pareille autorité. Et, néanmoins, les extrémités les plus opposées s'y heurtent; nulle démonstration n'y est acceptée pour toujours, ni par tous; les contraires s'y affirment avec une égale assurance. C'est notre infirmité de repousser le vrai qui nous est présenté; mais c'est notre grandeur de le faire reparaître, et de le reproduire agrandi, d'une forme plus pure et plus belle après chaque agression, si perfide et si spécieuse que soit celle-ci.

Telle a été la condition des vérités premières de notre science. Le génie hippocratique, avec le don de voir avant le temps, eut celui de traduire avec simplicité et grandeur ce qu'il voyait par une sorte de prescience. La forme sévère donnée par lui aux notions premières de la science se dégrada bientôt. Les esprits sans pénétration et sans élan, qui aiment les images et les figures visibles, s'en emparèrent; et à l'idée pure des choses, se substitua par degrés une perversion ontologique bien propre à gagner et à séduire les imaginations. Le besoin des explications matérielles, ce danger permanent de la science et de l'art, parfois même les découvertes des faits particuliers vinrent aider à cette altération du vrai et corrompre les plus fécondes notions en les imprégnant des erreurs et des entraînements du jour. Dans un milieu ainsi troublé, l'idée systématique dut surgir d'elle-même. Elle présenta à des esprits déviés et devenus faibles, car la vérité seule donne la force, le mirage des théories faciles, et réduisit à la mesure et à la fausse simplicité de ces théories la science de l'être vivant et malade, si complexe et si étendue. Armée de ces avantages, l'idée systématique dut en apparence se soumettre la science et régner comme en souveraine. A ces moments, la tradition sembla vaincue, et les vérités traditionnelles parurent perdre leur prestige et leur action dominatrice.

Cet aspect de notre histoire est décourageant pour ceux qui n'embrassent pas sous leur regard tout l'ensemble de l'évolution médicale, et portent une vue errante de fait en fait, de théorie en théorie. Il faut résister à ces découragements. En face du spectacle de nos faiblesses et de nos défections, il faut placer le beau et fortifiant spectacle qui nous montre ces vérités premières, trahies souvent par ceux qui prétendent les servir, comme par ceux qui s'en déclarent les ennemis, demeurer cependant à l'état actif quoique latent, et, après l'obscurcissement d'un jour, se lever plus brillantes sur l'horizon reculé de la science. Elles inspirent ceux mêmes qui croient les repousser. On les masque sous l'hypothèse, on les désigne sous d'autres noms, on les déguise en systèmes, en théories qui leur semblent contraires, et sous ces noms, sous ces systèmes, sous ces théories, les vérités premières pénètrent et leur communiquent ce qu'ils traduisent de réalité, ce qu'ils ont de vie. Elles se dégagent enfin par une irrésistible puissance, et elles ressortent plus vigoureuses, incarnées en des faits nouveaux ou jusqu'alors incompris, et qui tout à coup palpitent de vie et de fécondité.

La tradition s'affirme donc par le fait même des négations qui voudraient l'atteindre. Elle s'agrandit et se fortifie au sein des agitations et des luttes. Elle devient de plus en plus la tradition à mesure qu'elle sort et qu'elle triomphe de ces luttes, à chaque fois que s'écroule un système qui prétendait usurper sa place. Par cette réapparition incessante, elle affirme sa permanence et légitime incessamment son nom. Elle marque les grands maîtres et les grandes époques de la science. Lorsque l'intelligence des vérités traditionnelles domine une école et un enseignement, lorsqu'elle domine et guide le mouvement de la science, soyez assurés que l'école est forte, l'enseignement utile et fécond, le mouvement dirigé dans les voies du progrès réel. L'histoire est là pour en répondre, et le présent, non plus que l'avenir, ne lui donneront un démenti.

Je parle de mouvement et de progrès : c'est la noble passion de l'esprit scientifique. Or, on a souvent reproché à ceux qui professent le respect de la tradition, d'être hostiles au mouvement et d'opposer la tradition comme un obstacle au progrès. Ce reproche est grave ; et, quoique l'aveu m'en soit pénible, je ne puis me dissimuler que parfois il est mérité. Je le reconnais, ceux qui estiment que tout est à renouveler dans la science, que le passé est un lourd et inutile héritage, bon à répudier, ceux-là, si la passion les anime et les soutient, portent au travail, aux investigations nouvelles, une ardeur incomparable. Ils reculent les bornes de l'analyse et fouillent en tous sens la matière organique, dans le désir d'en faire surgir cette pathologie réformée qu'ils entrevoient au fond de leur pensée. Ils s'agitent, car ils n'ont pas où se reposer ; et si cette agitation n'est pas en tout productive, si elle enfante des erreurs funestes dans le présent, et destinées à disparaître dans la lutte pour la science, elle a aussi ses rencontres heureuses, ses trouvailles de phénomènes cachés ; elle amasse des matériaux, elle accumule des faits qui, plus tard, seront convertis en richesses réelles, en progrès véritables, lorsque les vérités traditionnelles les pénétreront du souffle vivant qui vient d'elles. D'autre part, ceux qui vivent dans la tradition, ceux qui la comprennent et qui l'aiment sont trop souvent disposés à la considérer comme l'asile de toute paix, comme un port contre les agitations et les disputes auxquelles est livré le monde des idées. Ils s'y renferment avec le calme d'une conscience assurée d'elle-même et satisfaite de la part de certitude et de vérité qu'elle possède. Ils n'ont rien de cette ardeur inquiète qui sollicite aux recherches, au mouvement, qui jette l'esprit en avant et le pousse en des voies non encore fréquentées. En un mot, il y a les endormis comme les révoltés de la tradition.

Tâchons, Messieurs, de ne compter ni parmi les uns ni parmi les autres. Avec le sens de la tradition, gardons l'amour du mouvement et de la recherche. Je vous l'avouerai, si je ne craignais de diminuer à vos yeux le respect dû à des vérités qui soutiennent toute la science, je vous l'avouerai, s'il fallait être pour la tradition contre le mouvement, j'hésiterais, et je vous dirais peut-être : Marchons et cherchons; les lumières d'une tradition immobile ne sauraient reculer les horizons ouverts devant nous; secouons les paresses et les engourdissements de l'esprit; allons en avant quand même, et, s'il le faut, à l'aventure; nous courrons la chance de découvrir quelqu'un de ces sentiers inconnus qui conduisent à des champs et à des moissons nouvelles. Mais je n'ai pas à vous tenir ce langage. Rien ne nous oblige à choisir entre une tradition sans mouvement, et le mouvement sans les lumières de la tradition. Sachons allier ces deux principes d'action qui ne s'excluent ni ne se combattent. Ils s'entre-soutiennent, au contraire, et ce sont nos infirmités et nos défaillances qui nous laissent tomber d'un côté à l'exclusion de l'autre. Celui qui a la pleine intelligence des vérités traditionnelles suit d'un œil attentif et sympathique tout le labeur qui se poursuit devant lui; car ce labeur se poursuit pour lui et pour sa cause; il fournit aux vérités traditionnelles le terrain sur lequel elles se prolongent et se développent; en fin de compte, rien ne s'établit contre elles; tout les alimente et les rajeunit.

Voyez le temps présent, il fournit de cette œuvre le plus éclatant témoignage. L'admirable dépense d'énergie et

d'activité, qui fait son caractère et sa gloire, s'opère toute
au profit de ces grandes vérités léguées par les siècles, et
qui deviennent d'autant plus fortes et jeunes que les générations se succèdent et que leur œuvre s'accumule. Quelle
confirmation la doctrine de l'autonomie vitale ne reçoit-elle
pas, tous les jours, des efforts tentés par les sciences physiques et chimiques? Devant elle s'arrête la grande doctrine
physique de la transformation des forces; devant elle a
échoué la doctrine des générations spontanées. Ailleurs,
nous avons vu naître une physiologie et une pathologie
cellulaires : que sont-elles, au demeurant, sinon une confirmation et une extension de la physiologie et de la pathologie générales de l'être entier? La cellule n'est que la
réduction et la simplification dernière de l'organisme;
l'organisme n'est qu'une cellule parvenue à un degré éminent d'accroissement et de complexité. Les deux reconnaissent les mêmes lois fondamentales de l'être. Vous en
aurez souvent la preuve : le travail moderne, qu'il en ait
ou non conscience, loin de contredire aux vérités traditionnelles, y amène celui qui sait l'interpréter, celui qui,
à travers les formules de l'heure présente, sait retrouver
l'idée impérissable. Le novateur d'aujourd'hui donne
d'autres formes à l'antique corps des doctrines; le corps a
grandi; ses éléments sont renouvelés; mais l'âme intérieure
demeure. L'identité de la pensée génératrice se poursuit à
travers les variétés de l'expression; on croit détruire, et
l'on ne fait que confirmer et développer.

Aussi ne faut-il pas que le culte de la tradition conduise
jamais à l'intolérance. L'intolérance, appliquée aux œuvres
de l'esprit et de l'observation, devient fatalement de l'in-
justice, et l'une des plus funestes. Souvenons-nous toujours que tout fait nouveau, quelle que soit l'idée doctrinale ou systématique à laquelle on le rattache, est une

conquête dont la science jouira tôt ou tard. Il faut aimer le travail pour lui-même, et par-dessus tout la liberté du travail et celle des idées qui le suscitent. C'est là une vertu nécessaire à l'homme de science, et sans laquelle il étoufferait de ses mains d'ardents foyers de lumière et de chaleur. Pénétrons-nous de cette pensée, et qu'elle nous soit toujours présente dans la discussion des opinions opposées. Sachons combattre l'opinion, et en même temps rendre au savant la justice due à toute vie consacrée au travail et à la science.

Vous le voyez, Messieurs, ce ne sont ni les études bibliographiques ni les pures recherches historiques qui vous conduiront aux vérités traditionnelles. On peut être très-érudit et n'avoir pas le sens de la tradition. Celle-ci aime les études historiques, mais elle n'en dépend pas. L'érudition s'adresse à tout ce que l'intelligence humaine a produit; elle note et inscrit tout, systèmes, théories, assertions arbitraires, préjugés, aussi bien que notions vraies et traditionnelles. Il ne lui appartient pas de distinguer, de séparer, de juger. L'ancienneté et la permanence forment, sans contredit, un des cachets de la vérité traditionnelle; mais ni l'une ni l'autre n'en sont le caractère principal. Bien des erreurs ont pour elles, dans notre histoire, l'ancienneté et la permanence. La tradition médicale trouve sa marque dans ce fait, qu'elle est constitutive de notre science; elle assiste à ses origines et préside à ses longues destinées; elle devient son éternel soutien; tel est le signe supérieur et propre de la vérité traditionnelle en médecine. Aussi ces vérités appartiennent-elles toutes à la pathologie générale; elles affirment ses débuts et montrent sa toute-puissance.

Vous jugez déjà combien est erronée l'opinion de ceux qui attendent de l'avenir la révélation première de la pathologie générale, et qui pensent que celle-ci ne peut résulter que du rapprochement et de la comparaison des faits analytiques, alors qu'ils seront tous connus. Il n'est pas d'idée plus étroite et moins juste. Elle aboutit à la négation même de la pathologie générale et de toute philosophie. Loin d'être un lointain aboutissant de l'analyse, la pathologie générale est en quelque sorte un précurseur. Ses principes premiers s'élèvent, d'un essor irrésistible, en face de la vue générale des choses, par une contemplation directe des caractères fondamentaux de la vie. L'avenir, sans doute, lui réserve des développements à l'infini; les vérités traditionnelles sont en croissance continue; mais elles gardent un fond immuable, bien différentes en cela des vérités transitoires de l'analyse, lesquelles se poussent, se déplacent, se transforment à chaque progrès, surgissent et brillent un instant, pour s'éteindre devant des investigations plus fines et plus pénétrantes. La mobilité de l'analyse et des théories successives qu'elle enfante n'implique pas une mobilité correspondante de toute la science, mais le mouvement et la multiplicité sous la fixité et l'unité des principes. Les éléments périssables et mobiles de la science sont donc en dehors de la tradition; celle-ci est dans l'élément qui vit toujours, qui a pour lui l'éternité même de la substance. Les éléments contingents peuvent cependant se fixer et acquérir le caractère de réalité substantielle, alors qu'on les a rattachés par d'invincibles liens aux traditions premières; ils deviennent, en cette union comme des vérités traditionnelles secondes. Nous devons mettre tous nos efforts à multiplier ces dernières vérités; nous accroissons ainsi le trésor des traditions acquises; nous enrichissons la science, non de faits variables et passagers, mais de connaissances complètes, destinées à la perpétuité du vrai; c'est là le progrès réel, durable, absolu.

On peut souvent juger l'importance et l'action étendue d'une vérité scientifique en essayant, par la pensée, de la supprimer, d'éteindre son retentissement dans l'ensemble des faits, et de mesurer ensuite ce qui reste de la science ainsi mutilée. Essayez donc, Messieurs, de retrancher de la médecine les notions de *consensus*, d'unité de l'organisme et d'unité de la maladie, de spontanéité vivante dans l'état physiologique comme dans l'état pathologique, de tendance à la conservation et de nature médicatrice, et voyez ce qui restera pour le jugement des faits vitaux hygides ou morbides. Vous n'aurez pas supprimé la connaissance de tel ou tel fait particulier; vous aurez frappé au cœur la science dans sa totalité, et dénaturé, dans son principe, la connaissance de tous les faits médicaux. Vous aurez détruit de telles forces, et amassé de telles ténèbres, que la science de l'être organique se dissoudra fatalement, et que ses débris obscurs seront à tout jamais perdus, sans qu'aucun nouveau lien ait pouvoir à les rassembler. Les faits que l'on prétendrait conserver, dépouillés de la meilleure part d'eux-mêmes, s'anéantiraient dans la main même de l'observateur, formes vides, lettres mortes qu'aucun souffle ne vivifierait. Oui, que deviendrait l'étude des fonctions spéciales sans l'idée de *consensus*, d'unité, d'autonomie vitale? L'étude de la maladie, sans l'idée de spontanéité, de synergie et de tendance à la guérison? Imaginez-le, s'il vous est possible de donner une figure à de tels fantômes. Je livre ce sujet à vos réflexions; plus vous le méditerez, et plus vous vous convaincrez de la puissance et de l'action de la pathologie générale et de la tradition.

Les vérités traditionnelles font la science; leur intelligence fait le médecin; elles lui communiquent le don le plus désirable, l'esprit de certitude. Soyez-en convaincus, celui qui ne croit pas à la tradition et n'en accepte pas les fermes inspirations, celui-là est bien près de ne croire à rien. Il appartient à l'esprit de scepticisme; car il ne croit plus qu'à ses sens, à ce qu'il voit et à ce qu'il touche; et ces horizons bornés et obscurs ne sont pas ceux où brillent les clartés de la science. Celui qui, au contraire, sait s'appuyer sur la tradition, y acquiert les certitudes propres de la médecine; soit que, esprit poussé aux causes, il possède une notion philosophique et distincte des vérités premières que la tradition représente; soit qu'esprit plus soumis, il aperçoive surtout dans la tradition un enseignement doctrinal ayant pour lui l'autorité des maîtres et du temps. Dans les deux cas, le médecin trouve une base solide à ses croyances; il possède une foi dans le sens scientifique du mot; il est enlevé à ces fluctuations, à ces incertitudes d'opinion, sous lesquelles succombent tant d'intelligences vouées, cependant, au travail et aux recherches. Les médecins qui ne connaissent pas ce criterium de certitude, ne sauraient s'imaginer à quel point il devient un guide fidèle dans le jugement qu'il faut porter chaque jour sur les faits incessants et divers que l'observation déroule, sur les nombreux travaux que l'observation des autres suscite, et sur les assertions fondées sur ces travaux. Comment ne pas aller à la dérive entre tous ces faits et toutes ces assertions, comment fixer leur sens réel et leur valeur, sans cette fermeté que communiquent à l'esprit la pleine possession des vérités traditionnelles, et la longue habitude de leur soumettre faits, opinions, théories? Voir ce que ces faits, ce que ces opinions et théories ont de commun ou de contraire avec la tradition, devient bientôt le suprême moyen de juger ce que les uns et les autres contiennent de vrai ou de faux; et l'interrogation attentive de chacun d'eux montre toujours la puissance de ce moyen de jugement.

Si de la science, nous passons aux applications pratiques qu'elle suscite, les mêmes vérités nous apparaîtront et plus saillantes encore. Il n'est pas de praticien digne de ce nom qui ne soit, avant tout homme de tradition. Méfiez-vous de ceux qui disent avec un accent de dédain : tout est à renouveler dans l'art; nous sortons à peine de la barbarie; la plupart des médecins y sont encore plongés; et, sur ces paroles, ils amoncellent essais, explications, théories, passant des unes aux autres avec une aisance et des satisfactions changeantes, qui ne sauraient surprendre ceux qui savent où conduit le mépris des traditions. Méfiez-vous de ceux qui vous donnent ce dangereux spectacle. Ce sont des sceptiques encore plus que des novateurs. Leurs assurances ne sont jamais que momentanées; elles recouvrent à peine le doute qui, l'heure d'après, se dégagera de ce vêtement inconsistant. Opposez à ces enseignements ceux que fournit l'histoire de l'art. Les hommes qui y ont inscrit une grande mémoire avaient, pour premier respect, le respect de nos traditions. Sous cette modestie ils cachent une élévation d'autant plus réelle qu'elle se voile et ne blesse pas les regards. Ils ne connaissent aucune de ces railleries faciles qu'une science infatuée prodigue trop souvent au passé. Ils oublient, ils veulent oublier tout ce qui s'est mêlé de superstitions et de rêveries informes aux pensées justes et profondes de nos vieux maîtres; et ils admirent d'autant plus celles-ci, qu'elles surgissent malgré l'ignorance des temps, et malgré les suggestions d'une fausse analyse. Ne vous éloignez pas de tels exemples : à mesure que vous avancerez dans la carrière, vous estimerez tout ce qu'ils valent.

TABLE DES MATIÈRES

FIN DE LA TABLE DES MATIÈRES

PARIS. — IMPRIMERIE DE E. MARTINET, RUE MIGNON, 2